21世纪高等院校计算机网络工程专业规划教材

网络操作系统及配置管理

—— Windows Server 2008与RHEL 6.0

苗凤君 盛剑会 主编　　潘磊 金秋 副主编

U0271386

清华大学出版社
北京

内容简介

本书由两部分内容组成，第1部分为 Windows Server 2008，介绍了 Windows Server 2008 操作系统的安装，Windows Server 2008 中的文件系统、磁盘管理以及在该平台下各种网络服务的安装、配置和使用；第二部分为 RHEL 6.0，介绍了 RHEL 6.0 的安装，RHEL 6.0 中的文件系统、磁盘管理及其在该平台下常用网络服务的安装、配置和使用。

本书内容全面，注重实用性和可操作性。本书所有服务器的配置都经过了实际验证，因此，读者在使用本书时可以节约大量的调试时间。

本书适合作为本科及大中专院校计算机应用、计算机科学与技术、网络工程、网络系统管理等计算机相关专业的教材，也可作为网络管理员和系统管理员的服务器搭建手册。

本书封面贴有清华大学出版社防伪标签，无标签者不得销售。
版权所有，侵权必究。侵权举报电话：010-62782989　13701121933

图书在版编目(CIP)数据

网络操作系统及配置管理：Windows Server 2008 与 RHEL 6.0/苗凤君，盛剑会主编. —北京：清华大学出版社，2012.7(2018.10 重印)
(21世纪高等院校计算机网络工程专业规划教材)
ISBN 978-7-302-28374-4

Ⅰ. ①网… Ⅱ. ①苗… ②盛… Ⅲ. ①网络操作系统－高等学校－教材 Ⅳ. ①TP316.8

中国版本图书馆 CIP 数据核字(2012)第 050125 号

责任编辑：魏江江　薛　阳
封面设计：常雪影
责任校对：李建庄
责任印制：刘祎淼

出版发行：清华大学出版社
网　　址：http://www.tup.com.cn，http://www.wqbook.com
地　　址：北京清华大学学研大厦 A 座　　**邮　　编**：100084
社 总 机：010-62770175　　**邮　　购**：010-62786544
投稿与读者服务：010-62776969，c-service@tup.tsinghua.edu.cn
质量反馈：010-62772015，zhiliang@tup.tsinghua.edu.cn
课件下载：http://www.tup.com.cn，010-62795954
印 装 者：北京鑫海金澳胶印有限公司
经　　销：全国新华书店
开　　本：185mm×260mm　　**印　　张**：20.75　　**字　　数**：512千字
版　　次：2012年7月第1版　　**印　　次**：2018年10月第7次印刷
印　　数：9001～10000
定　　价：33.00元

产品编号：043326-01

前 言

本书以当前最流行也是最新的两种网络操作系统 Windows Server 2008 和 RHEL 6.0 为例，既讲述了 Windows 系列网络操作系统中各种网络服务的配置和管理，又讲述了 Linux 系列网络操作系统中各种网络服务的配置和管理。

全书内容共分为 10 章。第 1 章简单介绍了网络操作系统的功能、特征和分类；第 2 章介绍了 Windows Server 2008 的安装、文件系统和磁盘管理；第 3 章介绍了 Windows Server 2008 的基本网络服务，包括 DHCP、DNS、Web 和 FTP；第 4 章介绍了活动目录；第 5 章介绍了证书服务；第 6 章介绍了 Windows Server 2008 的安全管理；第 7 章介绍了 RHEL 6.0 的安装和基本配置；第 8 章介绍了 RHEL 6.0 的基本网络服务，包括 DHCP、DNS、Web 和 FTP；第 9 章介绍了 RHEL 6.0 的其他网络服务，包括 Samba、VNC 和 OpenSSH；第 10 章介绍了 RHEL 6.0 操作系统安全。

本书内容全面，注重实用性和可操作性。本书配有大量实例，所有服务器的配置都经过了实际验证，因此，读者在使用本书时可以节约大量的调试时间。

另外，本书每一章内容后面都有部分习题，读者可自行练习，部分章节还附有实验，读者可以上机操作，一方面可以增强动手能力，另一方面也巩固了所学知识。

本书由苗凤君老师主编，并通稿和定稿。本书第 1、9、10 章由金秋老师编写，第 2 章由杨华老师编写，第 3 章由潘磊老师编写，第 4 章由董智勇老师编写，第 5 章由苗凤君老师编写，第 6 章由夏冰老师编写，第 7 章由苗凤君老师和夏冰老师共同编写，第 8 章由盛剑会老师编写，其中盛剑会老师还参与修改和审定了前 4 章的内容，金秋老师还参与修改和审定了第 5 章的内容。

由于计算机技术发展日新月异，加上编者水平有限，书中难免存在缺点和错误，恳请使用本教材的师生和其他读者朋友提出宝贵的意见和建议。

编　者

2012 年 5 月

目录

第1章 网络操作系统简介

【本章学习目标】

- 掌握网络操作系统的功能、特征、分类。
- 了解常见的网络操作系统类型。
- 掌握如何在具体环境下选择适宜的操作系统类型。
- 了解 Windows Server 2008 的版本信息和新特性。
- 了解 RHEL 6.0 版本信息和新特性。

1.1 网络操作系统

网络操作系统(Network Operating System,NOS),简单地讲就是指具有网络功能的操作系统,它使网络中各计算机能方便而有效地共享网络资源,是为网络用户提供所需的各种服务的软件和有关规则的集合。网络操作系统是网络的心脏和灵魂,是向网络计算机提供服务的特殊的操作系统。

网络操作系统作为网络用户与网络系统之间的接口,能够有效管理网络中的资源,实现用户通信以及向用户提供多种有效的服务。

目前,具有代表性的网络操作系统有:UNIX、由 UNIX 派生的自由软件 Linux、Novell 公司的 NetWare、Microsoft 公司的 Windows NT Server、Windows 2000 Server 和 Windows Server 2003、Windows Server 2008 等。

网络操作系统经历了从对等结构向非对等结构演变的过程,在对等结构网络操作系统中,所有的联网节点地位平等,安装在每个联网节点的操作系统软件相同,资源原则上都是相互共享的。非对等结构,网络操作系统中将联网节点分为两大类:网络服务器和网络工作站。网络服务器通常采用高配置与高性能的专用服务器计算机,以集中方式管理局域网的共享资源;网络工作站配置较低,主要为本地用户访问本地资源与访问网络资源提供服务。非对等网络操作系统软件分为两部分:一部分运行在网络服务器上,另一部分运行在工作站上,分别实现服务器和工作站的功能要求。

1.1.1 网络操作系统的功能

随着计算机技术的快速发展和网络应用的普及,计算机软件包括系统软件也以惊人的速度在不断地发展和更新,用户对网络上所配置的网络操作系统的要求也愈来愈高,促使网络操作系统所提供的功能也在不断增加。为了满足当今网络快速发展之后用户对于专门用于管理网络资源的网络操作系统提出的更高的要求,各种网络操作系统也在不断地推陈出新。

计算机网络操作系统是为了使用计算机网络而专门设计的系统软件，是网络用户与网络系统之间的接口。它除了具有一般桌面操作系统的全面功能外，还应该满足用户使用网络的需要，尤其要提供数据在网上的安全传输，管理网络中的共享资源，实现用户通信以及方便用户使用网络。

通常，操作系统提供人与计算机交互使用的平台，具有进程管理、存储管理、设备管理、文件管理和作业管理的基本功能；网络操作系统首先是一个操作系统，应具备操作系统所具有的一般功能，除此之外还应具有以下功能：网络环境下的数据通信功能、资源共享功能、网络服务、网络管理等特定的网络功能。总而言之，要为用户提供访问网络中计算机上各种资源的服务。

1. 数据通信功能

数据通信是计算机网络的最基本功能，是实现资源共享的基础，其任务是在源主机和目标主机之间实现无差错的数据传输。不是所有的操作系统都具有网络功能，例如早期的DOS操作系统就没有网络通信功能。

在OSI的七层模型中，每一层的功能都是通过协议实现的。计算机作为一种一至七层的设备，协议通常被设计到操作系统中。这就是协议组件，如Windows、UNIX中的TCP/IP协议。

网络操作系统采用标准的通信协议完成以下主要功能：

- 建立和拆除通信连路；
- 传输控制；
- 流量控制；
- 差错控制；
- 路由选择。

2. 资源共享功能

实现资源共享是计算机网络的重要功能之一，计算机网络中可供共享的资源很多，诸如文件、数据和各类的硬件资源等。在实现资源共享的同时，系统还必须提供有效的安全控制和管理机制，设定资源的使用权限，保证数据访问的可控性。因此，网络操作系统必须提供有效的安全管理机制，对网络中的共享资源（硬件和软件）实施有效的管理，协调诸用户对共享资源的使用，保证数据的安全性和一致性，提供各种访问控制策略，以保证数据使用的安全性。

3. 网络服务

无论是客户/服务器(C/S)模式，浏览器/服务器(B/S)模式，还是其他的计算模式，服务是网络建立的主要形式。因此，作为网络操作系统，特别是服务器操作系统，NOS还必须提供各种网络服务功能，为保证NOS的灵活性和可扩展性，大部分的网络功能通常是通过NOS内置的各种组件或者第三方的服务组件实现的，如下所示。

- 电子邮件服务：通过电子邮件，可以与Internet上的任何人交换信息。
- 文件传输：通过一条网络连接从远地站点(remote site)向本地主机(local host)复制文件。
- 共享硬盘服务：提供硬盘资源的共享。

- 共享打印服务：为网络用户提供网络打印机共享。
- DNS 域名服务：域名服务器是指保存有该网络中所有主机的域名和对应的 IP 地址，并具有将域名转换为 IP 地址的功能。
- 远程访问服务：提供远程客户访问整个网络的共享资源，或者限制只能到远程访问服务器的资源上访问。

此外，常用的还有终端服务、目录服务、Web 服务、文件存取/管理服务等。

4. 网络管理功能

网络管理主要是网络的安全管理，一般的网络操作系统通过访问控制来保证数据的安全性，以及通过容错技术来保证系统出现故障时候的数据安全性。另外，网络操作系统还应该对网络的性能进行监视，对网络的使用情况进行统计、记账等功能，以便为提高网络性能、进行网络维护和记账提供必要的信息。

5. 互操作能力

所谓互操作，在客户/服务器模式的 LAN 环境下，是指连接在服务器上的多种客户机和主机，不仅能与服务器通信，而且还能以透明的方式访问服务器上的文件系统。在互联网络环境下的互操作，是指不同网络之间的客户机不仅能够通信，而且也能以透明的方式访问其他网络中的文件服务器。

1.1.2 网络操作系统的特征

网络操作系统作为网络用户和计算机之间的接口，通常具有复杂性、并行性、高效性和安全性等特点。最早，网络操作系统只能算是一个最基本的文件系统。在这样的网络操作系统上，网上各站点之间的互访能力非常有限，用户只能进行有限的数据传送，或运行一些专门的应用（如电子邮件等），这远远不能满足用户的需要。一个典型的网络操作系统一般具有以下特征。

1. 客户/服务器模式

客户/服务器（Client/Server，C/S）模式把应用划分为客户端和服务器端，客户端把服务请求提交给服务器，服务器负责处理请求，并把处理的结果返回至客户端。如 Web 服务、大型数据库服务等都是典型的客户/服务器模式。

C/S 结构的关键在于功能的分布，一些功能放在前端机（即客户机）上执行，另一些功能放在后端机（即服务器）上执行。功能的分布在于减少计算机系统的各种瓶颈问题。C/S 模式简单地讲就是基于企业内部网络的应用系统。与 B/S（Browser/Server，浏览器/服务器）模式相比，C/S 模式的应用系统最大的好处是不依赖企业外网环境，即无论企业是否能够上网，都不影响应用。服务器通常采用高性能的 PC、工作站或小型机，并采用大型数据库系统，如 ORACLE、SYBASE、Informix 或 SQL Server。客户端需要安装专用的客户端软件。

以网络数据库为例，服务器端安装运行数据库系统，客户端运行客户端程序。客户端应用程序与服务器端网络数据库交换是通过标准的数据接口和网络通信协议完成的。因此，客户端的应用程序可以是在任何平台上设计的，也可以直接通过浏览器访问数据库。

基于标准浏览器访问数据库时，中间往往还需要加入 Web 服务器，运行 ASP 或 Java 平台，通常也称为三层模式，或叫做 B/S 模式。

2. 抢先式多任务

网络操作系统一般采用微内核类型结构设计，微内核始终保持对系统的控制，并给应用程序分配时间段使其运行，在指定的时间结束时，微内核抢先运行进程并将控制移交给下一个进程。以微内核为基础，可以引入大量的特征和服务，如集成安全子系统、抽象的虚拟化硬件接口、多协议网络支持以及集成化的图形界面管理工具等。

3. 支持多种文件系统

有些网络操作系统还支持多文件系统，以实现对系统升级的平滑过度和良好的兼容性。如 Windows Server 支持 FAT、HPFS 及本身的文件系统 NTFS。NTFS 是 Windows 自己的文件系统，支持文件的多属性连接和长文件名到短文件名的自动映射，使得 Windows Server 支持大容量的硬盘空间，增加了安全性，便于管理。

4. 高可靠性

网络操作系统是运行在网络核心设备(如服务器)上的指挥管理网络的软件，它必须具有高可靠性，保证系统可以 365 天 24 小时不间断工作，并提供完整的服务。因为某些原因(如访问过载)而总是导致系统的死机、崩溃或服务停止，用户是无法忍受的，因此，网络操作系统必须具有良好的健壮性。

5. 安全性

物理设备的损坏，如硬盘磁道损害，会造成数据丢失；病毒和黑客的攻击，网络协议和操作系统存在的漏洞，因此，安全性对作为网络灵魂的网络操作系统提出了更高的要求。为了保证系统、系统资源的安全性、可用性，网络操作系统往往集成用户权限管理、资源管理等功能，例如为每种资源定义自己的存取控制表 ACL，定义各种用户对某个资源的存取权限，且使用用户标识 SID 唯一区别用户。

6. 容错性

网络操作系统应能提供多级系统容错能力，包括日志式的容错特征列表、可恢复文件系统、磁盘镜像、磁盘扇区备用以及对不间断电源(UPS)的支持。强大的容错性是系统可靠运行的保障。

7. 开放性

网络操作系统必须支持标准化的通信协议(如 TCP/IP、NetBEUI 等)和应用协议(如 HTTP、SMTP、SNMP 等)，支持与多种客户端操作系统平台的连接。随着 Internet 的产生和发展，不同结构、不同操作系统的网络需要实现互联，只有保证系统的开放性和标准性，才能保证厂家在激烈的市场竞争中生存，并最大限度保障用户的投资。

8. 并行性

有的网络操作系统支持群集系统，可以实现在网络的每个节点为用户建立虚拟处理机，各个节点机作业并行执行。一个用户的作业被分配到不同的节点机上，网络操作系统管理这些节点机协作完成用户的作业。

9. 可移植性

网络操作系统一般都支持广泛的硬件产品。网络操作系统往往还支持多处理机技术，如支持对称多处理技术 SMP，支持处理器个数从 1～32 个不等。这样使得系统就有了很好的伸缩性。

10. 图形化界面

网络操作系统良好的图形化界面(GUI)可以简化用户的管理,为用户提供直观、美观、便捷的操作接口。

11. Internet 支持

如今,Internet 已经成为网络的一个总称,网络的范围性和专用性越来越模糊,专用网络与 Internet 网络标准日趋一致。各品牌网络操作系统都集成了许多标准化应用,例如 Web 服务、FTP 服务、网络管理服务等的支持,甚至 E-mail(如 Linux 的 Sendmail)也集成在操作系统中。各种类型网络几乎都连接到了 Internet 上,对内对外按 Internet 标准提供服务。

总之,网络操作系统为网上用户提供了便利的操作和管理平台。

1.1.3 网络操作系统的分类

目前,市场上使用范围较广的服务器操作系统主要有:Windows Server 2003、UNIX、Linux、NetWare 等。

1. Windows 服务器操作系统

Windows 系列的网络操作系统主要有:Windows NT Server、Windows 2000 Server,Windows Server 2003 以及 Windows Server 2008,通常用于中、小企业服务器配置。

Windows NT Server 的设计目标是针对网络中服务器使用的网络操作系统,对于网络中的服务器,不管是用于提供共享资源还是网络管理,Windows NT Server 都可以与 NetWare 和 UNIX 网络操作系统相媲美。Windows NT Server 开创了直观、稳定、安全的服务器平台的先河。其 NT 内核技术的开发与操作直观、安全等理念的实现,对于服务器操作系统的发展来说,仍然具有划时代的意义。Microsoft 已停止对 Windows NT Server 进行所有升级服务,市面上已无正版产品的销售。

Windows 2000 是 Windows NT 的升级版本。Microsoft 已停止对 Windows 2000 系列服务器进行销售与升级服务支持。

Windows NT/2000 是一种 32 位网络操作系统,是面向分布式图形应用程序的完整的系统平台,具有工作站和小型网络操作系统具有的所有功能。主要包括文件及文件管理系统、优先级的多任务/多线程环境,支持对称的多机处理系统,支持分布计算环境。

Windows Server 2003 继承了 Windows XP 的界面,对于原有内核处理技术进行了更大程度的改良,在安全性能上相对以前版本也有很大的提升,在管理功能上增加了许多流行的新技术,目前在 Windows 系列服务器中,其实际应用的比例较大。与 Windows 2000 相比,Windows 2003 的整体性能提高了 10%～20%。Windows Server 2003 继承了 Windows 2000 的所有版本,并增加了针对 Web 服务优化的 Windows 2003 Web 版。

2. Windows Server 2008

2008 年 2 月,微软正式发布了新一代服务器操作系统 Windows Server 2008。作为 Windows Server 2003 的换代产品,Windows Server 2008 对构成 Windows Server 产品的内核代码库进行了根本性的修订。从工作组到数据中心,Windows Server 2008 都提供较多的新功能,对原有操作系统版本做出了重大改进。Windows Server 2008 与 Windows Server 2003 相比,总体来说是一款功能强大并且可靠性好的产品。Windows Server 2008

是具有较高的易管理性、安全性、可靠性和效率的新一代网络操作系统。Windows Server 2008 完全基于 64 位技术，在性能和管理等方面系统的整体优势相当明显，为未来服务器整合提供了良好的参考技术手段。

Windows Server 2008 代表了下一代 Windows Server。Windows Server 2008 是一套相当于 Windows Vista 的服务器系统，Vista 及 Server 2008 与 XP 及 Server 2003 间存在相似的关系。

企业对信息化的重视越来越强，服务器整合的压力也就越来越大，因此应用虚拟化技术已经成为大势所趋。Windows 服务器虚拟化（Hyper-V）能够使组织最大限度实现硬件的利用率，合并工作量，节约管理成本，从而对服务器进行合并，并由此减少服务器所有权的成本。

3. Linux 服务器操作系统

Linux 的最大的特点就是源代码开放，可以免费得到许多应用程序。目前也有中文版本的 Linux，如红帽子 REDHAT，红旗 Linux 等，这类产品具有较高的安全性和稳定性，在国内得到了用户充分的肯定。Linux 与 UNIX 有许多类似之处，这类操作系统目前仍主要应用于中、高档服务器中。

Linux 是一种自由（Free）软件，在遵守自由软件联盟协议下，用户可以自由地获取程序及其源代码，并能自由地使用它们，包括修改和复制等。Linux 是网络时代的产物，在互联网上经过了众多技术人员的测试和除错，并不断被扩充。Linux 具有如下的特点。

(1) 完全遵循 POSIX 标准，并扩展支持所有 AT&T 和 BSD UNIX 特性的网络操作系统。由于继承了 UNIX 优秀的设计思想，且拥有干净、健壮、高效且稳定的内核，没有 AT&T 或伯克利的任何 UNIX 代码，所以 Linux 不是 UNIX，但与 UNIX 完全兼容。

(2) 真正的多任务、多用户系统，内置网络支持，能与 Netware、Windows Server、OS/2、UNIX 等无缝连接。网络效能在各种 UNIX 测试评比中速度最快。同时支持 FAT16、FAT32、NTFS、Ext2FS、ISO 9600 等多种文件系统。

(3) 可运行于多种硬件平台，包括 Alpha、SunSparc、PowerPC、MIPS 等处理器，对各种新型外围硬件，可以从分布于全球的众多程序员那里迅速得到支持。

(4) 对硬件要求较低，可在较低档的机器上获得很好的性能，特别值得一提的是 Linux 出色的稳定性，其运行时间往往可以“年”计。

(5) 有广泛的应用程序支持。已经有越来越多的应用程序移植到 Linux 上，包括一些大型厂商的关键应用。

(6) 设备独立性。设备独立性是指操作系统把所有外部设备统一当做文件来看待，只要安装它们的驱动程序，任何用户都可以像使用文件一样，操纵、使用这些设备，而不必知道它们的具体存在形式。Linux 是具有设备独立性的操作系统，由于用户可以免费得到 Linux 的内核源代码，因此，可以修改内核源代码，适应新增加的外部设备。

(7) 安全性。Linux 采取了许多安全技术措施，包括对读、写进行权限控制、带保护的子系统、审计跟踪、核心授权等，这为网络多用户环境中的用户提供了必要的安全保障。

(8) 良好的可移植性。Linux 是一种可移植的操作系统，能够在微型计算机到大型计算机的任何环境和任何平台上运行。

(9) 具有庞大且素质较高的用户群，其中不乏优秀的编程人员和发烧级的 hacker（黑客)，他们提供商业支持之外的广泛的技术支持。

正是因为以上这些特点，Linux 在个人和商业应用领域中的应用都获得了飞速的发展。

4. NetWare 网络操作系统

NetWare 操作系统对网络硬件的要求较低，受到一些设备比较落后的中、小型企业，特别是学校的青睐。它兼容 DOS 命令，其应用环境与 DOS 相似，经过长时间的发展，具有相当丰富的应用软件支持，技术完善、可靠。目前常用的版本有 3.11、3.12、4.10、4.11 和 5.0 等中英文版本。NetWare 服务器对无盘站和游戏的支持较好，常用于教学网和游戏厅。

Novell 自 1983 年推出第一个 NetWare 版本后，20 世纪 90 年代初，相继推出了 NetWare 3.12 和 4.n 两个成功的版本。在与 1993 年问世的微软 Windows NT Server 及后续版本的竞争中，NetWare 在用于数据库等应用服务器的性能上做了较大提升。而 Novell 的 NDS 目录服务及后来的基于 Internet 的 e-Directory 目录服务，成了 NetWare 中最有特色的功能。与之相应，Novell 对 NetWare 的认识也由最早的 NOS(局域网操作系统)变为客户机/服务器架构服务器，再到 Internet 应用服务器。1998 年，NetWare 5.0 发布，把 TCP/IP 协议作为基础协议，且将 NDS 目录服务从操作系统中分离出来，更好地支持跨平台。最新版本 NetWare 6 具备对整个企业异构网络的卓越管理和控制能力。

Novell 的 NetWare 6 操作系统具有以下主要特性。

(1) NetWare 6 提供简化的资源访问和管理。用户可以在任意位置，利用各种设备，实现对全部信息和打印机的访问和连接；可以跨越各种网络、存储平台和操作环境，综合使用文件、打印机和其他资源(电子目录、电子邮件、数据库等)。

(2) NetWare 6 确保企业数据资源的完整性和可用性。以安全策略为基础，通过高精确度方式，采用单步登录和访问控制手段进行用户身份验证，防止恶意攻击行为。

(3) NetWare 6 以实时方式支持在中心位置进行关键性商业信息的备份与恢复。

(4) Netware 6 支持企业网络的高可扩展性。可以配置使用 2～32 台规模的集群服务器和负载均衡服务器，每台服务器最多可支持 32 个处理器，利用多处理器硬件的工作能力，提高可扩展性和数据吞吐率。可以方便地添加卷以满足日益增加的需求，能够跨越多个服务器配置，最高可支持 8TB 的存储空间，在企业网络环境中支持上百万数量的用户。

(5) NetWare 6 包括 iFolder 功能，用户可以在多台电脑上建立文件夹；该文件夹可以使用任何种类的网络浏览器进行访问，并可以在一个 iFolder 服务器上完成同步，从而保证用户的信息内容永远处于最新状态，并可从任何位置(办公室、家庭或移动之中)进行访问。

(6) NetWare 6 包含开放标准及文件协议，无须复杂的客户端软件就可以在混合型客户端环境中访问存储资源。

(7) NetWare 6 使用了名为 IPP 的开放标准协议，具有通过互联网安全完成文件打印工作的能力。用户在某个网站中寻找到一台打印机，下载所需的驱动程序，即可向世界上几乎任何一台打印机发出打印工作命令。

5. UNIX 系统

UNIX 支持网络文件系统服务，提供数据等应用，功能强大。目前常用的 UNIX 系统版本主要有：UNIX SUR4.0、HP-UX 11.0、Sun 的 Solaris8.0 等。UNIX 网络操作系统历史悠久，其良好的网络管理功能已为广大网络用户所接受，拥有丰富的应用软件的支持。

UNIX 是为多用户环境设计的，即所谓的多用户操作系统，其内建 TCP/IP 协议支持，该协议已经成为互联网中通信的事实标准，由于 UNIX 发展历史悠久，具有分时操作、良好的稳定性、健壮性、安全性等优秀的特性，适用于几乎所有的大型机、中型机、小型机，也有用于工作组级服务器的 UNIX 操作系统。在中国，一些特殊行业，尤其是拥有大型机、小型机的单位一直沿用 UNIX 操作系统。小型局域网基本不使用 UNIX 作为网络操作系统，UNIX 一般用于大型的网站或大型的企、事业局域网中。

UNIX 是用 C 语言编写的，有两个基本血统：系统 V，由 AT&T 的贝尔实验室研制开发并发展的版本；伯克利 BSD UNIX，由美国加州大学伯克利分校研制，它的体系结构和源代码是公开的。在这两个版本上发展了许多不同的版本，如 Sun 公司销售的 UNIX 版本 Sun OS 和 Solaris 就是从 BSD UNIX 发展起来的。

UNIX 主要特性如下。

(1) 模块化的系统设计。系统设计分为核心模块和外部模块。核心程序尽量简化、缩小，外部模块提供操作系统所应具备的各种功能。

(2) 逻辑化文件系统。UNIX 文件系统完全摆脱了实体设备的局限，它允许有限个硬盘合成单一的文件系统，也可以将一个硬盘分为多个文件系统。

(3) 开放式系统。遵循国际标准，UNIX 以正规且完整的界面标准为基础，提供计算机及通信综合应用环境，在这个环境下开发的软件具有高度的兼容性、系统与系统间的互通性以及在系统需要升级时有多重的选择性。系统界面涵盖用户界面、通信程序界面、通信界面、总线界面和外部界面。

(4) 优秀的网络功能。其定义的 TCP/IP 协议已成为 Internet 的网络协议标准。

(5) 优秀的安全性。其设计有多级别、完整的安全性能，UNIX 很少被病毒侵扰。

(6) 良好的移植性。UNIX 操作系统和核外程序基本上是用 C 语言编写的，这使得系统易于理解、修改和扩充，并使系统具有良好的可移植性。

(7) 可以在任何档次的计算机上使用。UNIX 可以运行在笔记本电脑到超级计算机上。

6. 网络操作系统的选择

总地来说，对特定计算环境的支持使得每一个操作系统都有适合于自己的工作场合，这就是系统对特定计算环境的支持。例如，Windows 2003 Professional 适用于桌面计算机，Linux 目前较适用于小型的网络，而 Windows 2008 Server 和 UNIX 则适用于大型服务器应用程序。因此，对于不同的网络应用，需要我们有目的地选择合适的网络操作系统。

1.2 Windows 网络操作系统

Windows Server 2008 继承于 Windows Server 2003，是微软最新一代的网络操作系统。

1.2.1 Windows Server 2008 的版本

Windows Server 2008 发行了多种版本，以支持各种规模的企业对服务器不断变化的需求。Windows Server 2008 提供多种不同的版本：Windows Server 2008 Standard、Windows Server 2008 Enterprise、Windows Web Server 2008、Windows Server 2008 Datacenter，Windows HPC Server 2008、Windows Server 2008 for Itanium-Based Systems，下面对几种

常用的版本做介绍。

1. Windows Server 2008 Standard 标准版

Windows Server 2008 Standard 是迄今最稳固的 Windows Server 操作系统，其内置的强化 Web 和虚拟化功能，是专为增加服务器基础架构的可靠性和弹性而设计的，亦可节省时间及降低成本。其系统利用功能强大的工具，让用户拥有更好的服务器控制能力，并简化设定和管理工作；而增强的安全性功能则可强化操作系统，以协助保护数据和网路，并可为用户的企业提供扎实且可高度信赖的基础。

2. Windows Server 2008 Enterprise 企业版

Windows Server 2008 Enterprise 可提供企业级的平台，部署企业关键应用。其所具备的群集和热添加(Hot-Add)处理器功能，可协助改善可用性；而整合的身份管理功能，可协助改善安全性；利用虚拟化授权权限整合应用程序，则可减少基础架构的成本。因此 Windows Server 2008 Enterprise 能为高度动态、可扩充的 IT 基础架构，提供良好的基础。

3. Windows Server 2008 Datacenter 数据中心版

Windows Server 2008 Datacenter 所提供的企业级平台，可在小型和大型服务器上部署企业关键应用及大规模的虚拟化。其所具备的群集和动态硬件分割功能，可改善可用性，而通过无限制的虚拟化许可授权来巩固应用，可减少基础架构的成本。此外，此版本亦可支持 2～64 颗处理器，因此 Windows Server 2008 Datacenter 能够提供良好的基础，用以建立企业级虚拟化和扩充解决方案。

4. Windows Web Server 2008 Web 版

Windows Web Server 2008 是特别为单一用途 Web 服务器而设计的系统，而且是建立在下一代 Windows Server 2008 中坚若磐石的 Web 基础架构功能的基础上，其整合了重新设计了架构的 IIS 7.0、ASP NET 和 Microsoft NET Framework，以便提供给任何企业快速部署网页、网站、Web 应用程序和 Web 服务的能力。

另外，还有三个不支持 Windows Server Hyper-V 技术的版本 Windows Server 2008 Standard without Hyper-V、Windows Server 2008 Enterprise without Hyper-V 和 Windows Server 2008 Datacenter without Hyper-V。

表 1-1 显示了 Windows Server 2008 的常用版本可以支持的服务器安装选项。

表 1-1 服务器核心(Server Core)安装选项比较

服务器角色	企业版	Datacenter	标准版	Web
Web 服务(IIS) *	部分/有限支持	部分/有限支持	部分/有限支持	部分/有限支持
打印服务	完整支持	完整支持	完整支持	不包含该功能
Hyper-V	完整支持	完整支持	完整支持	不包含该功能
Active Directory Domain Services	完整支持	完整支持	完整支持	不包含该功能
Active Directory Lightweight Directory Services	完整支持	完整支持	完整支持	不包含该功能
DHCP Server	完整支持	完整支持	完整支持	不包含该功能
DNS Server	完整支持	完整支持	完整支持	不包含该功能
文件服务	完整支持	完整支持	部分/有限支持	不包含该功能

1.2.2 Windows Server 2008 的新特性

作为 Windows Server 2003 之后的下一代 Windows 服务器操作系统，Windows Server 2008 集合了 Windows Server 2003 的实用与易操作性，同时增加了更多的新功能、安全性进一步得到提升。Windows Server 2008 在快捷易用、可靠稳定和其他方面都有出色表现。

1. Server Core

Windows Server Core 即服务器核心是 Windows Server 2008 新的默认安装选项，没有资源管理器(Windows 外壳程序)，仅包含简单的 Console 窗口和一些管理窗口，但是可以运行 MMC。Server Core 是 Windows Server 2008 一种新的模式，是安装系统时的一个选项，不同于以往的 Windows 系统，它没有图形化的操作接口，仅安装必要核心组件，采用文字指令操作，如果选定这个选项，则系统没有图形化界面，也就是说，桌面上没有图标、没有开始菜单和任务栏、没有右键功能，只有蓝色的底色，上面有一个命令行窗口。选定了这个选项，系统只安装 Windows 的核心，只包含内核相关的组件。在服务器端不常用的 IE、Outlook、Media Player 等都不会安装。Server Core 提供最基本的服务器功能，适合有许多服务器的组织，或是需要较高安全性的服务器环境。可以用做域控制器活动目录 ActiveDirectory、DNS 域名解析服务器、FTP 文件服务器、Print 打印服务器、Streaming Media 流媒体服务器或 Web 服务器等，它的特点是高效占用内存小，相对安全高效，类似于没有安装 X-Window 的 Linux。Server Core 具有以下优势：

(1) 占用的资源很小，1GB 的空间就足够安装。

(2) 安装快，只需 30～40 分钟。

(3) 没有多余组件，后期维护需要打的补丁也比其他服务器要少，平均比普通模式安装的 Windows Server 的补丁少 60%～70%。

(4) 非常安全、稳定，因为没有那么多服务，受攻击的面要少一些。同时没有一些组件，运行要更稳定一些。

当然，Server Core 模式也有其自身的缺点，并不是所有的服务都可以在 Server Core 下运行，只有一些特定的服务，如虚拟化、活动目录等可以。

2. 虚拟化

Windows Server 2008 加入虚拟化的一大目标就是加强闲置资源利用，减少浪费。

Windows Server 2008 支持内置虚拟化技术，包括服务器虚拟化、应用程序虚拟化、桌面虚拟化、表示层虚拟化和集中管控 5 个方面。其中，服务器虚拟化技术使得可以在 Windows Server 2008 上运行虚拟服务器，Hyper-V 技术可以保证虚拟服务器的效率和单独部署同样的物理服务器的效率非常接近。

Windows Server 2008 的虚拟化技术是多层次的，可以帮助用户削减成本。举例来说，若需要实现很高的可用性，原来的方式是双击热备，部署两台服务器，主服务器处理数据，备份服务器长期处于 Stand-by 的状态，是对资源的极大浪费。有了虚拟化技术，可以部署在同一台服务器上，大大减少这种浪费，降低成本，提高灵活性。

3. 更强的控制能力

使用 Windows Server 2008，IT 专业人员能够更好地控制服务器和网络基础结构，从而可以将精力集中在处理关键业务需求上。增强的脚本编写功能和任务自动化功能(例如

Windows Power Shell)可帮助IT专业人员自动执行常见IT任务。通过服务器管理器进行的基于角色的安装和管理简化了在企业中管理与保护多个服务器角色的任务。服务器的配置和系统信息是从新的服务器管理器控制台这一集中位置来管理的。IT人员可以仅安装需要的角色和功能，向导会自动完成许多费时的系统部署任务。增强的系统管理工具(例如，性能和可靠性监视器)提供有关系统的信息，在潜在问题发生之前向IT人员发出警告。

4. 安全性

Windows Server 2008 较以往版本提供了更强的内置安全功能，主要包含 BitLocker、RMS、增强防火墙、RODC（Read Only Domain Controller)、NAP(Network Access Protection)几个方面。同时，Windows Server 2008 提供了减小内核攻击面的安全创新(例如 PatchGuard)，因而使服务器环境更安全、更稳定。此外，通过保护关键服务器服务使之免受文件系统、注册表或网络中异常活动的影响，Windows 服务强化有助于提高系统的安全性。

网络访问防护：这是一个新的框架，允许 IT 管理员为网络定义健康要求，并限制不符合这些要求的计算机与网络的通信。NAP 强制执行管理员定义的、用于描述特定组织健康要求的策略。例如，健康要求可以定义为安装操作系统的所有更新，或者安装或更新反病毒或反间谍软件。以这种方式，网络管理员可以定义连接到网络时计算机应具备的基准保护级别。

微软位锁(Microsoft BitLocker)：在多个驱动器上进行完整卷加密，为用户的数据提供额外的安全保护，甚至当系统处于未经授权的操作或运行不同的操作系统时间、数据和控制时也能提供安全保护。

只读域控制器：这是 Windows Server 2008 操作系统中的一种新型域控制器配置，使组织能够在域控制器安全性无法保证的位置轻松部署域控制器。RODC 维护给定域中 Active Directory 目录服务数据库的只读副本。在此版本之前，当用户必须使用域控制器进行身份验证，但其所在的分支办公室无法为域控制器提供足够物理安全性时，必须通过广域网(WAN)进行身份验证。在很多情况下，这不是一个有效的解决方案。通过将只读 Active Directory 数据库副本放置在更接近分支办公室用户的地方，这些用户可以更快地登录，并能更有效地访问网络上的身份验证资源，即使身处没有足够物理安全性来部署传统域控制器的环境。

故障转移群集(Failover Clustering)：这些改进旨在更轻松地配置服务器群集，同时对数据和应用程序提供保护并保证其可用性。通过在故障转移群集中使用新的验证工具，用户可以测试系统、存储和网络配置是否适用于群集。凭借 Windows Server 2008 中的故障转移群集，管理员可以更轻松地执行安装和迁移任务，以及管理和操作任务。群集基础结构的改进可帮助管理员最大限度地提高提供给用户的服务的可用性，可获得更好的存储和网络性能，并能提高安全性。

5. 更大的灵活性

Windows Server 2008 的设计允许管理员修改其基础结构来适应不断变化的业务需求，同时保持了此操作的灵活性。它允许用户从远程位置(如远程应用程序和终端服务网关)执行程序，这一技术为移动工作人员增强了灵活性。

6. 自修复 NTFS 文件系统

从 DOS 时代开始，文件系统出错就意味着相应的卷必须下线修复，而在 Windows Server 2008 中，一个新的系统服务会在后台默默工作，检测文件系统错误，并且可以在无须关闭服务器的状态下自动将其修复。

7. 并行 Session 创建

如果有一个终端服务器系统，或者多个用户同时登录了家庭系统，这些就是 Session。在 Windows Server 2008 之前，Session 的创建都是逐一操作的，对于大型系统而言就是个瓶颈，比如周一清晨数百人返回工作的时候，不少人就必须等待 Session 初始化。

Vista 和 Windows Server 2008 加入了新的 Session 模型，可以同时发起至少 4 个，而如果服务器有 4 颗以上的处理器，还可以同时发起更多。举例来说，如果家里有一个媒体中心，那各个家庭成员就可以同时在各自的房间里打开媒体终端，同时从 Vista 服务器上得到视频流，而且速度不会受到影响。

8. 快速关机服务

Windows 的一大历史问题就是关机过程缓慢。在 Windows XP 里，一旦关机开始，系统就会开始一个 20 秒钟的计时，之后提醒用户是否需要手动关闭程序，而在 Windows Server 里，这一问题的影响会更加明显。

到了 Windows Server 2008，20 秒钟的倒计时被一种新服务取代，可以在应用程序需要被关闭的时候随时、一直发出信号。开发人员开始怀疑这种新方法会不会过多地剥夺应用程序的权利，但现在他们已经接受了它，认为这是值得的。

9. 核心事务管理器

核心事务管理器（KTM）功能对开发人员来说尤其重要，因为它可以大大减少甚至消除最经常导致系统注册表或者文件系统崩溃的原因：多个线程试图访问同一资源。

在 Vista 核心中也有 KTM 这一新组件，其目的是方便进行大量的错误恢复工作，而且过程几乎是透明的，而 KTM 之所以可以做到这一点，是因为它可以作为事务客户端接入的一个事务管理器进行工作。

10. SMB2 网络文件系统

Windows Server 2008 采用了 SMB2，以便更好地管理体积越来越大的媒体文件。在微软的内部测试中，SMB2 媒体服务器的速度可以达到 Windows Server 2003 的 4 倍到 5 倍，相当于 400％的效率提升。

11. 随机地址空间分布

微软表示，恶意软件其实就是一堆不守规矩的代码，不会按照操作系统要求的正常程序执行，但如果它想在用户磁盘上写入文件，就必须知道系统服务身在何处。在 32 位 Windows XP SP2 上，如果恶意软件需要调用 KERNEL32.DLL，该文件每次都会被载入同一个内存空间地址，因此非常容易被恶意利用。随机地址空间分布（ASLR）可以确保操作系统的任何两个并发实例每次都会载入到不同的内存地址上。但有了 ASLR，每一个系统服务的地址空间都是随机的，因此恶意软件很难找到它们。

12. Windows 硬件错误架构

目前错误报告的一大问题就是设备报错的方式多种多样，各种硬件系统之间没有一种标准，因此编写应用程序的时候很难集合所有的错误资源，并统一呈现，这就意味着要编写许多特定代码，以针对各种特定情况。

在 Windows Server 2008 里，应用程序向系统汇报发现错误的协议实现了标准化，所有的硬件相关错误都使用同样的界面汇报给系统，第三方软件就能轻松管理、消除错误，管理工具的发展也会更轻松。

13. 更好的 Web 支持

很多企业都有这样的需求，需要良好的 Web 支撑平台，希望把企业的内容放在门户网站或电子商务网站。因此，Windows Server 2008 在 Web 方面有了很多增强。主要体现在用于文档发布、信息共享的 Sharepoint Services 3.0、IIS 7.0、Windows Media Services 等方面。其中 IIS 7.0 相比之前版本，在内核中做了很大改进，把内核分割为 40 多个模块，管理员可以根据不同需求选择打开一些模块而同时关闭一些模块，这样管理员对于系统的控制更加容易。此外，稳定性方面有了极大提升，IIS 7.0 会对自身的系统进行监控，当出现异常的时候，如占用内容过多、占用 CPU 资源过多，IIS 7.0 可以做自动优化。

1.3 Linux 网络操作系统

Red Hat 公司的免费发行版到 Red Hat 9.0 就结束了。现在，Red Hat 公司全面转向 Red Hat Enterprise Linux(RHEL)的开发，和以往不同的是，新的 RHEL 要求用户先购买许可，Red Hat 承诺保证软件的稳定性、安全性，并且 RHEL 的二进制代码不再提供下载，而是作为 Red Hat 服务的一部分。但依据 GNU 的规定，其源代码依然是开放的。

Red Hat Enterprise Linux 是 Red Hat 公司的 Linux 发行版，面向商业市场，包括大型机。红帽公司对企业版 Linux 的每个版本提供 7 年的支持。Red Hat Enterprise Linux 每 18～24 个月发布一个新版本。

Red Hat 过去只拥有单一版本的 Linux，即 Red Hat Linux 7.3、8.0 和 9.0 等，单一版本的最高版本是 9.0。然而许多人对 Red Hat 的发展策略不了解，误以为目前 Red Hat Linux 9.0 是最新的发行版，其实自 2002 年起，Red Hat 将产品分成两个系列，即由 Red Hat 公司提供收费技术支持和更新的 Red Hat Enterprise Linux 服务器版，以及由 Fedora 社区开发的桌面版本 Fedora Core(FC)。这也就意味着用户不可能看到 Red Hat Linux 10.0 的版本，取而代之的是 RHEL 服务器版或 FC 桌面版。

1.3.1 RHEL 的版本

Red Hat 公司对 Linux 企业版更新的速度很快，大约每 18 个月就会发行一个新的 Red Hat 企业 Linux 版本。随着技术的发展，Red Hat 公司在 2002 年 5 月公开推出了面向企业的 Red Hat Enterprise Linux 2.1，紧接着在 2003 年 9 月推出了 Red Hat Enterprise Linux 3，2007 年 3 月推出的 Red Hat Enterprise Linux 5，目前最新的版本是 2010 年 11 月推出的 Red Hat Enterprise Linux 6.0 版本。

为了能及时为系统添加新的功能和修补错误，Red Hat 在企业 Linux 版推出后，都会不定期地推出 Update(升级)版(如 Red Hat Enterprise Linux AS 4 Update 1)，依时间先后称为 Update 1 和 Update 2 等。由于后一个 Update 版本包括前一个版本的全部内容，因此用户只要安装最新的 Update 版即可。

Red Hat Enterprise Linux 分为以下几类：Red Hat Enterprise Linux Advanced Platform 高级服务器版、Red Hat Enterprise Linux 企业版、Red Hat Enterprise Linux Desktop with Workstation option 工作站版、Red Hat Enterprise Linux Desktop 桌面版。

RHEL 6.0 支持多核处理器，其版本主要分为 Server 和 Desktop 两个。

1. Server 版

RHEL Server 版本是 RHEL 家族中最强的版本，支持大型服务器，包括最全面的支持服务，适用于大型企业部门及数据中心。

Server 版本可分为 Red Hat Enterprise Linux Advanced Platform（对应以前的 Red Hat Enterprise Linux AS）和 Red Hat Enterprise Linux（对应以前的 Red Hat Enterprise Linux AS）。

2. Desktop 版

RHEL Desktop 版是 RHEL 的桌面版。适合所有桌面部署，包括办公室软件、软件制作环境及一些 ISV 客户程序。

Desktop 版本分为 Red Hat Enterprise Linux Desktop（对应以前的 Red Hat Desktop）和 Red Hat Enterprise Linux Desktop with Workstation option（对应以前的 Red Hat Enterprise Linux WS）。

1.3.2 RHEL 的新特性

红帽企业级 Linux 6 版本是红帽最新发布的一款最成功的数据中心平台，该版本能够提供先进性能的应用程序以及优秀的可扩充性和安全性。通过该版操作系统，用户可以轻松地在数据中心上搭载虚拟化和云计算服务，减少实际操作的复杂性，减少实际开销，充分发挥系统的性能。新版本的主旋律包括无处不在的虚拟化、更好的稳定性和高可用性、更高的能效以及提供多个最新软件技术。

1. 全面的电源管理能力

按时的内核改进使系统可以更频繁地将没有活动任务的处理器变为空闲状态。这将导致比以前版本温度更低的 CPU 和更高的节电。Powertop 等新监测工具可以帮助确定可以解决的能耗问题，从而进一步减少能耗。像 tuned 这样的新调节工具（一种自适应系统调节后台程序）使系统可以根据服务使用模式的分析调节能耗。

2. 性能改进

红帽工程师在我们计划出现在红帽企业 Linux 6 中的各种内核性能改进的上游开发中发挥着关键作用，完全重写进程调度程序，使它可以通过让更高优先级的进程在最低限度的较低优先级处理干扰的条件下，更公平地在处理器之间分配计算时间。此外，还进行了多种多处理器锁同步改进。例如，消除不必要的锁定事件，用睡眠锁定代替许多旋转（spin）锁定和采用更高效的锁定基元。这些根本的变化影响到许多内核子系统。

3. 可伸缩性改进

新推出的硬件导致了商品计算平台的重大发展。例如，现在一台 5U 机架式机柜中可容纳 64 个 CPU 和 2TB 内存。这些系统以及它们的后继产品将要达到红帽企业 Linux 5 的可伸缩性极限。红帽企业 Linux 6 的一个主要特性是：它可以提供适应未来系统的可伸缩性。其可伸缩性能力从对大量 CPU 和内存配置的优化的支持到处理更多数量的系统互联总线和外设的能力。在虚拟化变得同裸机部署一样无处不在之时,这些能力适合于裸机环境和虚拟化环境。

4. 新安全特性

一种叫做系统安全服务后台程序(SSSD)的新服务提供对身份的集中管理。它还具有缓存证书供离线使用的能力。新 SELinux 沙箱特性使得不可信的内容可以在一个不会影响到系统其余部分的隔离的环境中执行。这包括隔离任何运行在红帽企业 Linux 6 上的虚拟客户机的能力。

5. 资源管理

在一种叫做控制组(cgroups)的新框架的帮助下,新系统提供对硬件资源的细颗粒度控制、分配和管理。cgroups 运行在进程组水平上,可被用于为应用管理从 CPU、内存、网络和硬盘 I/O 的资源。该框架还被用于管理虚拟客户机。

6. 虚拟化

红帽企业 Linux 6 扩展了较早的红帽企业 Linux 版本提供的集成的基于 KVM 的虚拟化技术。新系统具有多个性能、调度程序和硬件支持的改进,无论采用什么部署模型,新系统都提供了更好的灵活性和可控性。

7. 存储

通过 FCoE 和 iSCSI 协议对网络块存储的支持,使利用 LVM/DM 执行在线改变镜像的和多路径的卷大小成为可能。

8. 文件系统

新版系统包括 ext4 文件系统。作为下一代扩展文件系统族,它包括对更大文件尺寸的支持、效率更高的硬盘空间分配、更好的文件系统检查和更强健的日志。除了 ext4 外,我们还打算提供 XFS 文件系统。XFS 适用于超大的文件和目录,包括像清除碎片和在文件系统使用时改变文件系统大小的能力。NFS 已经级升到了版本 4,从而包括对 IPv6 的支持。

9. 可靠性、可用性和适用性

新版本利用新硬件能力来提供像热添加设备和硬件以及通过 AER 的 PCIe 设备的增强错误检查等特性。它还将包括高级数据完整性特性(DIF/DIX)。这类特性通过硬件检查和检验来自应用的数据。ABRT(自动缺陷报告工具)的引进提供了确定和报告系统异常情况——如内核故障(kernel oops)和用户空间应用崩溃——的更一致的方式。

10. 编译器和工具

GCC 编译器已经升级到版本 4.4。这一版本遵照 C++ 0x 草案标准进行编译。它还符合 OpenMP 3.0,包括许多调试功能。SystemTap 改进包括对用户空间探测的更好的支持、更安全的脚本编译服务器和使非根用户可以访问 SystemTap 的新的非特权模式。此外,新编译器还有许多其他已经升级到最新版本的库和更多的语言和运行环境,包括完整的 LAMP 栈和 OpenJDK。

11. 桌面

新版本引进了对显示类型的检测和对多种显示器的支持。我们还增加了支持 NVIDIA 图形设备的升级的新驱动程序。当然,如果不对 GNOME 和 KDE 桌面进行更新,新版本将是不完全的。

本章小结

本章介绍了网络操作系统的功能、特征、分类。重点介绍了 Windows Server 2008 网络操作系统，以及它的版本信息和新特性；RHEL 6.0 网络操作系统的版本信息和新特性。

习 题

1. 什么是网络操作系统？
2. 网络操作系统的功能是什么？
3. 网络操作系统具有哪些特征？
4. Windows Server 2008 都有哪些版本？
5. Windows Server 2008 虚拟化作用是什么？
6. RHEL 6.0 的新特性有哪些？

第2章 Windows Server 2008 的安装和基本配置

【本章学习目标】

- 了解 Windows Server 2008 的安装方式和硬件需求。
- 掌握 Windows Server 2008 的安装过程。
- 了解 Windows Server 2008 的文件系统类型。
- 掌握 NTFS 的文件权限设置。
- 掌握 Windows Server 2008 基本磁盘管理。
- 掌握 Windows Server 2008 动态磁盘管理。

2.1 Windows Server 2008 的安装

Windows Server 2008 具有多种安装方式，不同环境需选用不同的安装方式。一般情况下，可以通过全新安装或升级安装两种方式来完成 Windows Server 2008 的安装。

全新安装：该安装方式使用最广泛，需要使用光盘启动安装。

升级安装：该安装方式适用于将现有 Windows Server 2000 或 Windows Server 2003 的版本升级为 Windows Server 2008 相应版本。最主要的优点是操作简单，且升级后可保留原有系统的配置。当然，升级安装需要遵循一定的原则。原标准版可升级为 Windows 2008 标准版或企业版，但是不支持从 Windows Server 2008 升级到 Windows Server 2008 的服务器核心安装。

2.1.1 系统需求

1. 硬件要求

我们要把 Windows Server 2008 配置为服务器为用户提供各种网络服务，因此就需要比较高的硬件配置。当然，为了在使用时得到更快的速度和更高的稳定性，CPU 的性能和内存的容量都应该相应提高。Windows Server 2008 系统的硬件配置应满足以下需求。

(1) 处理器。

最低要求：1GHz(x86 处理器)或 1.4GHz(x64 处理器)。

建议：2GHz 或更快。

(2) RAM。

最低要求：512MB。

建议：2GB 或更大。

最佳：32 位系统选择 4GB (Windows Server 2008 Standard) 或 64GB，64 位。

系统选择 32GB(Windows Server 2008 Standard)或 1TB(Windows Server 2008 Enterprise、Windows Server 2008 Datacenter 或面向基于 Itanium 的系统的 Windows Server 2008)。

(3) 磁盘空间要求。

以下是系统分区对磁盘空间的近似要求。如果通过网络来安装系统,则可能需要更多的磁盘空间。如从 Windows Server 2008 到 Windows Server 2008 的升级过程要求为新的操作系统映像、安装过程以及所有已安装的服务器角色提供可用磁盘空间。对于 Active Directory 域控制器角色,承载相应资源的一个或多个卷也需要满足特定的可用磁盘空间要求。

最低要求：10GB。

建议：40GB(完整安装)或者 10GB(Server Core 安装)。

最佳：80GB(完整安装)或者 40GB(Server Core 安装)或者其他。

(4) DVD-ROM 驱动器。

(5) 超级 VGA(800×600)或更高分辨率的显示器。

(6) 键盘和鼠标或其他兼容的指点设备,兼容声卡和网卡等。

2. 安装前注意事项

在安装 Windows Server 2008 之前,执行以下的步骤来准备安装。

(1) 检查应用程序的兼容性。

(2) 断开 UPS 设备。

(3) 备份服务器。在备份中应当包含计算机运行所需的全部数据和配置信息。对于服务器,尤其是那些提供网络基础结构(如动态主机配置协议(DHCP)服务器)的服务器,进行配置信息的备份是十分重要的。执行备份时,务必包含启动分区和系统分区以及系统状态数据。备份配置信息的另一种方法是创建用于自动系统恢复的备份集。

(4) 禁用病毒防护软件。病毒防护软件可能会影响安装。例如,扫描复制到本地计算机的每个文件,可能会明显减慢安装速度。

(5) 运行 Windows 内存诊断工具。

(6) 提供大容量存储驱动程序。如果制造商提供了单独的驱动程序文件,将该文件保存到软盘、CD、DVD 或通用串行总线(USB)闪存驱动器的媒体根目录中或下列任一文件夹中：amd64(适用于基于 x64 的计算机)、i386(适用于 32 位计算机)或者 ia64(适用于基于 Itanium 的计算机)。若要在安装期间提供驱动程序,在磁盘选择页上,单击"加载驱动程序"(或按 F6)。可以通过浏览找到该驱动程序,也可以让安装程序在媒体中搜索。

(7) 使用 Windows Server 2008 更新来准备 Active Directory 环境。在可以将运行 Windows Server 2008 的域控制器添加到运行 Windows 2000 或 Windows Server 2008 操作系统的 Active Directory 环境之前,需要更新该环境。

3. 更新 Active Directory 环境

如果要执行无人参与的安装,在安装操作系统之前执行此步骤。否则,需要在运行安装程序之后并在安装 Active Directory 域服务之前执行此步骤。

(1) 以 Enterprise Admins、Schema Admins 或 Domain Admins 组成员的身份登录到架构主机。

(2) 从 Windows Server 2008 安装 DVD 将 \sources\adprep 文件夹的内容复制到架构主机角色所有者。

(3) 打开命令提示符窗口，导航到 Adprep 文件夹，然后运行 adprep /forestprep。

(4) 如果计划安装只读域控制器 (RODC)，运行 adprep /rodcprep。

(5) 等待完成操作和复制更改，然后再执行下一步。

4. 准备域

(1) 以 Domain Admins 组成员的身份登录到基础结构主机。

(2) 从安装 DVD 将 \sources\adprep 文件夹的内容复制到基础结构主机角色所有者。

(3) 打开命令提示符窗口，导航到 Adprep 文件夹，然后运行 adprep /domainprep /gpprep。

(4) 等待完成操作和复制更改。

完成上述步骤之后，即可将运行 Windows Server 2008 的域控制器添加到已准备好的域中。adprep 命令的部分任务就是扩展架构、更新所选对象的默认安全描述符以及添加某些应用程序所需的新目录对象。

2.1.2 安装过程

做好上述规划后，就可以进入安装阶段。在安装程序启动后，安装过程分为几个阶段：文本模式安装、图形模式安装、网络配置。

Windows Server 2008 的安装过程大部分都是在图形界面下进行的，我们只需要根据相应的提示就可以逐步完成安装。下面以光盘安装为例详细介绍 Windows Server 2008 的安装过程。

安装过程分为几个阶段。系统将提示输入一些基本信息，然后，安装程序将复制文件并重新启动计算机。最后，安装程序会提供一个“初始配置任务”的菜单，用来根据特定需要调整服务器的配置。

1. CMOS 中设置启动顺序

如果计算机一直都设置为从硬盘启动，那么要从光盘安装 Windows Server 2008，必须到 BIOS 中进行设置，将光驱启动设置为高优先级。在启动计算机的过程中，按下 Del 键进入 BIOS，在 BOOT 菜单下，将第一个引导设备选择为 CDROM 并保存退出。

2. 启动安装程序

Windows Server 2008 会检查计算机的硬件，出现如图 2-1 所示界面。在该界面中选择“要安装的语言”，“时间和货币格式”以及“键盘和输入方法”。

3. 系统须知

单击“下一步”按钮，出现如图 2-2 所示界面，在该安装界面中可以查看安装 Windows Server 2008 系统的须知，以及安装、修复计算机，选择“现在安装”，开始安装。

4. 选择安装版本

在如图 2-3 所示的“选择要安装的操作系统”界面，选择要安装的操作系统为 Windows Server 2008 Enterprise(完全安装)。

在基于 x86 的或基于 x64 的服务器上执行 Windows Server 2008 的服务器核心安装时，系统将在安装过程中会提示安装下列选项之一。

Windows Server 2008 完全安装。此选项将执行 Windows Server 2008 的完全安装。

图 2-1　Windows Server 2008 安装启动界面

图 2-2　开始安装 Windows Server 2008 系统

此安装包括整个用户界面，并且支持所有服务器角色。

Windows Server 2008 服务器核心安装。此选项将执行 Windows Server 2008 的最小服务器安装，它可用于运行支持的服务器角色。当选择此选项时，安装程序将仅安装这些服务器角色正常工作所需的文件。例如，将不会安装可通过命令提示符进行本地配置和管理服务器的传统 Windows 界面。此类安装方式将降低服务器的服务和管理要求并减小服务器的受攻击面。

单击“下一步”按钮，出现阅读许可条款界面，查看许可条款信息之后，选择“我接受许可条款”复选框。

5. 选择安装类型

选择安装类型，升级安装或自定义(高级)，如图 2-4 所示。此处选择“自定义安装”。如果选择的是“用安装光盘引导启动安装”，则升级不可用。

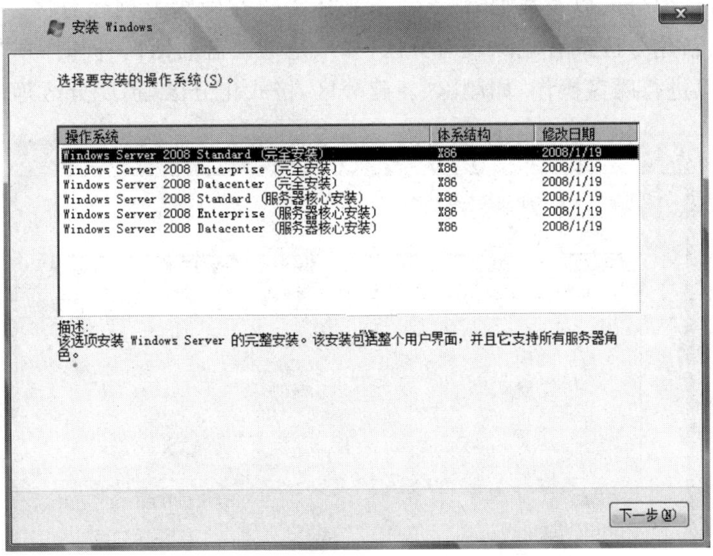

图 2-3 Windows Server 2008 安装方式选择

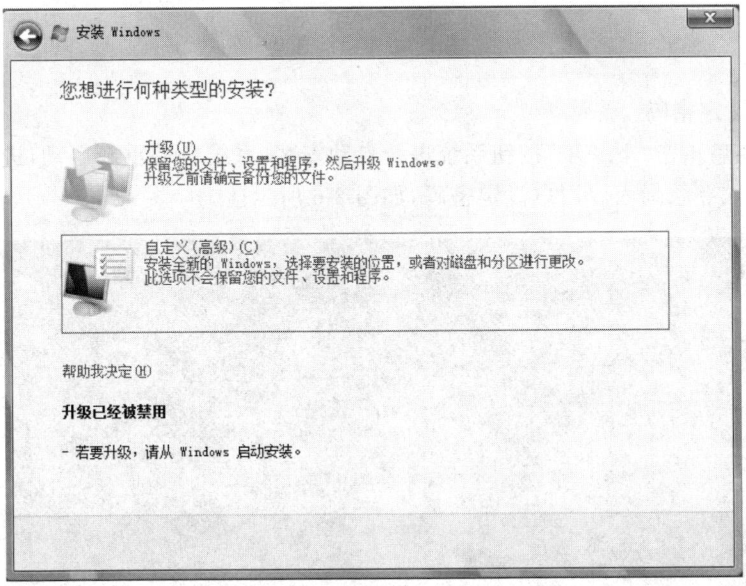

图 2-4 Windows Server 2008 安装类型选择

6. 设置安装分区

安装 Windows Server 2008 需要一个空的大容量分区,否则安装之后分区容量就会变得很紧张。需要特别注意的是,Windows Server 2008 只能被安装在 NTFS 格式分区下,并且分区剩余空间必须大于 8GB。如果使用了一些比较不常见的存储子系统,例如 SCSI、RAID 或者特殊的 SATA 硬盘,安装程序无法识别硬盘,那么需要在这里提供驱动程序。如图 2-5 所示,单击“加载驱动程序”图标,然后按照屏幕上的提示提供驱动程序。安装好驱动程序后,需要单击“刷新”按钮让安装程序重新搜索硬盘。如果计算机使用的硬盘是全新的，硬盘上没有任何分区以及数据，那么接下来还需要在硬盘上创建分区。单击“驱动器选项(高级)”按钮新建分区或者删除现有分区(如果是老硬盘的话)。同时，在“驱动器选项(高级)”窗口中可以进行磁盘操作，如删除、新建分区，格式化分区，扩展分区等。

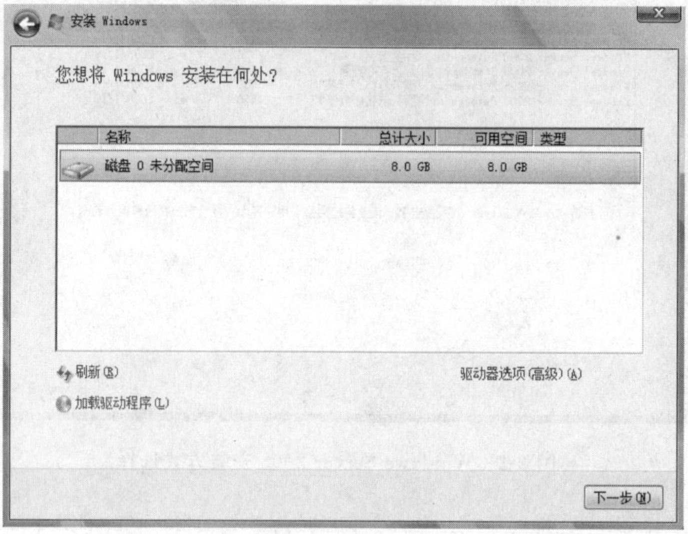

图 2-5　磁盘的选择

7. 用户设定密码

分区结束后单击“下一步”按钮系统进行自动安装，系统自动重新启动，进入“完成安装”阶段，最后进入登录画面。用户设定密码，如图 2-6 所示。

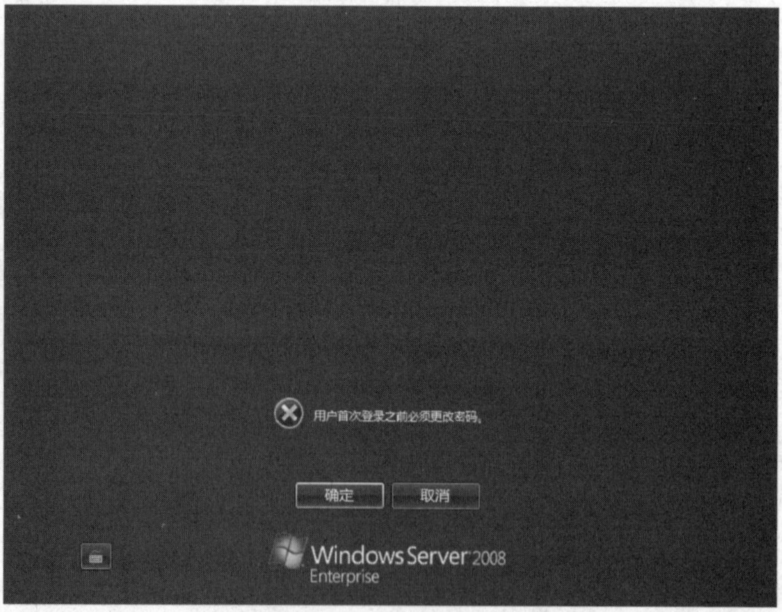

图 2-6　用户密码设定

至此安装步骤全部完成。

系统再次启动时，用户需要使用 Ctrl＋Alt＋Del 组合键，输入安装过程中设定的密码，如图 2-7 所示，登录 Windows Server 2008。

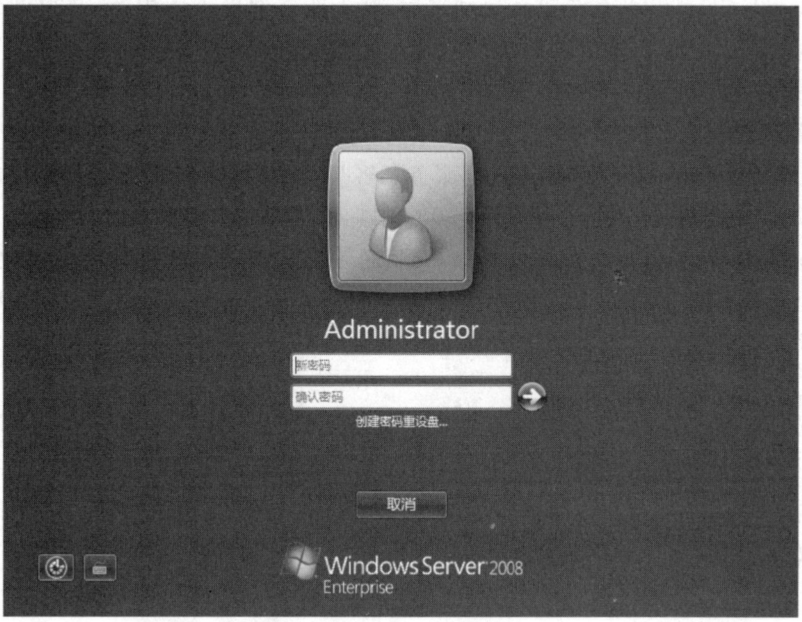

图 2-7　登录界面

登录并进入系统之后，将自动弹出一个“初始配置任务”窗口，如图 2-8 所示，根据需要完成相关信息的配置。

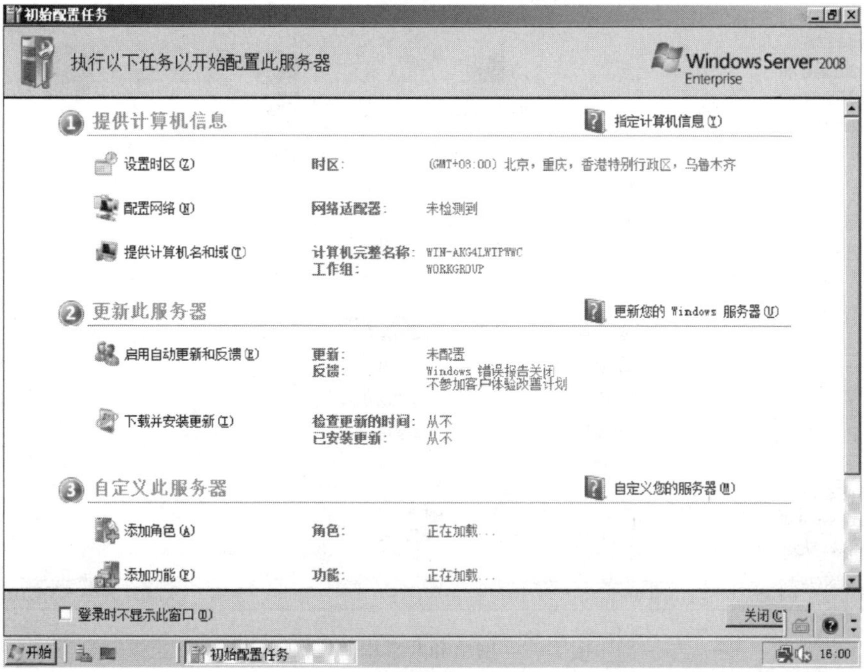

图 2-8　“初始配置任务”窗口

2.1.3 安装后的基本配置

Windows Server 2008 系统重新启动之后，并不能立刻投入使用，还必须进行必要的设置，包括许可协议、时间和日期设置、软件更新、角色添加等方面。在此重点介绍下面几项基本配置，其他的不再一一详细列举。

1. 配置网络

网络配置主要包含：安装网络协议/服务和客户、安装网络协议、安装网络服务、安装网络客户、添加网络组件、Windows Server 2008 中配置 TCP/IP 协议。

Windows Server 2008 在安装过程中，安装向导会自动进行硬件检测，如果检测到用户的计算机上安装有网卡，安装向导会自动为该适配器添加驱动程序，以及进行中断号和输入输出地址等硬件的配置，并让用户选择如何安装配置网络组件，选项包括典型配置和自定义的配置。

用户选择典型配置，系统会自动配置默认网络协议、服务和客户，如系统自动加载网络协议为 TCP/IP，且默认为自动获取 IP 地址、网关、DNS 服务器地址的信息。

使用网络时，用户必须根据使用的网络的类型安装对应的网络协议。在当前系统中增加网络协议操作如下。

单击“开始”→“控制面板”→“网络”→“网络和共享中心”打开“网络和共享中心”界面，如图 2-9 所示。该界面中可以设置连接和网络以及管理网络连接。

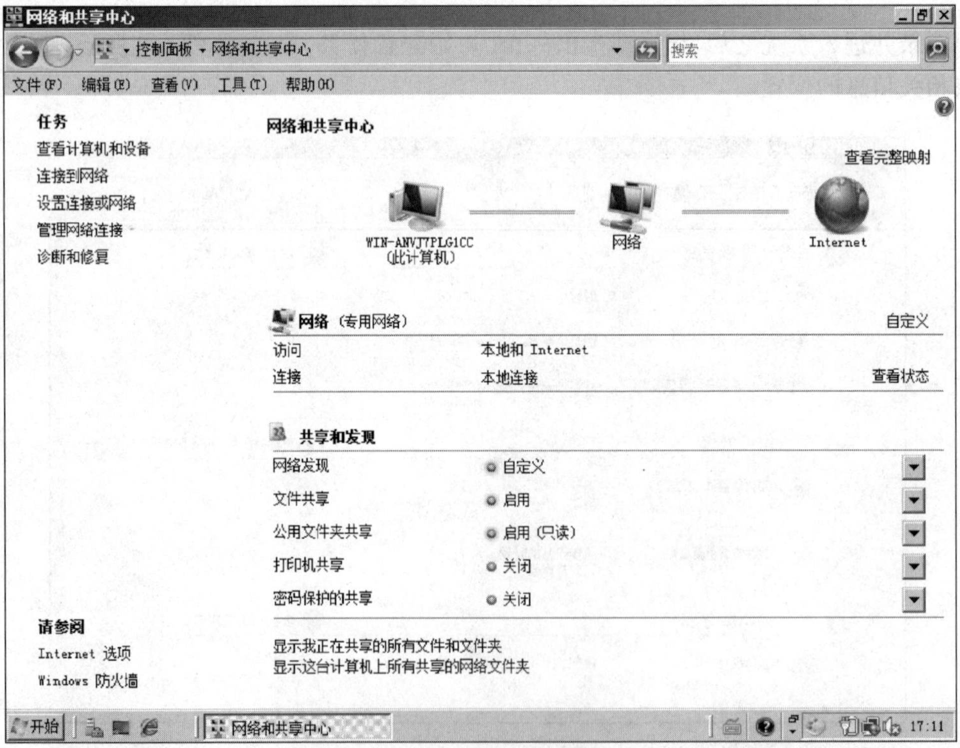

图 2-9 “网络和共享中心”界面

单击“管理网络连接”，打开如图 2-10 所示的“网络连接”界面。

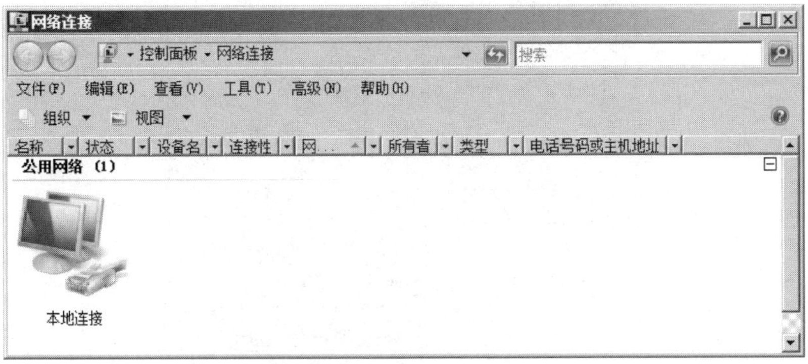

图 2-10 “网络连接”界面

右击“本地连接”图标，从弹出的快捷菜单中选择“属性”选项，打开“本地连接 属性”对话框，如图 2-11 所示。

双击“Internet 协议版本 4”，打开“Internet 协议版本 4 (TCP/IPv4)属性”设置对话框，如图 2-12 所示。在该对话框中按如图所示设置 IP 地址、子网掩码、默认网关以及首选 DNS 服务器，最后单击“确定”完成 IP 地址的设置。

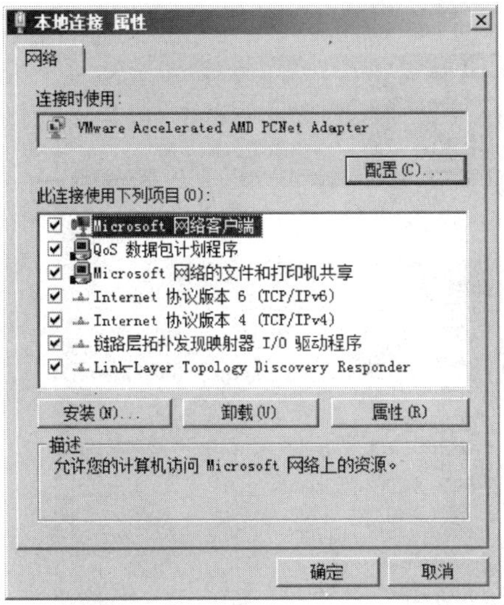

图 2-11 “本地连接 属性”对话框

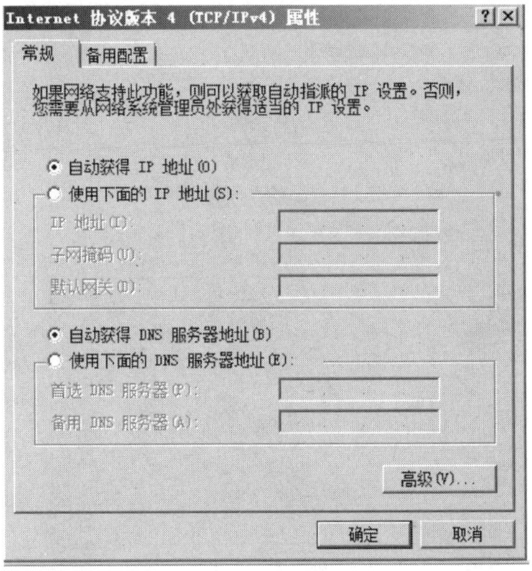

图 2-12 “Internet 协议版本 4(TCP/IPv4)属性”对话框

2. 调整虚拟内存大小

单击“开始”→“控制面板”→“系统”，打开“系统”界面，在该界面中单击“高级系统设置”，打开“系统属性”对话框，选择“高级”选项卡，如图 2-13 所示。

单击“设置”按钮，打开“性能选项”对话框，选择如图 2-14 所示“高级”选项卡，可以看到当前计算机的虚拟内存容量为 1024MB。

单击“更改”按钮，打开“虚拟内存”对话框，如图 2-15 所示，选择“自定义大小”单选框，设置初始大小和最大值为预订大小，单击“设置”按钮，确定并重启计算机完成虚拟内存的设置。

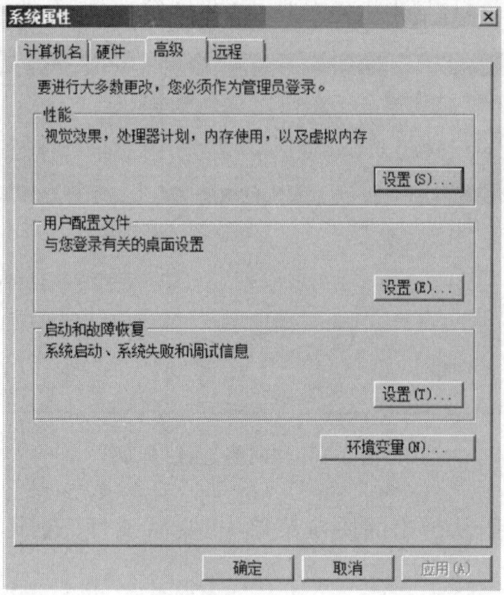

图 2-13 “系统属性”对话框

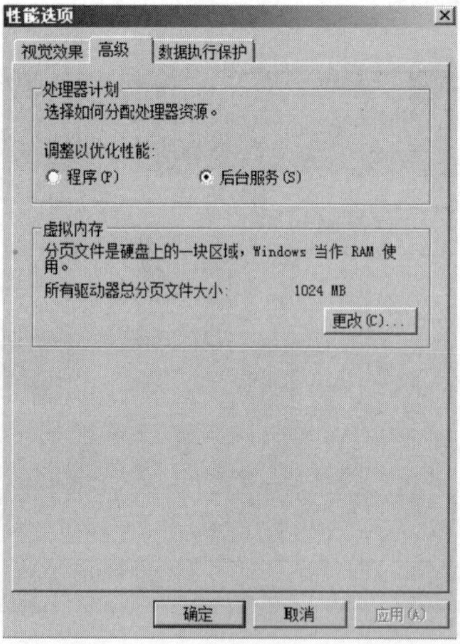

图 2-14 “性能选项”对话框

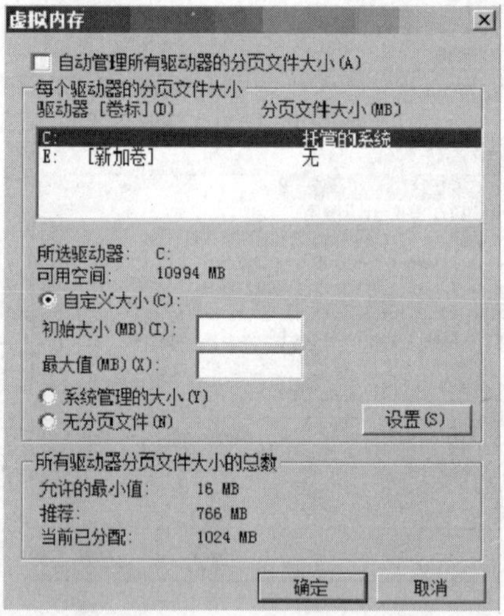

图 2-15 “虚拟内存”对话框

3. 计算机名和域

单击“开始”→“控制面板”→“系统”，打开“系统”界面，如图 2-16 所示。在该界面中显示了计算机的基本信息。在该界面中还可以进行设备管理、远程设置以及高级系统设置。

单击“高级系统设置”，打开“系统属性”对话框如图 2-17 所示，选择“计算机名”选项卡。单击“更改”按钮，打开“计算机名/域更改”对话框，如图 2-18 所示。输入自己设定的计算机名称，然后选择自己的计算机是属于域还是工作组，单击“确定”按钮。在加入域时，需要在域控制器中建立一个账号，加入域的计算机在登录到域的过程中需要输入相应的账号和密码。

图 2-16 “系统”界面

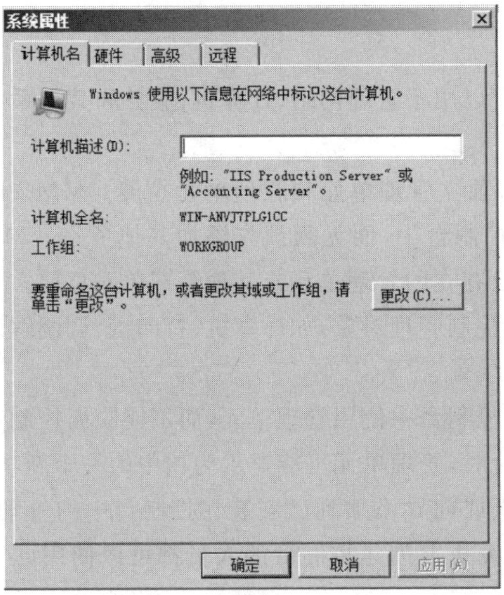

图 2-17 “计算机名”选项卡

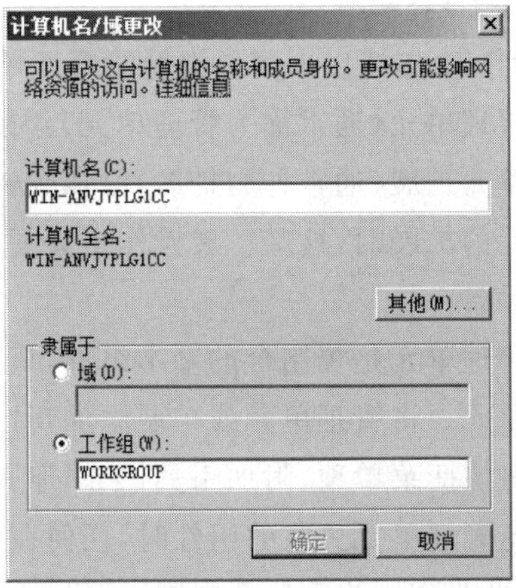

图 2-18 “计算机名/域更改”对话框

4. 服务器更新

设置 Windows Update 驱动程序，使其自动检查驱动程序，具体步骤如下。

单击“开始”→“控制面板”→“系统”，打开“系统”界面，在该界面中单击“高级系统设置”，打开“系统属性”对话框，选择“硬件”选项卡，如图 2-19 所示。

单击“Windows Update 驱动程序设置”按钮，打开“Windows Update 驱动程序设置”对话框，选择“自动检查驱动程序(推荐)”点选框，如图 2-20 所示，单击“确定”完成 Windows Update 驱动程序的设置。

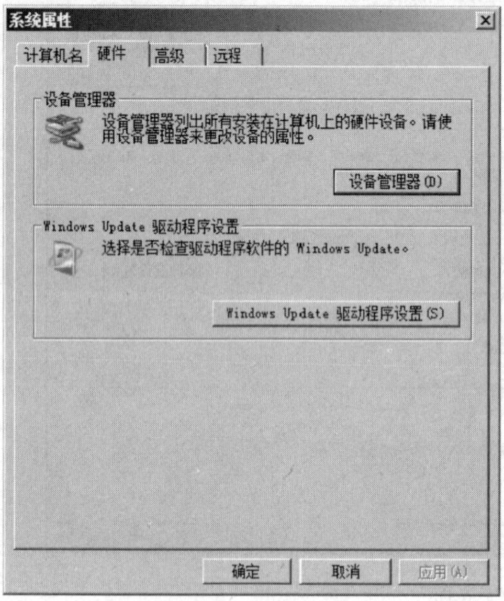

图 2-19 “硬件”选项卡

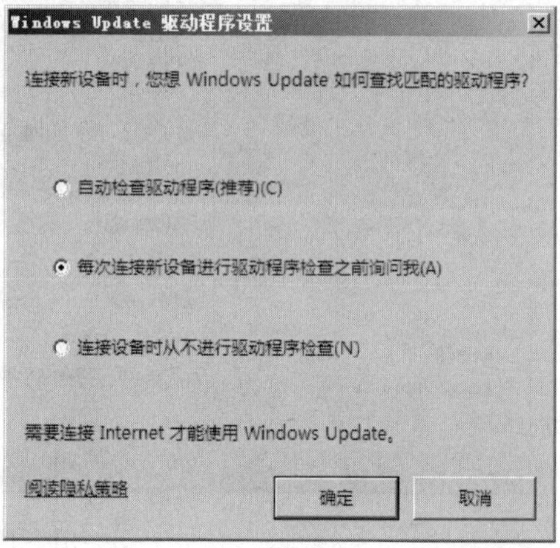

图 2-20 “Windows Update 驱动程序设置”对话框

5. 管理控制台

Microsoft 管理控制台(MMC)集成了可以用于管理网络、计算机、服务和其他系统组件的管理工具。

MMC 支持以下两种类型的管理单元：独立管理单元和管理单元扩展。MMC 可以将独立管理单元(通常称为管理单元)添加到控制台中，而无须预先添加其他项目。MMC 将管理单元扩展(通常称为扩展)添加到树中已存在的管理单元或其他管理单元扩展。启用管理单元的扩展时，这些扩展操作由管理单元控制管理对象，如计算机、打印机、调制解调器或其他设备。

管理单元是控制台的基本组件，只能在控制台中使用管理单元，而不能脱离控制台运行管理单元。将管理单元或扩展添加到控制台时，管理单元可能显示为树中的一个新项，或者可能将快捷菜单项、附加工具栏、附加属性页或向导添加到已安装在控制台中的管理单元。安装与管理单元关联的组件时，任何在此计算机上创建控制台的人员都可以使用此管理单元(除非受到用户策略的限制)。

单击“开始”→“运行”，打开“运行”对话框，在文本框中输入命令 mmc，单击“确认”按钮，选择“控制台 1”窗口，如图 2-21 所示。

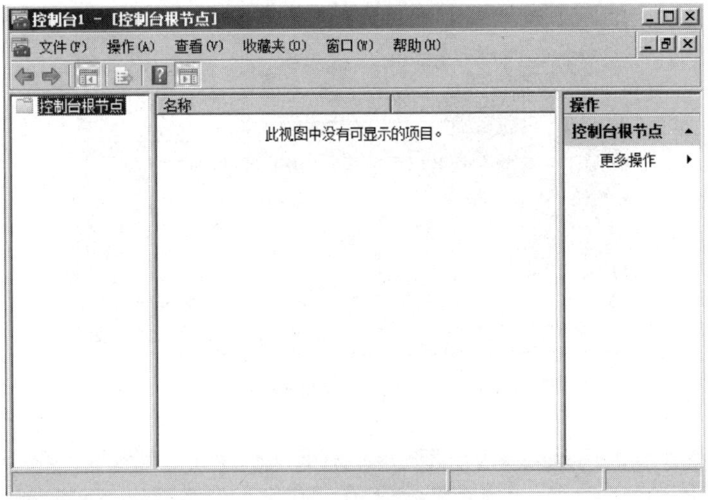

图 2-21 “控制台 1”窗口

在 MMC 中,单击菜单栏中的“文件”→“添加或删除管理单元”,打开“添加或删除管理单元”对话框,如图 2-22 所示。

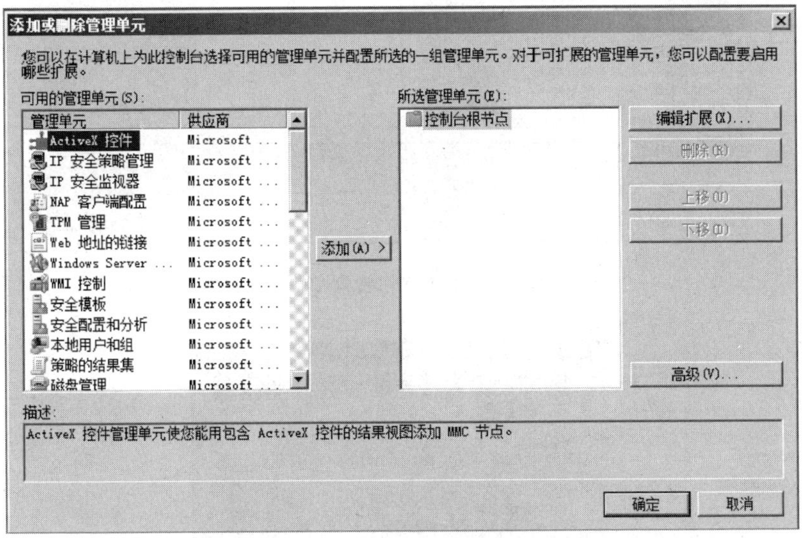

图 2-22 “添加或删除管理单元”对话框

在“可用的管理单元”列表中选择“本地用户和组”,单击“添加”按钮,打开如图 2-23 所示的对话框。在该对话框中选择本地计算机或另一台计算机,在此选择“本地计算机”单选框,然后单击“完成”按钮。

返回如图 2-24 所示“添加或删除管理单元”对话框,在“所选管理单元”列表中可以看到已经添加了“本地用户和组”管理单元。

在“所选管理单元”列表中选择“本地用户和组”,单击“编辑扩展”按钮,打开如图 2-25 所示的“本地用户和组的扩展”对话框。在该对话框中可以选择所有的或相应的扩展管理单元然后单击“确定”按钮并返回管理控制台界面。

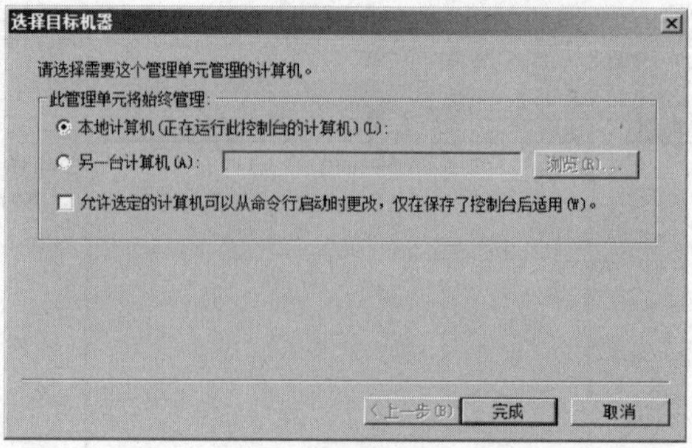

图 2-23 “选择目标机器”对话框

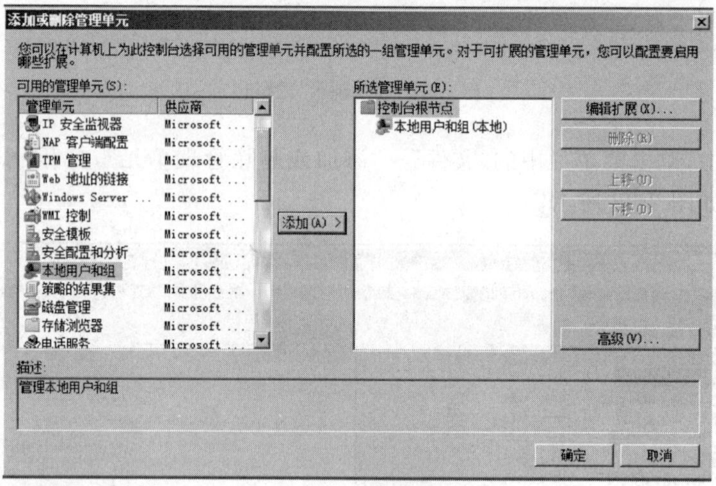

图 2-24 “添加或删除管理单元”对话框

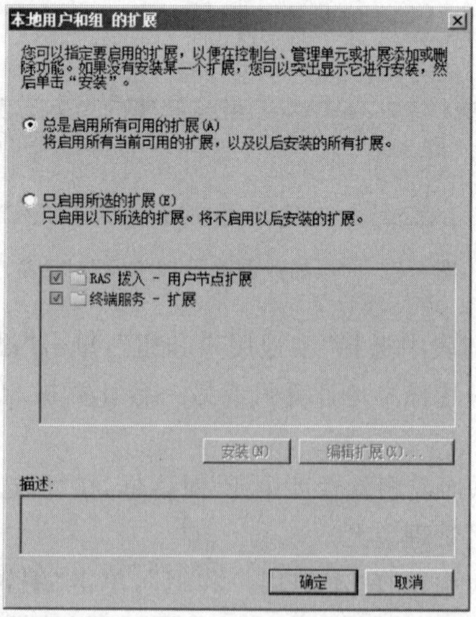

图 2-25 “本地用户和组的扩展”对话框

在如图2-26所示的控制台界面上，可以看到在控制台中已经添加了“本地用户和组”管理单元。

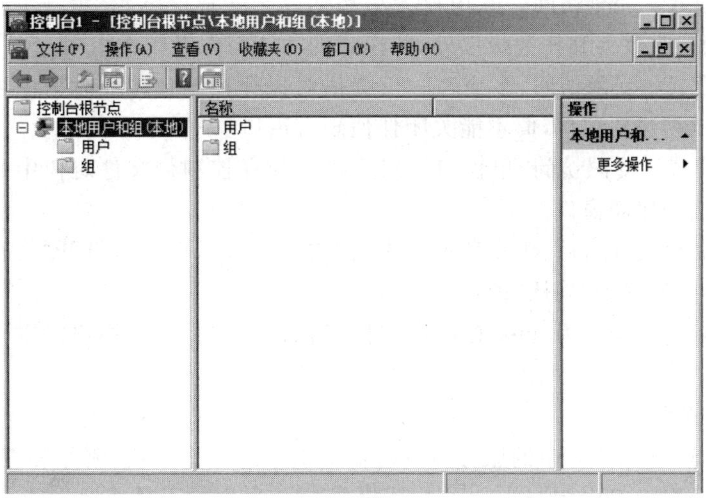

图2-26 “控制台1”窗口

单击MMC菜单栏中的“文件”→“选项”，打开“选项”对话框，如图2-27所示。

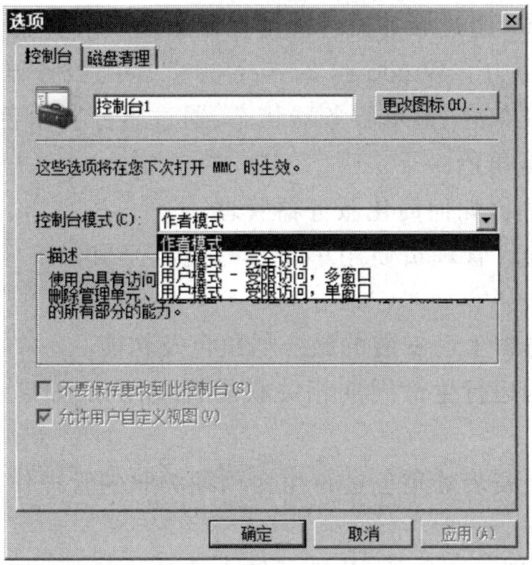

图2-27 设置控制台模式

若要更改控制台的标题，在框中输入新标题。若要更改控制台的图标，单击“更改图标”。在“文件名”中输入包含图标的文件的路径。在“当前图标”下单击图标，然后单击“确定”。

若要更改控制台的默认模式，可以在“控制台模式”中选择要用于打开控制台的4种模式中的一种。

(1) 作者模式。启用管理单元控制台的完全自定义功能，包括添加或删除管理单元、创建新窗口、创建收藏夹和任务板，以及访问“自定义视图”对话框和“选项”对话框的选项。用户为自己或他人创建自定义控制台文件时通常使用此模式。最后的管理单元控制台通常以此表中的一种用户模式保存。

(2) 用户模式 - 完全访问。除用户无法添加或删除管理单元、无法更改管理单元控制台选项、无法创建收藏夹和任务板以外,此模式的功能与作者模式相同。

(3) 用户模式 - 受限访问,多窗口。仅提供对保存控制台文件时树中可见部分的访问权限。用户可以创建新窗口,但不能关闭任何现有窗口。

(4) 用户模式 - 受限访问,单窗口。仅提供对保存控制台文件时树中可见部分的访问权限。用户无法创建新窗口。

设置好控制台模式以后,单击菜单栏中的"文件"→"另存为",打开"另存为"对话框,设置好路径和文件名,单击"确认"即可。

右击已保存的后缀名为.msc 控制台文件,然后单击"作者",用户将以作者模式打开该控制台。

6. 服务器管理器

Windows Server 2008 中的服务器管理器提供一组用于安装、删除和查询角色、角色服务和功能的 Windows PowerShell cmdlet,还提供一个命令行工具 ServerManagerCmd. exe,该功能使用户能够执行角色、角色服务和功能的自动安装或删除。使用这两个命令行选项,用户可以查看其操作日志,并运行查询以显示计算机上已安装和可安装的角色、角色服务和功能列表。

Windows Server 2008 通过服务器管理器控制台缓解了企业中对多个服务器角色进行管理及安全保护的任务压力。Windows Server 2008 中的服务器管理器提供单一源,用于管理服务器的标识及系统信息、显示服务器状态、通过服务器角色配置来识别问题,以及管理服务器上已安装的所有角色。

下面介绍服务器管理器如何简化服务器管理。

(1) 服务器管理器允许管理员使用单个工具就可完成以下任务,从而使服务器管理更高效:

(2) 查看和更改服务器上已安装的服务器角色及功能。

(3) 执行与服务器的运行生命周期相关联的管理任务,如启动或停止服务以及管理本地用户账户。

(4) 执行与服务器上安装的角色运行生命周期关联的管理任务,包括扫描某些角色,看其是否符合最佳做法。

确定服务器状态,识别关键事件,分析并解决配置问题和故障。

2.2 NTFS 文件系统

2.2.1 Windows Server 2008 支持的文件系统

Windows Server 2008 支持的文件系统有 FAT、FAT32 和 NTFS 三类,下面分别介绍 FAT 和 NTFS 文件系统。

1. FAT 文件系统简介

FAT(File Allocation Table)指的是文件分配表,包括 FAT 和 FAT32 两种。FAT 是

一种适合小卷集、对系统安全性要求不高、需要双重引导的用户应选择使用的文件系统。

FAT16是用户早期使用的DOS、Windows 95使用的文件系统，现在常用的Windows 98/2000/XP等系统均支持FAT16文件系统。它最大可以管理2GB的磁盘分区，但每个分区最多只能有65525个簇(簇是磁盘空间的配置单位)。随着硬盘或分区容量的增大，每个簇所占的空间将越来越大，从而导致硬盘空间的浪费。

FAT32是FAT16的增强版，随着大容量硬盘的出现，从Windows 98开始流行，它可以支持大到2TB(2048GB)的磁盘分区。FAT32使用的簇比FAT16小，从而有效地节约了磁盘空间。FAT文件系统是一种最初用于小型磁盘和简单文件夹结构的简单文件系统，它向后兼容，最大的优点就在它适用于所有的Windows操作系统。另外，FAT文件系统在容量较小的卷上使用比较好，因为FAT启动只使用非常少的开销。FAT在容量低于512MB的卷上工作时最好，当卷容量超过1.024GB时，效率就显得很低。而对于400～500MB以下的卷，FAT文件系统相对于NTFS文件系统来说是一个比较好的选择。不过对于使用Windows Server 2008的用户来说，FAT文件系统则不能满足系统的要求。

2. NTFS简介

NTFS(New Technology File System)是Windows Server 2008推荐使用的高性能文件系统。它支持许多新的安全、存储和容错功能，而这些功能也正是FAT文件系统所缺少的。

Windows的NTFS文件系统提供了FAT文件系统所没有的安全性、可靠性和兼容性。其设计目标就是在大容量的硬盘上能够很快地执行读、写和搜索等标准的文件操作，甚至包括像文件系统恢复这样的高级操作。NTFS文件系统包括了文件服务器和高端个人计算机所需的安全特性。它还支持对于关键数据、十分重要的数据访问控制和私有权限。除了可以赋予计算机中的共享文件夹特定权限外，NTFS文件和文件夹无论共享与否都可以赋予权限，NTFS是唯一允许为单个文件指定权限的文件系统。但是，当用户从NTFS卷移动或复制文件到FAT卷时，NTFS文件系统权限和其他特有属性将会丢失。

NTFS文件系统设计简单却功能强大。从本质上来讲，卷中的一切都是文件，文件中的一切都是属性，从数据属性到安全属性，再到文件名属性。NTFS卷中的每个扇区都分配给了某个文件，甚至文件系统的超数据(描述文件系统自身的信息)也是文件的一部分。

1) NTFS文件系统的优点

(1) 更为安全的文件保障，提供文件加密，能够大大提高信息的安全性。

(2) 更好的磁盘压缩功能。

(3) 支持最大达2TB的大硬盘。

(4) 可以赋予单个文件和文件夹权限。

(5) NTFS文件系统中设计的恢复能力无须用户在NTFS卷中运行磁盘修复程序。

(6) NTFS文件夹的B-Tree结构使得用户在访问较大文件夹中的文件时，速度甚至较访问卷中较小文件夹中的文件还快。

(7) 可以在NTFS卷中压缩单个文件和文件夹。

(8) 支持活动目录和域。

(9) 支持稀疏文件。

(10) 支持磁盘配额。

2) NTFS 的安全特性

(1) 许可权；

(2) 审计；

(3) 拥有权；

(4) 可靠的文件清除；

(5) 上次访问时间标记；

(6) 自动缓写功能；

(7) 热修复功能；

(8) 磁盘镜像功能；

(9) 有校验的磁盘条带化；

(10) 文件加密。

2.2.2 NTFS 文件系统的访问和许可权

Windows Server 2008 以用户和组账户为基础来实现文件系统的许可权。每个文件、文件夹都有一个称为访问控制清单(Access Control List)的许可清单,该清单列举出哪些用户或组对该资源有哪种类型的访问权限。访问控制清单中的各项称为访问控制项。文件访问许可权只能用于 NTFS 卷。

访问控制用户界面包括允许改变 NTFS 权限、管理对象的所有权以及制定对象上的审核范围的一系列对话框。

1. NTFS 文件权限的类型

1) 读取

此权限允许用户读取文件内的数据、查看文件的属性、查看文件的所有者、查看文件的权限。

2) 写入

此权限包括覆盖文件、改变文件的属性、查看文件的所有者、查看文件的权限等。

3) 读取及运行

除了具有读取的所有权限,还具有运行应用程序的权限。

4) 修改

此权限除了拥有写入、读取及运行的所有的权限外,还能够更改文件内的数据、删除文件、改变文件名等。

5) 完全控制

拥有所有的 NTFS 文件的权限,也就是拥有上面所提到的所有权限,此外,还拥有修改权限和取得所有权限。

2. 设置安全的访问许可权

Windows Server 2008 中安全策略主要包括以下几种:

(1) 对服务器上的所有文件,实施强有力的基于许可的安全措施。

(2) 对中低安全性的安装,除系统卷和引导卷外,所有驱动器上均实施域用户(Domain User)管理,避免使用缺省的每个用户(Everyone)、完全控制(Full control)许可等安全措施。

(3) 对于高安全性安装,去掉所有 Everyone、完全控制许可权。不要用缺省许可代替,只在特别需要的地方才增加许可。

(4) 以机构中的自然关系为基础建立组，按组分配文件许可权。

(5) 利用第三方的许可审计软件管理复杂环境中的许可权问题。

3. 文件与文件夹的访问许可冲突

随着网络环境下的共享文件和文件夹的创建，可能会出现资源许可权冲突。当某个用户是多个组的成员时，其中的某些组可能允许访问某种资源，而其他组的成员被拒绝访问。另外，有时也可能出现重复的许可。例如，某用户对一文件夹应能进行读(Read)访问，但他又是 Administrator 组的成员而同时又有完全控制(Full Control)权限。

Windows Server 2008 按以下方式确定访问权。

(1) 权限的累加性。用户对每个资源的有效权限是其所有权限的总和，即权限相加，把所有的权限加在一起为该用户的权限。

(2) 对资源的拒绝权限会覆盖掉所有其他的权限。例如，若用户对某一个资源的权限被设为拒绝访问，则用户的最后权限是无法访问该资源，其他的权限不再起作用。

(3) 文件权限会覆盖掉文件夹权限。当用户或组对某个文件夹以及该文件夹下的文件有不同的访问权限时，用户对文件的最终权限是用户被赋予访问该文件的权限。例如，共享文件夹允许完全控制而文件允许只读，则该文件为只读。

4. 查看文件和文件夹的访问许可权

如果用户需要查看文件或文件夹的属性，首先选定文件或文件夹，鼠标右击打开快捷菜单，然后选择属性命令。在打开的文件或文件夹的属性对话框中单击安全标签，选择安全属性卡。在名称列表框中，列出了对选定的文件或文件夹具有访问许可权限的组和用户。当选定了某个组或用户后，该组或用户所具有的各种访问权限将显示在权限列表柜中。

没有列出来的用户也可能具有对文件或文件夹的访问许可权，因为用户可能属于该选项中列出的某个组。因此，最好不要把对文件的访问许可权分配给各个用户，最好先创建组，把许可权分配给组，然后把用户添加到组中。这样需要更改的时候只需要更改整个组的访问许可权，而不必逐个修改每个用户。

5. 更改文件或文件夹的访问许可权

当用户需要更改文件或文件夹的权限时，必须具有对它的更改权限或拥有权。用户可以选择需要设置的用户或组，简单地选定或取消对应权限后面的复选框即可。

在打开的文件或文件夹的属性对话框里，在安全标签下单击"高级"按钮，可以打开访问控制对话框。在此，用户可以进一步设置一些额外的高级访问权限。

单击编辑，将打开选定对象的权限项目对话框。此时，用户可以通过应用到下拉列表框选择需设定用户或组，并对选定对象的访问权限进行更加全面的设置。

6. 添加与管理共享文件夹

资源共享是网络最重要的特性，通过共享文件夹可以使用户方便地进行文件交换。通过对共享文件夹的访问权限的设置，可以有效保护共享文件的安全性。当然，简单地设置共享文件夹可能会带来安全隐患，因此，必须考虑设置对应文件夹的访问权限。

1) 设置共享文件夹

(1) 打开"开始"菜单，选择"管理工具"→"计算机管理"命令后，打开"计算机管理"窗口，如图 2-28 所示，然后单击"共享文件夹"→"共享"子节点，打开窗口，如图 2-29 所示。

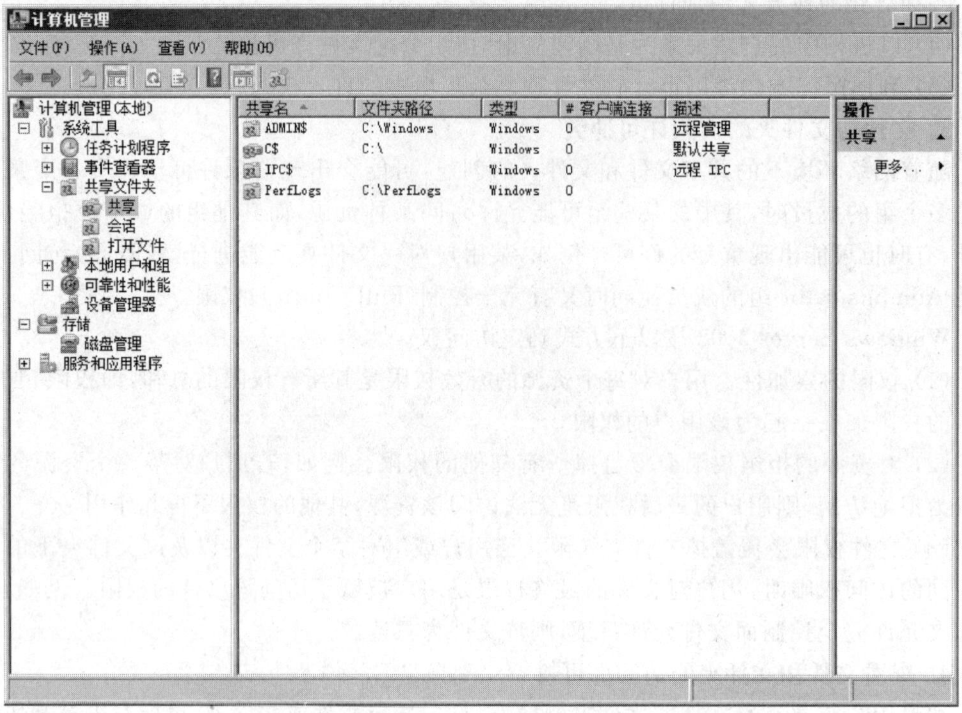

图 2-28 计算机管理窗口

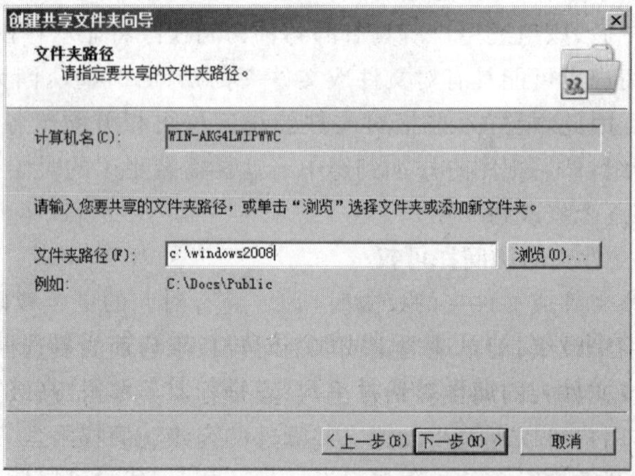

图 2-29 输入共享文件夹路径

(2) 在窗口的右边显示出了计算机中所有共享文件夹的信息。如果要建立新的共享文件夹，可通过选择主菜单“操作”中的“新建共享”子菜单，或者在右侧窗口右击选择“新建”→“共享”菜单，打开创建共享文件夹向导对话框，如图 2-30 所示。输入要共享的文件夹、共享名、共享描述，在共享描述中可输入一些该资源的描述性信息，以方便用户了解其内容。

(3) 单击“下一步”按钮，打开“创建共享文件夹”对话框，如图 2-31 所示。用户可以根据自己的需要设置网络用户的访问权限。或者选择“自定义”自己定义网络用户的访问权限。

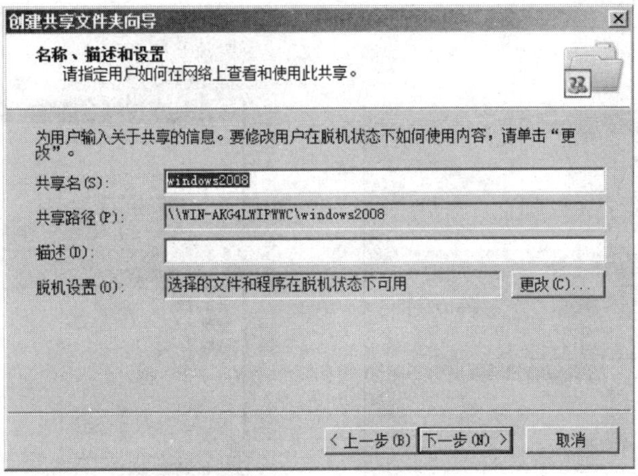

图 2-30　名称、描述和设置

另一种方法操作如下：

用户也可以通过如下方法设置共享文件夹。双击“计算机”或资源管理器，然后选择要设置为共享文件夹的驱动器并选定文件夹。鼠标右击激活快捷菜单，选择“共享”菜单项。打开如图 2-32 所示窗口。

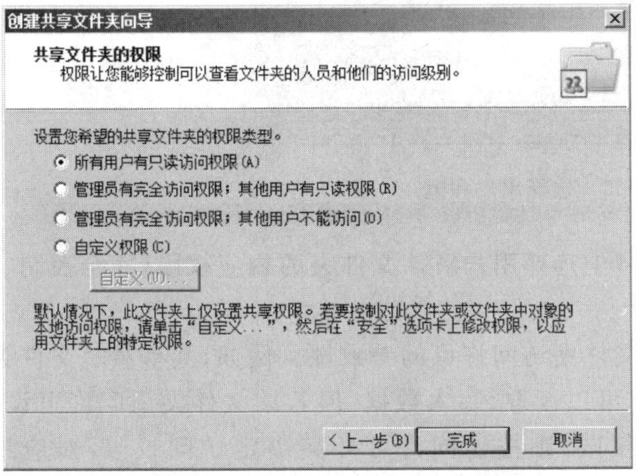

图 2-31　共享文件夹权限

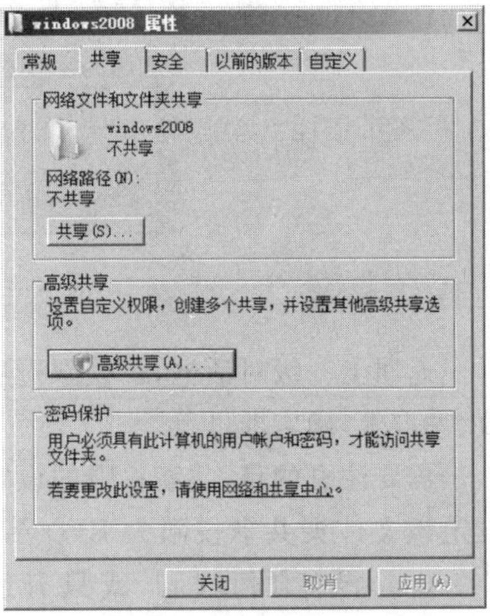

图 2-32　文件夹共享选项

单击“高级共享”按钮，打开“高级共享”对话框，如图 2-33 所示选择“共享此文件夹”复选框，设置共享文件夹名称和允许同时访问的用户数量等。此例设置共享的文件夹名字为 windows2008，即网络上的用户看到的本机上共享的文件名为 windows2008。

单击“权限”按钮，打开“windows2008 的权限”对话框，在该对话框中设置用户访问共享文件夹的权限，如图 2-34 所示。

如果需要允许某个用户能够访问共享文件夹，则需要单击“添加”按钮打开“选择用户和组”对话框，在“输入对象名称来选择”文本框中输入允许访问的本地用户账户，如图 2-35 所示，然后单击“确定”按钮即可。

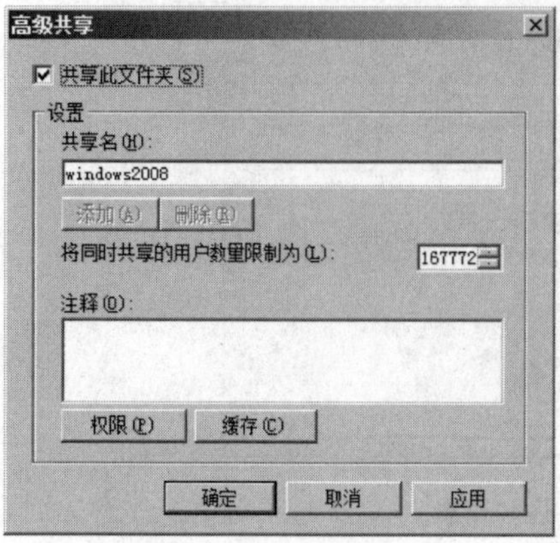

图 2-33 高级共享

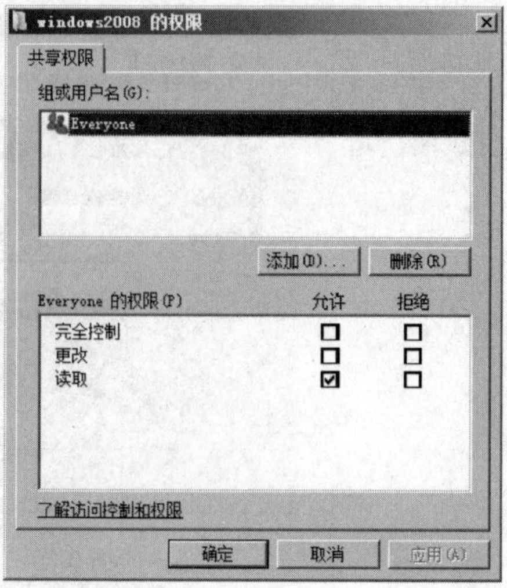

图 2-34 文件夹共享权限

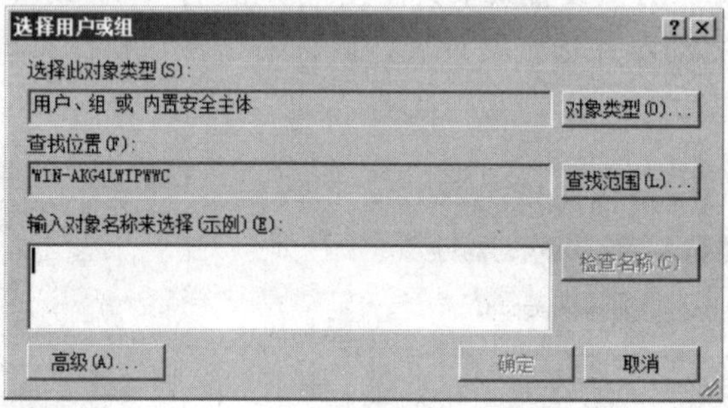

图 2-35 选择用户和组

返回上一级对话框,在权限选项区域中选择用户对该文件夹的相应权限(完全控制、更改、读取等)确定即可。

需要注意的是,共享权限的设定与文件夹访问许可的一致性。例如,共享某一文件夹,设定该文件夹共享权限为 Everyone 组可以读取、写入数据,但若该文件夹访问许可设置 Everyone 没有任何权利,或只有读取权限,则按访问许可冲突决定访问权限,对应地,Everyone 不能访问该共享目录,或只能读取该共享目录。

在 Windows Server 2008 构架的域环境中,以不同的域用户身份或主机方式登录服务器、创建文件,或者用户在某一文件夹内创建子文件夹时,该文件夹的访问许可继承父系权限。设置共享时需要检查共享权限与文件夹访问许可的一致性。

2) 停止或关闭打开的共享文件夹

当用户不想共享某个文件夹时,可以停止对其的共享。在停止共享之前,应该确定已经没有用户与该文件夹连接,否则该用户的数据有可能丢失。停止对文件夹的共享操作如下。

单击"开始"→"管理工具"→"计算机管理",打开"计算机管理"控制台,依次展开"系统工具"和"共享文件夹"节点,单击"共享"按钮,在窗口右侧显示了所有打开的共享文件夹。右击该文件夹,在弹出的菜单中选择"停止共享"。

关闭连接会话，也可以采用同样的方法，单击“开始”→“管理工具”→“计算机管理”，打开“计算机管理”控制台，依次展开“系统工具”和“共享文件夹”节点，单击“会话”按钮，在窗口右侧显示了所有连接的会话信息。右击该文件夹，在弹出的菜单中选择“关闭会话”。

3）修改共享文件夹的属性

在工作中有时需要更改共享文件夹的属性，如更改共享的用户个数、权限等。可以按照以下步骤进行。

在计算机管理窗口的右侧窗口中，选择要修改属性的共享文件夹，这里以文件夹windows2008为例说明操作过程。

（1）选择 windows2008 共享文件夹，右击选择属性，打开如图 2-36 所示对话框。

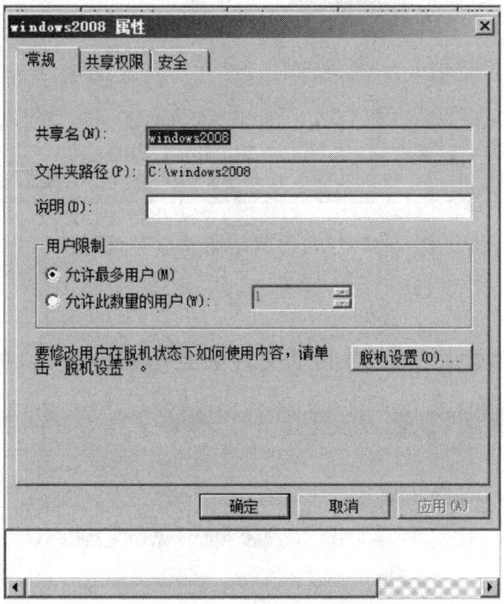

图 2-36　属性对话框

（2）在常规选项卡里，可以设置允许多少用户同时访问该共享文件夹以及缓存设置，用户可根据自己的需要进行设置。

（3）同时也可以通过选择共享权限、安全选项卡，修改组和用户的共享访问许可，或该文件/文件夹访问许可的设置。

（4）单击确定按钮即可使配置生效。

同样也可以找到该文件夹，鼠标右击激活快捷菜单，选择共享菜单项，弹出属性对话框，修改相应设置。

4）映射网络驱动器

为了使用方便，可以将经常使用的共享文件夹映射为驱动器，方法如下：

（1）右击“计算机”，选择“映射网络驱动器”，打开如图 2-37 所示的窗口。

（2）在“驱动器”下拉列表框中，选择一个本机没有的盘符作为共享文件夹的映射驱动器符号。输入要共享的文件夹名及路径，或者单击“浏览”按钮打开“浏览文件夹”对话框，选择要映射的文件夹。

（3）如果需要下次登录时自动建立同共享文件夹的连接，选定“登录时重新连接”复

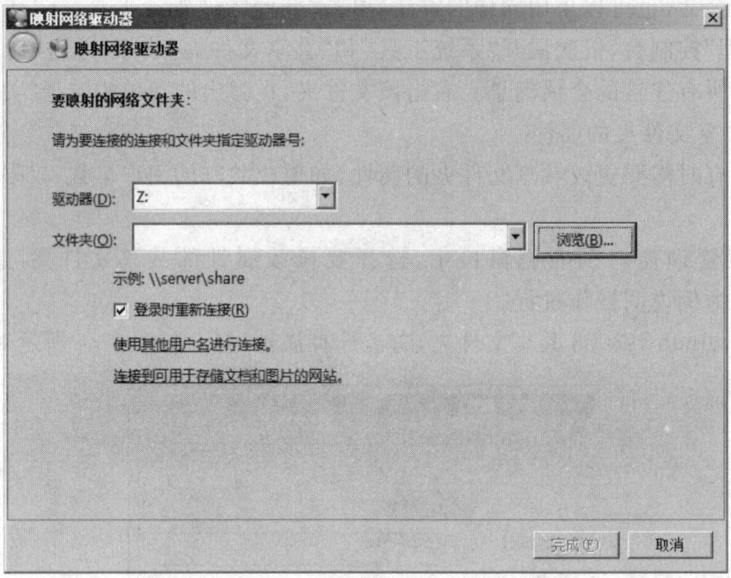

图 2-37 “映射网络驱动器”对话框

选框。

(4) 单击“完成”按钮,即可完成对共享文件夹到本机的映射,如图 2-38 所示。

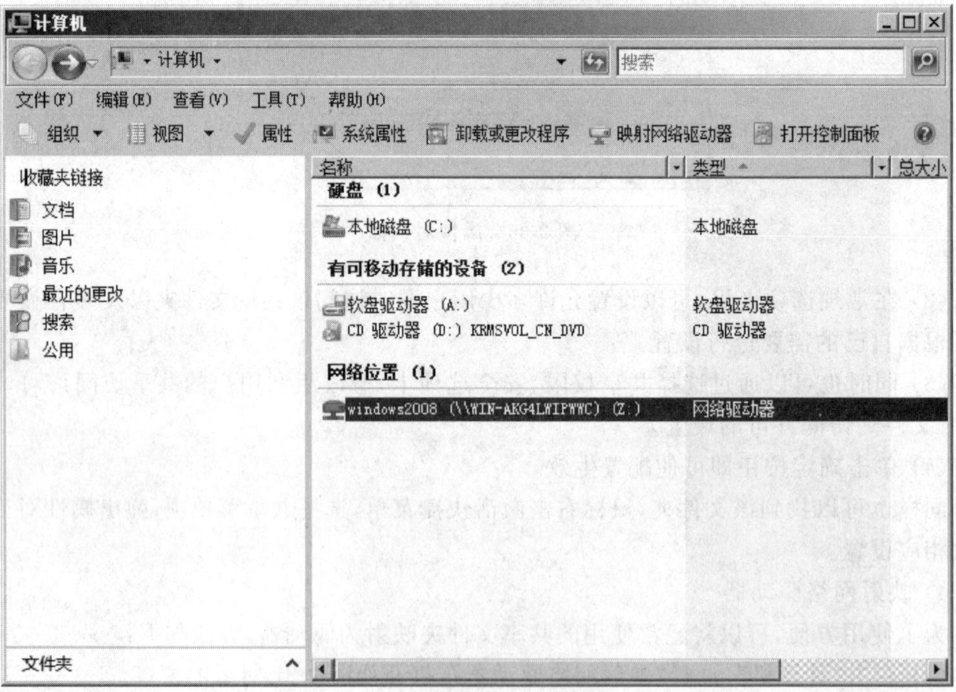

图 2-38 通过映射的驱动器访问共享文件夹

5) 断开网络驱动器

(1) 右击“计算机”,选择“断开网络驱动器”,打开如图 2-39 所示的窗口。

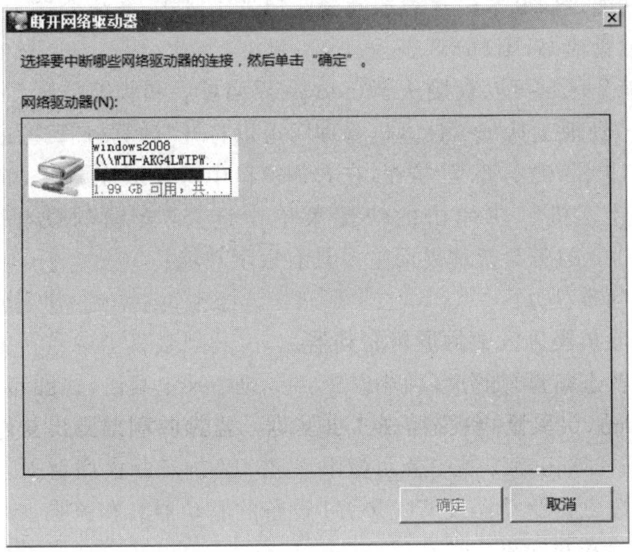

图 2-39　断开网络驱动器

(2) 选择要断开的网络驱动器，单击"确定"按钮即可。

2.3　磁盘管理

Windows Server 2008 集成了许多磁盘管理程序，这些实用程序是用于管理硬盘、卷或它们所包含的分区的系统使用工具。利用磁盘管理可以初始化磁盘、创建卷、使用 FAT、FAT32 或者 NTFS 文件系统格式化卷以及创建容错磁盘系统。磁盘管理可以在不需要重新启动系统或者中断用户的情况下执行多数与磁盘相关的任务，大多数配置更改可以立即生效。用户有效地对本地磁盘进行管理、设置和维护，可以保证极端及系统快速、安全和稳定地工作，使得 Windows Server 2008 服务器为网络应用提供稳定的服务。

Windows Server 2008 系统中，磁盘管理不但提供了在早期版本的功能，还增加了一些新的功能。Windows Server 2008 磁盘管理有以下特征。

- 动态存储。利用动态存储技术，不用重新启动系统，就可以创建、扩充或监视磁盘卷；不用重新启动计算机就可以添加新的硬盘，而且多数配置的改变可以立即生效。
- 本地和网络驱动器管理。如果是管理员，可以运行 Windows Server 2008 域中的任何网络计算机磁盘。
- 简化任务和更加直观的用户接口。磁盘管理易于使用。菜单显示了在选定对象上执行的任务，向导可以引导创建分区和卷、并初始化或更新硬盘。
- 驱动器路径。可以使用磁盘管理将本地驱动器连接或固定在一个本地 NTFS 格式卷的空文件夹上。
- 更为简单的分区创建。右击某个卷式，可以直接从菜单中选择是创建基本分区、跨区分区还是带分区。

• 磁盘转换功能。向基本磁盘添加的分区超过 4 格式，系统会提示将磁盘分区形式转换为动态磁盘或 GUID 分区表。

• 扩展和收缩分区。可以直接从 Windows 界面扩展和收缩分区。

单击"开始"→"管理工具"→"计算机管理"，可以打开"计算机管理"控制台，展开左侧窗口中的"存储"节点，单击"磁盘管理"按钮，在右侧窗口中将显示计算机的磁盘信息，如图 2-40 所示。或者右击"计算机"，在弹出的快捷菜单中选择"管理"，打开"服务器管理器"。Windows Server 2008 的磁盘管理界面主要具有以下功能：

(1) 创建和删除磁盘分区。

(2) 创建和删除扩展分区中的逻辑驱动器。

(3) 读取磁盘状态信息，如分区大小。

(4) 读取 Server 2008 卷的状态信息，如驱动器名的指定、卷标、文件类型、大小及可用空间。

(5) 指定或更改磁盘驱动器及 CD-ROM 设备的驱动器名和路径。

(6) 创建和删除卷和卷集。

(7) 创建和删除包含或者不包含奇偶校验的带区集。

(8) 建立或拆除磁盘镜像集。

(9) 保存或还原磁盘配置。

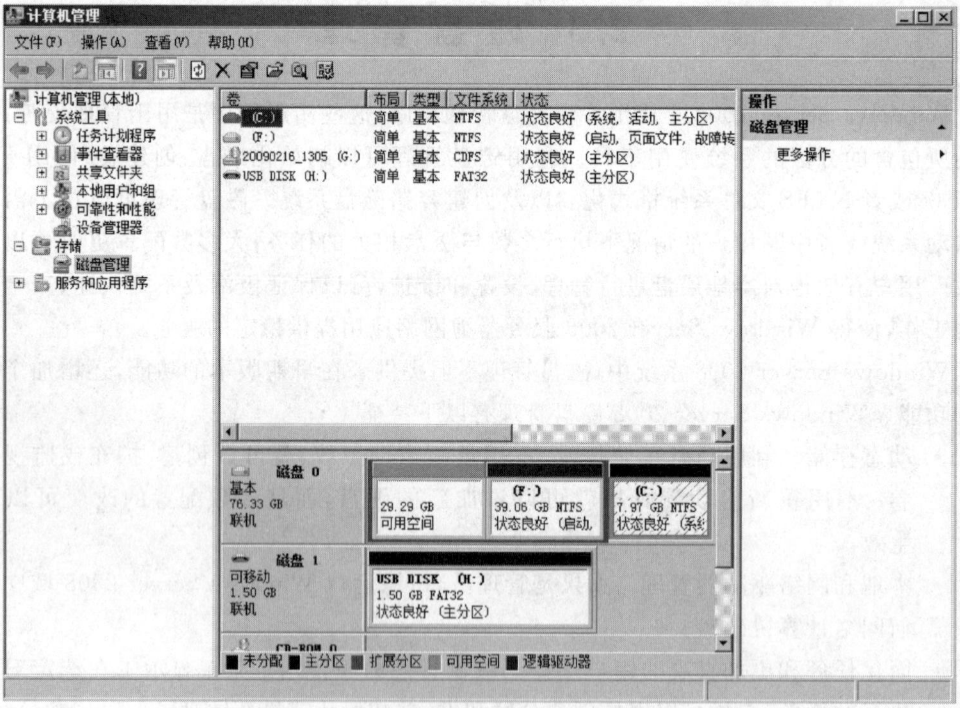

图 2-40 磁盘管理控制台

窗口右半部分分为上下两部分，分别以不同的形式显示了磁盘的相关信息。上半部分以列表的形式显示了磁盘的名称、布局、类型(动态/基本磁盘)、文件系统、状态、容量等。

下半部分以图形方式显示了当前计算机系统的物理硬盘，以及各个磁盘的物理大小和当前分区的结果和状态。

在查看菜单的顶端、底端，可选择显示磁盘的方式：磁盘列表、卷列表、图形视图等。单击查看菜单的设置选项，打开视图设置对话框，其中外观属性页用来设置显示的颜色，比例属性页用来设置显示的比例。

2.3.1 基本磁盘

基本磁盘和动态磁盘是 Windows 中的两种硬盘配置类型。大多数个人计算机都配置为基本磁盘，该类型最易于管理。Windows Server 2008 的磁盘管理支持这两种管理。

基本磁盘是指包含主磁盘分区、扩展磁盘分区或逻辑驱动器的物理磁盘。基本磁盘可包含多达 4 个主分区，或三个主分区加一个具有多个逻辑驱动器的扩展分区。基本磁盘上的分区和逻辑驱动器称为基本卷。只能在基本磁盘上创建基本卷。格式化的分区也称为卷（术语“卷”和“分区”通常互换使用）。可在基本磁盘上创建的分区个数取决于磁盘的分区形式：

- 对于主启动记录(MBR)磁盘，可以最多创建 4 个主分区，或最多三个主分区加上一个扩展分区。在扩展分区内，可以创建多个逻辑驱动器。
- 对于 GUID 分区表(GPT)磁盘，最多可创建 128 个主分区。由于 GPT 磁盘并不限制 4 个分区，因而不必创建扩展分区或逻辑驱动器。

1. 格式化卷

使用“计算机管理”窗口格式化卷，具体步骤如下：

打开“计算机管理”控制台，展开“存储”节点单击“磁盘管理”，在控制台右侧界面中右击要格式化的卷，在弹出菜单中选择“格式化”，如图 2-41 所示。

打开“格式化 G”对话框，选择要使用的文件系统 FAT、FAT32 或 NTFS，卷标，分配单元大小等信息。当格式化完成之后，就可以使用该磁盘分区了。

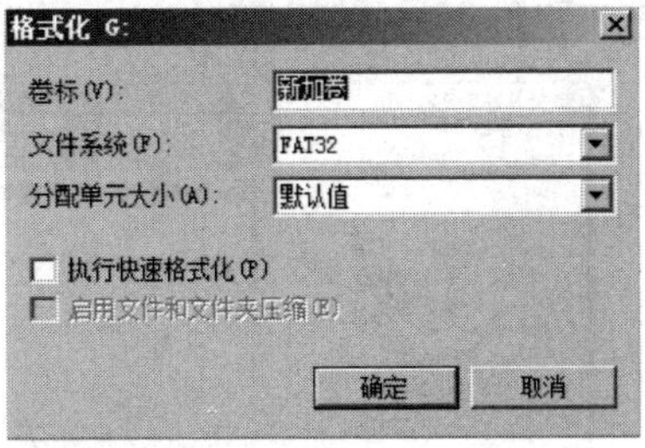

图 2-41 格式化卷

2. 压缩基本卷

压缩基本卷可以减少用于主分区和逻辑驱动器的空间，方法是在同一磁盘上将主分区和逻辑驱动器收缩到邻近的连续未分配空间。例如，如果需要一个另外的分区却没有多余的磁盘，则可以从卷结尾处收缩现有分区，进而创建新的未分配空间，可将这部分空间用于新的分区。

收缩分区时，将在磁盘上自动重定位一般文件以创建新的未分配空间。收缩分区无须重新格式化磁盘。具体操作步骤为：

(1) 在“磁盘管理器”中，右击要扩展的基本卷，选择“压缩卷”，打开“压缩卷向导”如图 2-42 所示。

(2) 在如图 2-42 所示的对话框中可以输入压缩空间的大小，选择“压缩”即可完成操作。

3. 删除卷

如果某一个分区不再使用,可以选择删除。

删除分区后,分区上的数据将全部丢失,所以删除分区前应仔细确认。

如果待删除分区是扩展磁盘分区,要先删除扩展磁盘分区上的逻辑驱动器后,才能删除扩展分区。

打开"计算机管理"控制台,展开"存储"节点单击"磁盘管理",在控制台右侧界面中右击要删除的卷,在弹出菜单中选择"删除卷"。

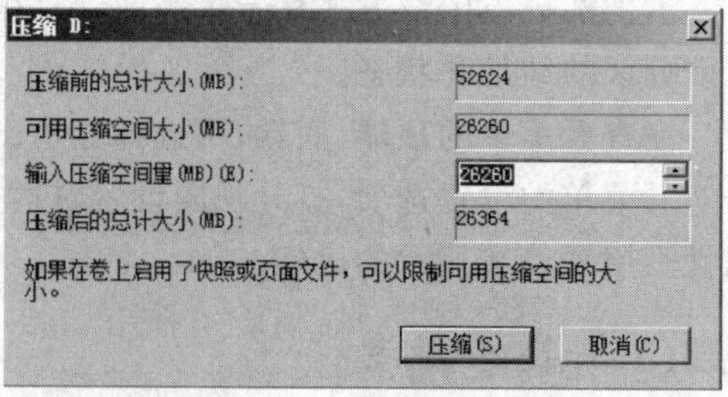

图 2-42　设置压缩容量

4. 创建简单卷

在基本磁盘中创建的简单卷就是基本卷。简单卷由单个物理磁盘上的磁盘空间组成,它可以由磁盘上的单个区域或连接在一起的相同磁盘上的多个区域组成。

可以从一个磁盘内选择尚未指派的空间来创建简单卷,必要时可以将该简单卷扩大,不过简单卷的空间必须在同一个物理磁盘上,无法跨越到另外一个磁盘上。如果想在创建简单卷后增加它的容量,则可通过磁盘上剩余的未分配空间来扩展这个卷。

简单卷可以被格式化为FAT、FAT32和NTFS文件系统,但是,如果要扩展简单卷,即要动态地扩大简单卷的容量,则必须将其格式化为NTFS的格式。

在可用的磁盘空间上创建主磁盘分区,可以在磁盘的"可用空间"或"未分配"的空间上右击,在弹出的快捷菜单中选择"新建简单卷"命令,如图2-43所示,打开"新建简单卷向导"。

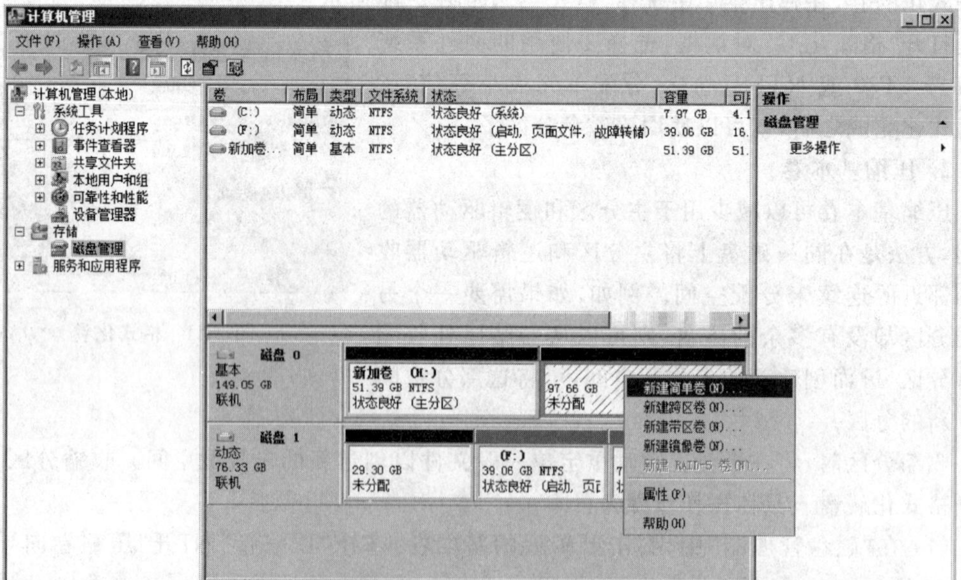

图 2-43　新建简单卷

单击“下一步”按钮，打开“指定卷大小”对话框，需要指定该磁盘分区的大小。指定磁盘分区大小的对话框如图 2-44 所示，单击“下一步”按钮继续。

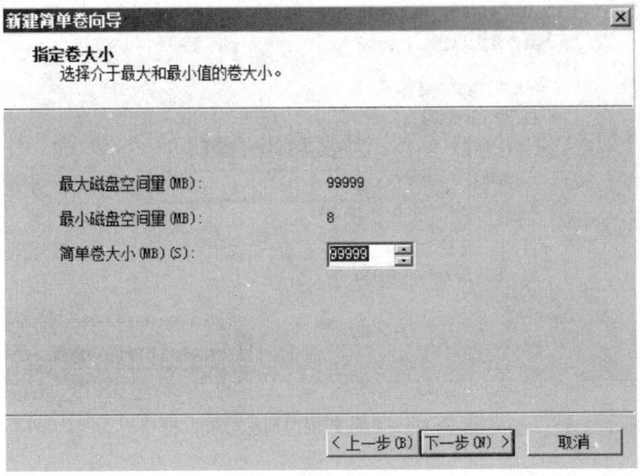

图 2-44 “指定卷的大小”对话框

打开“分配驱动器号和路径”对话框，如图 2-45 所示。默认的驱动器号为一个英文字母，这里指定为 D 盘。单击“下一步”按钮继续。每个单选框的含义如下。

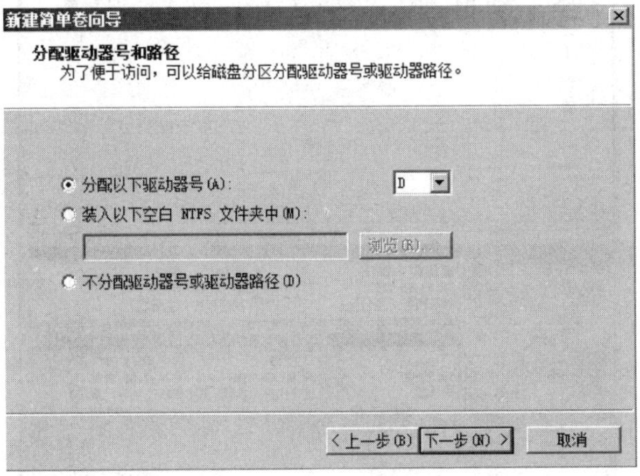

图 2-45 “分配驱动器号和路径”对话框

- 分配以下驱动器号(A)：分配一个磁盘驱动器号来代表磁盘分区，如 D。
- 装入以下空白 NTFS 文件夹中(M)：将磁盘映射到一个 NTFS 空文件夹。该分区不分配盘符，而给它分配一个空的文件夹，可以通过这个文件夹来访问此分区里的文件和程序。

打开“格式化分区”对话框，用户可以设置是否执行格式化分区，磁盘驱动器必须格式化后才能使用。可以设置格式化卷所用的文件系统、配置单位大小、卷标、执行快速格式化、启用文件和文件夹压缩等选项。磁盘格式化设置如图 2-46 所示。

系统将显示所创建的分区信息。单击“完成”按钮，完成磁盘分区向导。“新加卷(D：)”为新建的主磁盘分区，如图 2-47 所示。

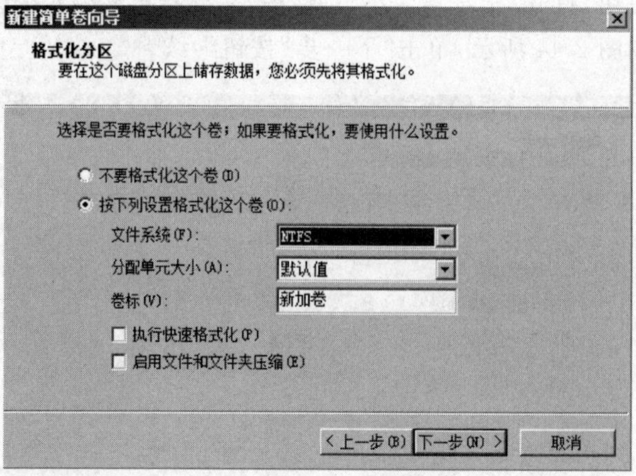

图 2-46 “格式化分区”对话框

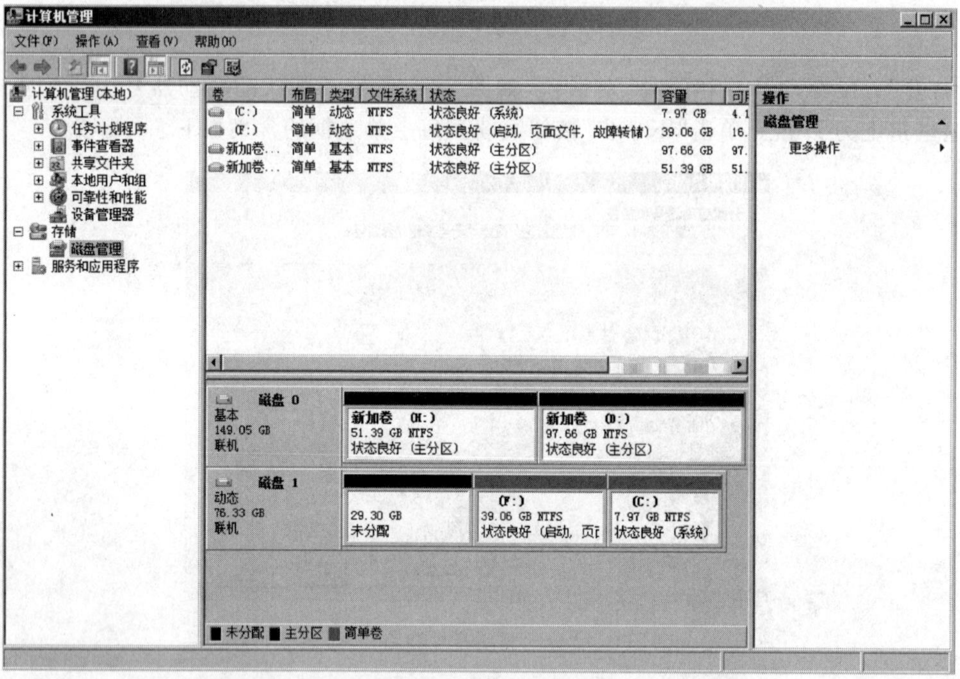

图 2-47 简单卷创建后的效果

5. 扩展简单卷

对于 NTFS 格式的简单卷，其容量可以扩展。可以将其他的未指派的空间合并到简单卷中。但这些未指派空间局限于本磁盘上，若选用了其他磁盘上的空间，则扩展之后就变成了跨区卷。

可以向现有的主分区和逻辑驱动器添加更多空间，方法是在同一磁盘上将现有的主分区和逻辑驱动器扩展到邻近的未分配空间。

若要扩展基本卷，必须是原始卷或使用 NTFS 文件系统格式化的卷。

对于逻辑驱动器、启动卷或系统卷，可以将卷仅扩展到临近的空间中，并且仅当磁盘能够升级至动态磁盘时才可以进行扩展。对于其他卷，可以将其扩展到非连续空间，但系统将提示将磁盘转换为动态磁盘。

扩展简单卷的操作可参照如下步骤：

打开“计算机管理”控制台，选择“磁盘管理”，右击要扩展的简单卷，在弹出菜单中选择“扩展卷”，如图 2-48 所示。

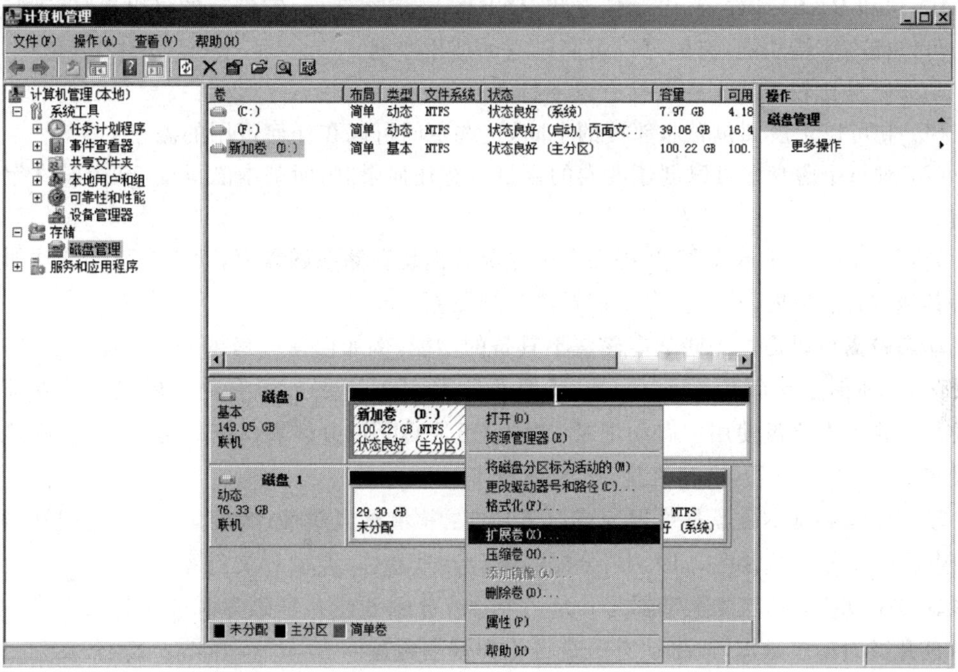

图 2-48　创建扩展卷

打开“扩展卷向导”对话框，单击“下一步”按钮，打开如图 2-49 所示的“选择磁盘”对话框，这里可以选择要扩展的空间来自哪个磁盘，设置扩展的磁盘空间大小。

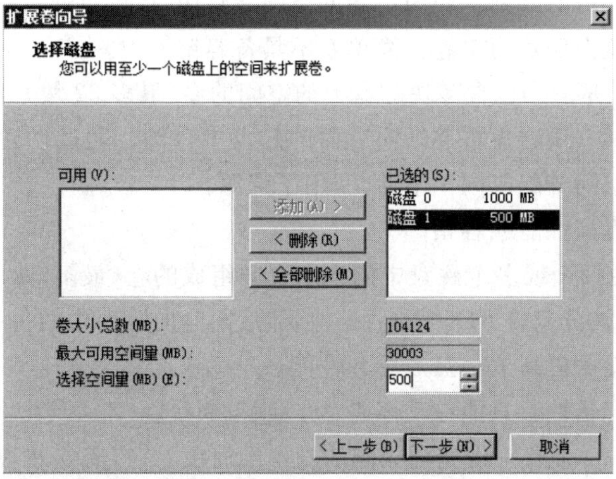

图 2-49　“选择磁盘”对话框

单击"下一步"按钮，出现"完成卷扩展向导"对话框，单击"完成"按钮。

在磁盘管理控制台中可以看出磁盘的空间变化。

2.3.2 动态磁盘管理

Windows Server 2008 支持 5 种类型的动态卷，即简单卷、跨区卷、带区卷、镜像卷(RAID-1)和 RAID-5 卷，其中镜像卷和 RAID-5 卷是容错卷，它们有的可以提高访问效率，有的可以提高容错功能，有的可以提高磁盘的使用空间。

动态磁盘比较于基本磁盘具有以下特点：

(1) 卷可以扩展到包含非邻接的空间，这些空间可以在任何可用的磁盘上。

(2) 对每个磁盘上可以创建的卷的数目没有任何限制，而基本磁盘受 26 个英文字母的限制。

(3) Windows Server 2008 将动态磁盘配置信息存储在磁盘上，而不是存储在注册表中或者其他位置。同时，这些信息不能被准确地更新。

动态磁盘可以提供一些基本磁盘不具备的功能，例如创建可跨越多个磁盘的卷(跨区卷和带区卷)和创建具有容错能力的卷(镜像卷和 RAID-5 卷)。所有动态磁盘上的卷都是动态卷。不管动态磁盘使用主启动记录(MBR)还是 GUID 分区表(GPT)分区样式，都可以创建最多 2000 个动态卷，推荐值是 32 个或更少。

动态磁盘和基本磁盘都可以完成以下功能：检测磁盘属性，如容量、可用空间和当前状态；查看卷和分区的属性，如大小、分配的驱动器号卷标、类型和文件系统；为一个磁盘卷、分区、CD-ROM 设备建立驱动器号；为一个卷或分区创建共享磁盘和安全设置；将一个基本磁盘升级为动态磁盘，或将动态磁盘转化为基本磁盘。

多磁盘的存储系统应该使用动态存储。磁盘管理支持在多个硬盘有超过一个分区的遗留卷，但是不允许创建新的卷。不能在基本磁盘上执行创建卷、带、镜像和带奇偶校验的带，以及扩充卷和卷设置等操作。

(1) 简单卷是在单独的动态磁盘中的一个卷，它与基本磁盘的分区较相似。但是它没有空间的限制以及数量的限制。当简单卷的空间不够用时，可以通过扩展卷来扩充其空间。

只能在动态磁盘上创建简单卷。简单卷不具备容错能力。

(2) 一个跨区卷是一个包含多块磁盘上的空间的卷(最多 32 块)，向跨区卷中存储数据信息的顺序是存满第一块磁盘再逐渐向后面的磁盘中存储。通过创建跨区卷，可以将多块物理磁盘中的空余空间分配成同一个卷，利用了资源。

跨区卷并不能提高性能或容错。

(3) 带区卷是由两个或多个磁盘中的空余空间组成的卷(最多 32 块磁盘)，在向带区卷中写入数据时，数据被分割成 64KB 的数据块，然后同时向阵列中的每一块磁盘写入不同的数据块。这个过程显著提高了磁盘效率和性能，

带区卷不提供容错性。只能在动态磁盘上创建带区卷。带区卷无法扩展。

(4) 镜像卷是一个带有一份完全相同的副本的简单卷，它需要两块磁盘，一块存储运作中的数据，一块存储完全一样的那份副本，当一块磁盘失败时，另一块磁盘可以立即使用，避免了数据丢失。镜像卷提供了容错性，但是它不提供性能的优化。

(5) 所谓 RAID5 卷就是含有奇偶校验值的带区卷，Windows Server 2003 为卷集中的每个一磁盘添加一个奇偶校验值，这样在确保了带区卷优越的性能同时，还提供了容错性。RAID5 卷至少包含三块磁盘，最多 32 块，阵列中任意一块磁盘失败时，都可以由另两块磁盘中的信息做运算，并将失败的磁盘中的数据恢复。

1. 基本磁盘转换为动态磁盘

要创建动态磁盘，必须首先保证磁盘是动态磁盘，如果磁盘是基本磁盘，则首先将其转化为动态磁盘。基本磁盘和动态磁盘的对应关系如表 2-1 所示。

表 2-1　基本磁盘与动态磁盘对应关系

基本磁盘	动态磁盘	基本磁盘	动态磁盘
分区	卷	扩展磁盘分区	卷和未分配空间
活动分区	活动卷	逻辑驱动器	简单卷
系统和启动分区	系统和启动卷		

Windows Server 2008 安装完成后默认的磁盘类型是基本磁盘，要将基本磁盘转换为动态磁盘的过程如下：

选择“开始”→“管理工具”→“计算机管理”，打开“计算机管理”窗口，单击左侧窗格中的“磁盘管理”按钮，在右侧窗格中显示计算机的磁盘信息。

在磁盘管理器中，鼠标右击待转换的基本磁盘，在弹出的快捷菜单中选择“转换到动态磁盘”命令，如图 2-50 所示。

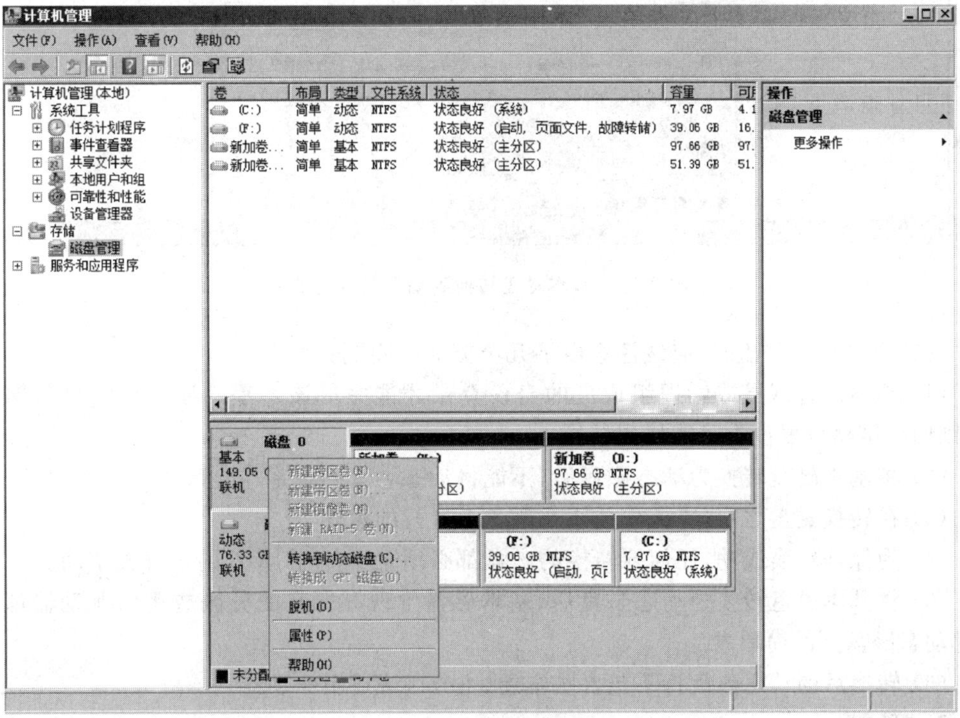

图 2-50　转换到动态磁盘

接着弹出“转换为动态磁盘”对话框，选中欲转换到动态磁盘的基本磁盘，如图 2-51 所示，然后单击“确定”按钮，打开“要转换的磁盘”对话框，确认信息无误后，单击“转换”按钮，完成转换。

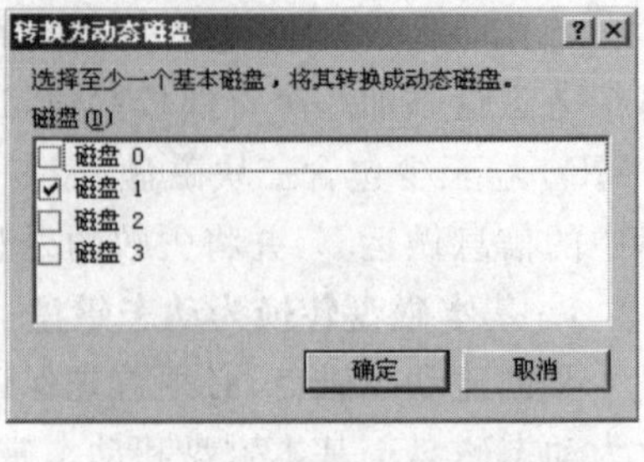

图 2-51　选择要转换的磁盘

转换完成后，在“计算机管理”的“磁盘管理”管理界面会看到原来的绿色、蓝色变为棕色和黑色，即“未分配”和“简单卷”两种类型的磁盘，如图 2-52 所示。

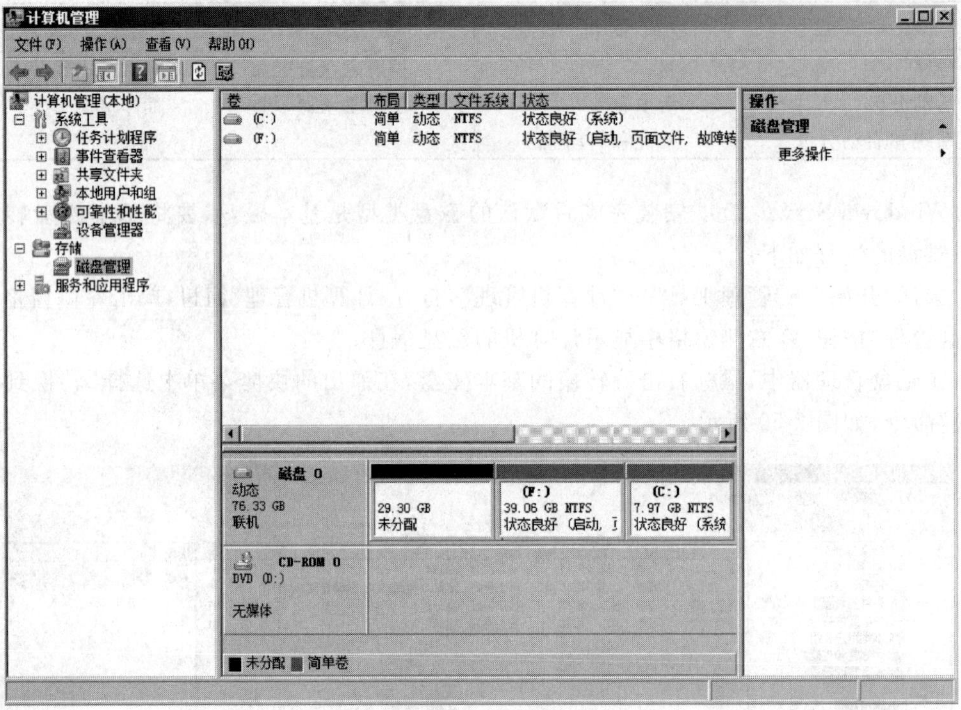

图 2-52　基本磁盘转换到动态磁盘后效果

在转换为动态磁盘时，应该注意以下几个方面的问题：

(1) 必须以管理员或管理组成员的身份登录才能完成该过程。如果计算机与网络连接，则网络策略设置也有可能妨碍转换。

(2) 将基本磁盘转换为动态磁盘后，不能将动态卷改回到基本分区。

(3) 在转换磁盘之前，应该先关闭在磁盘上运行的程序。

(4) 为保证转换成功，任何要转换的磁盘都必须至少包含 1MB 的未分配空间。

(5) 将基本磁盘转换为动态磁盘后，基本磁盘上现在所有的分区或逻辑驱动器都将变成都动态磁盘上的简单卷。

(6) 转换后的动态磁盘将不包含基本卷(主分区或逻辑驱动器)。

2. 跨区卷

跨区卷是几个(大于一个)位于不同物理磁盘的未指派空间组合成的一个逻辑卷。

利用跨区卷，也可以将来自两个或者更多磁盘(最多为 32 块硬盘)的剩余磁盘空间组成为一个卷，以有效地利用磁盘空间。组成跨区卷的每个成员的容量大小可以不同，但不能包含系统卷和启动卷。

与简单卷相同的是，NTFS 格式的跨区卷可以扩展容量，而 FAT、FAT32 格式的跨区卷不具备该功能。

与带区卷所不同的是，将数据写入跨区卷时，首先填满第一个磁盘上的剩余部分，然后再将数据写入下一个磁盘，以此类推。虽然利用跨区卷可以快速增加卷的容量，但是跨区卷既不能提高对磁盘数据的读取性能，也不提供任何容错功能。

创建一个跨区卷可参照如下步骤。

(1) 要在可用的磁盘空间上创建跨区卷，可以在磁盘的"可用空间"或"未分配"的空间上右击，在弹出的快捷菜单中选择"新建跨区卷"命令，如图 2-53 所示，打开"新建跨区卷向导"。

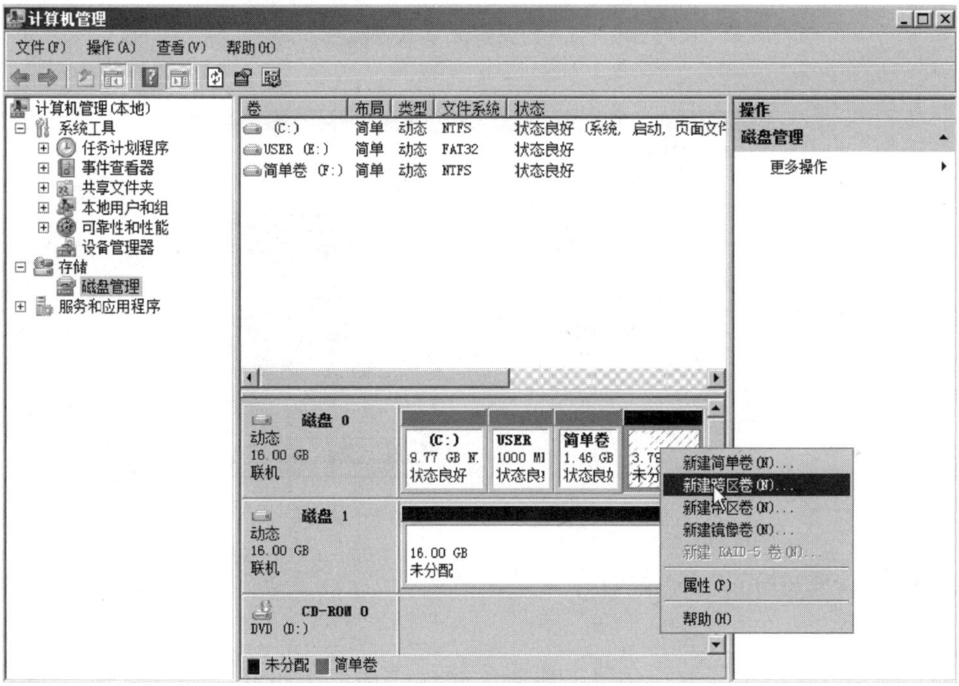

图 2-53 创建跨区卷

(2) 单击"下一步"按钮，打开"指定卷大小"对话框，需要指定该磁盘分区的大小。指定磁盘分区大小的对话框如图 2-54 所示。单击"下一步"按钮继续。

(3) 打开"分配驱动器号和路径"对话框，如图 2-55 所示。默认的驱动器号为一个英文字母，这里指定为 G 盘。单击"下一步"按钮继续。

打开"格式化分区"对话框，用户可以设置是否执行格式化分区，磁盘驱动器必须格式化后才能使用。可以设置格式化卷所用的文件系统、配置单位大小、卷标、执行快速格式化、启用文件和文件夹压缩等选项。磁盘格式化设置。

(4) 系统将显示所创建的分区信息。单击"完成"按钮，完成磁盘分区向导。"新加卷(G)"为新建的主磁盘分区。完成上述操作，在管理窗口的卷列表中可以看到相应卷的

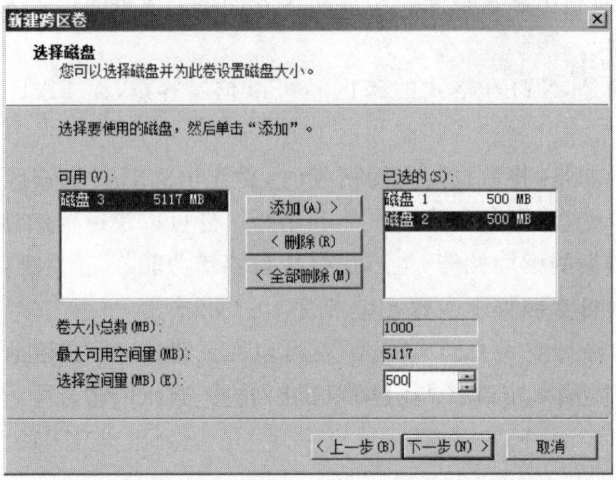

图 2-54 新建跨区卷-选择磁盘

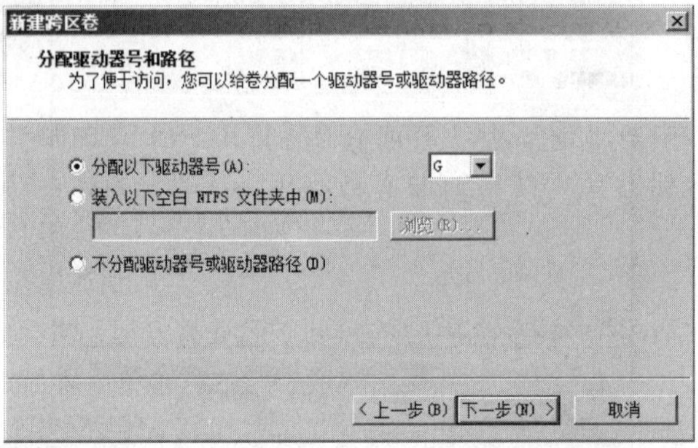

图 2-55 “分配驱动器号和路径”对话框

“布局”为“跨区”，如图 2-56 所示。

3. 带区卷

带区卷是一种以带区形式在两个或多个物理磁盘上存储数据的动态卷。带区卷是 Windows 的所有可用卷中性能最佳的卷，但其不具备容错能力。只能在动态磁盘上创建带区卷。无法扩展带区卷。带区卷最多可以创建在 32 个动态磁盘上。

与跨区卷类似，带区卷也是几个(大于一个)分别位于不同磁盘的未指派空间所组合成的一个逻辑卷。不同的是，带区卷的每个成员的容量大小相同，并且数据写入是以 64KB 为单位平均写到每个磁盘内。单纯从速度方面考虑，带区卷是 Server 2003 所有磁盘管理功能中，运行速度最快的卷。带区卷功能类似于磁盘阵列 RAID 0(条带化存储，存取速度快，但不具有容错能力)标准。带区卷不具有扩展容量的功能。

创建带区卷的过程与创建跨区卷的过程类似，唯一的区别就是在选择磁盘时，参与带区卷的空间必须是一样的大小，并且最大值不能超过最小容量的参与该卷的未指派空间。创建完成之后，如果有三个容量为 300MB 的空间加入了带区卷，则最后生成的带区卷的容量为 900MB。

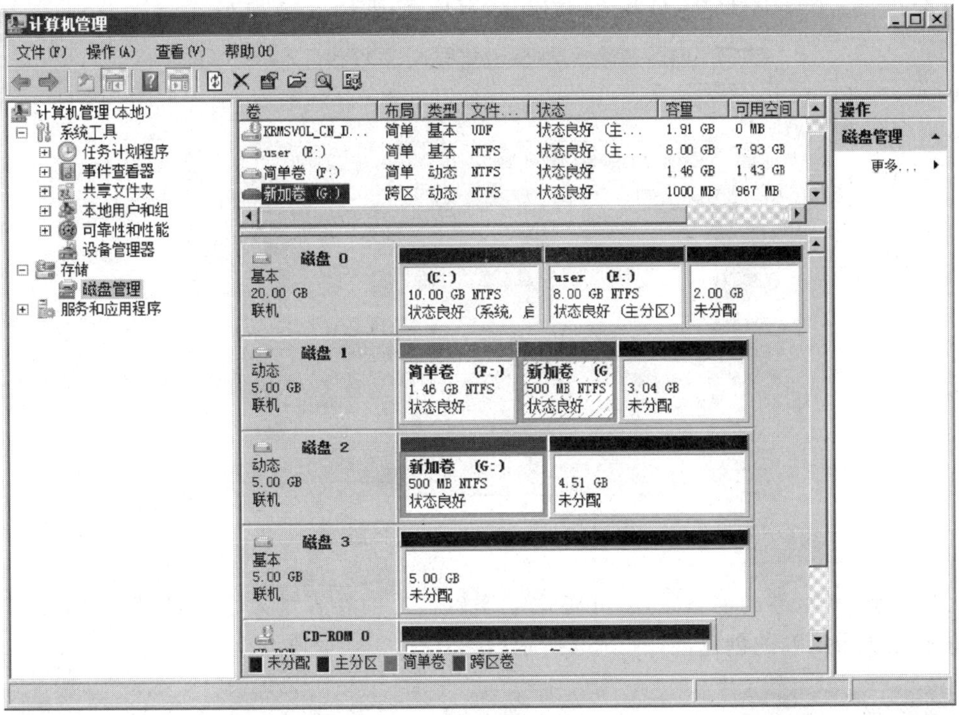

图 2-56 跨区卷创建后的效果

带区卷的创建与简单卷创建的方法类似。例：选择在两个动态磁盘上创建带区卷，每个磁盘使用 100MB，创建后共有 200MB 磁盘空间。

(1) 在“磁盘管理器”中，打开“新建带区卷”向导，如图 2-57 所示。

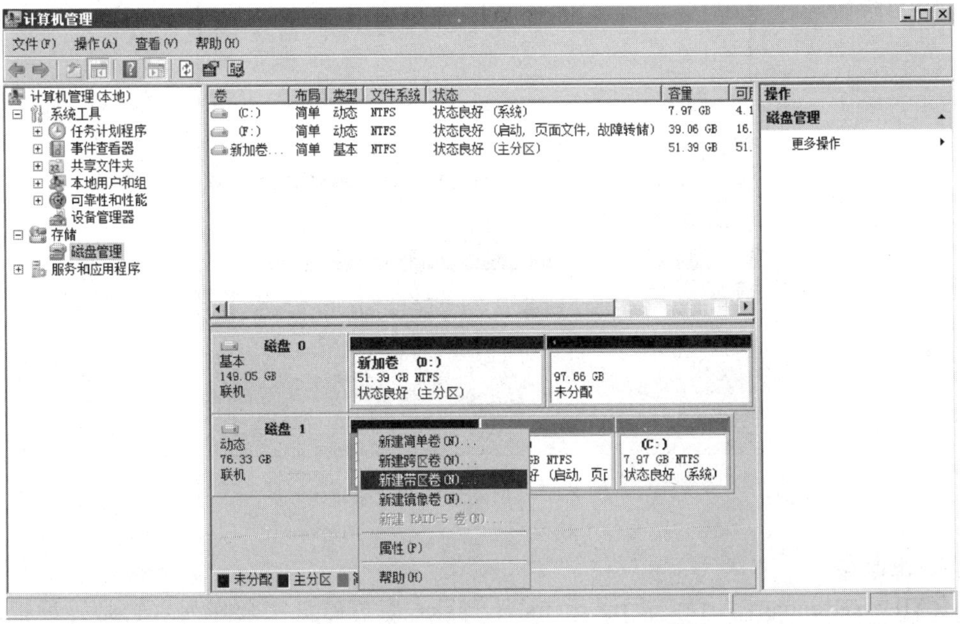

图 2-57 创建带区卷

(2) 单击“下一步”按钮，打开“选择磁盘”对话框，如图 2-58 所示。

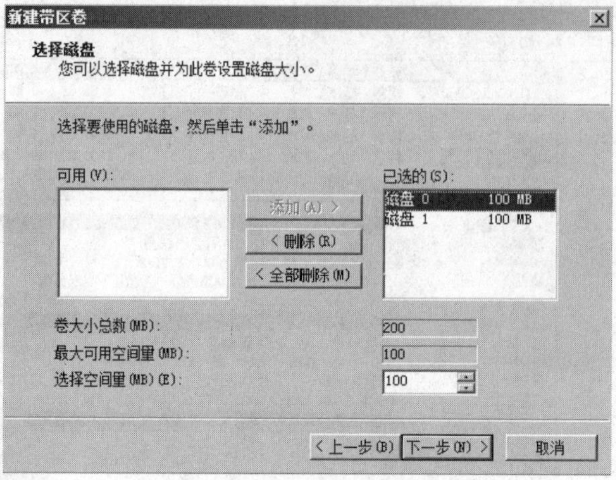

图 2-58 新建带区卷-选择磁盘

选择创建跨区卷的动态磁盘，并指定动态磁盘上的卷容量大小，然后按照向导提示操作，最后完成带区卷的创建，如图 2-59 所示。

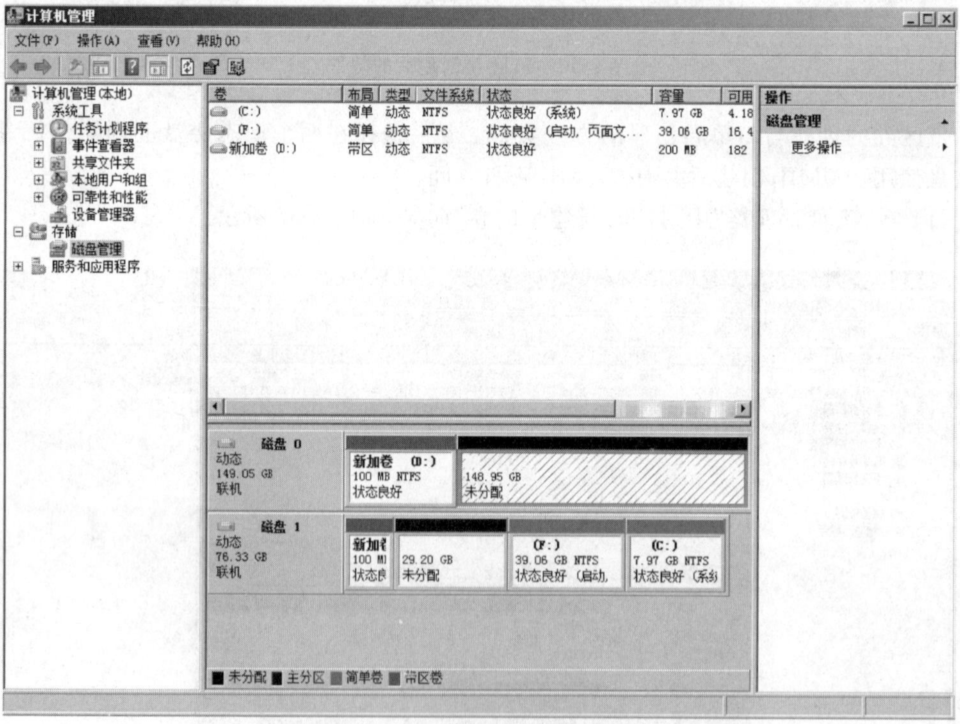

图 2-59 创建带区卷效果

4. 镜像卷

RAID(Redundant Array of Inexpensive Disks，廉价磁盘冗余阵列)，它是一种把多块物理硬盘按不同的方式组合起来形成的一个逻辑硬盘组，从而提供比单个硬盘更高的存储性能和数据冗余技术。组成磁盘阵列不同的方式称为RAID级别。Windows Server 2008内嵌了软件的RAID-0、RAID-1和RAID-5。

镜像卷即RAID-1,是一种在两块磁盘上实现的数据冗余技术。利用RAID-1,可以将用户的相同数据同时复制到两个物理磁盘中。

如果其中的一个物理磁盘出现故障,虽然该磁盘上的数据将无法使用,但系统能够继续使用尚未损坏正常运转的磁盘进行数据的读、写操作,通过另一磁盘上保留完全冗余的副本,保护磁盘上的数据免受介质故障的影响。由此可见,镜像卷的磁盘空间利用率只有50%(即每组数据有两个成员),所以镜像卷的成本相对较高。

镜像卷可以大大地增强读性能,因为容错驱动程序同时从两个磁盘成员中同时读取数据,所以读取数据的速度会有所增加。

镜像卷是由一个动态磁盘内的简单卷和另一个动态磁盘内的未指派空间组合而成,或者由两个未指派的可用空间组合而成,然后给予一个逻辑磁盘驱动器号。这两个区域存储完全相同的数据,当一个磁盘出现故障时,系统仍然可以使用另一个磁盘内的数据,因此,它具备容错的功能。但它的磁盘利用率不高,只有50%。它可以包含系统卷和启动卷。

镜像卷的创建有两种形式,可以用一个简单卷与另一磁盘中的未指派空间组合,也可以由两个未指派的可用空间组合。

镜像卷的创建类似于前面几种动态卷的创建过程。

(1) 在"磁盘管理器"中,鼠标右击需要创建跨区卷的动态磁盘的未分配空间,在弹出的快捷菜单中选择"新建镜像卷"命令。打开"新建镜像卷"向导,如图2-60所示。

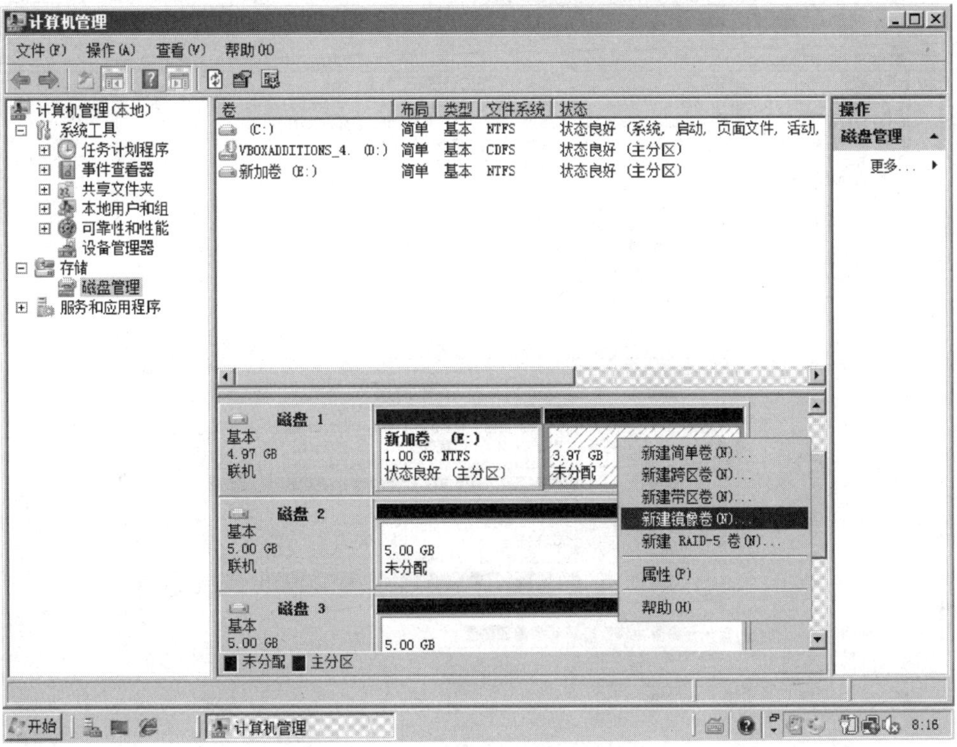

图2-60 新建镜像卷

(2) 打开"选择磁盘"对话框，如图 2-61 所示。

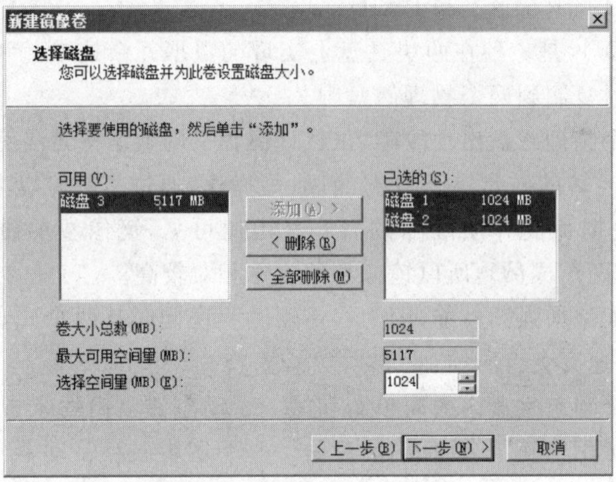

图 2-61 选择磁盘

(3) 单击"下一步"按钮，为该镜像卷分配驱动器号，便于管理和访问。

(4) 单击"下一步"按钮，显示"卷区格式化"页面。单击"下一步"按钮，系统将询问是否允许将该磁盘转换为动态磁盘，选择"是"，完成卷的创建。新创建的镜像卷如图 2-62 所示。

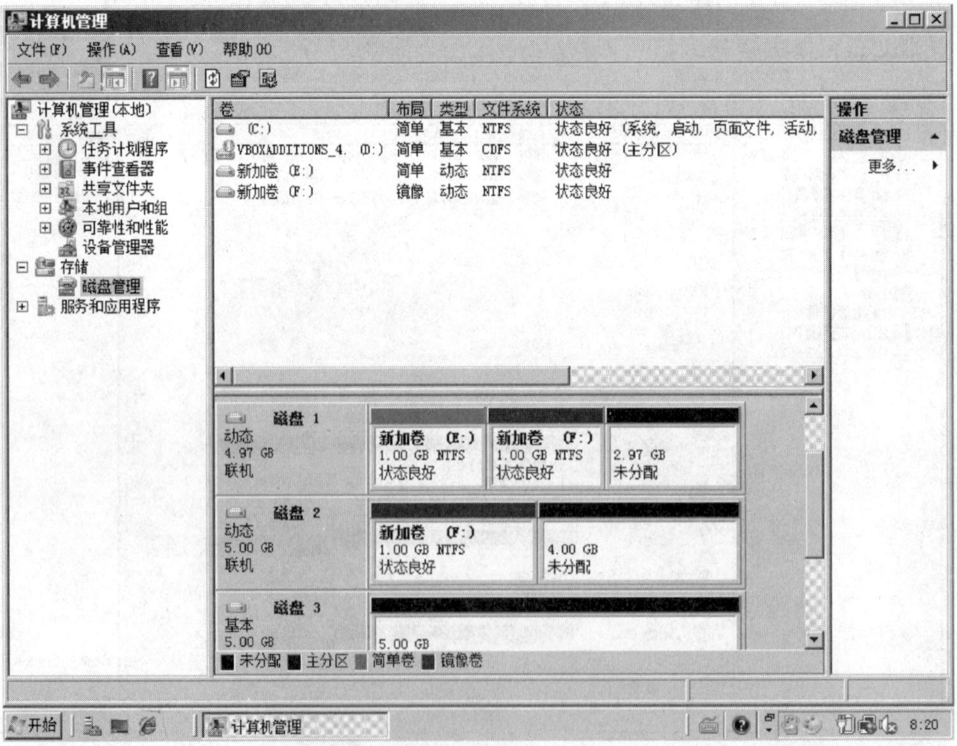

图 2-62 创建镜像卷效果

如果想单独使用镜像卷中的某一个成员，可以通过下列方法之一实现。

1）中断镜像

右击镜像卷中任何一个成员，在弹出菜单中选择“中断镜像”就可以中断镜像关系。镜像关系中断以后，两个成员都变成了简单卷，但其中的数据都会被保留。并且，磁盘驱动器号也会改变，处于前面卷的磁盘驱动器沿用原来的代号，而后面一个卷的磁盘驱动器号将会变成下一个可用的磁盘驱动器号。

2）删除镜像

右击镜像卷中任何一个成员，在弹出菜单中选择“删除镜像”，选择删除其中的一个成员，被删除成员中的数据将全部被删除，它所占用的空间将变为未指派的空间。

镜像卷具有容错能力，当其中某个成员出现故障时，系统还能够正常运行，但是不再具有容错能力，需要修复出现故障的磁盘。修复的方法很简单，删掉出现故障的磁盘，添加一台新磁盘（该磁盘需要转换为动态磁盘），然后用镜像卷中的工作正常的成员（此时已变为简单卷）重新创建镜像卷即可。

5. RAID-5 卷

RAID 是通过磁盘阵列与数据条块化方法相结合，以提高数据可用率的一种结构。每一个 RAID 级别都有自己的强项和弱项。“奇偶校验”定义为用户数据的冗余信息，当硬盘失效时，可以重新产生数据。

RAID-5 没有单独指定的奇偶盘，而是交叉地存取数据及奇偶校验信息于所有磁盘上。在 RAID-5 上，读/写指针可同时对阵列设备进行操作，提供了更高的数据流量。RAID-5 更适合于小数据块，随机读写的数据。对于 RAID-5 来说，大部分数据传输只对一块磁盘操作，可进行并行操作。在 RAID-5 中有“写损失”，即每一次写操作，将产生 4 个实际的读/写操作，其中两次读旧的数据及奇偶信息，两次写新的数据及奇偶信息。RAID-5 是一种存储性能、数据安全和存储成本兼顾的存储解决方案。RAID-5 不对存储的数据进行备份，而是把数据和相对应的奇偶校验信息存储到组成 RAID-5 的各个磁盘上，并且奇偶校验信息和相对应的数据分别存储于不同的磁盘上。当 RAID-5 的一个磁盘数据发生损坏后，利用剩下的数据和相应的奇偶校验信息去恢复被损坏的数据。

RAID-5 可以理解为是 RAID-0 和 RAID-1 的折中方案。RAID-5 可以为系统提供数据安全保障，但保障程度要比 Mirror 低而磁盘空间利用率要比 Mirror 高。RAID-5 具有和 RAID-0 相近似的数据读取速度，只是多了一个奇偶校验信息，写入数据的速度比对单个磁盘进行写入操作稍慢。同时由于多个数据对应一个奇偶校验信息，RAID-5 的磁盘空间利用率要比 RAID-1 高，存储成本相对较低。

RAID-5 卷有一点类似于带区卷，也是由多个分别位于不同磁盘的未指派空间所组成的一个逻辑卷。在 RAID-5 卷中，Windows Server 2008 通过给该卷的每个硬盘分区中添加奇偶校验信息带区来实现容错。如果某个硬盘出现故障，Windows Server 2008 便可以用其余硬盘上的数据和奇偶校验信息重建发生故障的硬盘上的数据。

由于要计算奇偶校验信息，所以 RAID-5 卷上的写操作要比镜像卷上的写操作慢一些。但是，RAID-5 卷比镜像卷提供更好的读性能。

RAID-5 至少需要三个硬盘才能实现，但最多不能超过 32 块硬盘。与 RAID-1 不同，RAID-5 卷不能包含根分区或系统分区。镜像卷与 RAID-5 的比较如表 2-2 所示。

表 2-2　镜像卷与 RAID-5 比较

比较项目	硬盘数量	硬盘利用率	写性能	读性能	占用系统内存	能否保护系统或启动分区	每兆字节的成本
镜像卷	2 块	1/2	较好	较好	较少	能	较高
RAID-5	3～32 块	(n－1)/n(n 为硬盘数量)	适中	优异	较大	不能	较低

RAID-5 卷的创建步骤如下。

打开"计算机管理"控制台创建 RAID-5 卷，选择的磁盘为"磁盘 1"、"磁盘 2"、"磁盘 3"。

打开"计算机管理"控制台，展开"存储"节点，单击"磁盘管理"，在控制台右侧界面中右击要创建的 RAID-5 卷的磁盘的剩余空间，在弹出菜单中选择"新建 RAID-5 卷"。

在"欢迎使用新建 RAID-5 卷向导"对话框中单击"下一步"按钮，出现"选择磁盘"对话框，在该对话框中指定 RAID-5 卷要使用的三块磁盘的和每块磁盘在 RAID-5 卷所占的容量，如图 2-63 所示。

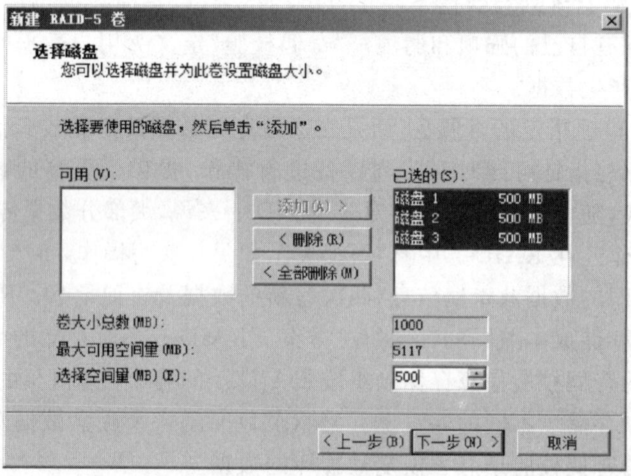

图 2-63　创建带区卷效果

单击"下一步"按钮，出现分配驱动器号和路径按钮。

单击"下一步"按钮，卷区格式化。

返回计算机管理控制台，如图 2-64 所示，可以看到在"磁盘 1"、"磁盘 2"、"磁盘 3"上创建了 RAID-5 卷，其驱动器号是 I，总的容量为 1000MB。

2.3.3　NTFS 文件系统的管理

1. NTFS 支持的文件压缩

使用 NTFS 压缩功能，可以压缩卷、文件夹以及文件，从而提高存储的有效空间。

此处以文件夹"测试"为例，对文件夹"测试"以及该文件夹内的所有内容进行压缩，具体步骤如下。

在"计算机"管理器中右击要压缩的文件夹测试，在弹出菜单中选择"属性"，打开"测试

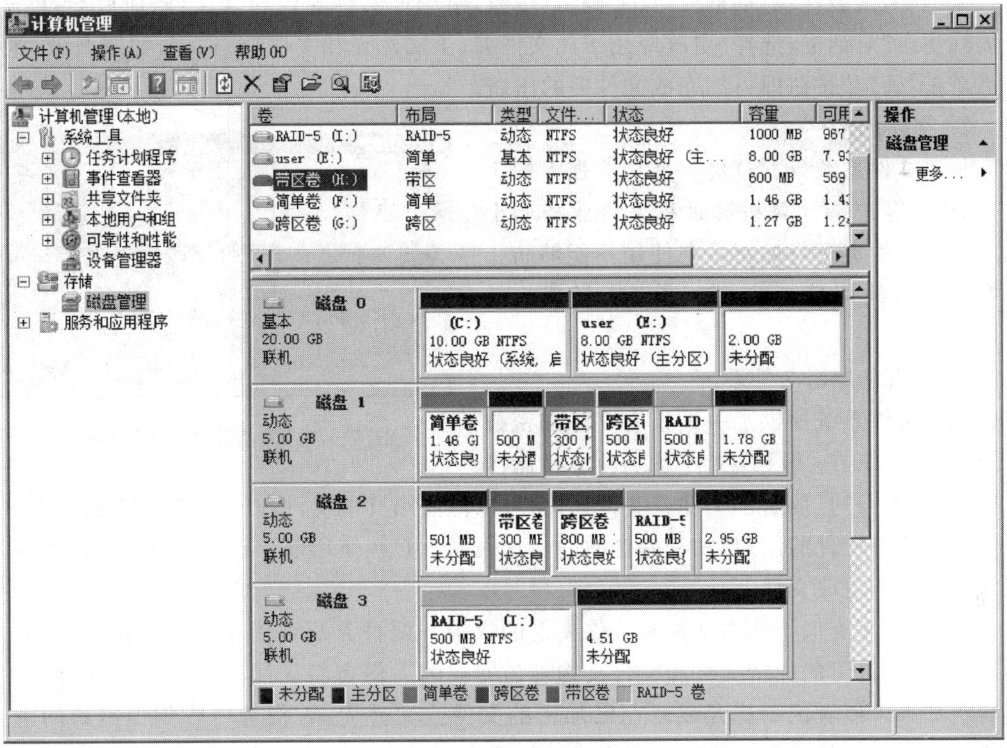

图 2-64　RAID-5 创建效果

属性”对话框，选择“常规”选项卡，如图 2-65 所示。

单击“高级”按钮，打开“高级属性”对话框，选择“压缩内容以便节省磁盘空间”复选框，如图 2-66 所示，最后单击“确定”按钮即可。

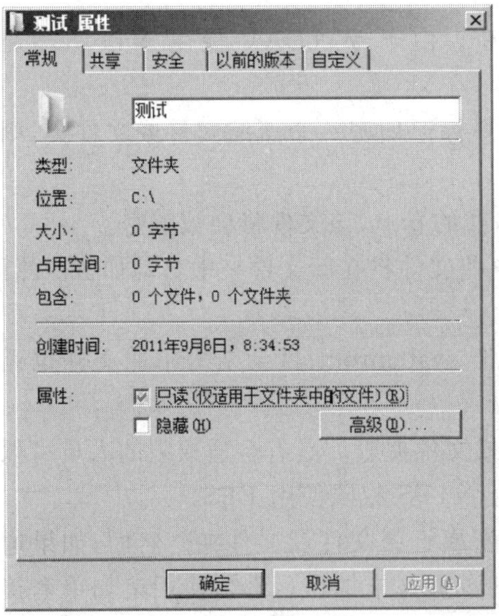

图 2-65　“测试属性”常规选项卡

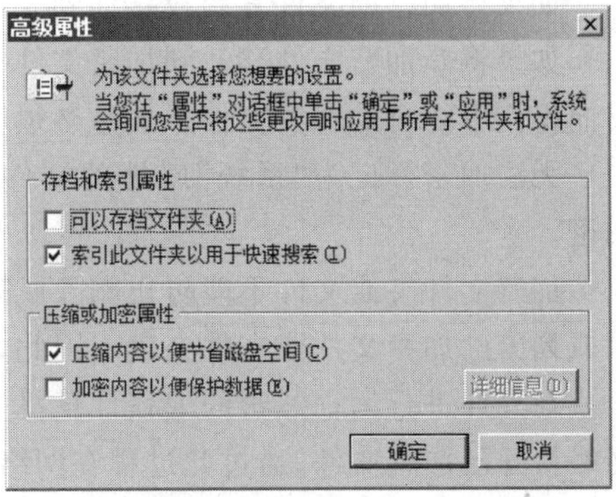

图 2-66　高级属性-压缩文件夹

返回“测试属性”对话框后单击“确定”按钮，由于该文件夹内包含文件，所以会打开“确认属性更改”对话框，选择“更改应用于此文件夹、子文件夹和文件”单选框，如图 2-67 所示，最后单击“确定”按钮即可以完成文件夹的压缩。

2. 文件加密

加密文件系统(EFS)是一个功能强大的工具，用于对客户端计算机和远程文件服务器上的文件和文件夹进行加密。它使用户能够防止其数据被其他用户或外部攻击者未经授权的访问。

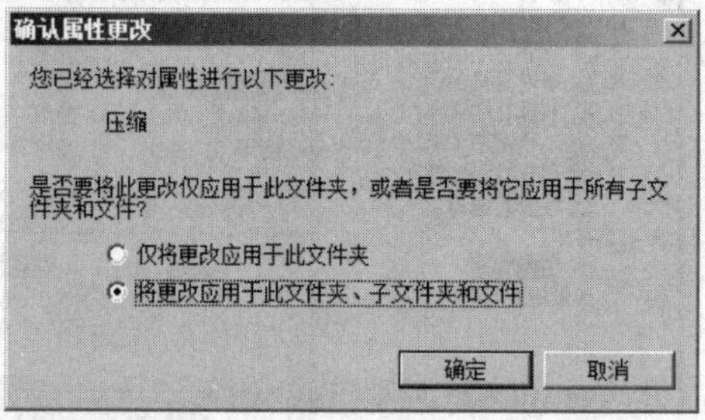

图 2-67 “确认属性更改”对话框

1) 什么是加密文件系统

加密文件系统提供了一种核心文件加密技术，该技术用于在 NTFS 文件系统卷上存储已加密的文件。一旦加密了文件或文件夹，就可以像使用其他文件和文件夹一样使用它们。

对加密该文件的用户，加密是透明的。这表明不必在使用前手动解密已加密的文件，可以正常打开和更改文件。

使用 EFS 类似于使用文件和文件夹上的权限。两种方法可用于限制数据的访问。然而，获得未经许可的加密文件和文件夹物理访问权的入侵者将无法阅读文件和文件夹中的内容。如果入侵者试图打开或复制已加密的文件或文件夹，入侵者将收到拒绝访问消息。文件和文件夹上的权限不能防止未授权的物理攻击。

正如设置其他任何属性(如只读、压缩或隐藏)一样，通过为文件夹和文件设置加密属性，可以对文件夹或文件进行加密和解密。如果加密一个文件夹，则在加密文件夹中创建的所有文件和子文件夹都自动加密。

2) 使用加密文件系统的注意事项

在使用加密文件和文件夹时，需注意以下几点。

只有 NTFS 卷上的文件或文件夹才能被加密。由于 WebDAV 使用 NTFS，当通过 WebDAV 加密文件时需用 NTFS。

被压缩的文件或文件夹不可以加密。如果用户标记加密一个压缩文件或文件夹，则该文件或文件夹将会被解压。

如果将加密的文件复制或移动到非 NTFS 格式的卷上，该文件将会被解密。

如果将非加密文件移动到加密文件夹中，则这些文件将在新文件夹中自动加密。然而，反向操作不能自动解密文件。文件必须明确解密。

无法加密标记为“系统”属性的文件，并且位于 systemroot 目录结构中的文件也无法加密。

加密文件夹或文件不能防止删除或列出文件或文件夹表。具有合适权限的人员可以删除或列出已加密文件或文件夹表。因此，建议结合 NTFS 权限使用 EFS。

在允许进行远程加密的远程计算机上可以加密或解密文件及文件夹。然而，如果通过网络打开已加密文件，通过此过程在网络上传输的数据并未加密。必须使用诸如单套接字层/传输层安全(SSL/TLS)或 Internet 协议安全(IPSec)等其他协议通过有线加密数据。但 WebDAV 可在本地加密文件并采用加密格式发送。

3) 加密或解密数据

对文件夹"测试"以及该文件夹的所有内容进行加密，具体步骤如下。

在"计算机"管理器中单击要加密的文件夹测试，在弹出的菜单中选择"属性"，打开"测试属性对话框"，选择"常规"选项卡，如图 2-68 所示。

单击"高级"按钮，打开"高级属性"对话框，选择"加密内容以便保护数据"复选框，如图 2-69 所示，最后单击"确定"按钮即可，出现如图 2-70 所示的确认属性更改是否应用于子文件夹和文件对话框，选择该选项，确认即可。

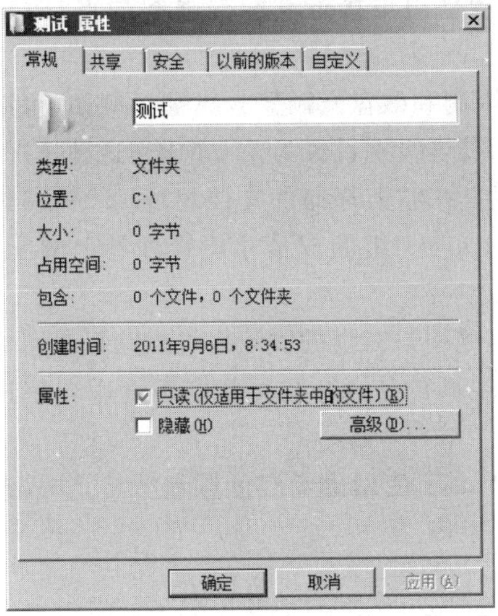

图 2-68 "常规"选项卡

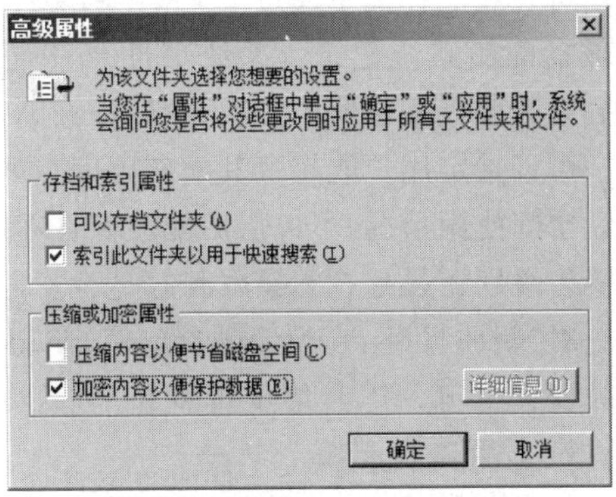

图 2-69 "高级属性"对话框

以用户账户 user 登录系统，在"计算机"管理器中打开文件夹"测试"中的文件无标题，由于该文件已经被加密，所以用户无法查看。

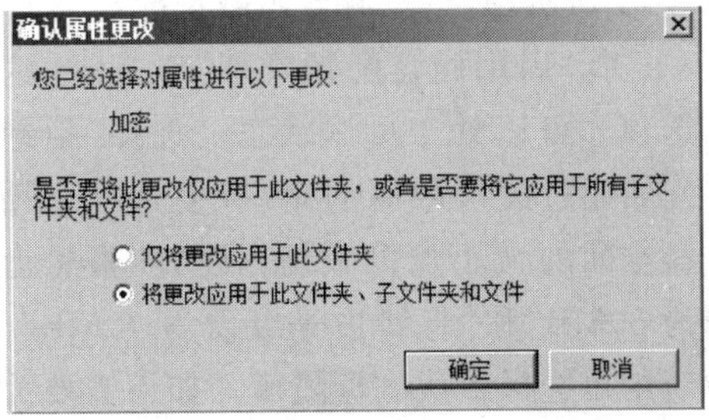

图 2-70 "确认属性更改"对话框

3. 磁盘配额

可以通过设置磁盘配额来限制用户在计算机的某个卷上所能够使用的磁盘空间，当用户在该卷上存储的数据达到警告等级时将出现相应的警告信息，当存储的数据达到限制等级时将不再允许该用户在卷上存储数据。

磁盘配额就是管理员可以为用户所能使用的磁盘空间进行配额限制，每一用户只能使用最大配额范围内的磁盘空间。设置磁盘配额后，可以对每一个用户的磁盘使用情况进行跟踪和控制，通过监测可以标识出超过配额报警阈值和配额限制的用户，从而采取相应的措施。磁盘配额管理功能的提供，使得管理员可以方便合理地为用户分配存储资源，可以限制指定账户能够使用的磁盘空间，这样可以避免因某个用户的过度使用磁盘空间造成其他用户无法正常工作甚至影响系统运行避免由于磁盘空间使用的失控可能造成的系统崩溃，提高了系统的安全性。

磁盘配额可以限制指定账户能够使用的磁盘空间，这样可以避免因某个用户的过度使用磁盘空间造成其他用户无法正常工作甚至影响系统运行。在服务器管理中此功能非常重要,但对单机用户来说意义不大。

目前在 Windows 系列中,只有 Windows 2000 及以后版本并且使用 NTFS 文件系统才能实现这一功能。

NTFS 卷的磁盘配额跟踪以及控制磁盘空间的使用。管理员可将 Windows 配置为:

当用户超过了指定的磁盘空间限制(也就是允许用户使用的磁盘空间量)时,防止进一步使用磁盘空间并记录事件。

当用户超过了指定的磁盘空间警告级别(也就是用户接近其配额限制的点)时记录事件。

启动磁盘配额时,可以设置两个值:磁盘配额限制和磁盘配额警告级别。例如,可以将用户的磁盘配额限制设置为 500MB,而将磁盘配额警告级别设置为 450 MB。这种情况下,用户可在卷上存储不超过 500MB 的文件。如果用户在卷上存储的文件超过 450MB,则可把磁盘配额系统记录为系统事件。只有 Administrators 组的成员才能管理卷上的配额。有关设置磁盘配额值的说明,参阅指派默认配额值。

可以指定用户能超过其配额限度。如果不想拒绝用户对卷的访问但想跟踪每个用户的磁盘空间使用情况,可以启用配额而且不限制磁盘空间的使用。也可指定不管用户超过配额警告级别还是超过配额限制时是否要记录事件。

对"新加卷(E:)"设置磁盘配额,使得用户账户 user 使用磁盘空间限制为 50MB,警告等级设置为 40MB,具体步骤如下。

1）设置磁盘配额

单击"开始"→"计算机",打开"计算机"管理器,右击需要设置磁盘配额的卷"新加卷(E:)",在弹出菜单中选择"属性",打开"新加卷(E:)属性"对话框,选择"配额"选项卡,如图 2-71 所示,默认没有启用磁盘配额功能。

选择"启用磁盘配额管理"复选框,这样其他的选项才可以处于可用状态。选择"拒绝将磁盘空间给超过配额限制的用户"复选框对用户使用磁盘空间的大小加以限制。设置"将磁盘空间限制为 50MB"和"将警告等级设为 40MB",为卷上的新用户选择默认磁盘限额。如果需要为卷的配额记录事件日志,则选择"用户超出配额限制时记录事件"和"用户超过警告等级时记录事件"复选框,如图 2-71 所示。

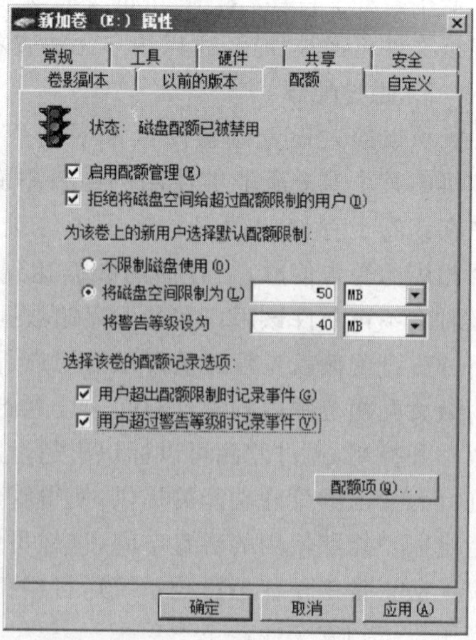

图 2-71 "配额"选项卡

单击"新加卷(E:)属性"对话框的"配额项"按钮,打开"新加卷 E 的配额项"对话框,如图 2-72 所示,默认对 Administrations 组不设置配额限制和警告等级。

单击菜单栏中的"配额"→"新建配额",打开"选择用户"对话框,在"输入对象名称来选择"文本框中输入用户账户名为"user",如图 2-73 所示,

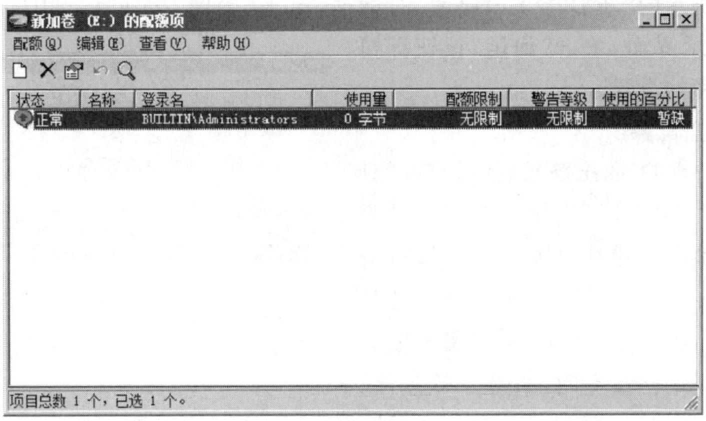

图 2-72　设置配额选项

然后单击“确定”按钮。

接着打开“添加新配额项”对话框，对用户账户 user 设置配额限制，将磁盘空间限制为 50MB，将警告等级设置为 40MB，如图 2-74 所示，然后单击“确定”按钮。

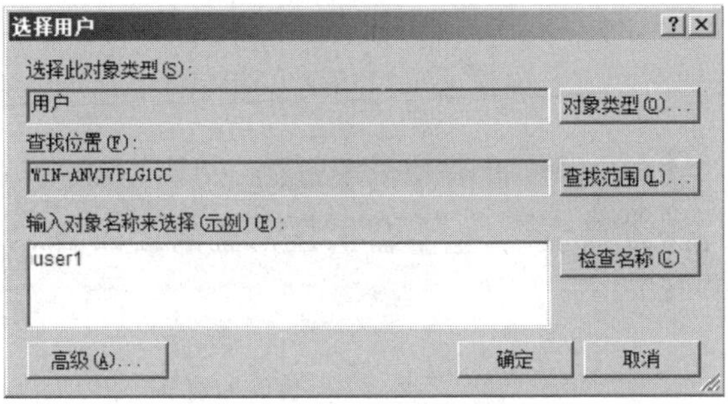

图 2-73　新加卷的配额项

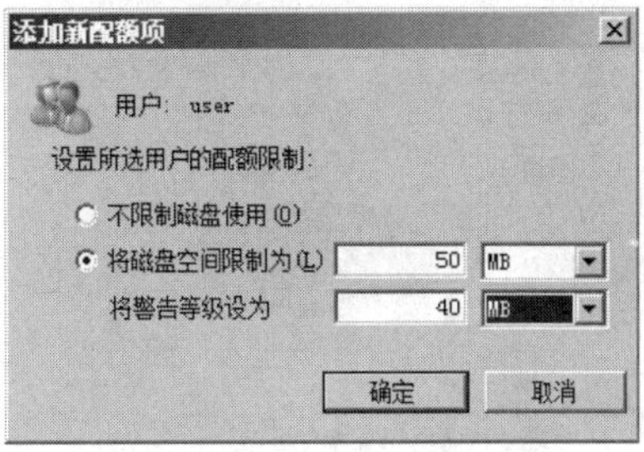

图 2-74　设置用户配额限制

返回如图 2-75 所示的“新加卷(E:)的配额项”对话框，可以看到对用户账户 user 所设置的配额限制，然后关闭该对话框。

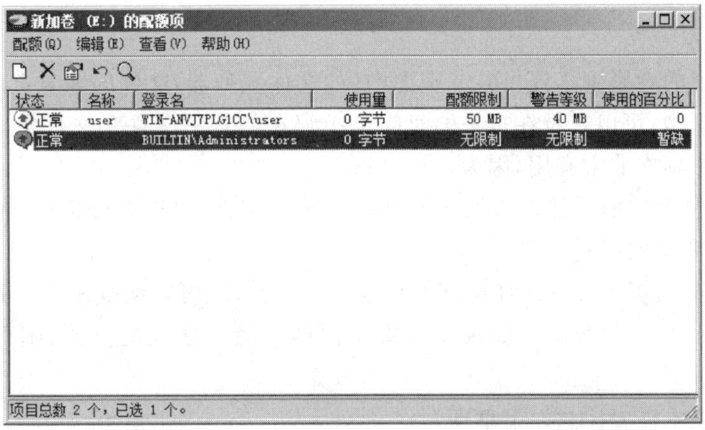

图 2-75　添加配额项后的效果

返回如图所示的“新加卷(E:)属性”对话框，单击“确定”按钮后启用磁盘配额功能，弹出如图 2-76 所示界面，单击“确定”按钮即可以完成磁盘配额的设置。

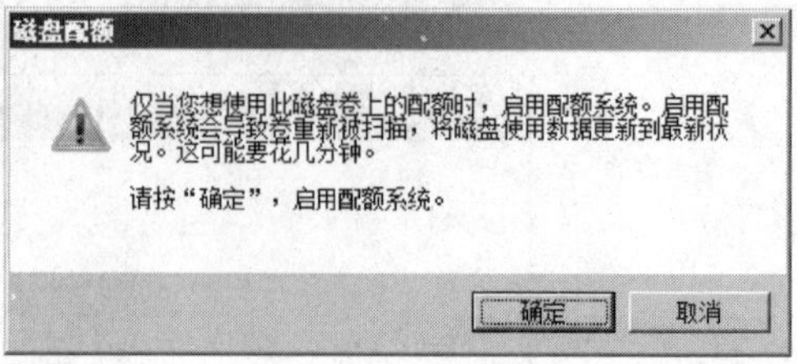

图 2-76　磁盘配额设置

2) 使用磁盘配额

以本地用户账户 user 登录系统，打开“计算机”管理器，右击刚才所设置磁盘配额的卷“新加卷”，在弹出菜单中选择“属性”，打开“新加卷(E:)属性”对话框，选择“常规”选项卡，可以看到其容量为 50MB，也就用户账户 user 所能够使用的磁盘空间，如图 2-77 所示。

往“新加卷(E:)”上复制超过 50MB 容量的数据，会弹出如图 2-78 所示界面，该信息表示数据超过了所设置的磁盘配额，被限制存储。

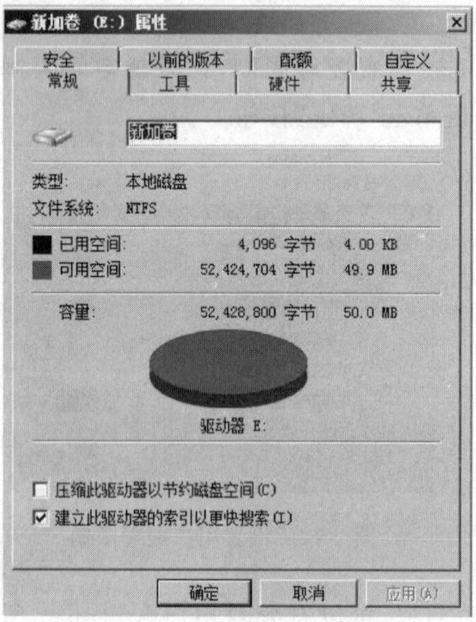

图 2-77　常规选项卡

图 2-78　磁盘空间不足信息

4. 卷影副本

共享文件夹的卷影副本提供共享资源中(如文件服务器)文件的即时点副本。通过共享文件夹的卷影副本，可以查看在过去的时间点中存在的共享文件和文件夹。访问文件的以前的版本或卷影副本非常有用，因为这样可以：

- 恢复意外删除的文件。如果意外删除了某个文件，可以打开以前的版本，然后将其复制到安全的位置。
- 恢复意外覆盖的文件。如果意外覆盖了某个文件，可以恢复该文件的以前的版本。
- 工作时比较文件版本。如果要查看文件两个版本之间的更改，则可以使用以前的版本。

使用卷影副本需要注意以下事项：

- 当恢复文件时，文件权限不会更改。权限在恢复前后没有变化。当恢复一个意外删除的文件时，文件权限将被设为该目录的默认权限。

- 共享文件夹的卷影副本在所有版本的 Windows Server 2008 R2 中都可用。但是，用户界面不可用于服务器核心安装选项。若要利用服务器核心安装为计算机创建卷影副本，需要从另一台计算机远程管理此功能。
- 使磁盘联机时，如果磁盘包含卷的卷影副本存储空间，为了防止可能丢失快照，会在使卷本身联机之前使磁盘联机。
- 创建卷影副本不能替代创建常规备份。
- 当存储区域达到限制值之后，将删除最旧的卷影副本，从而留出空间以便创建更多卷影副本。删除卷影副本之后，将无法检索该副本。
- 可以调整存储位置、空间分配和计划以适合的需要。在“本地磁盘属性”页面的“卷影副本”选项卡上，单击“设置”。
- 每个卷上最多可以存储 64 个卷影副本。达到该限制值之后，将删除最旧的卷影副本，因此无法检索该副本。
- 卷影副本是只读的。不能编辑卷影副本的内容。
- 只能针对每个卷启用共享文件夹的卷影副本，也就是说，不能在卷上选择要复制或不要复制的特定共享文件夹和文件。

下面介绍启用和配置卷影副本。

对计算机 A 上的卷 E 启用并配置卷影副本，使得用户在其他联网计算机 B 上还原以前的版本，具体步骤如下。

首先计算机 A 在 E 盘创建共享文件夹“卷影副本”。在该文件夹内创建文件“测试”，该内容为“现在是 21:45 分”。

在计算机 A 上单击“开始” → “管理工具” → “计算机管理”，打开“计算机管理”控制台，展开“系统工具”节点，右击“共享文件夹”，在弹出菜单中选择“所有任务” → “配置卷影副本”，如图 2-79 所示。

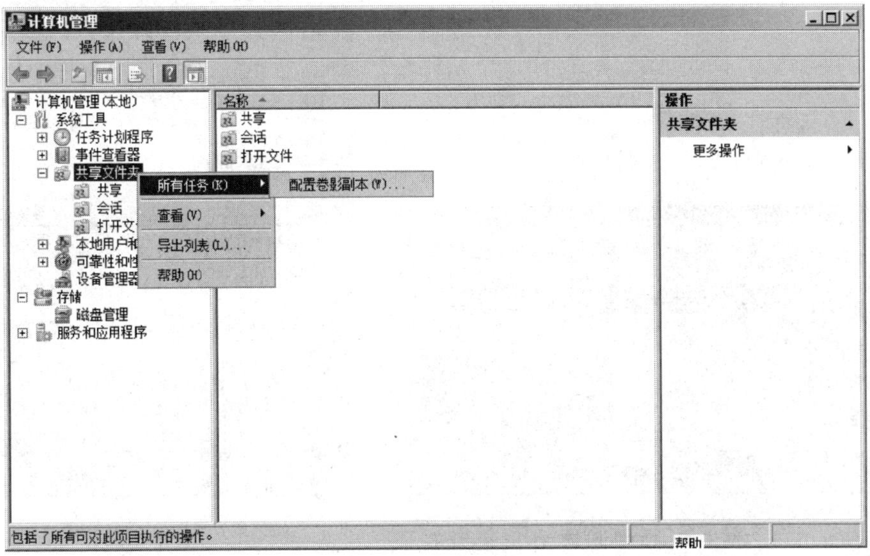

图 2-79　配置卷影副本

在打开的卷影副本对话框中，可以看到当前没有启用任何卷影副本，该卷 E 上共有一个共享文件夹，如图 2-80 所示。

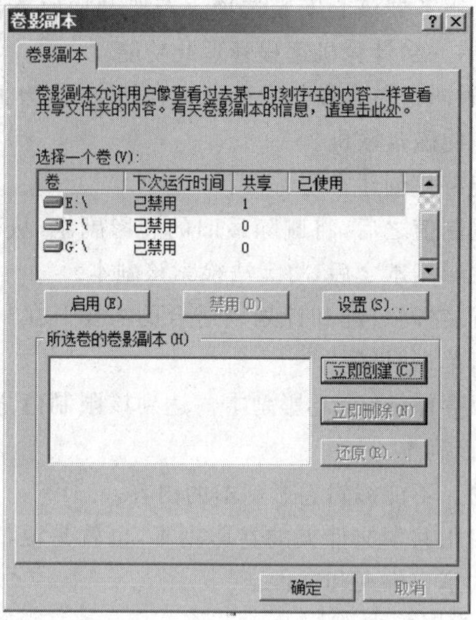

图 2-80　启用和设置卷影副本

单击“启用”按钮，弹出如图 2-81 所示的“启用卷影复制”界面，该信息标识启用卷影复制后 Windows 将使用默认计划和设置，单击“是”按钮开始启用卷影复制。

返回如图 2-82 所示的“卷影副本”对话框，可以看到已经创建了一个卷影副本，其时间为 2011/10/1 21:50。

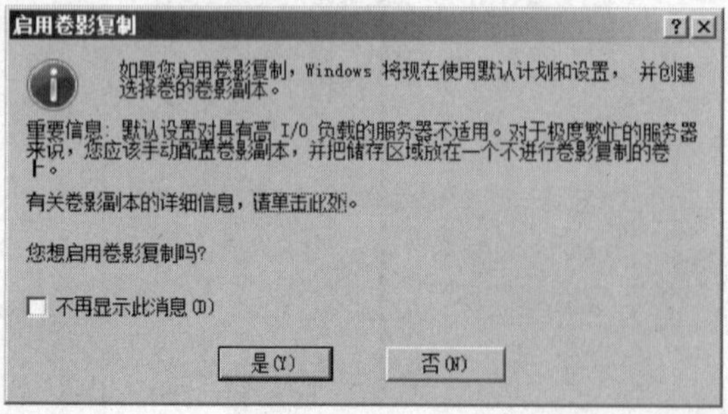

图 2-81　配置卷影副本

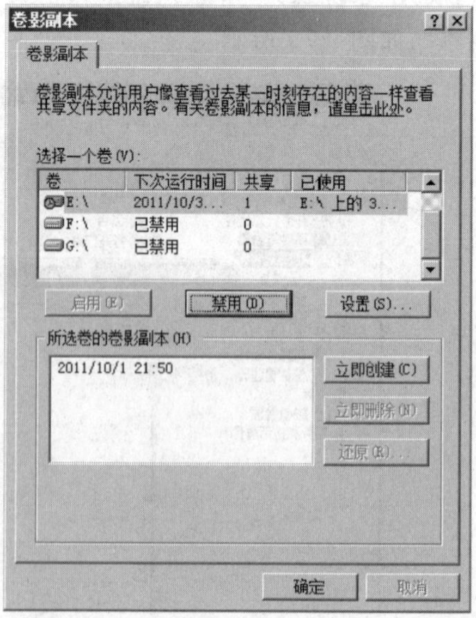

图 2-82　启用和设置卷影副本

修改文件夹“卷影副本”中的文件“测试”，在该文件原有数据之外添加“现在是 21:54 分”，如图 2-83 所示，然后将其保存。

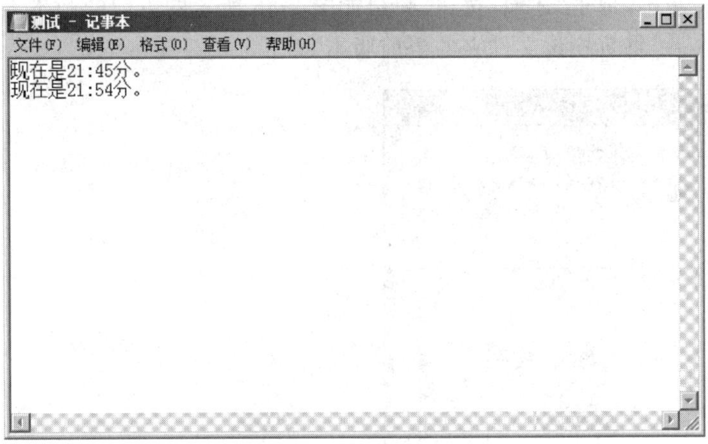

图 2-83　测试文件内容

在客户端计算机 B 上，单击“开始”→“运行”，打开运行对话框，在该对话框的打开文本框中输入计算机 A 的路径“\\192.168.1.4”，然后单击“确认”按钮访问共享文件夹。右击共享文件夹“卷影副本”，在弹出菜单中选择“还原以前的版本”，如图 2-84 所示。

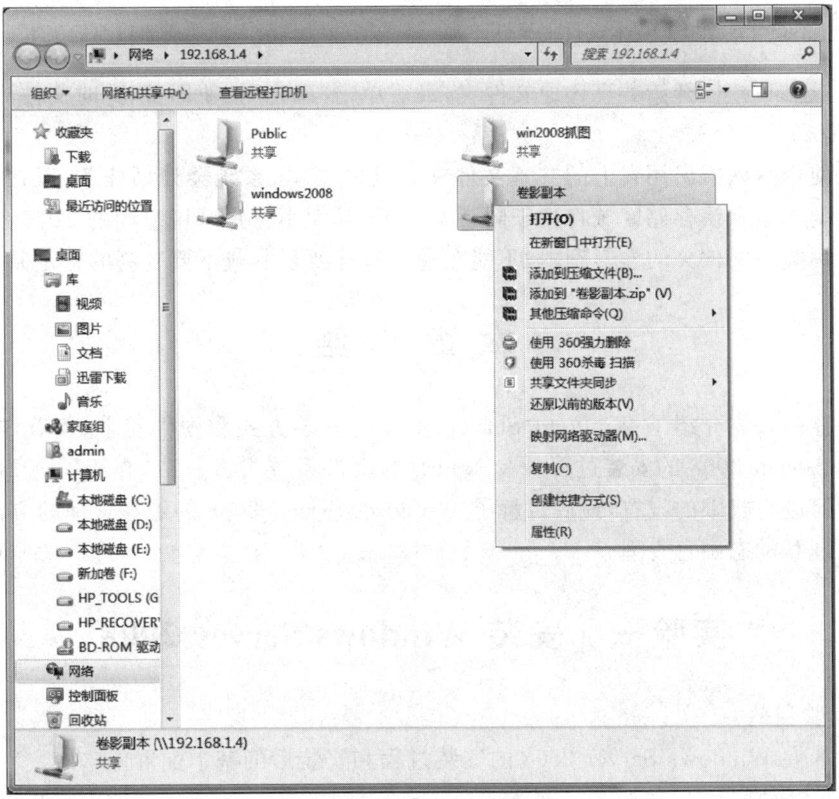

图 2-84　还原以前版本

接着打开“卷影副本\\192.168.1.4”属性对话框的“以前的版本”选项卡，如图 2-85 所示，看到可以还原到这个时间点上。

选择文件夹版本，单击“还原”按钮，弹出如图 2-86 所示的以前的版本界面，该信息表示还原以前的版本后，将替换该文件夹的当前版本。

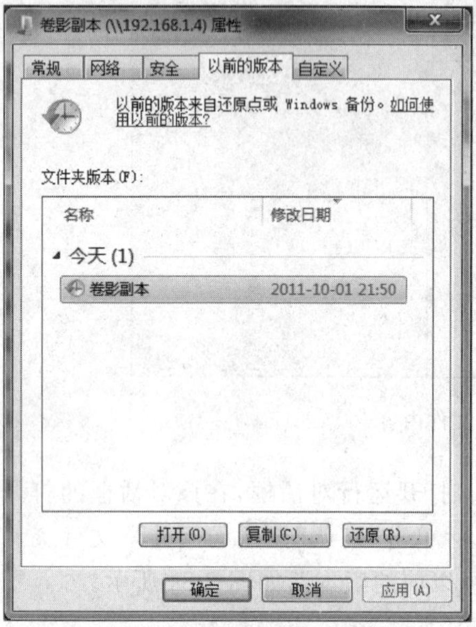

图 2-85　A 上卷影副本文件夹属性

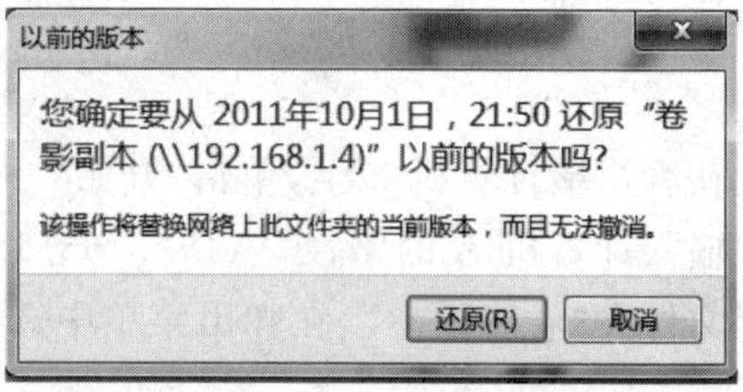

图 2-86　还原以前的版本

单击“还原”按钮开始共享还原文件夹，最后单击“确定”按钮即可，此时文件测试的内容是“现在是 21:45 分”。

如果使用默认值启用卷上的共享文件夹的卷影副本，系统会计划任务，以在上午 7:00 创建卷影副本。默认存储区域将位于同一个卷上，其大小将是可用空间的 10%。只能针对每个卷启用共享文件夹的卷影副本，不能在卷上选择要复制或不要复制的特定共享。

本 章 小 结

这一章中首先介绍了 Windows Server 2008 的安装方式和硬件需求，接着详细介绍了 Windows Server 2008 的安装过程。在 NTFS 的文件系统类型一节，介绍了 NTFS 的文件权限及如何进行权限的设置，最后讲解了 Windows Server 2008 的磁盘管理的方法，包括基本磁盘管理和动态磁盘管理。

实验一　安装 Windows Server 2008

1. 实验目的

熟练掌握 Windows Server 2008 的安装过程和安装后的基本配置。

2. 实验环境

每人一台主机，在主机上直接用光驱安装；或者每人一台主机，在主机上安装虚拟机

VMware 或 Virtual PC，在虚拟中使用镜像文件进行安装。

3. 实验步骤

（1）使用光盘安装方式进行 Windows Server 2008 的安装，安装中的具体步骤包括设置启动顺序、选择安装方式、检测光盘和硬件、选择安装语言和键盘设置、选择存储设备、为计算机命名、设置时区、设置根用户口令、为硬盘分区、定制要安装的组件。

（2）安装后的基本配置，包括许可协议、防火墙设置、时间和日期设置、软件更新、用户创建、声卡设置、网络配置等方面。

实验二　磁盘管理和文件系统管理

1. 实验目的

熟练掌握 Windows Server 2008 磁盘管理和文件管理的方法。

2. 实验环境

每人一台主机，在主机上直接用光驱安装；或者每人一台主机，在主机上安装虚拟机 VMware 或 Virtual PC，在虚拟中使用镜像文件进行安装。

3. 实验步骤

（1）Windows Server 2008 磁盘管理。

（2）Windows Server 2008 文件管理。

习　题

1. 磁盘管理主要做哪些工作？磁盘管理在 Server 2008 中有哪些新特性？

2. 怎样创建主磁盘分区？怎样创建逻辑驱动器？

3. 区别几种动态卷的工作原理及创建方法？

4. 如果 RAID-5 卷中某一块磁盘出现了故障，怎样恢复？

5. 怎样限制某个用户使用服务器上的磁盘空间？

6. 添加一块新磁盘需要做哪些工作？

7. 文件加密之后，在使用的时候需要解密吗？为什么？计算机账户添加到组中作用有何不同？

第3章 Windows Server 2008 的基本网络服务

【本章学习目标】

- 了解 DHCP 的基本概念和工作原理。
- 熟练掌握 DHCP 服务器的配置。
- 了解 DNS 的基本概念和查询模式。
- 熟练掌握 DNS 服务器的配置。
- 了解 IIS 的基本概念。
- 熟练掌握 Web 服务器的配置。
- 掌握 FTP 服务器的配置。

3.1 DHCP 服务器的配置与管理

TCP/IP 网络上的每台计算机都必须有唯一的计算机名称和 IP 地址。当网络的规模比较小时,可以手动配置计算机的 IP 地址。而如果网络的规模比较大,再采用手动配置 IP 地址不仅工作量大,而且容易出错。此外,将计算机移动到不同的子网时,必须更改 IP 地址。如果手动更改 IP 地址,无疑会使管理工作变得复杂。

3.1.1 DHCP 基本概念

DHCP(Dynamic Host Configuration Protocol)是动态主机配置协议的缩写,是一个简化主机 IP 地址分配管理的 TCP/IP 标准协议,它能够动态地向网络中每台设备分配独一无二的 IP 地址,并提供安全、可靠、简单的 TCP/IP 网络配置,确保不发生地址冲突,帮助维护 IP 地址的使用。

DHCP 客户使用两种不同的过程来与 DHCP 服务器通信并获得配置:初始化租约过程和租约续订过程。

1. 初始化租约过程

DHCP 客户端首次启动时,会自动执行初始化过程以便从 DHCP 服务器获得租约。该过程的步骤如下。

(1) 发现阶段,即 DHCP 客户端寻找 DHCP 服务器的阶段。客户端以广播方式发送 DHCPDISCOVER 包,只有 DHCP 服务器才会响应。

(2) 提供阶段,即 DHCP 服务器提供 IP 地址的阶段。DHCP 服务器接收到客户端的 DHCPDISCOVER 报文后,从 IP 地址池中选择一个尚未分配的 IP 地址分配给客户端,向该客户端发送包含租借的 IP 地址和其他配置信息的 DHCPOFFER 包。

(3) 选择阶段,即 DHCP 客户端选择 IP 地址的阶段。如果有多台 DHCP 服务器向该客户端发送 DHCPOFFER 包,客户端选择第一个,然后以广播形式向各 DHCP 服务器回应 DHCPREQUEST 包,宣告使用它挑中的 DHCP 服务器提供的地址,并正式请求该 DHCP 服务器分配地址。其他所有发送 DHCPOFFER 包的 DHCP 服务器接收到该数据包后,将释放已经 OFFER(预分配)给客户端的 IP 地址。

(4) 确认阶段,即 DHCP 服务器确认所提供 IP 地址的阶段。当 DHCP 服务器收到 DHCP 客户端回答的 DHCPREQUEST 包后,便向客户端发送包含 IP 地址及其他配置信息的 DHCPACK 确认包。然后,DHCP 客户端将接收并使用 IP 地址及其他 TCP/IP 配置参数。

DHCP 服务器和客户端之间的租用过程如图 3-1 所示。

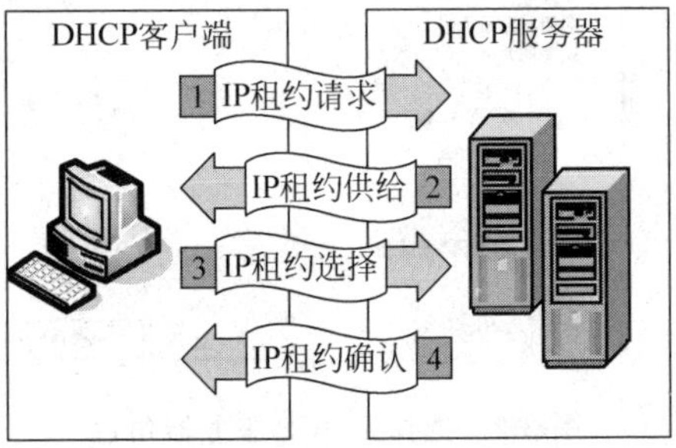

图 3-1　初始化租约过程

2. 租约续订过程

当 DHCP 客户端关闭后又在相同的子网上重新启动时,或者当 IP 地址租约期限达到一半时,DHCP 客户端都会自动向 DHCP 服务器发送 DHCPREQUEST 包,以完成 IP 租约的更新。如果此 IP 地址有效,则 DHCP 服务器回应 DHCPACK 包,通知 DHCP 客户端已经获得新 IP 租约。如果此 IP 地址无效,则 DHCP 服务器回应 DHCPNACK 否认信息,此时 DHCP 客户端立即发起 DHCPDISCOVER 包以寻求新的 IP 地址。如果服务器没有回应,则此次 IP 续订失败,但客户端仍然使用原来租借的地址。当 IP 租约期限经过 7/8 时,客户端再次发送 DHCPREQUEST 包向服务器请求租约续订。

3.1.2　DHCP 服务器的安装和启动

1. DHCP 服务角色的安装

在“服务器管理器”控制台中,单击“角色”节点,然后在控制台右侧中单击“添加角色”按钮,打开“添加角色向导”页面,在打开的“选择服务器角色”对话框中,选择“DHCP 服务器”复选框,如图 3-2 所示。

单击“下一步”按钮,出现“DHCP 服务器”对话框,在该对话框中显示 DHCP 服务器简介和注意事项。再单击“下一步”按钮,出现“选择网络连接绑定”对话框,为 DHCP 服务器指定一个网络连接,如图 3-3 所示。

单击“下一步”按钮,出现“指定 IPv4 DNS 服务器设置”对话框,在该对话框中设置将父域和首选 DNS 服务器 IPv4 地址提供给 IPv4 客户端计算机,如果该 DHCP 服务器不在域中,可以不设,如图 3-4 所示。

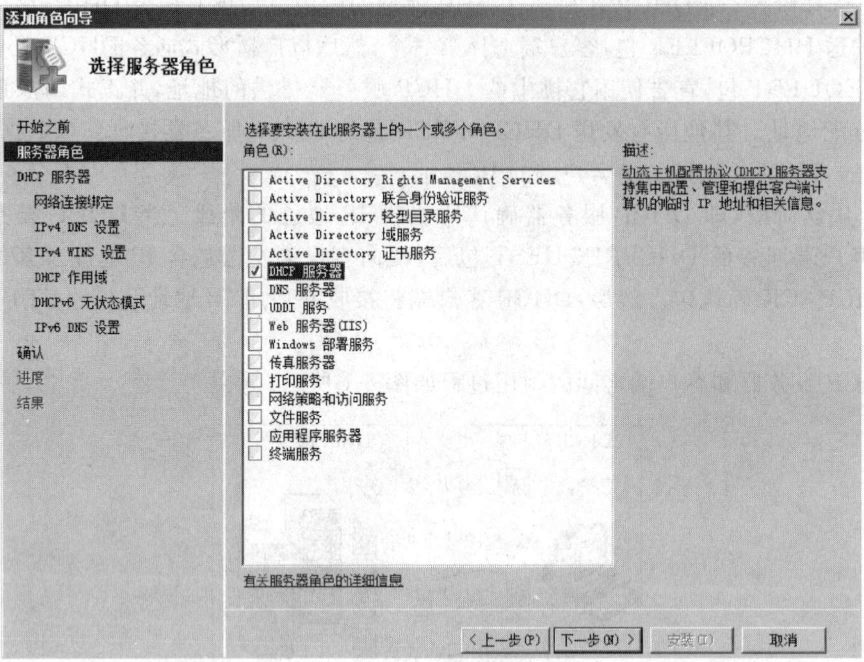

图 3-2　选择 DHCP 服务器角色

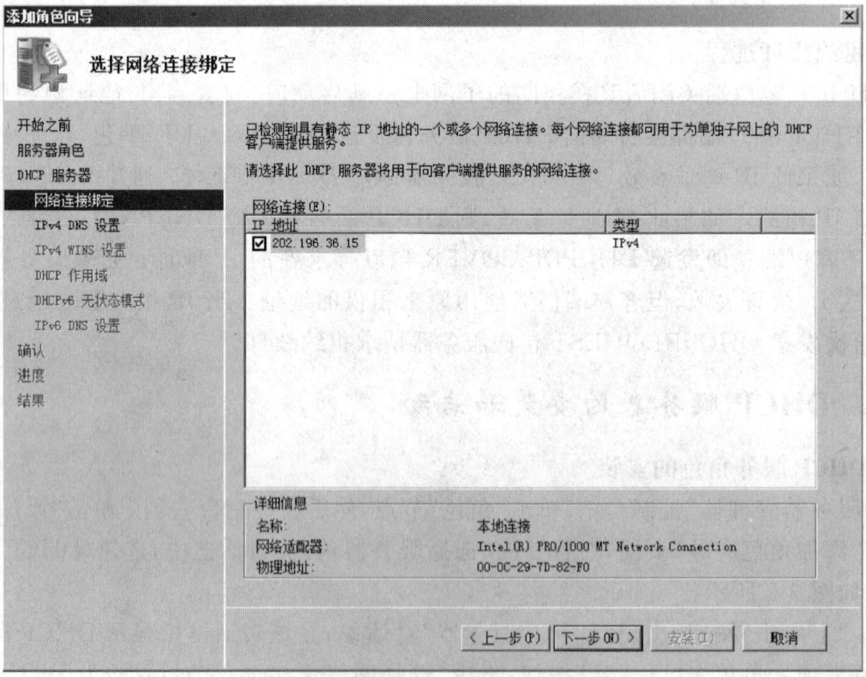

图 3-3　“选择网络连接绑定”对话框

单击“下一步”按钮，出现“指定 IPv4 WINS 服务器设置”对话框，在此选择“此网络上的应用程序不需要 WINS”单选框，如图 3-5 所示。

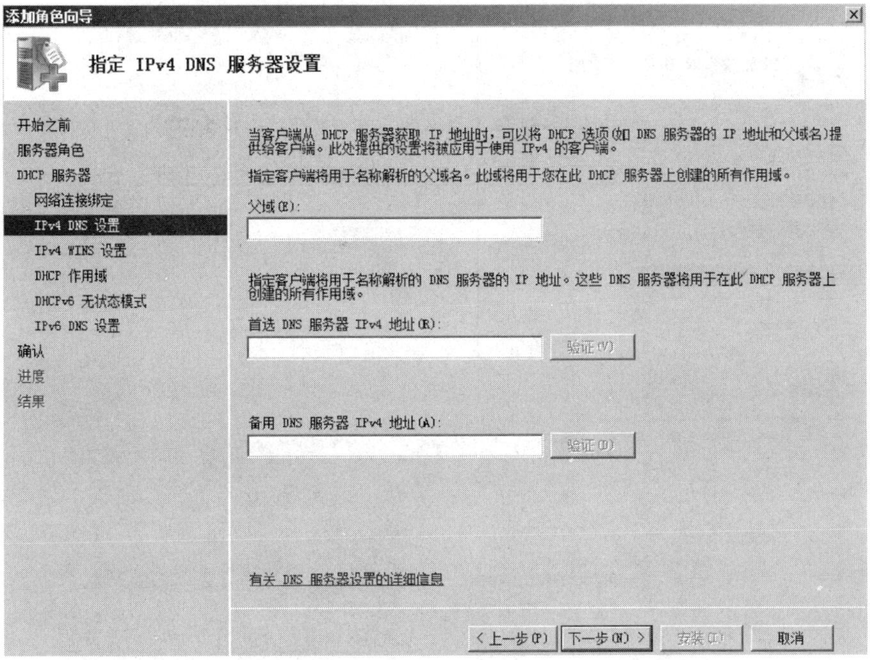

图 3-4 “指定 IPv4 DNS 服务器配置”对话框

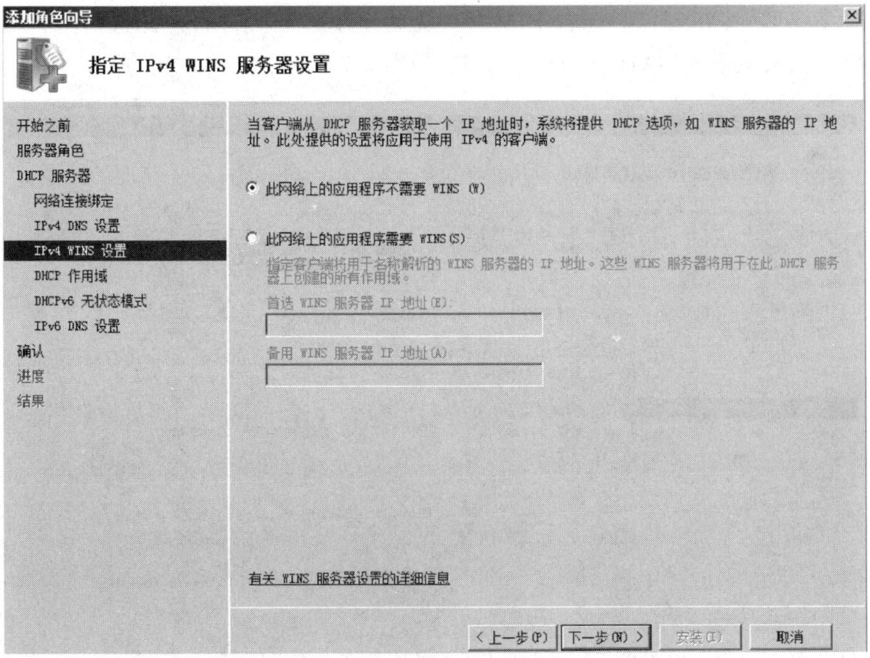

图 3-5 “指定 IPv4 WINS 服务器设置”对话框

单击“下一步”按钮，出现“添加或编辑 DHCP 作用域”对话框，作用域也可以在 DHCP 服务器角色安装完毕之后添加，此处先不添加作用域，如图 3-6 所示。

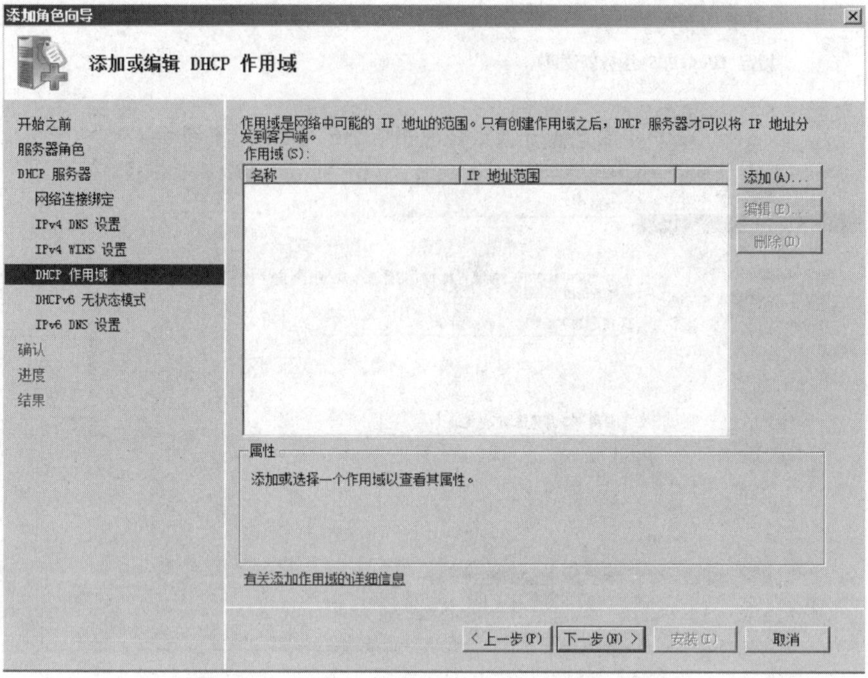

图 3-6 “添加或编辑 DHCP 作用域”对话框

单击“下一步”按钮，出现“配置 DHCPv6 无状态模式”对话框，在此选择“对此服务器禁用 DHCPv6 无状态模式”单选框禁用该功能，如图 3-7 所示。

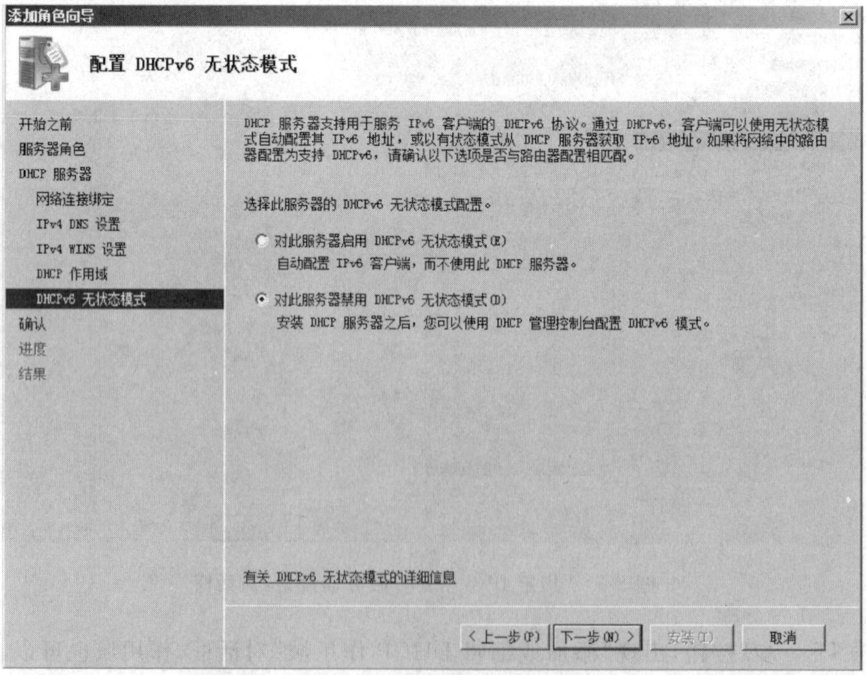

图 3-7 “配置 DHCPv6 无状态模式”对话框

单击“下一步”按钮，出现“确认安装选择”对话框，在该对话框中显示要安装的服务器角色的信息，如图 3-8 所示。

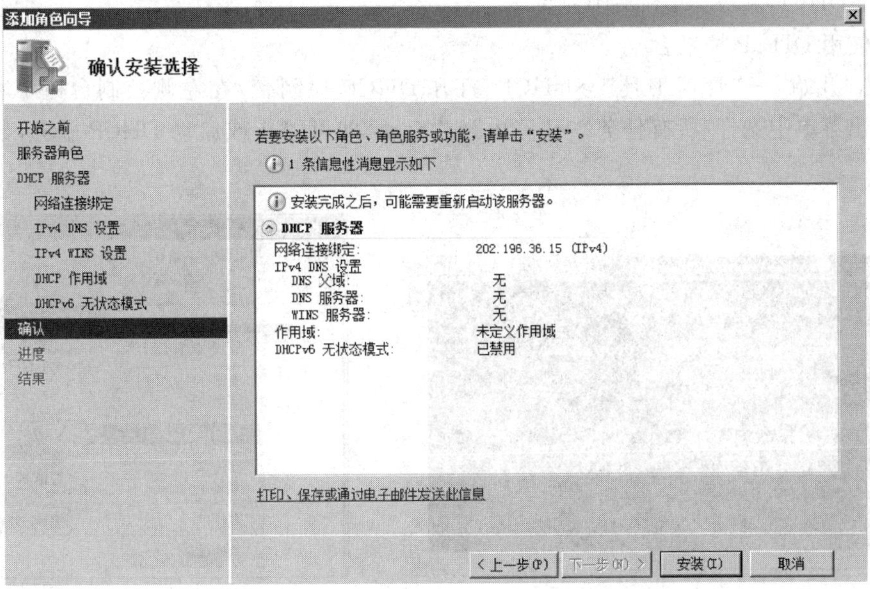

图 3-8 “确认安装选择”对话框

单击“安装”按钮开始安装 DHCP 服务器角色，安装完毕出现如图 3-9 所示的“安装结果”对话框，最后单击“关闭”按钮即可完成 DHCP 服务器角色的安装。

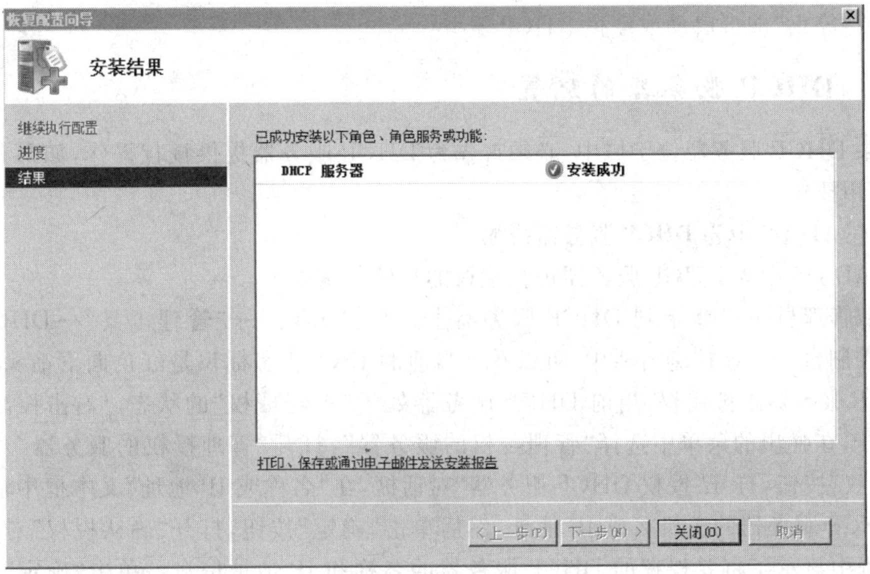

图 3-9 “安装结果”对话框

2. DHCP 服务的停止和启动

要启动或停止 DHCP 服务，可以使用 net 命令、DHCP 控制台或“服务”控制台。

1）使用 net 命令

在命令行提示符界面中，输入命令 net stop dhcpserver 或 net start dhcpserver 即可停止或启动 DHCP 服务，如图 3-10 所示。

2）使用 DHCP 控制台

单击“开始”→“管理工具”→DHCP，打开 DHCP 控制台，在左侧控制台树中右击服务器，在弹出菜单中选择“所有任务”→“停止”或“启动”即可停止或启动 DHCP 服务，如图 3-11 所示。

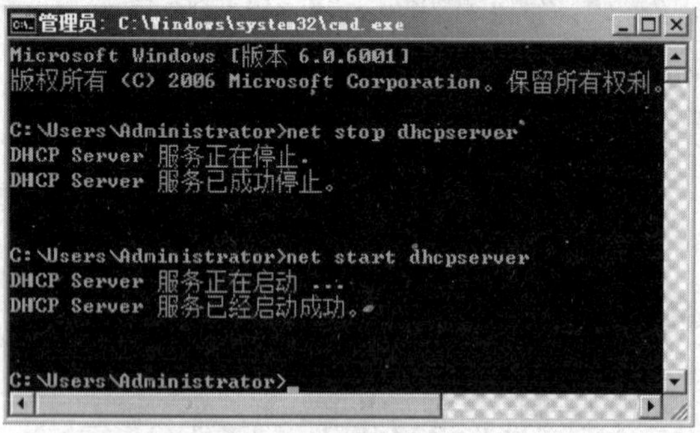

图 3-10　使用 net 命令

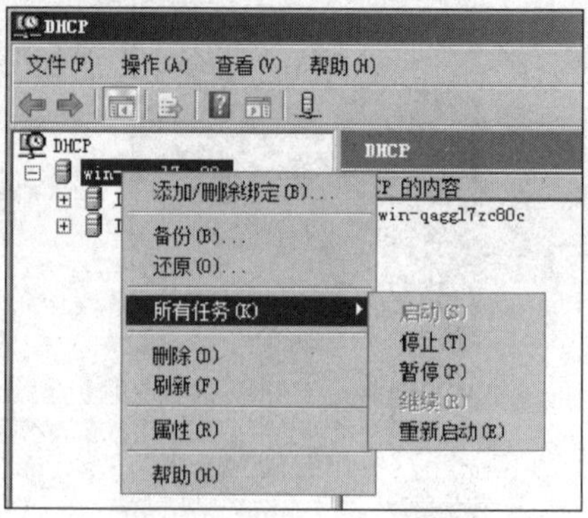

图 3-11　使用 DHCP 控制台

DHCP 服务停止以后，“DHCP 管理器”控制台显示红色×号标识。

3）使用“服务”控制台

单击“开始”→“管理工具”→“服务”，打开“服务”控制台，找到服务 DHCP Server，单击“启动”或“停止”即可启动或停止 DHCP 服务。

3.1.3　DHCP 服务器的配置

如果 DHCP 服务器位于域中，必须首先为 DHCP 服务器提供授权操作，如果其不在域中，则不用授权。

1. 在 AD DS 中为 DHCP 服务器授权

在 AD DS 中为 DHCP 服务器进行授权的具体步骤如下。

以域管理员账户登录到 DHCP 服务器上，单击“开始”→“管理工具”→DHCP，打开 DHCP 控制台。在该控制台树中，可以看到当前的 IPv4 状态标识是红色向下箭头，这表明该 DHCP 服务器未被授权，当前 DHCP 服务器处于“未经授权”的状态。右击控制台树中的 DHCP，在弹出的菜单中选择“管理授权的服务器”，打开“管理授权的服务器”对话框后单击“授权”按钮，打开“授权 DHCP 服务器”对话框，在“名称或 IP 地址”文本框中输入要授权的 DHCP 服务器的主机名或 IP 地址，然后单击“确定”按钮，打开“确认授权”对话框，在该对话框中显示了将要授权的 DHCP 服务器的名称和 IP 地址信息。单击“确定”按钮，返回“管理授权的服务器”对话框，在被授权的 DHCP 服务器出现在“授权的 DHCP 服务器”列表中选择授权的服务器后单击“确定”按钮，在弹出的对话框中再单击“确定”，即可完成 DHCP 服务器的授权。最后，单击 DHCP 控制台工具栏中的刷新图标，DHCP 服务器附带的状态标识被替换为向上的绿色箭头，这标识 DHCP 服务器已经成功授权，可以正常地为

DHCP 客户端分配 IP 地址了。

2. 配置 DHCP 作用域

在 DHCP 服务器中，需要设定一段 IP 地址的范围（可用的 IP 作用域），当 DHCP 客户端请求地址时，DHCP 服务器将从此范围内提取一个尚未使用的 IP 地址分配给 DHCP 客户端。

但是在一台 DHCP 服务器内，针对一个子网只能设置一个作用域，例如，不可以建立一个作用域为 202.196.36.1～202.196.36.100 后，又建立一个作用域为 202.196.36.150～202.196.36.250，解决方法是先设置一个连续的作用域为 202.196.36.1～202.196.36.250，然后将中间的 202.196.36.101～202.196.36.149 添加到排除范围。

创建一个新的 DHCP 作用域的步骤如下。

打开 DHCP 控制台，在控制台树中展开服务器节点，右击 IPv4，选择“新建作用域”，打开“欢迎使用新建作用域向导”对话框，如图 3-12 所示。

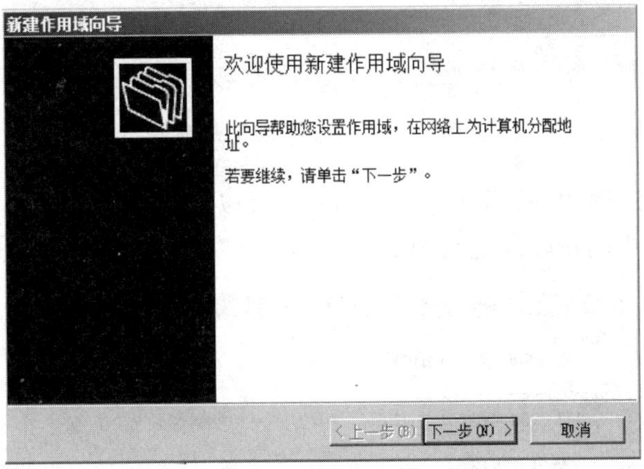

图 3-12　“新建作用域向导”对话框

单击“下一步”按钮，出现“作用域名称”对话框，在该对话框中设置作用域的识别名称和相关描述信息，如图 3-13 所示。

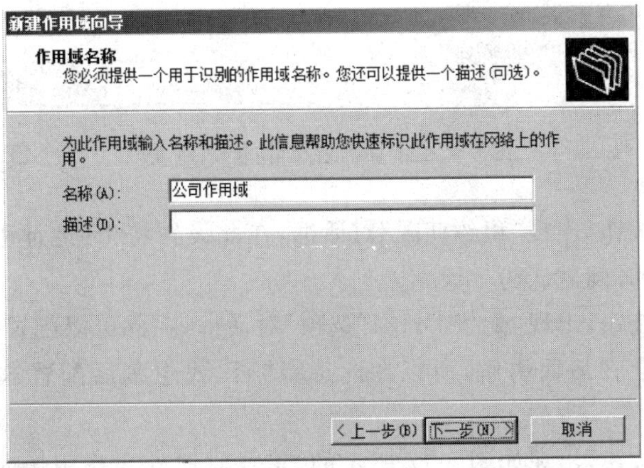

图 3-13　设置作用域名称

单击“下一步”按钮，出现“IP 地址范围”对话框，在“输入此作用域分配的地址范围”选项区域中设置 IP 地址范围为 202.196.36.20～202.196.36.250。在子网掩码长度中选择默认的 24，子网掩码为 255.255.255.0，如图 3-14 所示。

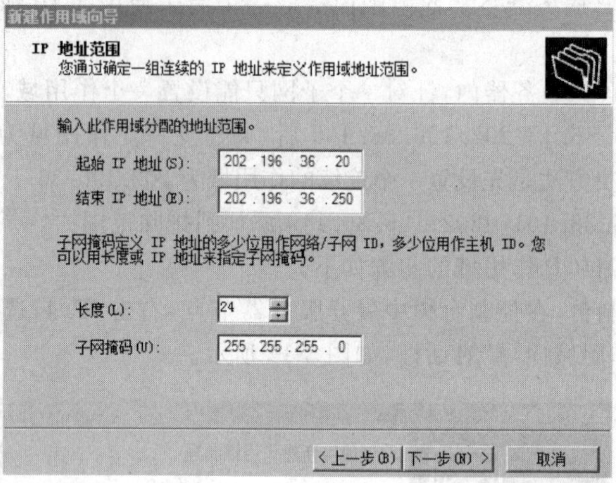

图 3-14　设置 IP 地址范围

单击“下一步”按钮，出现“添加排除”对话框，可以将不分配给客户机的 IP 地址从作用域中排除出去，本例中的排除地址为 202.196.36.101～202.196.36.149，如图 3-15 所示。

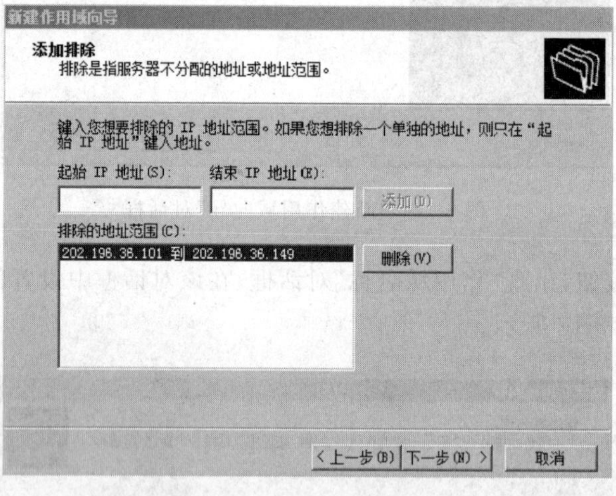

图 3-15　添加需要排除的 IP 地址段

单击“下一步”按钮，出现“租约期限”对话框，在此设置将 IP 地址租给客户端计算机使用的时间期限，这个时间默认为 8 天。

单击“下一步”按钮，出现“配置 DHCP 选项”对话框，在此可以配置作用域选项，关于如何配置作用域选项会在后面讲解，所以在此选择“否，我想稍后配置这些选项”单选框，如图 3-16 所示。

单击“下一步”按钮，出现如图 3-17 所示的“正在完成新建作用域向导”对话框，最后单击“完成”按钮即可完成作用域的创建。

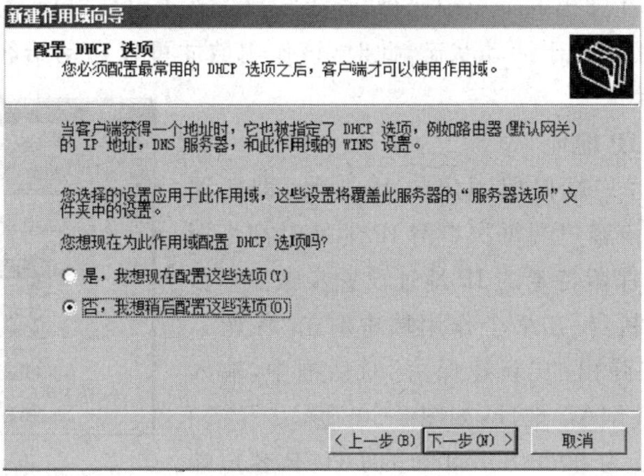

图 3-16　配置 DHCP 选项

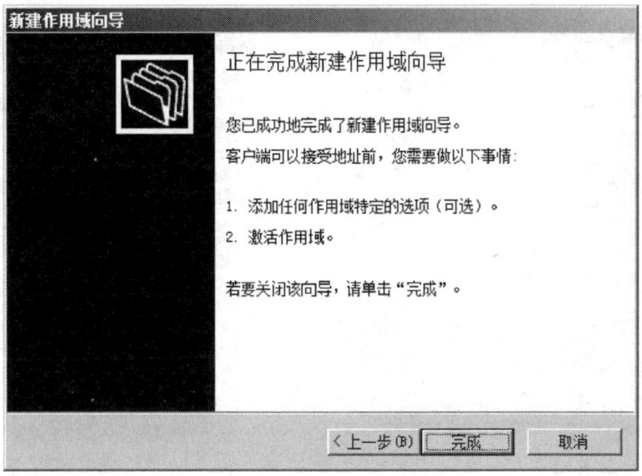

图 3-17　完成新建作用域

3. 激活 DHCP 作用域

在 DHCP 控制台树中，刚才创建的作用域上标识了红色向下箭头，表明该作用域现在处于不活动状态，不能给客户端计算机自动分配 IP 地址，如图 3-18 所示。

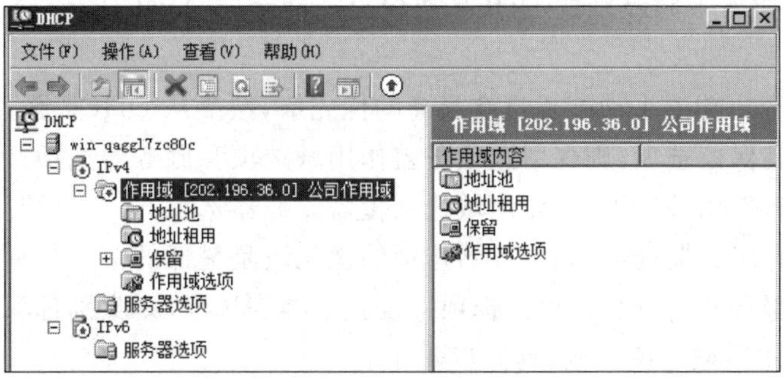

图 3-18　激活 DHCP 作用域前

右击该作用域，在弹出的菜单中选择“激活”，激活该作用域以后，在 DHCP 控制台树中可以看到当前该作用域处于活动状态，此时，该作用域才可以自动给客户端计算机分配 IP 地址，如图 3-19 所示。

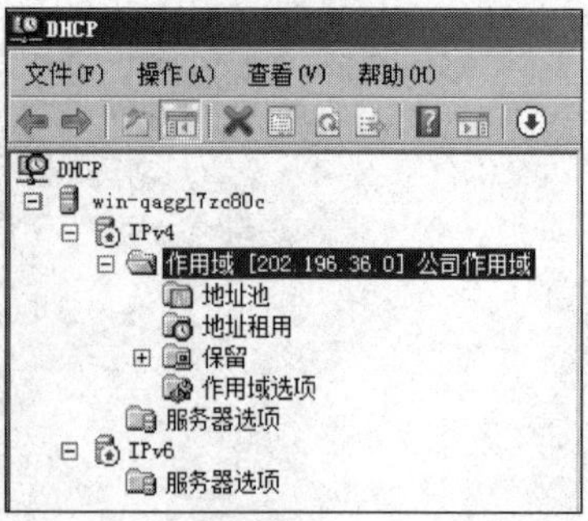

图 3-19 激活 DHCP 作用域后

4. 保留特定的 IP 地址

可以为特定的客户端保留固定的 IP 地址，即所谓 IP-MAC 绑定，这样该客户端每次申请 IP 地址时都将拥有相同的 IP 地址。保留特定的 IP 地址设置步骤如下。

打开 DHCP 控制台，在某个作用域中右击“保留”，选择“新建保留”，在弹出的“新建保留”对话框中，输入保留名称、IP 地址和 MAC 地址，如图 3-20 所示。

这样 MAC 地址为 00d0f8082985 的 DHCP 客户端将一直使用 202.196.36.222 这一固定的 IP 地址，如图 3-21 所示。

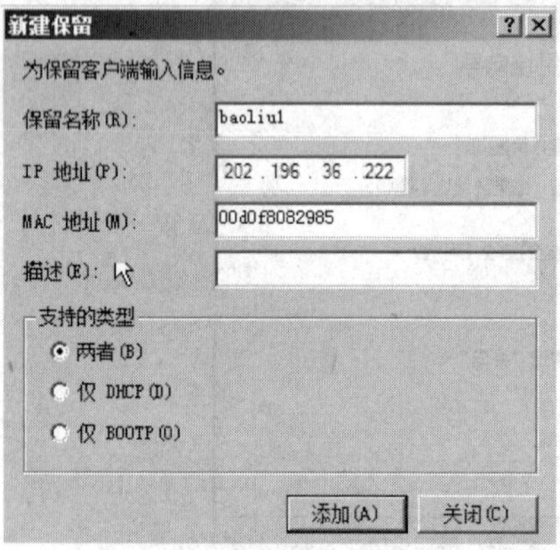

图 3-20 “新建保留”对话框

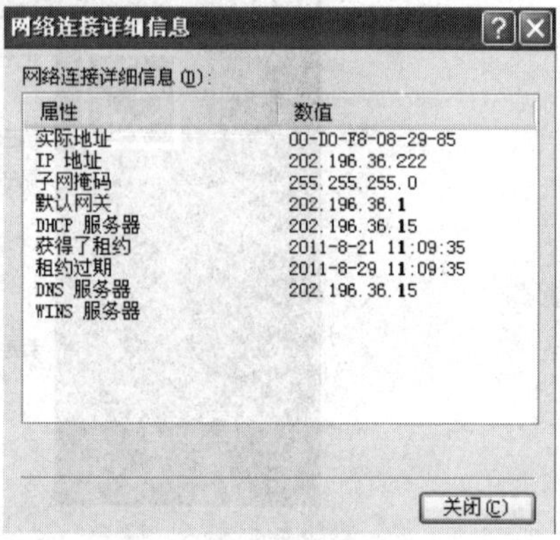

图 3-21 客户端得到保留的 IP 地址

5. 配置 DHCP 作用域选项

DHCP 服务器除了给 DHCP 客户端分配 IP 地址和子网掩码外，还可以给客户端分配相关的选项，如网关地址、DNS 服务器和 WINS 服务器等。

在 DHCP 服务器中，选项分为 4 个级别，从低到高为：服务器选项、作用域选项、保留选项和类别选项。如果不同级别的 DHCP 选项出现冲突时，DHCP 客户端应用 DHCP 选项的优先级顺序如下：

(1) DHCP 客户端的手动配置具有最高的优先级，覆盖从 DHCP 服务器获得的值。

(2) 如果具有保留选项，则保留选项覆盖作用域选项和服务器选项。

(3) 如果具有作用域选项，则作用域选项覆盖服务器选项。

(4) 如果具有服务器选项，则服务器选项的优先级是最低的。

(5) 如果在服务器、作用域、保留选项上设置了类别选项，则类别选项覆盖标准选项。

下面以设置作用域选项为例，具体步骤如下。

打开 DHCP 控制台，依次展开服务器、IPv4 和“作用域”节点，右击“作用域选项”，选择“配置选项”，弹出“作用域选项”对话框。

在“作用域选项”对话框中，选择“003 路由器”复选框，路由器就是局域网网关，在“IP 地址”文本框中输入网关地址，此处输入 202.196.36.1，然后单击“添加”按钮，如图 3-22 所示，最后单击“应用”按钮即可。

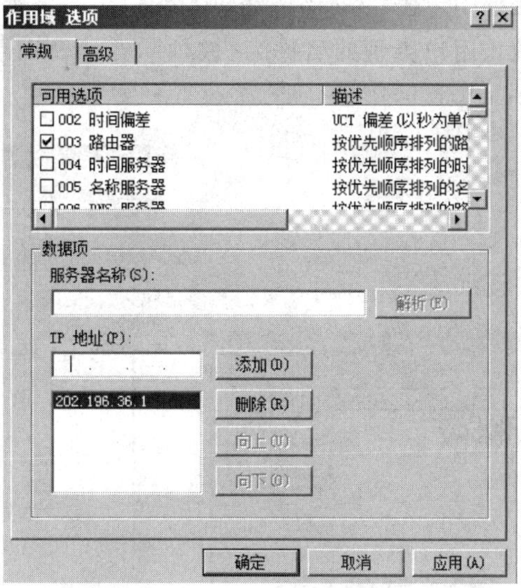

图 3-22　为作用域设置选项

所需的选项设置完毕以后，单击“作用域选项”的“确定”按钮，返回到 DHCP 控制台，在控制台左侧中单击“作用域选项”，可以在右侧看到刚才创建的作用域选项，如图 3-23 所示。

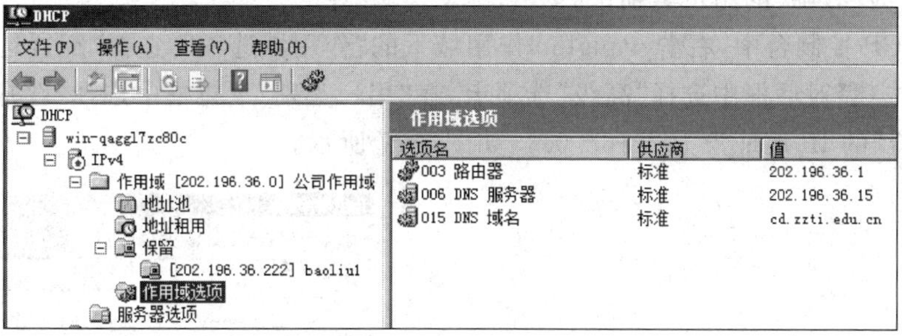

图 3-23　设置好的作用域选项

6. 配置 DHCP 类别选项

Windows Server 2008 提供两种类别选项用于次级管理：用户类别和供应商类别。本小节以用户类别为例，举例说明用户类别的作用。

假定一个网络实验室内既有教师用计算机，也有学生用计算机，所有的计算机都使用同一个 DHCP 服务器动态分配的 IP 地址（IP 地址范围为 192.168.0.10～192.168.0.100），但是，教师用计算机可以上外网（网关为 192.168.0.1），学生用计算机却不能上外网（网关为 10.10.10.1），这就需要在 DHCP 服务器上设置不同的用户类别，同时，将 DHCP 客户端标识为不同的用户类别成员，从而使不同的计算机得到不同的网关配置。主要步骤如下。

在 DHCP 控制台中新建作用域 wangluo，其 IP 地址范围为 192.168.0.10～192.168.0.100，作用域选项中设置 DNS 为 202.196.32.1，路由器为 10.10.10.1。

在 DHCP 控制台中，右击 IPv4，选择“定义用户类别”，打开如图 3-24 所示的“DHCP 用户类别”对话框，在该对话框中单击“添加”按钮，弹出如图 3-25 所示的“新建类别”对话框，在“显示名称”文本框中输入用户类别的名称为“教师”，在 ASCII 文本框处输入用户类别标识符的 ASCII 表现形式 teacher。

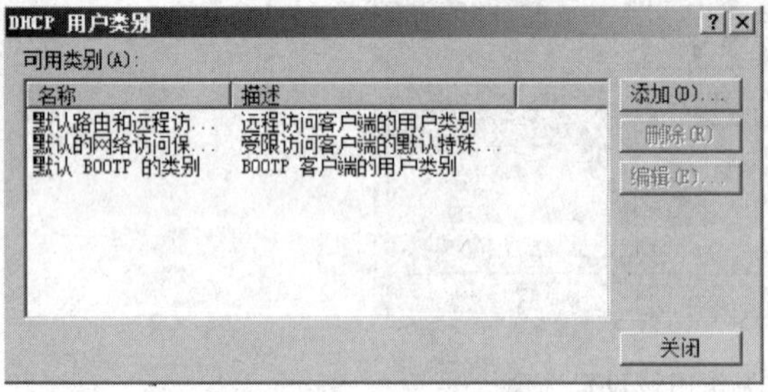

图 3-24　DHCP 用户类别

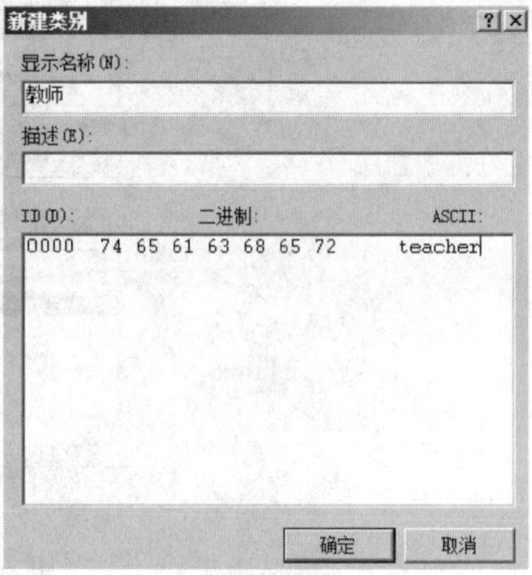

图 3-25　“新建类别”对话框

单击“确定”按钮，返回到如图 3-26 所示的“DHCP 用户类别”对话框，可以看到当前已经创建了名为“教师”的用户类别。

在 DHCP 控制台中，右击 wangluo 作用域下的“作用域选项”，选择“配置选项”，在弹出的“作用域选项”对话框中选择“高级”选项卡，在“用户类别”下拉框中选择“教师”，并且设置“003 路由器”的 IP 地址为 192.168.0.1，如图 3-27 所示。

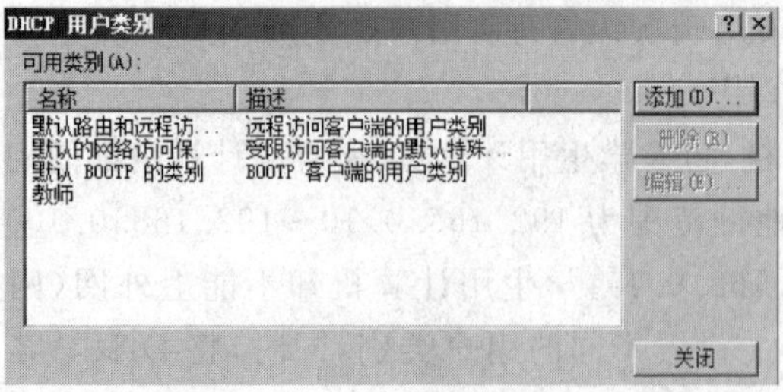

图 3-26　已经创建完用户类别

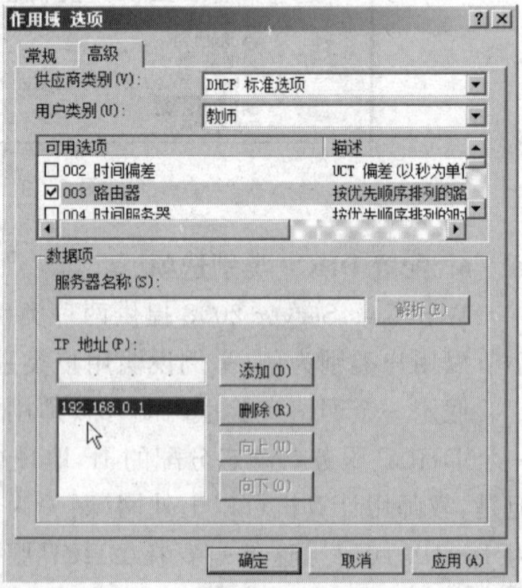

图 3-27　选择自定义的用户类别

单击“确定”按钮，返回到如图 3-28 所示的 DHCP 控制台，在右侧可以看到刚才创建的自定义类别选项。

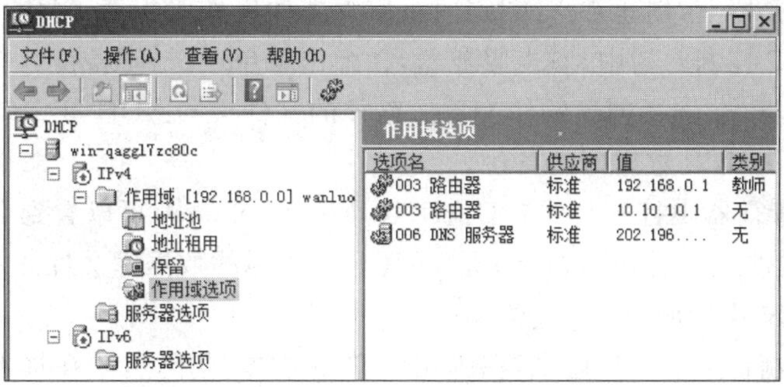

图 3-28　设置完用户类别后的效果

到此，DHCP 服务器端的设置已经完毕，下面设置 DHCP 客户端。在客户端计算机上打开命令行提示符界面，先释放掉之前从 DHCP 服务器上得到的 IP 地址，然后使用命令“ipconfig /setclassid 本地连接 teacher”将该客户机标识为 teacher 用户类别的成员，其中，“本地连接”为计算机网卡的标识名称，最后使用 ipconfig /all 命令可以看到当前客户端计算机的用户类别为 teacher，其网关为 192.168.0.1，而不是 10.10.10.1，这说明用户类别选项要比一般的选项优先级高，如图 3-29 所示。

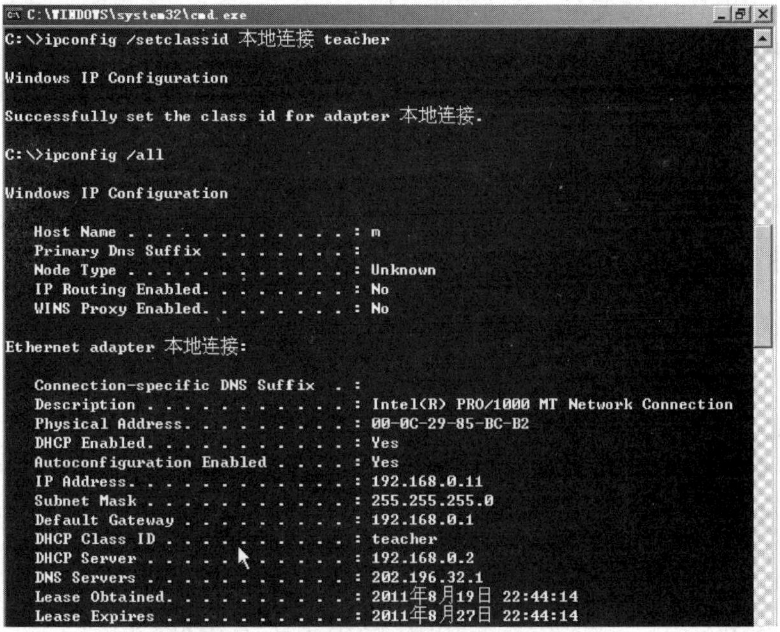

图 3-29　在客户机上查看用户类别选项

3.1.4　管理 DHCP 数据库

DHCP 服务器数据库是一种动态数据库，它在 DHCP 客户端得到地址或者释放自己的 TCP/IP 配置参数时被更新。

1. 备份 DHCP 数据库

对 DHCP 数据库进行备份，以便当作用域被删除时可以还原，具体步骤如下。

在 DHCP 服务器上，创建 C:\DHCP backup 文件夹作为保存 DHCP 服务器数据备份的路径。在 DHCP 控制台树中，右击服务器，在弹出菜单中选择“备份”，打开“浏览文件夹”对话框，在该对话框中，选择创建的作为备份路径的文件夹 C:\DHCP backup，最后单击“确定”按钮即可完成 DHCP 数据库的备份。

在“计算机”管理器中打开文件夹 C:\DHCP backup\new，可以看到 DHCP 服务器的数据，其中 new 子文件夹下的 dhcp.mdb 是 DHCP 服务器的数据库文件。

2. 删除 DHCP 作用域

在 DHCP 控制台中右击作用域，在弹出菜单中选择“删除”，并在接下来的弹出界面中选择“是”，即可删除 DHCP 作用域。

3. 还原 DHCP 数据库

在 DHCP 控制台树中右键单击服务器，在弹出菜单中选择“还原”，打开“浏览文件夹”对话框，选择刚才备份 DHCP 数据库的文件夹 C:\DHCP backup，单击“确定”按钮，在弹出界面中，单击“是”按钮重启 DHCP 服务即可完成 DHCP 服务器的还原。

4. 协调 DHCP 作用域

DHCP 服务中，详细的 IP 地址租用信息存储在 DHCP 数据库中，摘要性的 IP 地址租用信息存储在注册表中，协调是将 DHCP 数据库的值与 DHCP 注册表值进行比较验证的过程。协调作用域可以修复不一致的问题。

1）协调所有 DHCP 作用域

在 DHCP 控制台树中，展开服务器节点，右击 IPv4，选择“协调所有作用域”，在打开的“协调所有作用域”对话框中单击“验证”按钮。

2）协调单个 DHCP 作用域

在 DHCP 控制台中，展开服务器和 IPv4 节点，右击作用域，选择“协调”，在打开的“协调”对话框中单击“验证”按钮。

3.1.5 DHCP 客户端的配置和测试

DHCP 服务器配置好以后，必须配置 DHCP 客户端，使其从 DHCP 服务器上能够动态获取 IP 地址。以安装 Windows XP 操作系统的客户机为例，具体步骤如下。

双击任务栏右边的“本地连接”图标，打开“本地连接状态”对话框，选择“属性”→“Internet 协议(TCP/IP)”，打开如图 3-30 所示的对话框，选择“自动获得 IP 地址”和“自动获得 DNS 服务器地址”选项，单击“确定”按钮，完成设置。

此时在 DHCP 客户端的命令窗口中执行 ipconfig /all 命令，即可查看客户机的 IP 地址详细信息。使用命令 ipconfig /renew 可以续订 IP 地址，使用命令 ipconfig /release 可以释放 IP 地址。

3.1.6 配置 DHCP 中继代理

现在的企业在组网时，根据实际需要通常会划分 VLAN，如何让一个 DHCP 服务器同时为多个网段提供服务，这就需要配置 DHCP 中继代理服务器。DHCP 中继代理服务器将

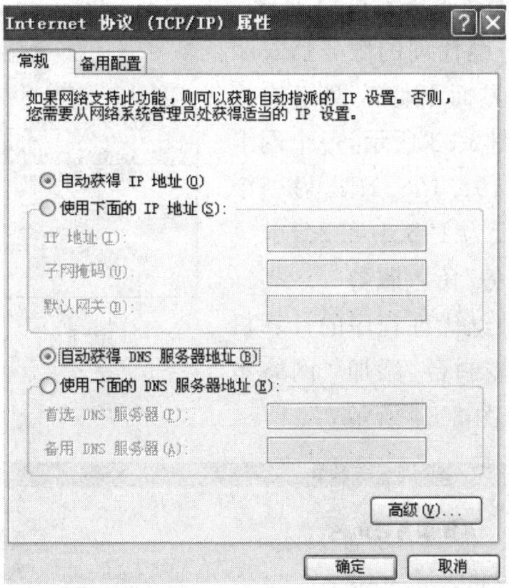

图 3-30　设置 DHCP 客户端自动获取 IP 地址

一个物理接口(如网卡)上收到的 DHCP/BOOTP 广播包中转到其他物理接口，进而转发至其他子网。

本节以图 3-31 所示的网络拓扑为例，讲解如何实现 DHCP 中继代理功能，使位于子网 1 中的 DHCP 客户端能从子网 2 中的 DHCP 服务器上得到 IP 地址。

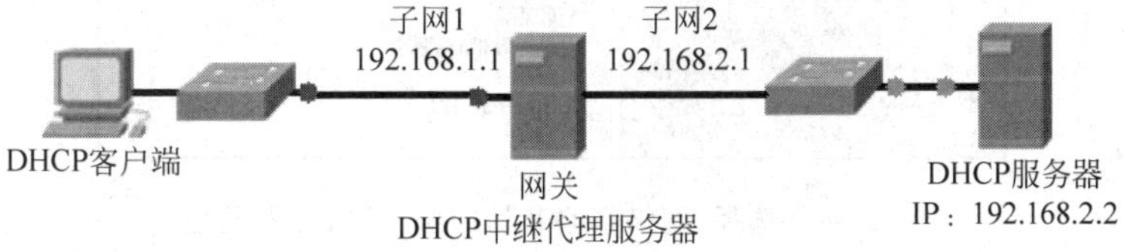

图 3-31　架设 DHCP 中继代理服务器的网络拓扑图

1. 在 DHCP 服务器上创建作用域

设置 DHCP 服务器的 IP 地址为 192.168.2.2，网关为 192.168.2.1，安装“DHCP 服务”角色后创建作用域 Subnet1，IP 地址范围为 192.168.1.10～192.168.1.100，租约时间为 8 天，不用创建任何选项，创建完成后将其激活，效果如图 3-32 所示。

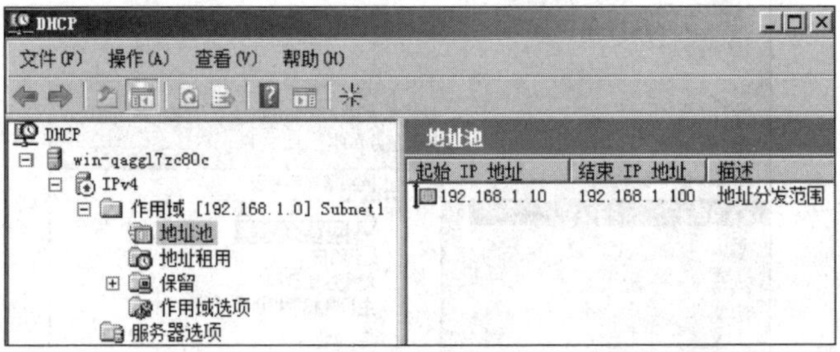

图 3-32　“DHCP”控制台中的作用域 Subnet1

2. 配置 DHCP 中继代理服务器网络连接

给需要配置 DHCP 中继代理的服务器安装两块网卡，在“网络连接”界面下修改网络连接的名称以便能够识别，如图 3-33 所示，一个网卡名称为“子网 1”，IP 设为 192.168.1.1，另一个网卡名称为“子网 2”，IP 设为 192.168.2.1。

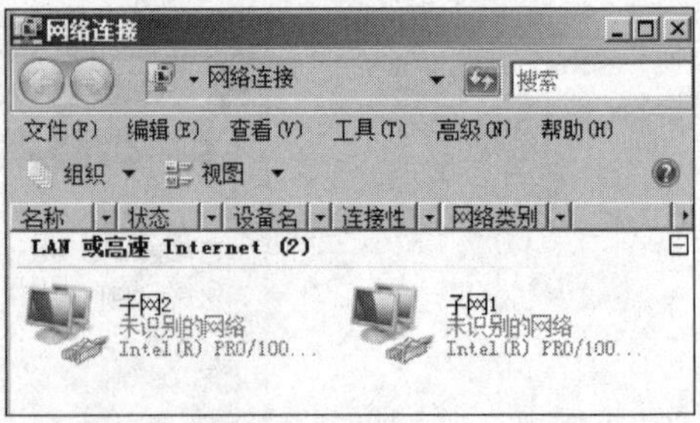

图 3-33 修改网络连接的名称

3. 安装“远程访问服务”角色服务

在需要配置 DHCP 中继代理程序的计算机上，打开“服务器管理器”控制台，添加“网络策略和访问服务器”角色，如图 3-34 所示。

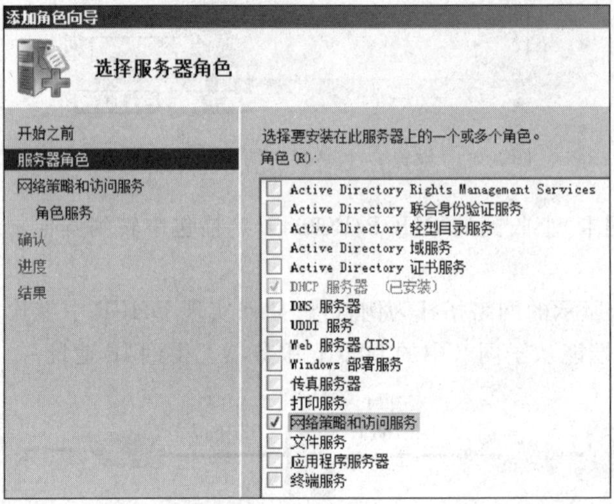

图 3-34 选择“网络策略和访问服务”服务器角色

单击“下一步”按钮，出现“网络策略和访问服务”对话框，在该对话框中显示网络策略和访问服务简介和注意事项。

单击“下一步”按钮，出现“选择角色服务”对话框，在此选择“远程访问服务”复选框，如图 3-35 所示。

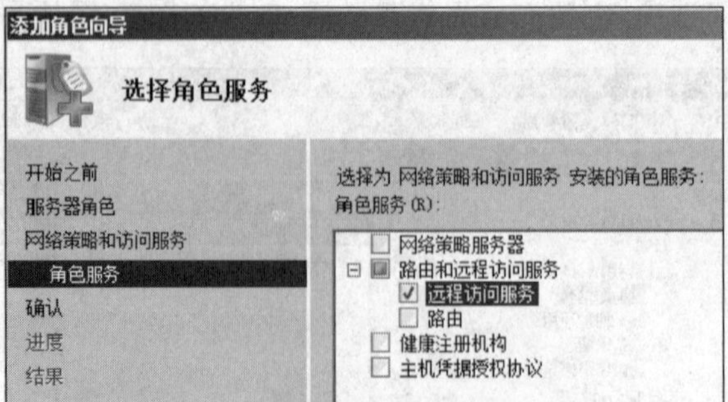

图 3-35 选择“远程访问服务”角色服务

单击“下一步”按钮，出现“确认选择安装”对话框，显示要安装的角色服务。单击“安装”按钮开始安装远程访问服务角色服务。

4. 增加 LAN 路由功能

在需要配置 DHCP 中继代理程序的计算机上，单击“开始”→“管理工具”→“路由和远程访问”，打开“路由和远程访问”控制台。在控制台树中右击服务器，选择“配置并启用路由和远程访问”，打开“路由和远程访问服务器安装向导”页面。

单击“下一步”按钮，出现“配置”对话框，在该对话框中可以配置拨号远程访问、NAT、VPN 以及路由器，在此选择“自定义配置”单选框，如图 3-36 所示。

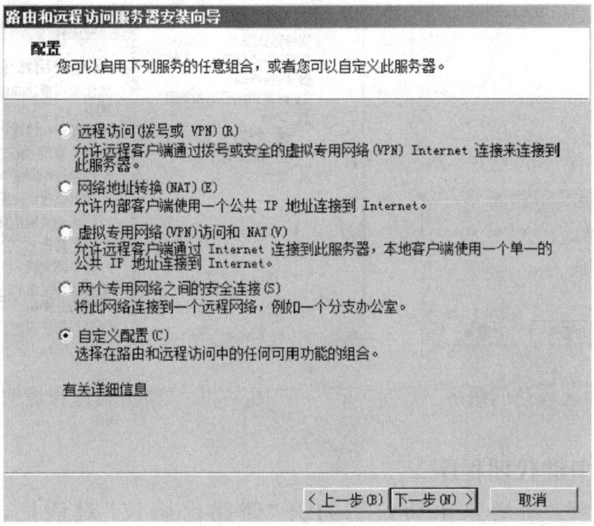

图 3-36　选择“自定义配置”

单击“下一步”按钮，出现“自定义配置”对话框，在该对话框中选择“LAN 路由”选项将计算机配置为路由器，如图 3-37 所示。

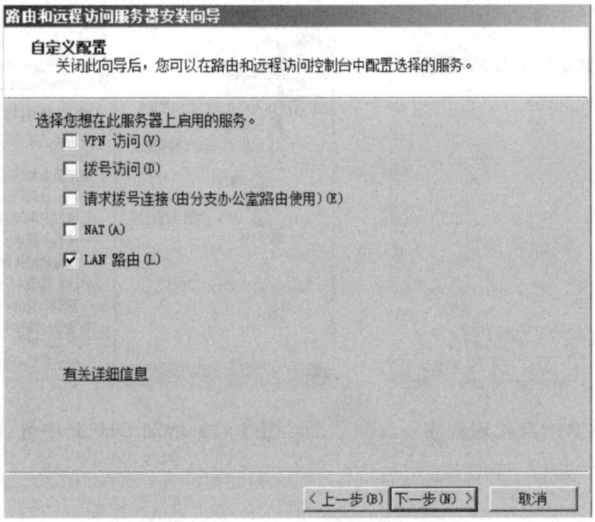

图 3-37　选择“LAN 路由”

单击"下一步"按钮弹出"正在完成路由和远程访问服务器安装向导"对话框，最后单击"完成"按钮。

单击"完成"按钮后，过一段时间会弹出如图 3-38 所示的界面，单击"启动服务"按钮立即启动路由和远程访问服务。

返回如图 3-39 所示的"路由和远程访问"控制台，可以看到当前没有添加 DHCP 中继代理程序。

图 3-38　启动路由和远程访问服务

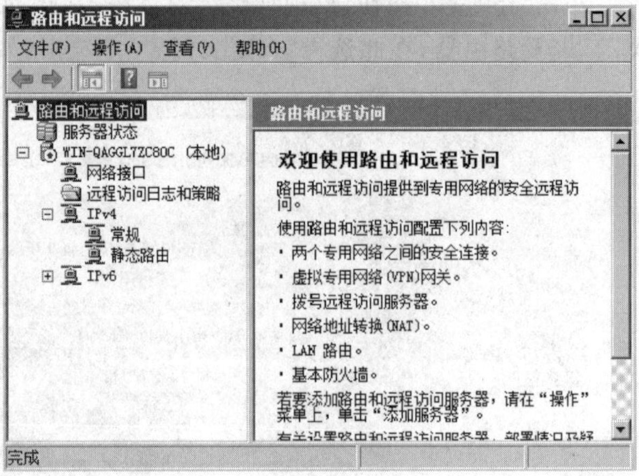

图 3-39　"路由和远程访问服务"控制台

5. 添加 DHCP 中继代理程序

右击"常规"，选择"新增路由协议"，打开"新路由协议"对话框，在该对话框中选择"DHCP 中继代理程序"，如图 3-40 所示，单击"确定"按钮。

返回如图 3-41 所示的"路由和远程访问"控制台，在 IPv4 节点下可以看到已经添加了 DHCP 中继代理程序。

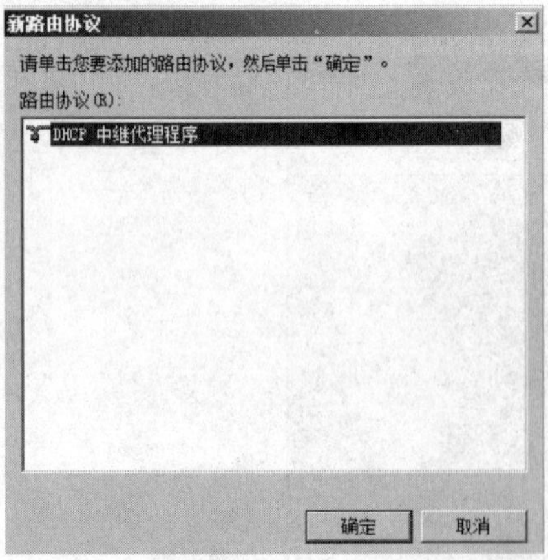

图 3-40　新增 DHCP 中继代理程序

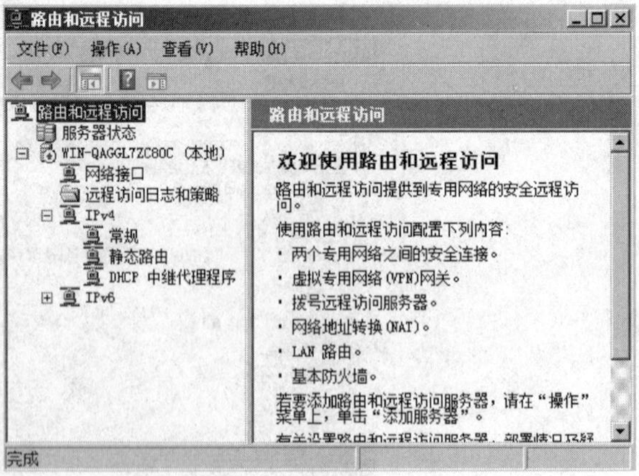

图 3-41　增加 DHCP 中继代理程序后的效果

6. 新增接口

在"路由和远程访问"控制台树中，右击"DHCP 中继代理程序"，选择"新增接口"，打开

“DHCP 中继代理程序的新接口”对话框，在该对话框中指定与 DHCP 客户端连接的网络连接，选择“子网 1”，如图 3-42 所示。

单击“确定”按钮，打开“DHCP 中继站属性-子网 1 属性”对话框，如图 3-43 所示。

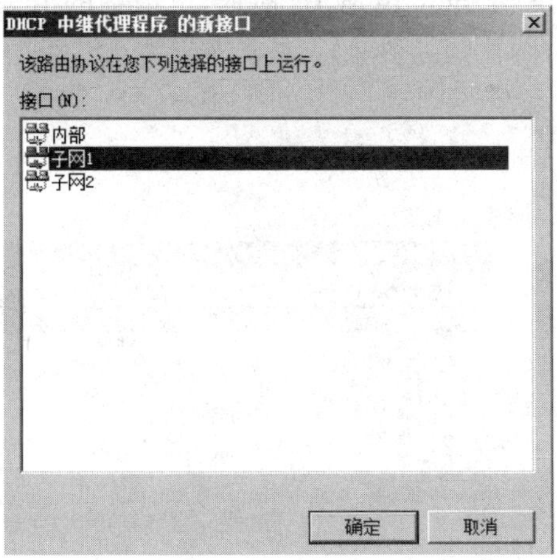

图 3-42　新增子网 1 接口

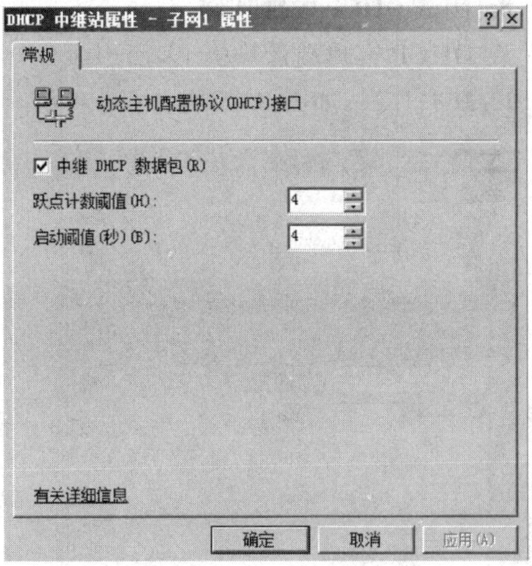

图 3-43　设置 DHCP 中继站属性

跃点计数阈值：指定广播发送的 DHCP 消息最多可以经过的路由器个数，即 DHCP 客户端和 DHCP 服务器通信时经过的路由器个数。

启动阈值：指定 DHCP 中继代理将 DHCP 客户端发出的 DHCP 消息转发给其他网络的 DHCP 服务器之前的等待时间。

返回“路由和远程访问”控制台，单击“DHCP 中继代理程序”，在控制台右侧界面中可以看到新增加的接口“子网 1”，如图 3-44 所示。

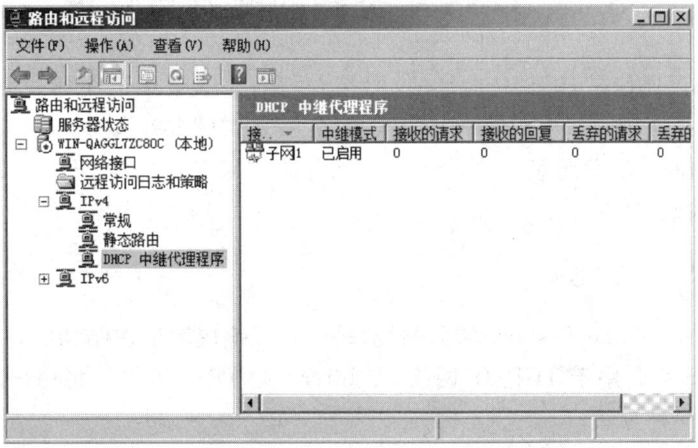

图 3-44　新增子网 1 接口

7. 指定 DHCP 服务器 IP 地址

在“路由和远程访问”控制台树中，右击“DHCP 中继代理程序”，选择“属性”，打开

“DHCP 中继代理程序属性”对话框。选择“常规”选项卡，在“服务器地址”文件框中输入 DHCP 服务器的 IP 地址为 192.168.2.2，然后单击“添加”按钮，如图 3-45 所示，最后单击“确定”按钮即可完成 DHCP 中继代理的配置。

8. 测试 DHCP 中继代理

在 DHCP 客户端计算机上，使用命令 ipconfig /renew 申请 IP 地址，申请到的 IP 地址为 192.168.1.10，如图 3-46 所示。

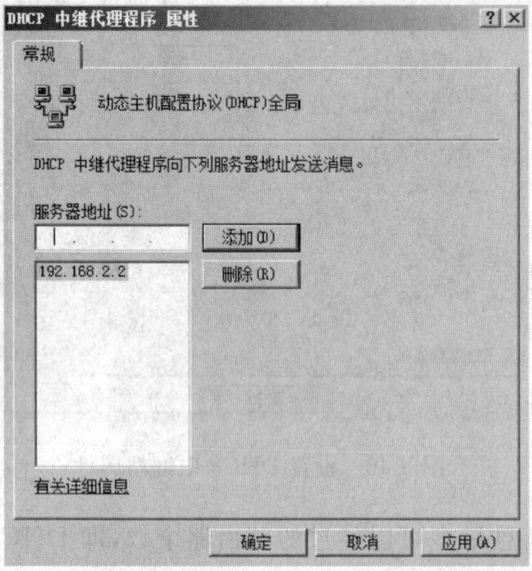

图 3-45　设置 DHCP 中继站属性

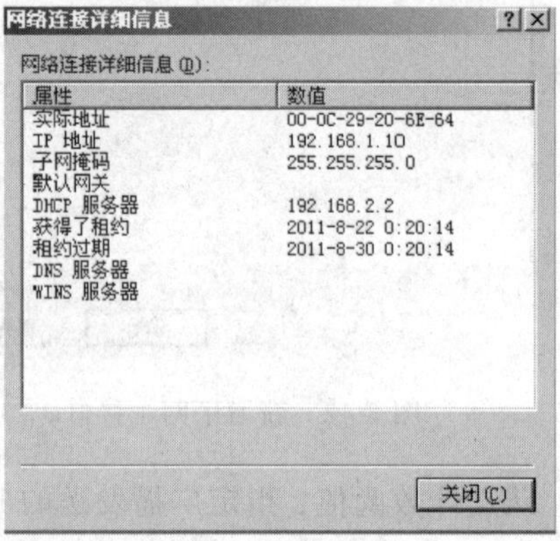

图 3-46　在客户端上申请 IP 地址

在 DHCP 服务器的 DHCP 控制台树中，单击作用域 Subnet1 下的“地址租约”，在控制台右侧界面中可以看到其中一个 IP 地址已经租给客户端计算机使用了。

3.2　DNS 服务器的配置与管理

TCP/IP 协议通信是基于 IP 地址的，但是人们的大脑很难记住那一串串单调的数字。因此，我们通常是使用一些友好的便于记忆的名字来访问某个站点，比如 www.zzti.edu.cn，而不是直接使用其 IP 地址 202.196.32.7。用来将域名转换为 IP 地址的工作是由 DNS 域名系统解析完成的。

3.2.1　DNS 服务基础

DNS(Domain Name System，域名系统)是一种组织成域层次结构的计算机和网络服务命名系统。DNS 命名用于 TCP/IP 网络，如 Internet。DNS 提供了将用户的计算机名称映射为 IP 地址的一种方法。

Windows Server 2008 域的 Active Directory 与 DNS 紧密结合在一起，Windows Server 2008 的计算机名称采用 DNS 的命名方式，从而必须依赖 DNS 服务器来寻找域控制器，因此，在 Windows Server 2008 域内应该安装 DNS 服务器。

1. DNS 域名空间

DNS 域名空间是具有层次性的树状结构，一般可分为根域、顶级域、二级域、子域以及主机名,其结构如图 3-47 所示。

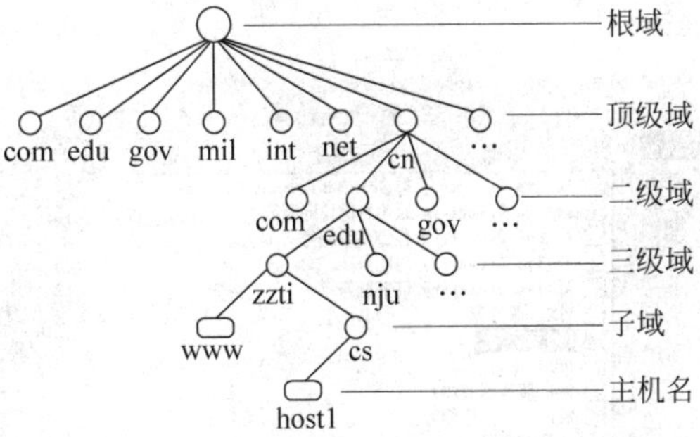

图 3-47　DNS 域名空间

根域位于域名空间层次结构的最高层,默认情况下不需要表示出来。目前全球的根域服务器只有 13 台,全部由 Internet 网络信息中心(InterNIC)管理,在根域服务器中只保存了其下层的顶级域的 DNS 服务器名称和 IP 地址,并不需要保存全世界所有的 DNS 名称信息。

顶级域位于根域下层,由 InterNIC 管理,用于指示国家/地区或使用名称的机构类型。

二级域和三级域都是为了在 Internet 上使用而注册到个人或单位的域名。

子域是指按单位的具体情况从已经注册的域名按部门或地理位置创建的域名。

主机名位于 DNS 域名空间的最底层,主要是指计算机的主机名。在图 3-47 中,host1 的完整域名也即 FQDN(Fully Qualified Domain Name)是 host1. cs. zzti. edu. cn。

2. 查询模式

DNS 查询是指客户端发出解析请求,由 DNS 服务器进行响应的过程。

根据查询的内容可分为正向查询和反向查询。由域名查询 IP 地址称为正向查询,由 IP 地址查询主机完整域名称为反向查询。

根据查询的方式可分为递归查询和迭代查询。

递归查询:客户机送出查询请求后,本地 DNS 服务器必须告诉客户机正确的解析结果(IP 地址)或者通知客户机查询失败。如果本地 DNS 服务器内没有所需的数据,则本地 DNS 服务器会代替客户机向其他的 DNS 服务器查询。这种查询模式中,客户机只需接触一次 DNS 服务器系统。

迭代查询:客户机送出查询请求后,若该 DNS 服务器中不包含所需数据,它会告诉客户机另外一台 DNS 服务器的 IP 地址,使客户机自动转向另外一台 DNS 服务器进行查询,依次类推,直到查到所需数据,否则由最后一台 DNS 服务器通知客户机查询失败。

3.2.2 DNS 服务器的安装

1. 安装 DNS 服务器

在需要安装 DNS 服务器角色的计算机上,为其设置固定的 IP 地址后,打开“服务器管理器”控制台,单击“角色”节点,然后在控制台右侧中单击“添加角色”按钮,打开“添加角色向导”页面。在打开的“选择服务器角色”对话框中,选择“DNS 服务器”复选框,如图 3-48 所示。

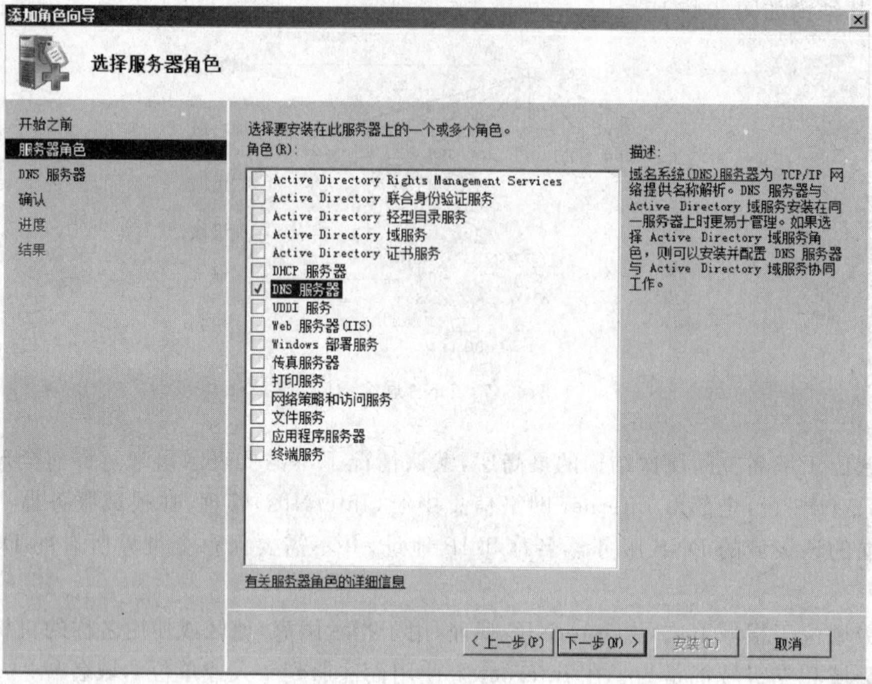

图 3-48　选择 DNS 服务器角色

单击“下一步”按钮，出现“DNS 服务器”对话框，在该对话框中显示 DNS 服务器简介和注意事项，如图 3-49 所示。

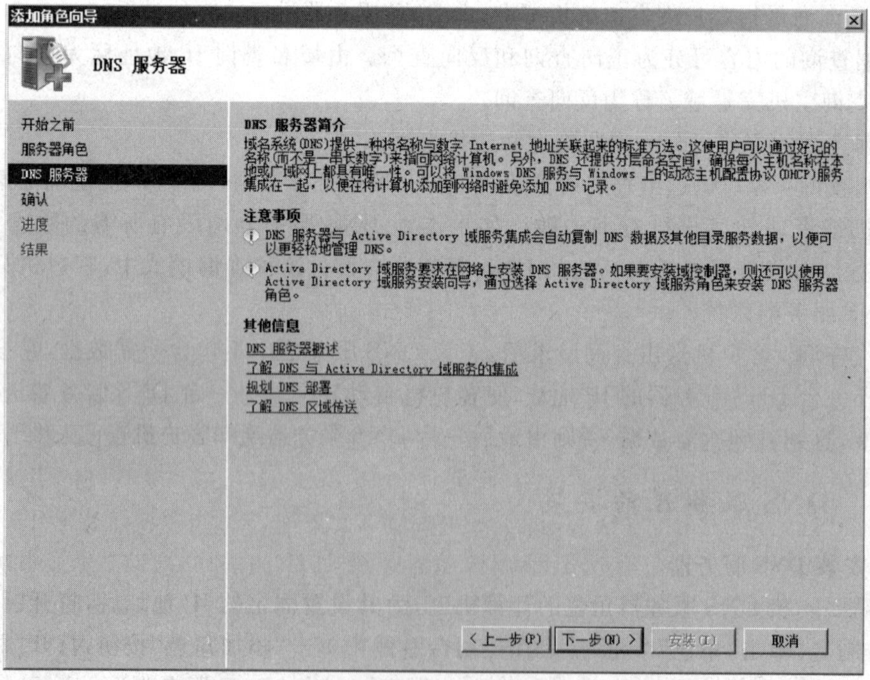

图 3-49　DNS 服务器简介和注意事项

单击"下一步"按钮,出现"确认选择安装"对话框,如图 3-50 所示。

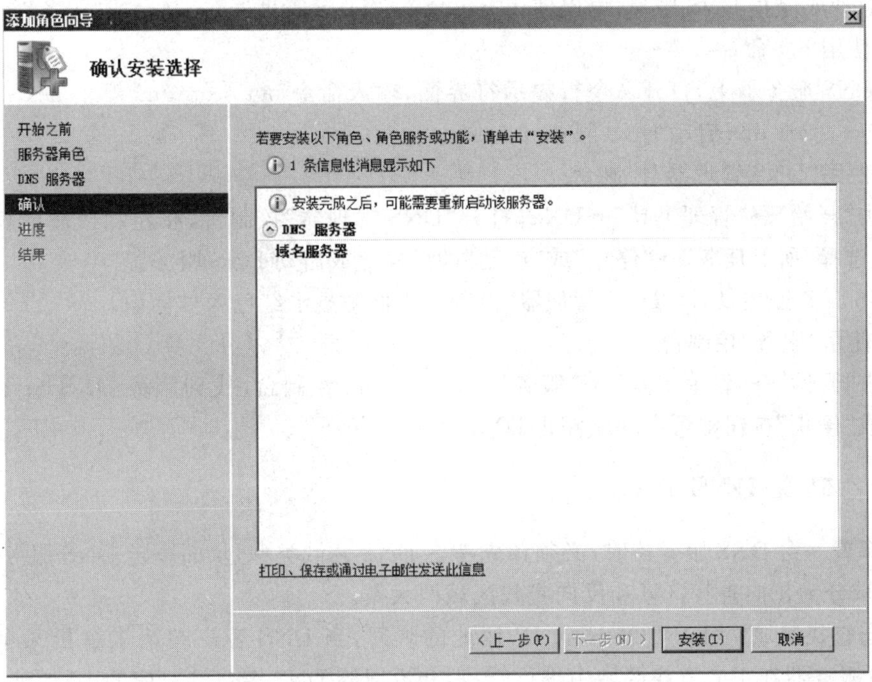

图 3-50　确认安装选择

单击"安装"按钮开始安装 DNS 服务器角色。安装结果如图 3-51 所示。

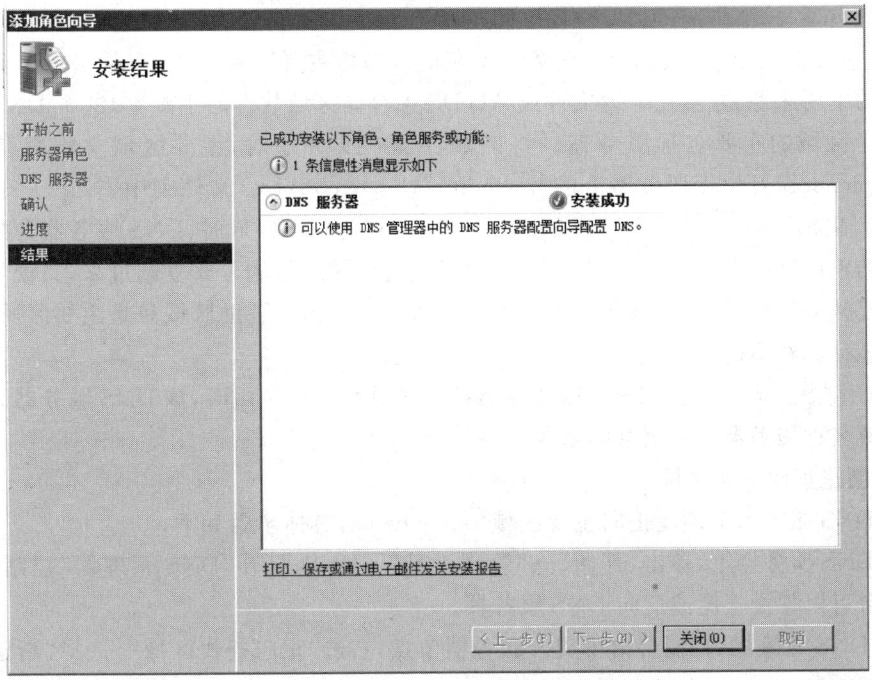

图 3-51　安装结果

2. DNS 服务的停止和启动

要启动或停止 DNS 服务，可以使用 net 命令、“DNS 管理器”控制台或“服务”控制台。

1）使用 net 命令

在 DNS 服务器上，打开命令行提示符界面，输入命令 net stop dns 停止 DNS 服务，输入命令 net start dns 启动 DNS 服务。

2）使用“DNS 管理器”控制台

单击“开始”→“管理工具”→DNS，打开“DNS 管理器”控制台，在左侧控制台树中右击服务器，选择“所有任务”→“停止”或“启动”即可停止或启动 DNS 服务。

DNS 服务停止以后，“DNS 管理器”控制台界面中显示红色×号标识。

3）使用“服务”控制台

单击“开始”→“管理工具”→“服务”，打开“服务”控制台，找到服务 DNS Server，单击“启动”或“停止”按钮即可启动或停止 DNS 服务。

3.2.3 配置 DNS 区域

在部署一台 DNS 服务器时，必须预先考虑 DNS 区域类型，从而决定 DNS 服务器类型。DNS 区域分为正向查找区域和反向查找区域两大类。

正向查找区域：用于 FQDN 到 IP 地址的映射，当 DNS 客户端请求解析某个 FQDN 时，DNS 服务器在正向查找区域中进行查找，并返回给 DNS 客户端对应的 IP 地址。

反向查找区域：用于 IP 地址到 FQDN 的映射，当 DNS 客户端请求解析某个 IP 地址时，DNS 服务器在反向查找区域中进行查找，并返回给 DNS 客户端对应的 FQDN。

不管是正向查找区域还是反向查找区域都可以分为主要区域、辅助区域和存根区域这三种区域类型。

(1) 主要区域：当这台 DNS 服务器承载的区域为主要区域时，DNS 服务器为此区域相关信息的主要来源，并且在本地文件或 AD DS 中存储区域数据的主副本，这个 DNS 服务器就是这个区域的主要名称服务器。将区域存储在文件中时，主要区域文件默认命名为 zone_name.dns，且位于服务器上的%windir%\System32\Dns 文件夹中。

(2) 辅助区域：当这台 DNS 服务器承载的区域为辅助区域时，DNS 服务器为此区域相关信息的辅助来源，这份数据从其“主要区域”通过区域传送的方式复制过来，只读不可以修改。创建辅助区域的 DNS 服务器为辅助名称服务器。由于辅助区域只是主要区域的副本，因此不能存储在 AD DS 中。

(3) 存根区域：当这台 DNS 服务器承载的区域为存根区域时，该 DNS 服务器只是此区域的权威名称服务器相关信息的来源。

1. 创建正向主要区域

在 DNS 服务器上创建正向主要区域 zzti.edu.cn，具体步骤如下。

在 DNS 服务器上，单击“开始”→“管理工具”→DNS，打开“DNS 管理器”控制台，通过该控制台可以架设正向或反向 DNS 服务器。

在“DNS 管理器”控制台树中展开服务器节点，右击“正向查找区域”，选择“新建区域”，打开如图 3-52 所示的“新建区域向导”页面。

单击“下一步”按钮，出现“区域类型”对话框，在该对话框中可以选择区域类型为主要区

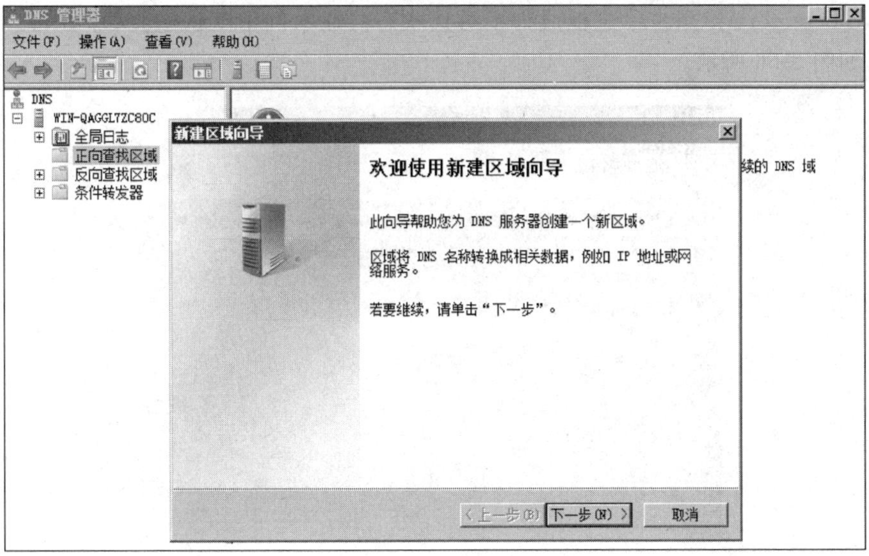

图 3-52　新建区域向导

域、辅助区域还是存根区域，在此选择“主要区域”单选框。由于此 DNS 服务器不是域控制器，所以“在 Active Directory 中存储区域(只有 DNS 服务器是可写域控制器时才可用)”复选框不可用，这样 DNS 就不能和 Active Directory 域服务集成，如图 3-53 所示。

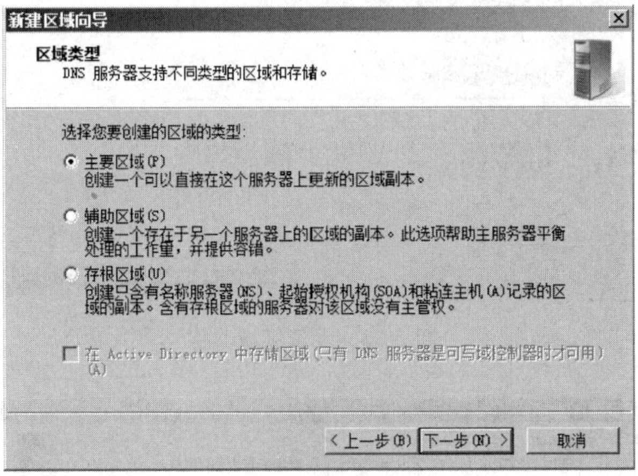

图 3-53　选择主要区域

单击“下一步”按钮，出现“区域名称”对话框，在该对话框中输入正向主要区域的名称，区域名称一般以域名表示，指定了 DNS 名称空间的部分，在本例中输入 zzti. edu. cn，如图 3-54 所示。

单击“下一步”按钮，出现“区域文件”对话框，在该对话框中可以选择创建新的区域文件或使用已存在的区域文件。区域文件也称为 DNS 区域数据库，主要作用是保存区域资源记录。在本例中默认选择“创建新文件，文件名为:”单选框，如图 3-55 所示。

单击“下一步”按钮，出现“动态更新”对话框，在此对话框中可以选择区域是否支持动态更新。由于 DNS 不和 Active Directory 域服务集成使用，所以“只允许安全的动态更新(适合 Active Directory 使用)”单选框成为不可选状态。在本例中默认选择“不允许动态更新”单选框，如图 3-56 所示。

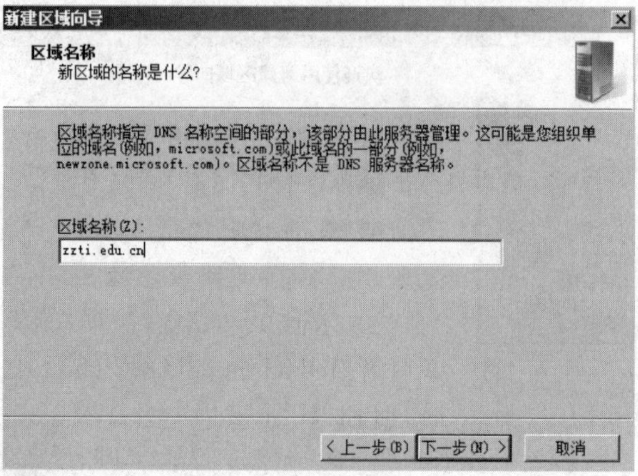

图 3-54　设置区域名称

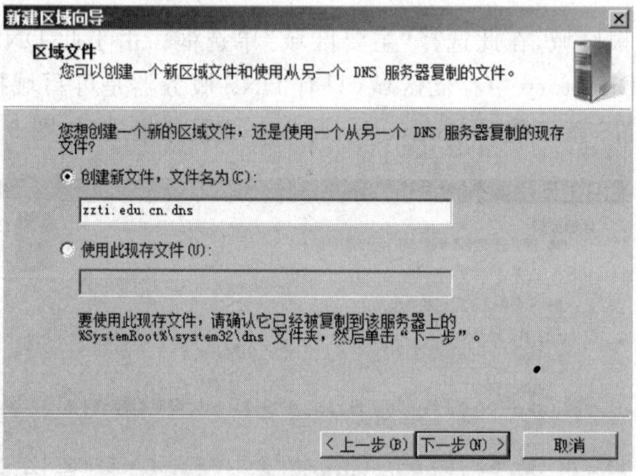

图 3-55　设置区域文件

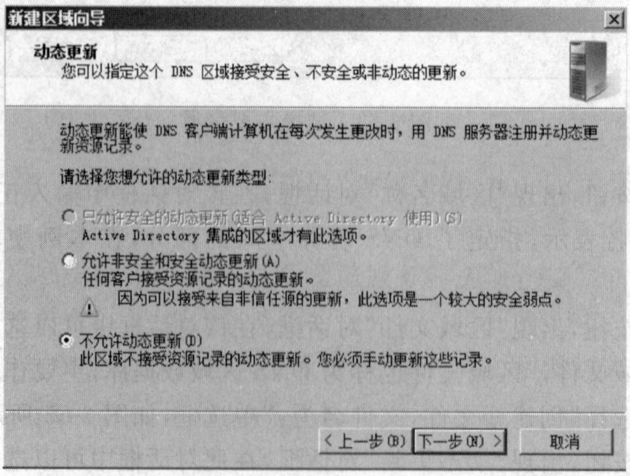

图 3-56　设置动态更新

单击“下一步”按钮，出现“正在完成新建区域向导”对话框，最后单击“完成”按钮即可完成正向主要区域的创建。

返回到“DNS管理器”控制台中，正向主要区域 zzti.edu.cn 创建完成后的效果如图 3-57 所示，刚创建好的区域中资源记录默认只有起始授权机构(SOA)和名称服务器(NS)记录。

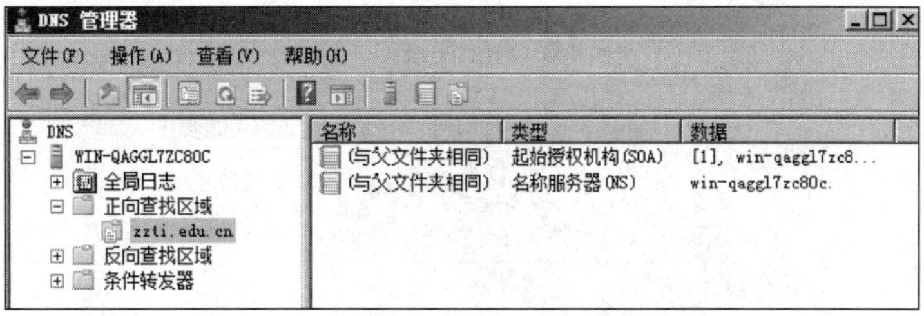

图 3-57 创建正向主要区域后的 DNS 控制台

2. 创建反向主要区域

在 DNS 服务器上创建反向主要区域 36.196.202.in-addr.arpa，具体步骤如下。

在 DNS 服务器上，打开“DNS管理器”控制台，展开服务器节点，右击“反向查找区域”，选择“新建区域”，打开“新建区域向导”页面。

单击“下一步”按钮，出现“区域类型”对话框，此处选择“主要区域”单选框。

单击“下一步”按钮，出现“反向查找区域名称”对话框，在此选择“IPv4 反向查找区域”单选框为 IPv4 地址创建区域，如图 3-58 所示。

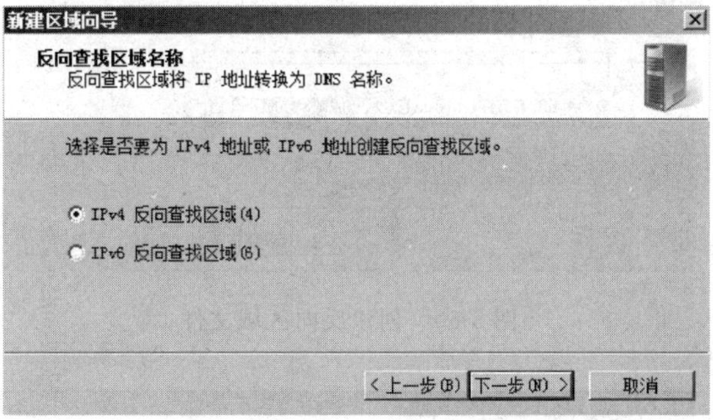

图 3-58 选择 IPv4 反向查找区域

单击“下一步”按钮，出现“反向查找区域名称”对话框，在此对话框中输入反向查找区域的名称，需要使用网络 ID。在“网络 ID”文本框中输入 202.196.36，如图 3-59 所示。

单击“下一步”按钮，出现“区域文件”对话框，在该对话框中可以选择创建新的区域文件或使用已存在的区域文件。在本例中默认选择“创建新文件，文件名为”单选框，如图 3-60 所示。

单击“下一步”按钮，出现“动态更新”对话框，在此对话框中可以选择区域是否支持动态更新。由于 DNS 不和 Active Directory 域服务集成使用，所以“只允许安全的动态更新(适合 Active Directory 使用)”单选框成为不可选状态。在本例中默认选择“不允许动态更新”单选框。

单击"下一步"按钮，出现"正在完成新建区域向导"对话框，如图 3-61 所示，最后单击"完成"按钮即可完成反向主要区域的创建。

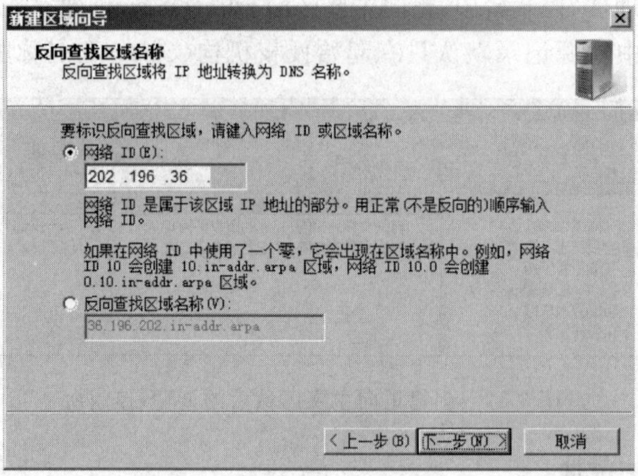

图 3-59　设置网络 ID

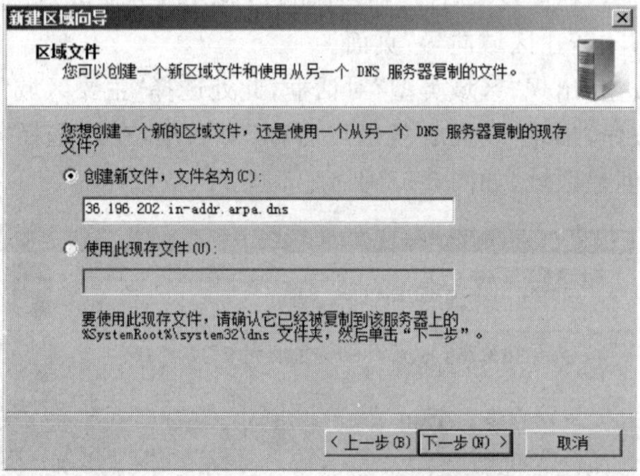

图 3-60　创建反向区域文件

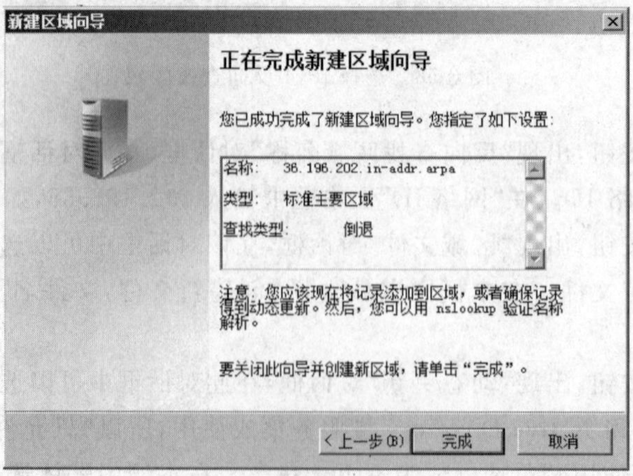

图 3-61　正在完成反向主要区域

返回到"DNS 管理器"控制台中，反向主要区域 36.196.202.in-addr.arpa 创建完成后的效果如图 3-62 所示，刚创建好的区域中资源记录默认只有起始授权机构(SOA)和名称服务器(NS)记录。

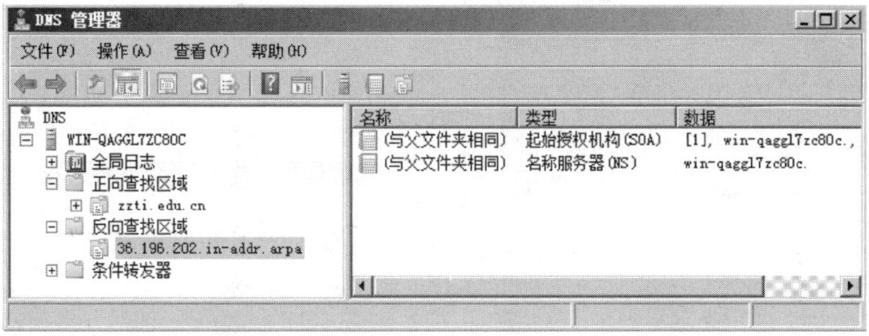

图 3-62　反向主要区域创建完成后的效果

3. 在区域中创建资源记录

资源记录是用于答复 DNS 客户端请求的 DNS 数据库记录，每一个 DNS 服务器包含了它所管理的 DNS 命名空间的所有资源记录。资源记录包含和特定主机有关的信息，如 IP 地址，服务提供类型等。

常见的资源记录类型如表 3-1 所示。

表 3-1　DNS 资源记录类型

资源记录类型	说　明	解　释
起始授权机构(SOA)	起始授权机构	此记录指定区域的起点。它所包含的信息有区域名、区域管理员电子邮件地址，以及指示辅助 DNS 服务器如何更新区域数据文件的设置
名称服务器(NS)	名称服务器	此记录指定负责此 DNS 区域的权威名称服务器
主机(A)	地址	主机(A)记录是名称解析的重要记录，它用于将特定的主机名映射到对应主机的 IP 地址上。可以在 DNS 服务器中手动创建或通过 DNS 客户端动态更新来创建
别名(CNAME)	标准名称	此记录用于将某个别名指向到某个主机(A)记录上，从而无须为某个需要新名称解析的主机额外创建 A 记录
指针(PTR)	指针	此记录用于将 IP 地址映射到反向区域中的主机名，与主机(A)记录配对
邮件交换器(MX)	邮件交换器	此记录列出了负责接收发送到域中的电子邮件的主机

在 DNS 服务器的正向主要区域中创建主机记录、别名记录和邮件交换器记录，在反向主要区域中创建指针记录，具体步骤如下。

1) 创建主机记录

在 DNS 服务器上，打开"DNS 管理器"控制台，依次展开服务器和"正向查找区域"节点，右击 zzti.edu.cn，选择"新建主机"，在打开的"新建主机"对话框中输入名称和 IP 地址，选择"创建相关的指针记录"复选框，这样在正向区域中创建主机记录的同时，在已经存在的相应反向区域中也创建了指针记录，如图 3-63 所示。

信息输入完毕，单击"添加主机"按钮，出现如图 3-64 所示的界面，该信息表示已经成功创建主机记录，最后单击“确定”按钮即可完成主机记录的创建。

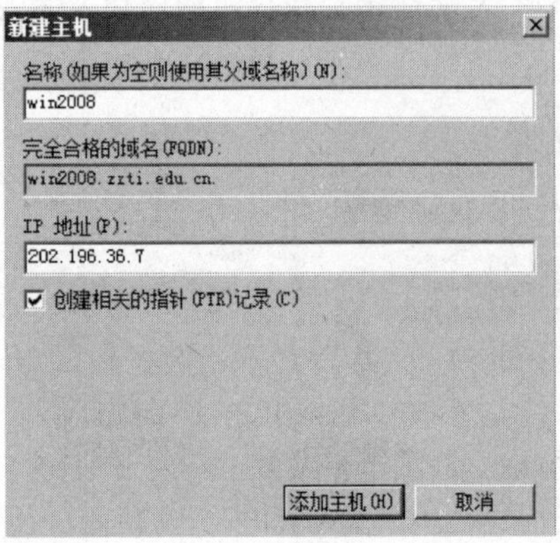

图 3-63　新建主机记录

图 3-64　主机记录创建完毕

2）新建别名记录

在“DNS 管理器”控制台树中依次展开服务器和“正向查找区域”节点，右击区域 zzti.edu.cn，选择“新建别名”，打开“新建资源记录”对话框。在“别名”文本框中输入 www，在“目标主机的完全合格域名”文本框中输入已经存在的主机记录 win2008.zzti.edu.cn，或者单击“浏览”按钮进行查找，如图 3-65 所示，最后单击“确定”按钮即可完成别名记录的创建。

3）新建邮件交换器记录

在“DNS 管理器”控制台树中依次展开服务器和“正向查找区域”节点，右击区域 zzti.edu.cn，选择“新建邮件交换器”，打开“新建资源记录”对话框。在“邮件服务器的完全合格域名”文本框中输入已经存在的主机记录 win2008.zzti.edu.cn，在“邮件服务器优先级”文本框中输入 10，如图 3-66 所示，最后单击“确定”按钮即可完成邮件交换器记录的创建。

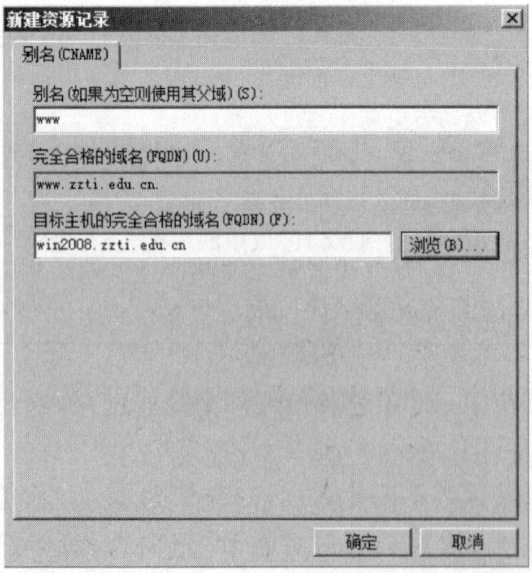

图 3-65　新建主机记录

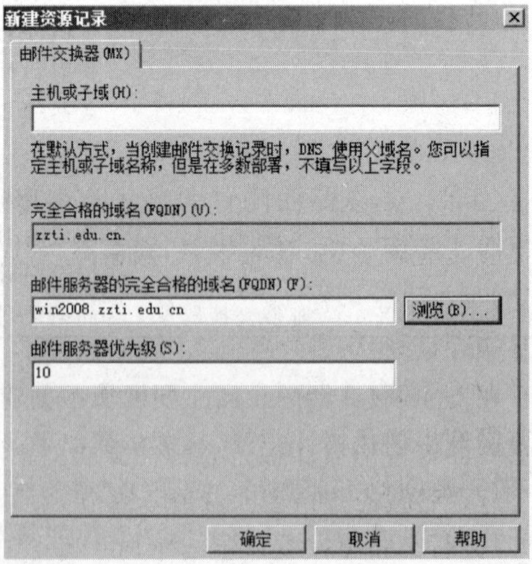

图 3-66　主机记录创建完毕

在正向主要区域中创建完主机记录、别名记录、邮件交换器记录后，返回“DNS 管理器”控制台，如图 3-67 所示。

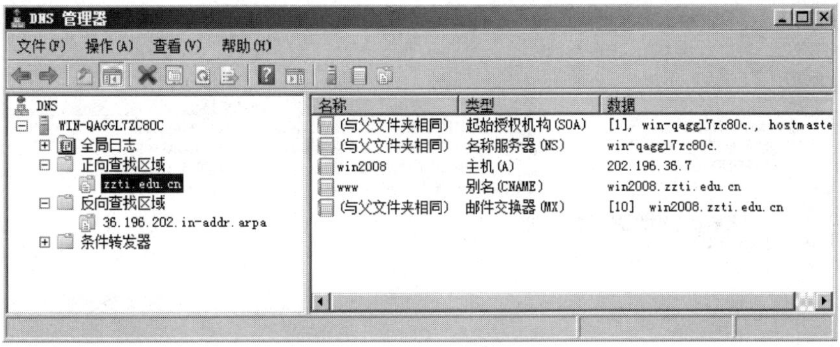

图 3-67 查看正向主要区域资源记录

4）新建指针记录

在“DNS管理器”控制台树中依次展开服务器和“反向查找区域”节点，右击区域 36.196.202.in-addr.arpa，在弹出的菜单中选择“新建指针”，打开“新建资源记录”对话框，在“主机 IP 地址”文本框中输入 202.196.36.8，在“主机名”文本框中输入 ftp.zzti.edu.cn，如图 3-68 所示，最后单击“确定”按钮即可完成指针记录的创建。

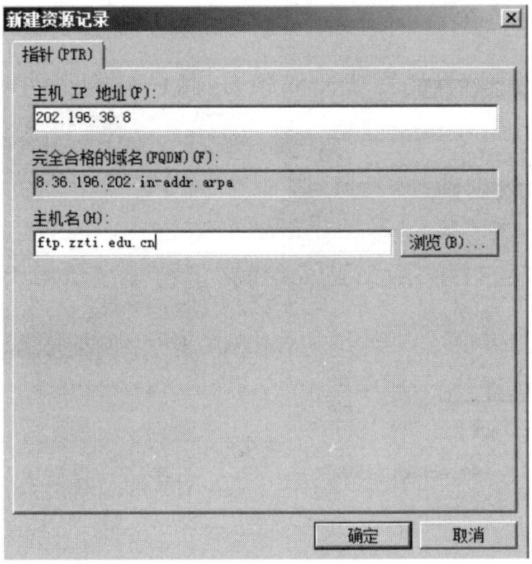

图 3-68 “新建指针记录”对话框

在反向主要区域中创建完指针记录后，返回“DNS管理器”控制台，如图 3-69 所示。

4. DNS 区域的动态更新

DNS 服务器具备动态更新功能，当一些主机信息（主机名称或 IP 地址）发生变化时，更改的数据会自动传送到 DNS 服务器，这要求 DNS 客户端也必须支持动态更新功能。

首先必须在 DNS 服务器上设置可以接收客户端动态更新的要求，其设置是以区域为单位的，右击要启用动态更新的区域，选择“属性”，出现如图 3-70 所示对话框，选择是否要动态更新。

客户端要想使用动态更新来向 DNS 服务器注册本地连接的 IP 地址和计算机的主域名，在客户端网络属性设置中，选择“TCP/IPv4 属性”设置对话框的“高级”按钮，在 DNS 属

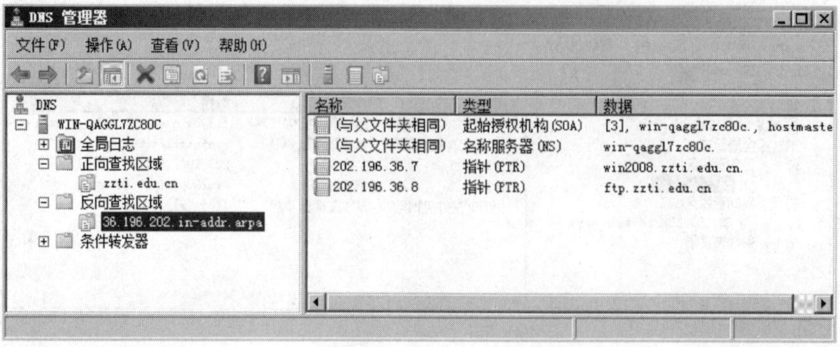

图 3-69 查看反向主要区域资源记录

性页中选中“在 DNS 中注册此连接的地址”复选框，默认情况下该选项处于启用状态，如图 3-71 所示。

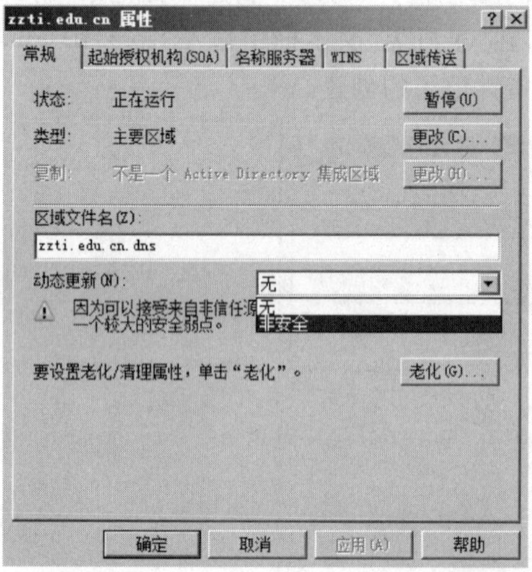

图 3-70 设置 DNS 服务器允许动态更新

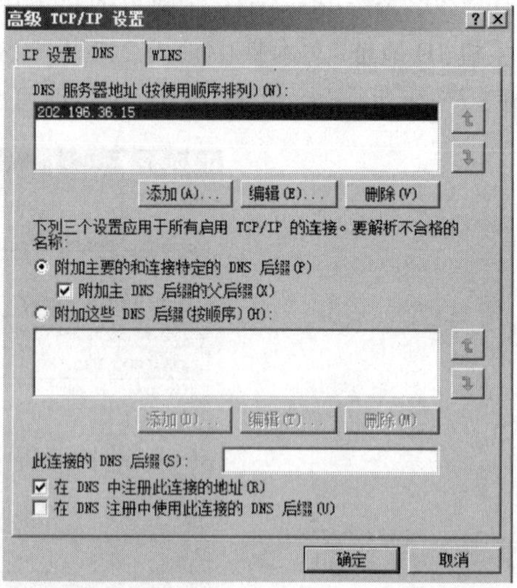

图 3-71 设置 DNS 客户端支持动态更新

5. 查看区域文件

如果区域是和 Active Directory 域服务集成的，那么资源记录将保存在活动目录中；如果不是和 Active Directory 域服务集成的，那么资源记录将保存在区域文件中。默认 DNS 服务器的区域文件存储在 C:\windows\system32\dns 文件夹中，其中的 zzti.edu.cn.dns 和 36.196.202.in-addr.arpa.dns 分别是正向查找区域和反向查找区域的区域文件，可以使用记事本打开。

3.2.4 配置 DNS 转发器

本地 DNS 服务器负责本网络区域的域名解析，对于非本网络的域名，可以求助上级 DNS 服务器进行解析。通过设置转发器，将自己不能解析的名称转到下一个 DNS 服务器。在“DNS 管理器”控制台中右击 DNS 服务器，选择“属性”，在打开的对话框中选择“转发器”选项卡，在如图 3-72 所示的对话框中单击“编辑”按钮，即可为该域添加多个转发器。

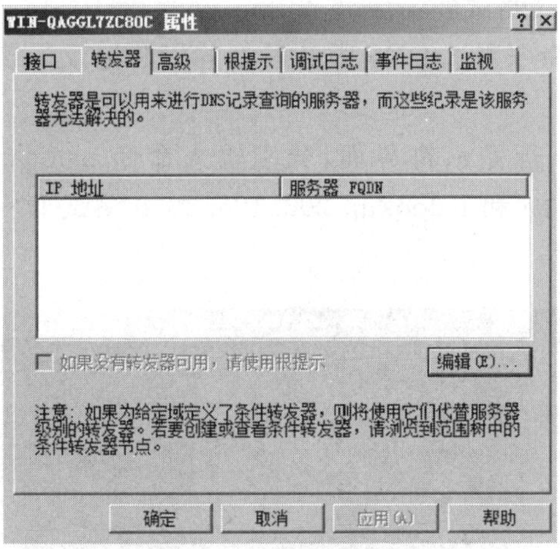

图 3-72　设置转发器

3.2.5 DNS 客户端的配置和测试

在 DNS 服务器上创建区域，并且在区域中创建完资源记录之后，接着就可以配置 DNS 客户端并测试资源记录。

1. 配置 DNS 客户端

在 DNS 客户端计算机的"Internet 协议版本 4(TCP/IPv4)属性"对话框中将"首选 DNS 服务器"IP 地址设为 202.196.36.15。

2. 在 DNS 客户端测试

1）使用 ping 命令测试

在 DNS 客户端计算机上打开命令行提示符界面，分别输入命令 ping win2008.zzti.edu.cn 和 ping www.zzti.edu.cn 可以测试 DNS 服务器上的主机记录、别名记录，如图 3-73 所示，而反向主要区域上的指针记录就不能测试了，所以具有一定的局限性。

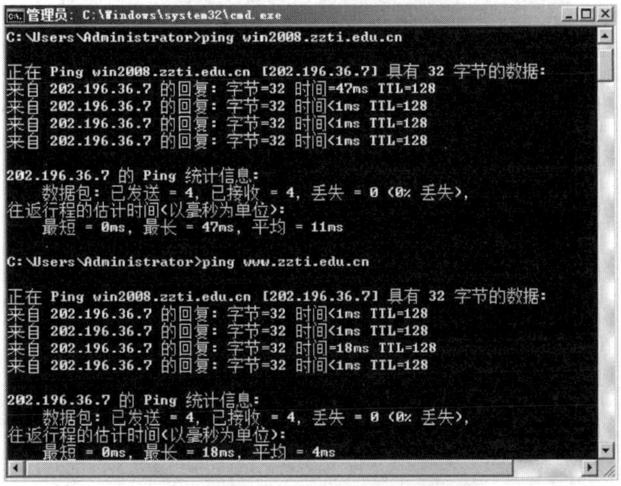

图 3-73　使用 ping 命令测试

2）使用 nslookup 命令测试

可以使用 nslookup 命令测试 DNS 服务器上的资源记录，nslookup 命令有非交互式和交互式两种方式。

非交互式：打开命令行提示符界面，分别输入命令 nslookup win2008.zzti.edu.cn、nslookup www.zzti.edu.cn 和 nslookup 202.196.36.8 测试 DNS 服务器上的资源记录能否解析，如图 3-74 所示。

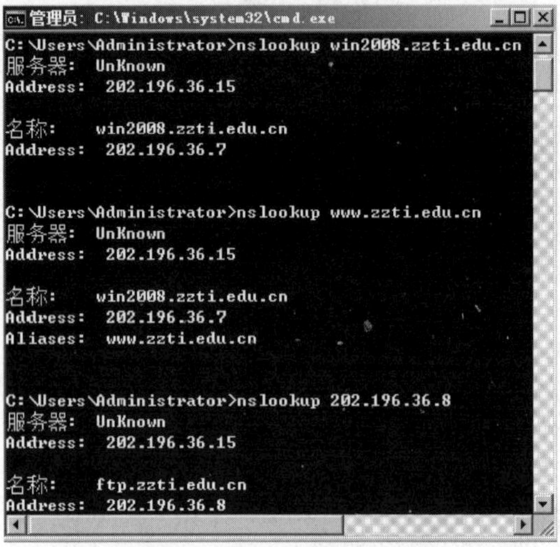

图 3-74　nslookup 非交互式命令

交互式：打开命令提示符界面，先输入命令 nslookup，按下 Enter 键，接着使用 set type= * 命令来设置查询的类型，最后输入要查询的值即可，如图 3-75 所示。其中，* 的取值可以为 a、cname、ptr、ns、soa、mx、all。

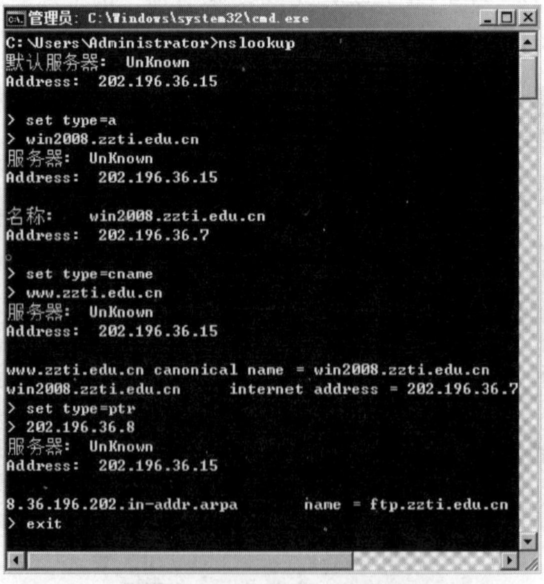

图 3-75　nslookup 交互式命令

3）管理DNS客户端缓存

可以在DNS客户端计算机上查看和清空DNS客户端缓存。

查看DNS客户端缓存：打开命令行提示符界面，输入命令ipconfig /displaydns查看客户端计算机上的DNS缓存。

清空DNS客户端缓存：打开命令行提示符界面，输入ipconfig /flushdns命令清空客户端计算机上的DNS缓存。

3.3 Web服务器的配置与管理

World Wide Web（WWW或Web，中文名称为万维网）是一种集文本、图像、音频和视频于一体的超文本信息系统，整个系统有Web服务器、浏览器和通信协议三部分组成。WWW采用的通信协议是超文本传输协议（HyperText Transfer Protocol，HTTP）。Web页面采用超级文本的格式互相链接，通过这些链接可以从一个网页跳转到另一个网页，也即所谓的超链接。

3.3.1 IIS基础

Windows Server 2008内置了功能强大的Web服务功能，可以搭建功能完备的Web网站，支持ASP和.NET动态功能。IIS（Internet Information Services，Internet信息服务）是一个用于配置应用程序池、网站、FTP站点、SMTP或NNTP站点且基于MMC的控制台管理程序。

Web服务器角色包括Internet信息服务（IIS）7.0，是一个集成了IIS 7.0、ASP.NET和Windows Communication Foundation的统一Web平台。IIS 7.0还具有安全性增强、诊断简单和委派管理的特点。

Web服务器在IIS 7.0中经过重新设计，将能够通过添加或删除模块来自定义服务器，以满足企业特定需求。IIS 7.0中的角色服务有：

（1）常见HTTP功能。

（2）应用程序开发功能。

（3）健康和诊断。

（4）安全功能。

（5）性能功能。

（6）管理工具。

（7）FTP发布功能。

3.3.2 Web服务器的安装、测试、停止和启动

1. 安装Web服务器角色

在“服务器管理器”中，单击“角色”界面右边的“添加角色”。

在“选择服务器角色”对话框中选择“Web服务器”，如图3-76所示，并在弹出的对话框中单击“添加必需的功能”。

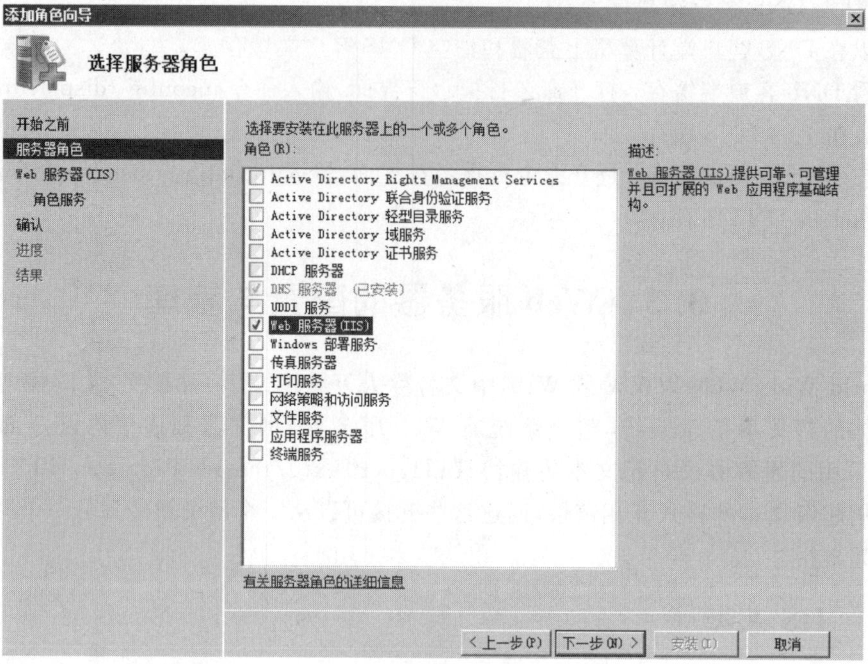

图 3-76　选择 Web 服务器角色

单击"下一步"按钮,出现 Web 服务器(IIS)简介和注意事项。

单击"下一步"按钮,出现"选择角色服务"对话框,如图 3-77 所示。

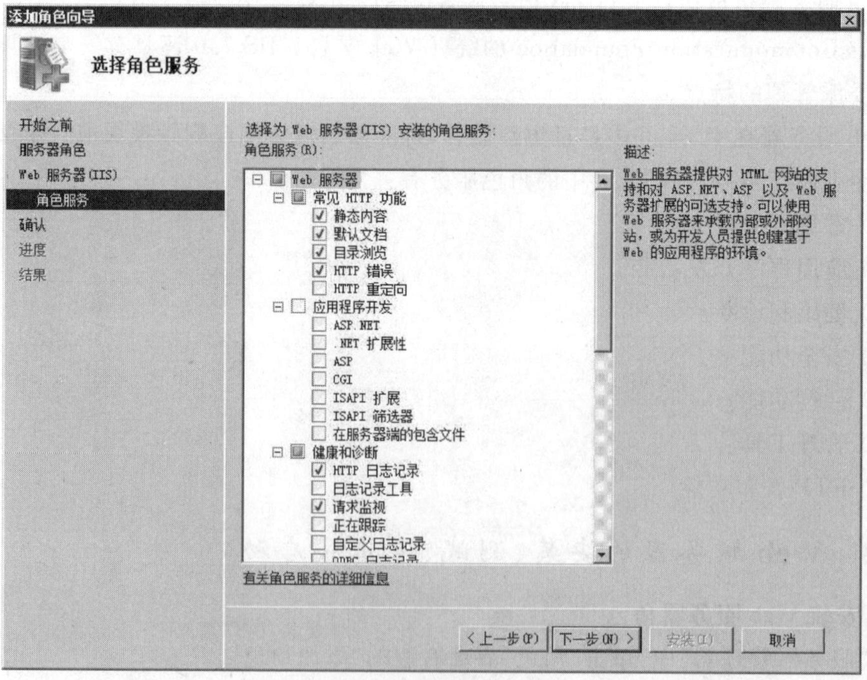

图 3-77　选择角色服务

单击“下一步”按钮，确认在“确认安装选择”界面中选择无误后单击“安装”按钮。

出现“安装结果”界面时单击“关闭”按钮。

2. 测试 IIS 是否安装成功

安装完成后，选择“开始”→“管理工具”→“Internet 信息服务(IIS)管理器”，弹出如图 3-78 所示的 IIS 管理器界面，其中已经有一个名为 Default Web Site 的内置网站在运行。

图 3-78　IIS 管理器

打开 IE 浏览器，在地址栏输入 http://127.0.0.1 或者 localhost 或者计算机的名称，都将出现如图 3-79 所示的测试页，这说明 IIS 安装成功。

图 3-79　测试 IIS 中的默认网站

3. 万维网服务的停止和启动

要启动或停止万维网服务,可以使用 net 命令、“Internet 信息服务(IIS)管理器”控制台或“服务”控制台。

1) 使用 net 命令

在命令行提示符界面中,输入命令 net stop w3svc 停止万维网服务,输入命令 net start w3svc 启动万维网服务。

2) 使用“Internet 信息服务(IIS)管理器”控制台

在如图 3-78 所示的“Internet 信息服务(IIS)管理器”控制台中单击服务器,在“操作”界面中选择“停止”或“启动”即可停止或启动万维网服务。

3) 使用“服务”控制台

单击“开始”→“管理工具”→“服务”,打开“服务”控制台,找到服务 World Wide Web Publishing Service,单击“启动”或“停止”即可启动或停止万维网服务。

4. 添加或删除其他服务角色

Windows Server 2008 的 IIS 采用模块化的设计(Modular-Based),而且默认安装的服务角色只包括了部分服务角色功能,有些服务角色功能并没有安装。可以在需要的时候添加这些角色。这样可以减少 IIS 网站的负荷和攻击面,避免让系统管理员去面对不必要的问题。例如 HTTP 中的“HTTP 重定向”功能,应用程序开发中的 ASP. NET、“. NET 扩展性”功能,安全性中的“基本身份验证”、“Windows 身份验证”等功能。

若要为 IIS 网站添加或删除组件,单击“开始”→“管理工具”→“服务器管理器”→“角色”,如图 3-80 所示,单击“Web 服务器”中的“添加角色服务”或“删除角色服务”,通过弹出的对话框来完成相应的操作。例如,可以添加“HTTP 重定向”,“IP 地址和域限制”等角色服务。

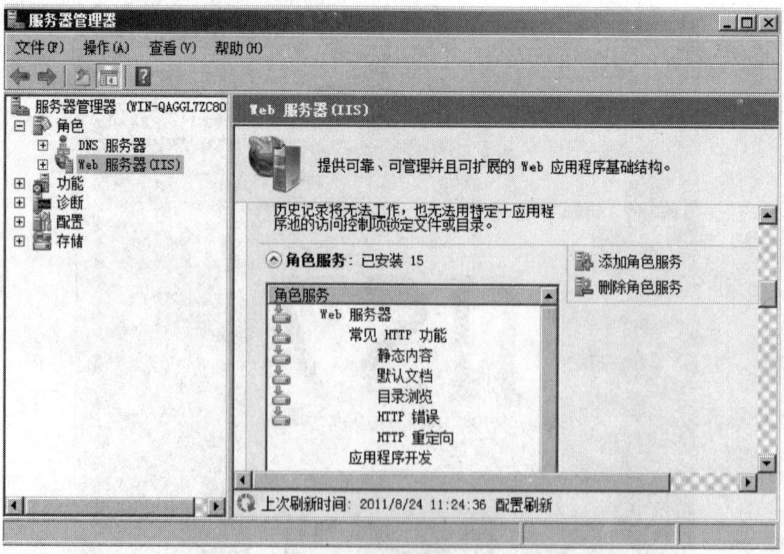

图 3-80 为 IIS 添加或删除角色服务

3.3.3 设置 Web 站点

1. 使用 IIS 的默认站点

步骤一：只需把制作好的主页文件复制到 c:\inetpub\wwwroot 目录下，该目录是安装程序为默认 Web 站点预设的发布目录。

若要查看默认站点预设的发布目录，单击网站 Default Web Site 右边的“操作”区域的“基本设置”，然后通过“编辑网站”对话框中的“物理路径”来查看，如图 3-81 所示。主目录默认设置到文件夹%SystemDrive%\inetpub\wwwroot，其中%SystemDrive%就是安装 Windows Server 2008 的系统路径。

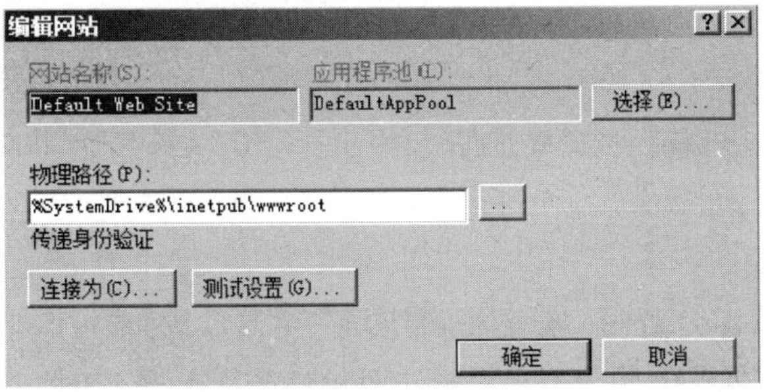

图 3-81　设置默认站点的物理路径

可以将主目录的物理路径更改到本地计算机的其他文件夹，也可以将网页存储到网络上其他计算机的共享文件夹中，然后将主目录设置到此共享文件夹。其设置方法为单击“物理路径”右边的按钮，然后选择网络计算机的共享文件夹。当用户浏览此网站的网页时，网站会到此共享文件夹中读取网页给用户，不过网站必须提供有权访问此共享文件夹的用户名和密码。可以通过单击“连接为…”按钮，在弹出的“连接为”对话框中设置相应的路径凭据。

步骤二：将主页文件改名为 default. htm 或 index. htm。这是因为 Web 服务器设定了 5 个默认 Web 文档，分别是 Default. htm、Default. asp、index. htm、index. html 和 iisstart. htm。网站会先读取最上面的文件 Default. htm，若主目录中没有此文件，则依序读取之后的文件。如果 5 个文件名都找不到，则访问不到用户的网站。

当然，我们也可以手动添加主页文件。具体步骤为：双击“默认文档”，在如图 3-82 所示的界面中，单击右边“操作”任务栏中的“添加”按钮，显示如图 3-83 所示的“添加默认文档”对话框，在“名称”文本框中输入待添加的默认文档名，单击“确定”按钮。最后通过右边“操作”窗口的“上移”、“下移”来调整网站读取这些文件的顺序。

如果需要删除或禁用某个默认文档，只需要选择相应的默认文档，然后单击“删除”或“禁用”按钮即可。

2. 创建新站点

IIS 支持在同一台计算机上同时创建多个 Web 站点的功能。为了能够区分这些网站，必须给予每一个网站唯一的识别信息，这些识别信息包括：主机名、IP 地址与 TCP 端口号。同一台计算机中所有网站的这三个识别信息不可以完全相同，否则该网站无法启动。

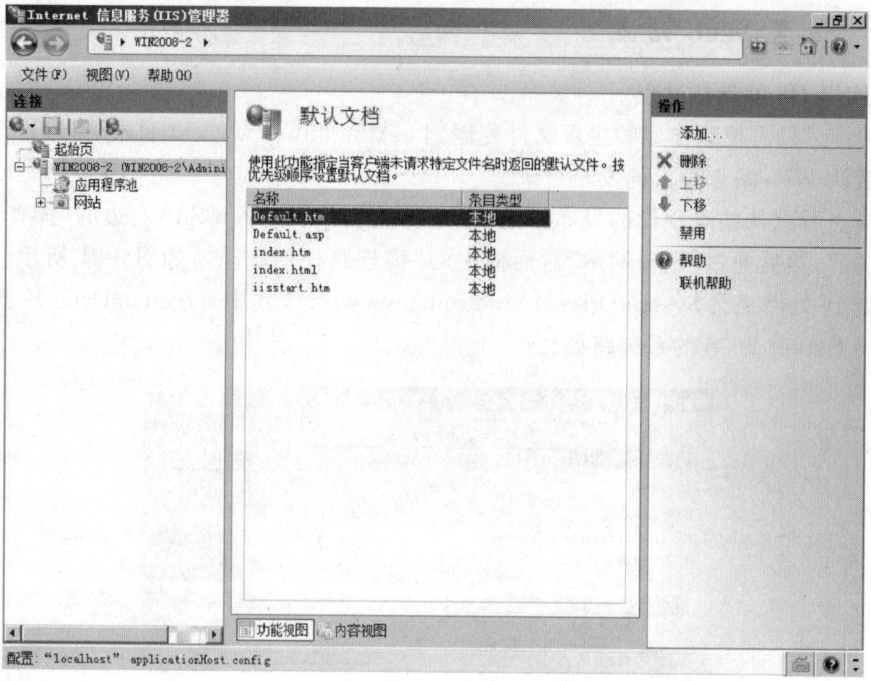

图 3-82 Web 服务器的默认文档

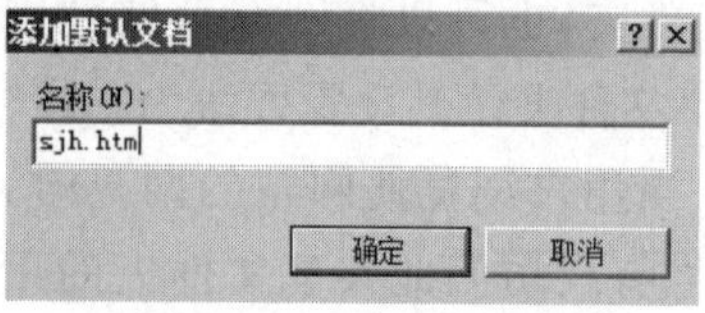

图 3-83 添加默认文档

1) 主机名

若这台计算机只有一个 IP 地址,则可以采用主机名来区分这些网站,也即每一个网站各有一个主机名。例如,主机名分别为 www.zzti.edu.cn、oa.zzti.edu.cn 与 mail.zzti.edu.cn。

2) IP 地址

也就是每一个网站各有一个唯一的 IP 地址。此方法比较适合于启用了 SSL(Secure Socket Layer)安全连接功能的网站,例如对外部用户提供服务的商业网站。

3) TCP 端口号

此时每一个网站将被赋予一个 TCP 端口号,以便让 IIS 计算机利用端口号来区分每一个网站。它比较适合于为内部用户提供服务的网站或测试用网站。

下面新建 4 个网站 Web1、Web2、Web3 和 Web4,它们的基本配置信息如表 3-2 所示。

表 3-2 Web1、Web2、Web3 和 Web4 的基本配置信息

网 站	主 机 名	IP 地址	TCP 端口	主 目 录
Web1	无	202.196.36.15	80	C:\web1
Web2	无	202.196.36.15	8080	C:\web2
Web3	无	202.196.36.16	80	C:\web3
Web4	www.zzti.edu.cn	202.196.36.15	80	C:\web4

在 C 盘创建 4 个文件夹 web1、web2、web3 和 web4，在每个文件夹中分别放入各站点的主页文件，主页文件可在记事本中编写并保存为 index. htm。

1）设置 Web1 站点

打开“Internet 信息服务(IIS)管理器”，右击“网站”，选择“添加网站”，在如图 3-84 所示的文本框中输入网站 Web1 的信息，单击“确认”按钮，Web1 站点添加成功。这时打开 IE 浏览器，在地址栏中输 http://202. 196. 36. 15 即可打开 Web1 站点，浏览效果如图 3-85 所示。

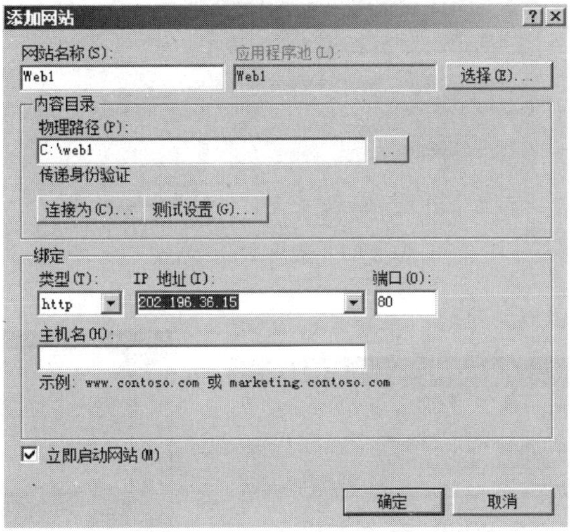

图 3-84　添加 Web1 站点

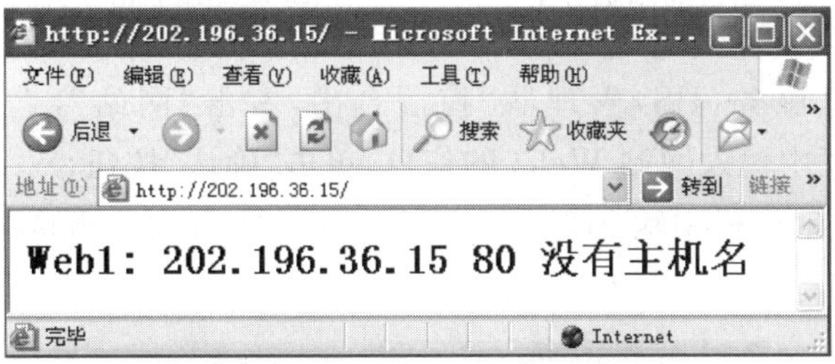

图 3-85　Web1 站点的浏览效果

2）设置 Web2 站点

在“Internet 信息服务(IIS)管理器”控制台中，右击“网站”，选择“添加网站”，在如图 3-86 所示的文本框中输入网站 Web2 的信息，单击“确认”按钮，Web2 站点添加成功。这时打开 IE 浏览器，在地址栏中输 http://202. 196. 36. 15：8080 即可打开 Web2 站点，浏览效果如图 3-87 所示。

3）设置 Web3 站点

首先为 IIS 服务器的网卡再添加一个 IP 地址，右击桌面上的“网络”图标，选择“属性”→“管理网络连接”，双击“本地连接”，单击“属性”→“Internet 协议版本 4”→“属性”，单击“高级”选项，在图 3-88 的“IP 设置”选项卡中单击“IP 地址”选项组中的“添加”，图 3-88 是已经添加好 IP 地址 202. 196. 36. 16 的界面。

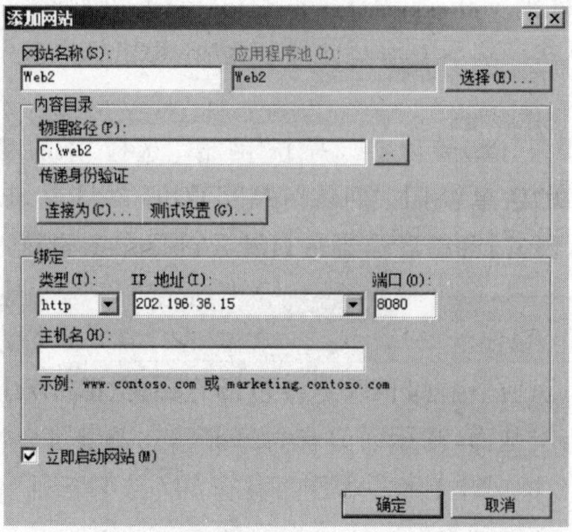

图 3-86 添加 Web2 站点

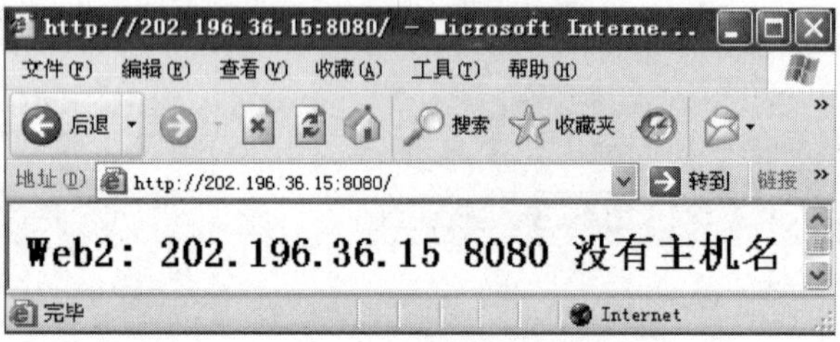

图 3-87 Web2 站点的浏览效果

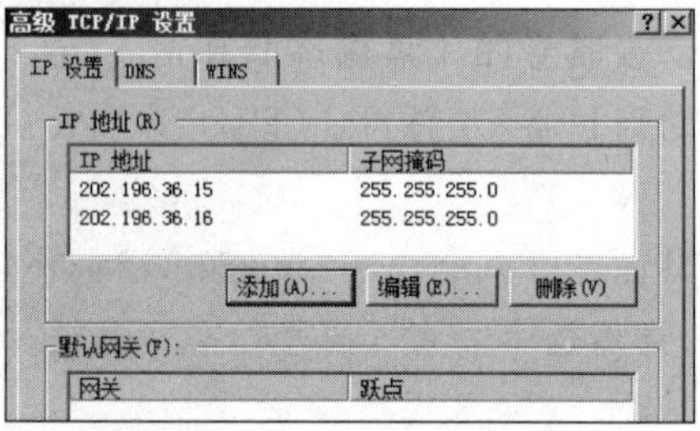

图 3-88 为同一块网卡添加 IP 地址

在"Internet 信息服务(IIS)管理器"控制台中，右击"网站"，选择"添加网站"，在如图 3-89 所示的文本框中输入网站 Web3 的信息，单击"确认"按钮，Web3 站点添加成功。这时打开 IE 浏览器，在地址栏中输 http://202.196.36.16 即可打开 Web3 站点，浏览效果如图 3-90 所示。

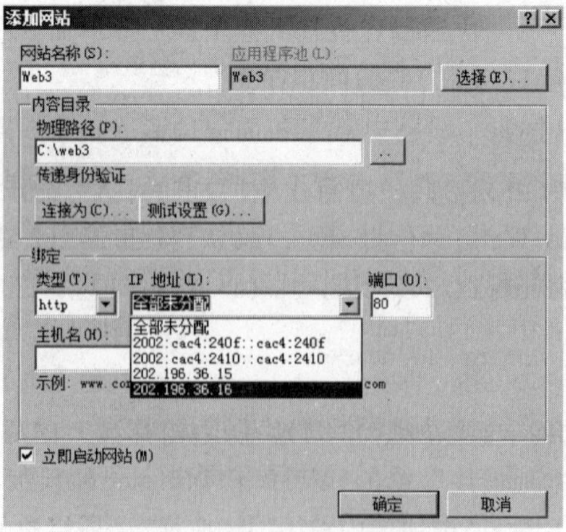

图 3-89 添加 Web3 站点

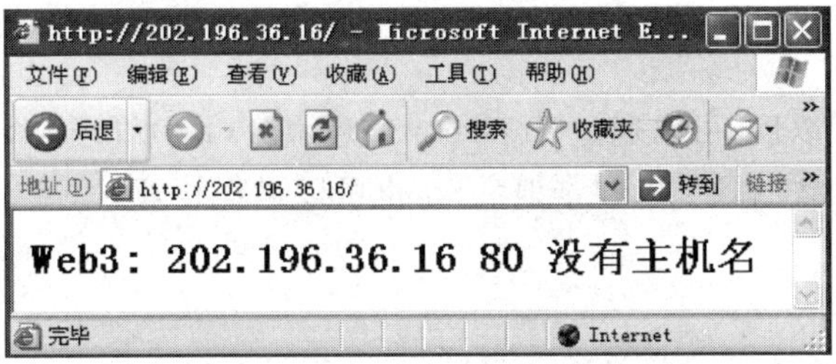

图 3-90 Web3 站点的浏览效果

4）设置 Web4 站点

在 DNS 服务器中添加主机记录 www.zzti.edu.cn 的 IP 地址为 202.196.36.15 并测试是否能解析正确。

在“Internet 信息服务(IIS)管理器”控制台中，右击“网站”，选择“添加网站”，在如图 3-91 所示的文本框中输入网站 Web4 的信息，单击“确认”按钮，Web4 站点添加成功。这时打开 IE 浏览器，在地址栏中输入 www.zzti.edu.cn 即可打开 Web4 站点，浏览效果如图 3-92 所示。

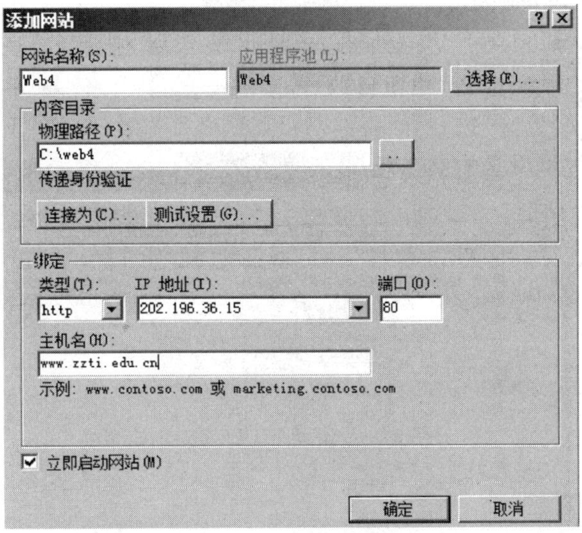

图 3-91 添加 Web4 站点

图 3-92 Web4 站点的浏览效果

3.3.4 管理 Web 站点

Web 站点建立好以后，可以通过“Internet 信息服务(IIS)管理器”来进一步管理和设置 Web 站点，管理 Web 站点既可以在本地进行，也可以远程管理。

1. 本地管理

1) HTTP 重定向

如果网站内容正在搭建或维护中，则可以将此网站暂时重定向到另一个网站，这样用户连接该网站时，所看到的将是另一个网站的网页。需要先安装 HTTP 重定向角色服务。双击 Web4 中的“HTTP 重定向”，选择“将请求重定向到此目标”并输入目标网址，然后选择“将所有请求重定向到确切的目标(而不是相对于目标)”。如图 3-93 所示，表示将连接此网站(www.zzti.edu.cn)的请求重定向到 www.baidu.com。

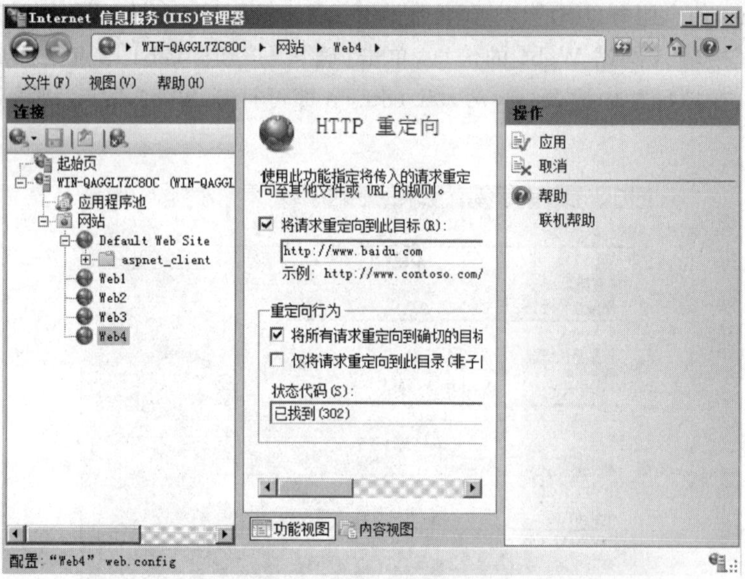

图 3-93 设置 HTTP 重定向

2) 配置自定义错误

有时可能会因为网络或者 Web 服务器设置的原因，而使得用户无法正常访问 Web 页。为了使用户清楚地了解不能访问的原因，在 Web 服务器上应该设置相应的反馈给用户的错误页。错误页可以是自定义的，也可以包含排除故障原因的详细错误信息。

默认情况下，IIS 已经集成了一些常见的错误代码。在 Web4 站点中单击“错误页”图标，显示如图 3-94 所示的“错误页”窗口。右击某条记录，可以添加、编辑、删除错误代码或者更改状态代码。

3) 虚拟目录

可能需要在网站的主目录之下新建多个子文件夹，然后将网页与相关文件保存到主目录与这些子文件夹中。这些子文件夹称为物理目录(Physical Directory)。

然而网页文件不一定要保存到主目录中，也可以将它们保存到其他文件夹中，例如本地计算机其他磁盘驱动器的文件夹，或其他计算机的共享文件夹，然后通过虚拟目录(Virtual

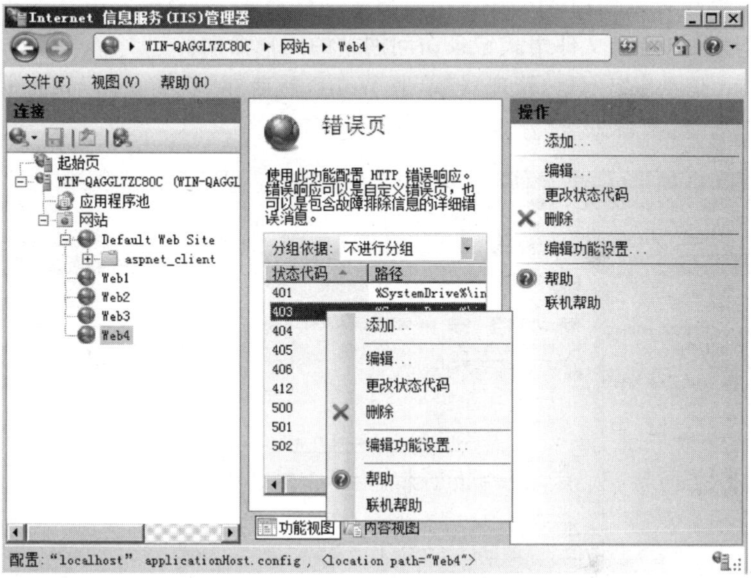

图 3-94 “错误页”设置界面

Directory)对应到这个文件夹。每个虚拟目录都有一个别名(Alias),用户可以通过别名来访问这个文件夹中的网页。虚拟目录的好处是:不论将网页的保存更改到何处,只要别名不变,用户仍然可以通过相同的别名来访问网页。

创建虚拟目录的过程为:

在 Web 服务器的 C 盘中新建一个名为 xuni 的文件夹,然后在此文件夹中新建一个名为 index.htm 的测试网页。

在“Internet 信息服务(IIS)管理器”右击 Web1,选择“添加虚拟目录”,在弹出的如图 3-95 所示的对话框中输入别名(如 xuni),输入或利用“浏览”按钮输入物理路径 C:\xuni,单击“确定”,返回 IIS 管理器。此时可看到 Web1 网站上多了一个虚拟目录 xuni。完成设置后,在 IE 浏览器中输入 http://202.196.36.15/xuni 进行测试,结果如图 3-96 所示。

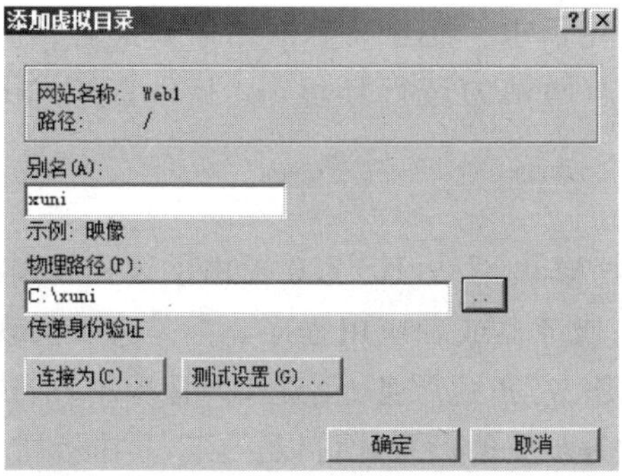

图 3-95 添加虚拟目录

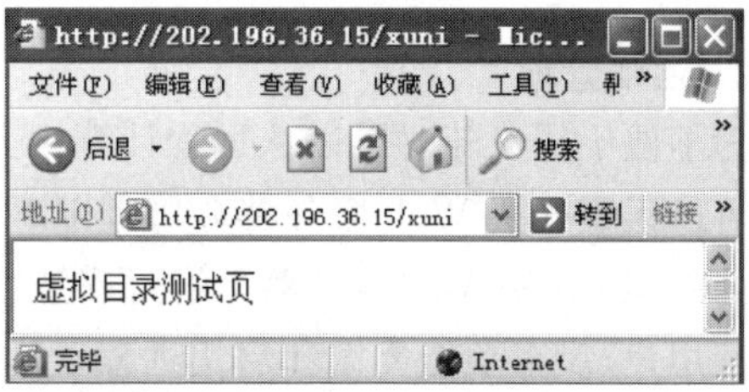

图 3-96 虚拟目录的浏览效果

4) 查看 Web 站点日志

启用网站日志可以收集用户访问 Web 网站的信息。

在 Web 网站中可以使用 Microsoft IIS 日志文件格式、NCSA 公用日志文件格式、W3C 日志文件格式以及自定义文件格式记录访问网站的用户活动。

在"Internet 信息服务(IIS)管理器"单击 Web1，然后在"功能视图"界面中双击"日志"，打开如图 3-97 所示的"日志"设置界面。

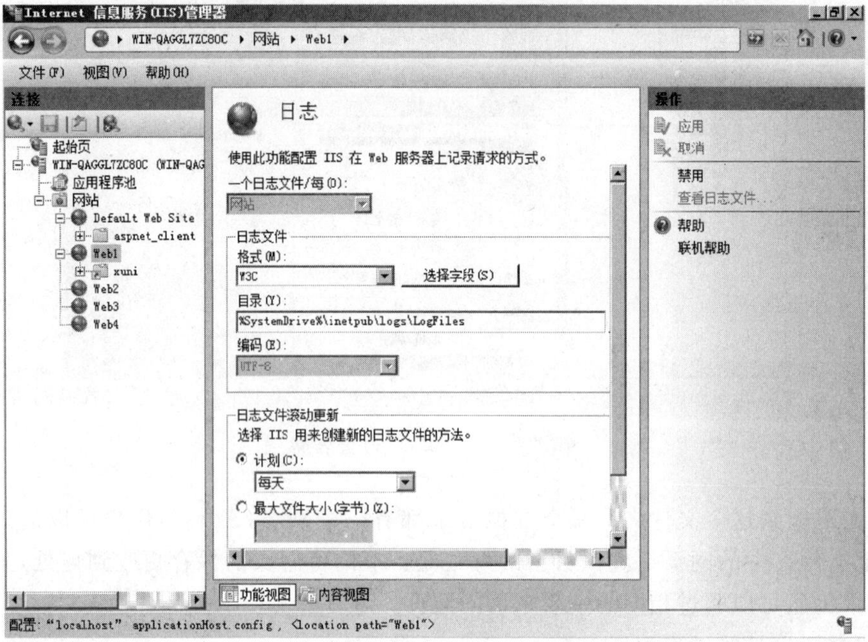

图 3-97 "日志"设置界面

在该界面中可以设置日志文件的格式、日志文件的保存目录以及日志文件的滚动更新情况，默认情况下的日志文件保存在 C:\inetpub\logs\LogFiles 目录下。

5) 动态网站

默认情况下，IIS 只支持在 Web 网站运行静态 HTML 网页，但静态网页无法根据用户的需求和实际情况做出相应的变化，因此需要搭建动态网站。自动接收用户的请求信息并做出反应，无须人工参与网页的反应即可满足应用需求。搭建动态网站需要部署相应的应用程序，IIS 支持多种应用程序，可搭建多种动态网站的运行环境，如 JSP、ASP.NET 和 PHP 等。

2. 远程管理

为了便于用户随时可以从远程计算机上管理 Web 网站，IIS 7.0 提供了远程管理功能。用户可以远程连接 Web 服务器并管理 IIS 站点、服务器或者应用程序。但是为了实现远程管理功能，必须在 Web 服务器上通过安装"管理服务"角色服务、创建 IIS 管理用户、授权远程管理用户、设置功能委派和启用远程管理功能等步骤的设置才可以。

3.3.5 网站的安全性

1. Web 站点的身份验证

IIS 网站默认允许所有用户来连接，然而如果网站只是针对特定用户提供服务，就需要用户输入用户名和密码。用来验证用户名和密码的方法主要有：匿名身份验证、基本身份验证、摘要式身份验证和 Windows 身份验证。

因为客户端都是先利用匿名身份验证来连接网站的，此时若网站启用了匿名身份验证的，客户端将自动连接成功。若网站的这 4 种身份验证都是启用的，则客户端会按照以下顺序来选择验证方法：匿名身份验证、Windows 身份验证、摘要式身份验证和基本身份验证。各种验证方法的比较如表 3-3 所示。

表 3-3　各种验证方法的比较

验证方法	安全级别	如何发送密码	是否通过防火墙或代理服务器	客户端要求
匿名身份验证	无		是	任何浏览器
基本身份验证	低	明文(未加密)	是	大部分浏览器
摘要式身份验证	中	哈希处理	是	IE 5.0
Windows 身份验证	高	Kerberos：Kerberos ticket NTLM：哈希处理	Kerberos 可通过代理服务器，但会被防火墙阻挡 NTLM 可通过防火墙，但无法通过代理服务器	Kerberos：Windows 2000 以后的系统，且使用 IE 5.0(含)以上 NTLM：IE 2.0(含)以上

可以针对单一文件、文件夹或整个网站来设置验证方法，下面将以 Web1 网站为例来说明。双击 Web1 窗口中的"身份验证"，弹出如图 3-98 所示的"身份验证"设置界面，选择"匿名身份验证"，单击右边的"禁用"，选择"Windows 身份验证"，单击右边的"启用"按钮。

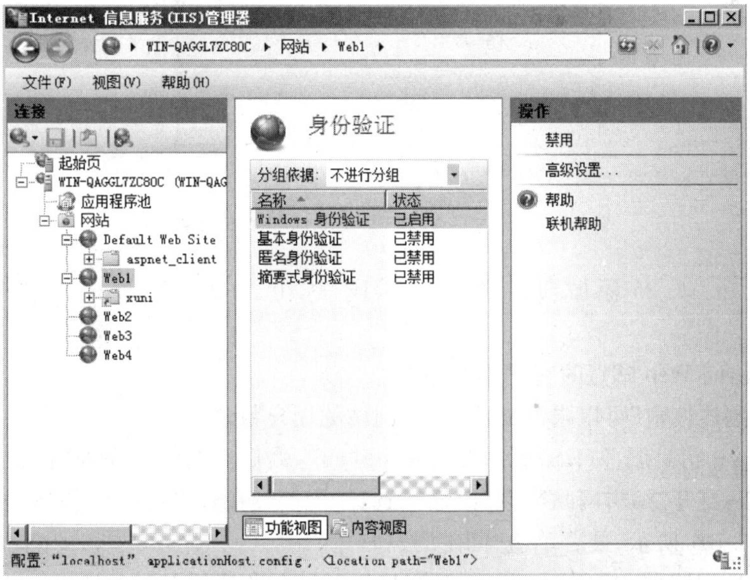

图 3-98　设置身份验证方式

此时在 IE 浏览器中输入 http://202.196.36.15，将弹出如图 3-99 所示的对话框，只有输入了有效的用户名和密码之后，才能打开 Web1 站点。

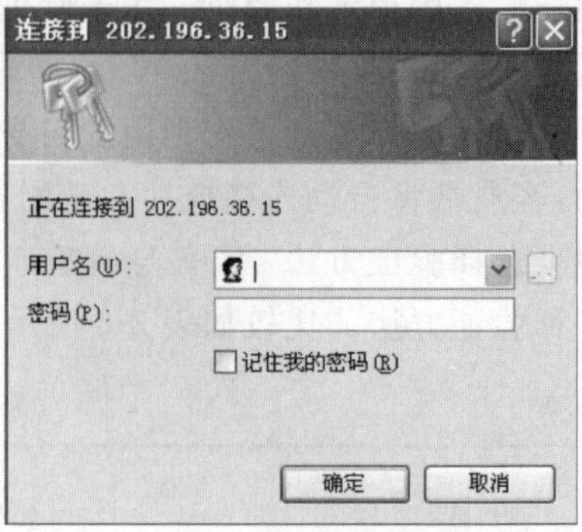

图 3-99 输入有效账户

2. 使用 IP 地址来限制连接

可以允许或拒绝某台特定计算机、某一群计算机来连接网站。例如，公司内部网站可以设置成只让内部计算机连接，拒绝其他外界计算机连接。需要先安装“IP 和域限制”角色服务。

单击 Web1 窗口中的“IPv4 地址和域限制”，在弹出窗口的“添加允许条目”或“添加拒绝条目”进行设置，如图 3-100 所示。

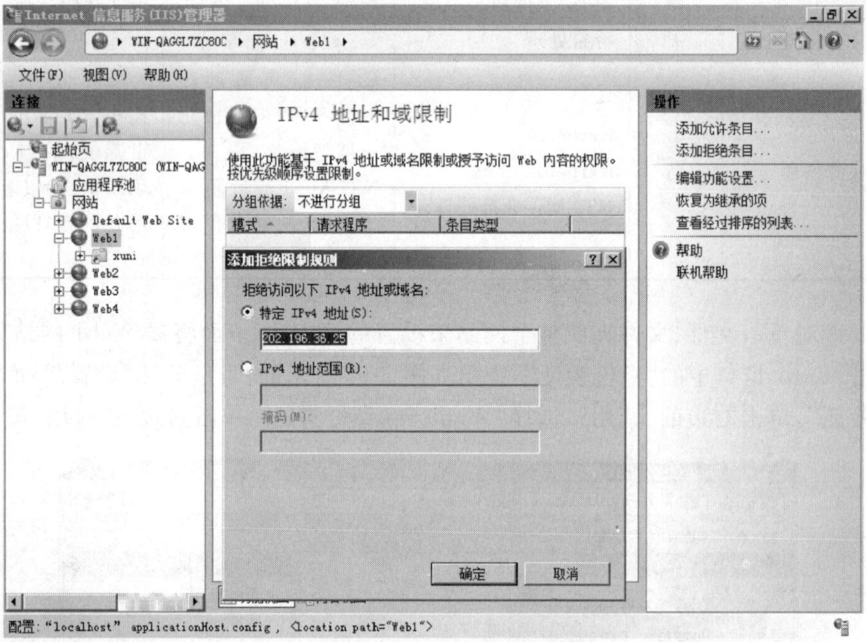

图 3-100 设置 IPv4 地址和域限制

将 202.196.36.25 添加到拒绝条目后，IP 为 202.196.36.25 的计算机将无法访问 Web1 站点。

3. 限制访问 Web 站点的客户端数量

设置“限制连接数”可以限制访问 Web 网站的用户数量。

在“Internet 信息服务(IIS)管理器”单击 Web1，然后在“操作”界面中单击“配置”区域的“限制”按钮，打开“编辑网站限制”界面。选择“限制连接数”复选框，并设置要限制的连接数为 1，如图 3-101 所示，最后单击“确定”按钮。

此时在 IE 浏览器中输入 http://202.196.36.15 将打开 Web1 站点，当再次打开一个 IE 浏览器访问 Web1 时显示如图 3-102 所示的页面，表示超过网站限制连接数。

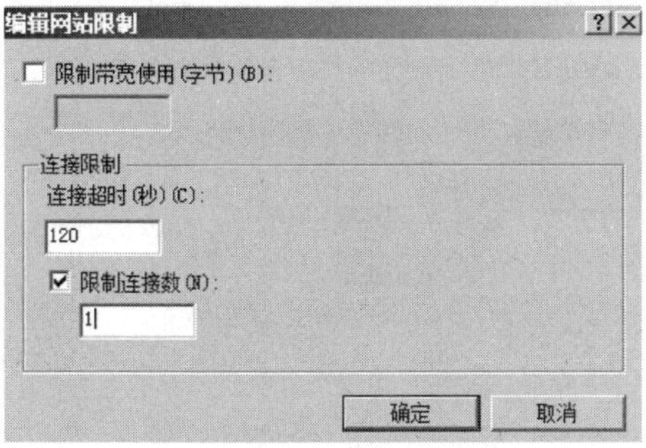

图 3-101　设置"限制连接数"

图 3-102　访问 Web1 站点时超过连接数

4. 限制客户端访问 Web 站点使用的带宽

设置"限制带宽使用"可以限制用户访问 Web 网站的速度。

在如图 3-101 所示的"编辑网站限制"对话框中,选择"限制带宽使用"复选框,并设置限制带宽为 1024 字节,单击"确定"按钮。

5. 通过 NTFS 权限来提高网页的安全性

网页文件应该存储在 NTFS 磁盘分区中,以便利用 NTFS 权限来增加网页的安全性。NTFS 权限设置的途径为:打开"资源管理器",在网页文件或文件夹上右击,选择"属性"→"安全"。

3.4　FTP 服务器的配置与管理

在当前企业网络环境中,文件传输使用的最主要的传输方式是 FTP 协议。可以在服务器上存放大量的共享软件等免费资源供用户下载,也可以将客户机的资源上传至服务器。

3.4.1　FTP 的基本概念

FTP(File Transfer Protocol)是文件传输协议,是基于客户/服务器模式的服务系统,它由客户软件、服务器软件和 FTP 通信协议三部分组成。

FTP 系统是一个通过网络来传送文件的系统。FTP 客户程序必须与远程的 FTP 服务器建立连接并登录后,才能进行文件的传输。

FTP 客户机与 FTP 服务器之间将在内部建立两条 TCP 连接:一条是控制连接,主要用于传输命令和参数;另一条是数据连接,主要用于传输文件。

由于 Windows Server 2008 自带的 FTP 服务功能有限,企业用户多选用第三方软件,如 Serv-U 等来做 FTP 服务器,所以本小节对 Windows Server 2008 的 FTP 服务配置只做简单介绍。

3.4.2　安装 FTP 服务器

打开"服务器管理器",展开"角色"节点,单击"Web 服务器",然后在控制台右侧界面单击"添加角色服务",在弹出的"选择角色服务"对话框中,选择"IIS 6 元数据库兼容性"和

“FTP 发布服务”，如图 3-103 所示，单击“下一步”按钮并在出现的对话框中单击“安装”按钮。

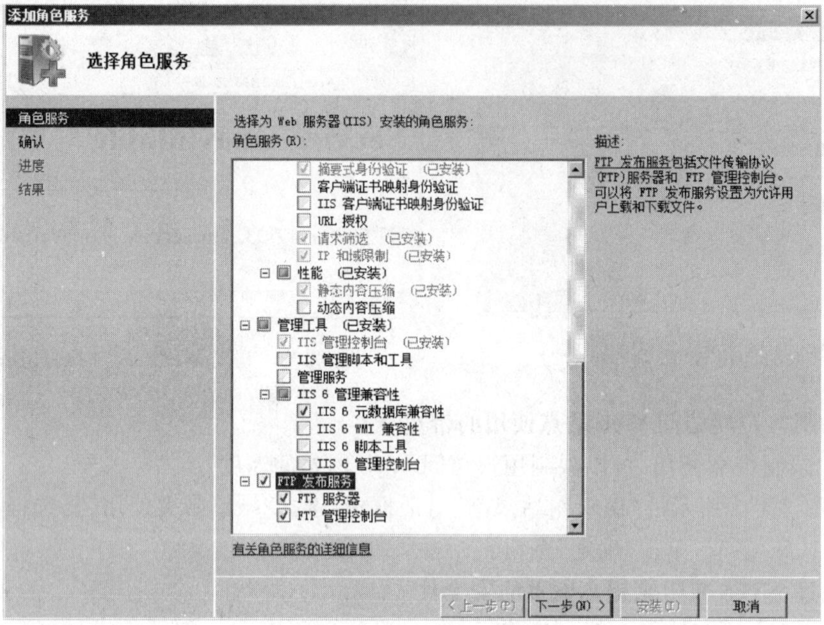

图 3-103　为 FTP 选择角色服务

3.4.3　配置 FTP 服务器

使用“Internet 信息服务(IIS)6.0 管理器”控制台允许在单台 FTP 服务器上创建多个 FTP 站点。区分不同 FTP 站点的标识信息有 IP 地址和端口，这二者不能完全相同，否则有一个站点不能启动。

打开“Internet 信息服务(IIS)6.0 管理器”，可以看到一个默认的 FTP 站点 Default FTP Site 正在运行。

下面创建一个新的站点 MyFtp，首先在 C 盘建立文件夹 myftp 作为上传和下载的主目录，并存入文件供测试之用。

右击 FTP 站点，选择“新建”→“FTP 站点”，在打开的“FTP 站点创建向导”中单击“下一步”，在出现的“FTP 站点描述”对话框中输入 FTP 站点的描述 MyFtp。

单击“下一步”按钮，在出现的“IP 地址和端口设置”对话框中设置 IP 为 202.196.36.15，端口号 21 默认不用更改，如图 3-104 所示。

单击“下一步”按钮，选择“不隔离用户”，单击“下一步”按钮，输入主目录的路径为 C:\myftp，单击“下一步”按钮，在“FTP 站点访问权限”对话框中，如果选择“读取”，则用户可以下载资源，如果选择“写入”，则用户可以上传资源。在此使用默认设置，如图 3-105 所示。

单击“下一步”按钮，在“已成功完成 FTP 站点创建向导”对话框中，单击“完成”按钮完成 FTP 站点的创建。

建立好的 FTP 站点，还可以修改配置，如修改站点标识、开启日志功能、禁用匿名访问、修改主目录和访问权限、限制访问的 IP 地址等，这些修改都可以通过右击某站点，选择“属性”，在如图 3-106 所示的“属性”对话框中进行设置，在此不再一一详述。

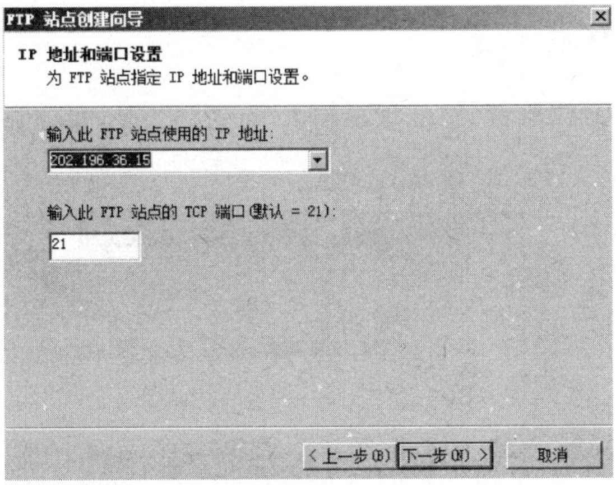

图 3-104　设置 IP 地址和端口

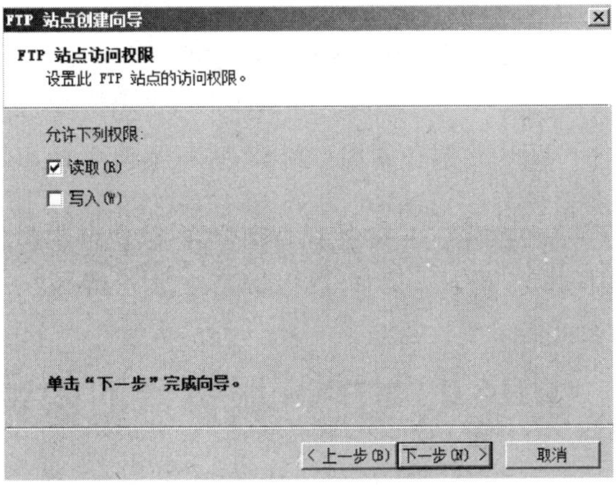

图 3-105　设置 FTP 站点访问权限

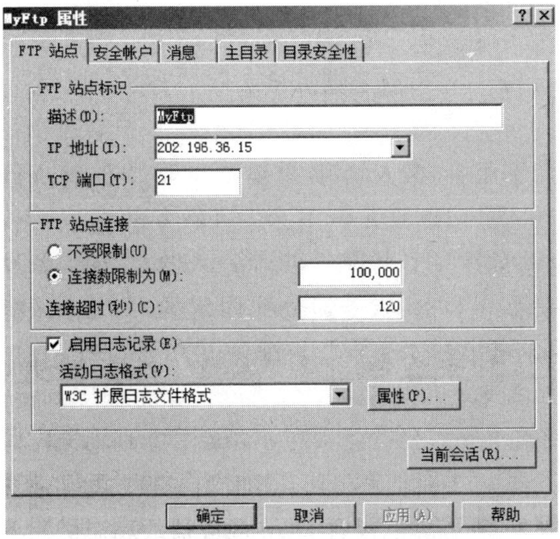

图 3-106　FTP 站点属性

3.4.4 测试 FTP 服务器

在客户机上打开 IE 浏览器，在地址栏输入 ftp://202.196.36.15 即可访问到 MyFtp 站点，如图 3-107 所示。

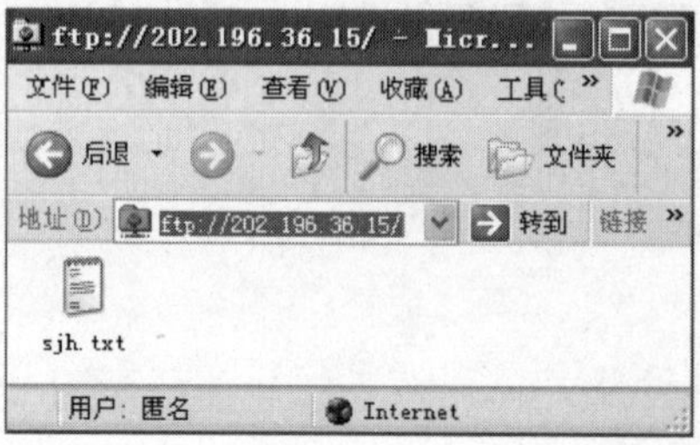

图 3-107 在客户机上访问 FTP 站点

本章小结

这一章中首先介绍了 DHCP 服务的工作原理，讲解了使用 Windows Server 2008 安装、配置及维护 DHCP 服务器的方法，接着对 DNS 服务基础及 DNS 服务器的安装、如何配置 DNS 区域和 DNS 转发器进行了阐述，然后介绍了 Web 服务器的安装、配置、管理及网站的安全性，最后简单讲解了 FTP 服务器的配置。

实验三 DHCP 和 DNS 服务器的安装与配置

1. 实验目的

熟练掌握 DNS 服务的配置方法，了解 DNS 的工作原理；熟练掌握 DHCP 服务的配置方法，了解 DHCP 的工作原理。

2. 实验环境

多台装有 Windows Server 2008 的计算机。

3. 实验内容

该实验分组进行，自愿组合，两人一组，分别做 DNS 服务器、DHCP 服务器。

(1) 选择一台虚拟机安装 DNS 服务，其余一人做客户端，练习配置 DNS 服务。

(2) 选择一台虚拟机安装 DHCP 服务，其余一人做客户端，练习配置 DHCP 服务。

(3) 用 DHCP 服务器给 DNS 服务器分配固定的 IP 地址，重新在客户端测试 DNS 服务。

4. 实验步骤

(1) 安装 DNS 服务角色。

(2) 配置 DNS 服务器(添加 DNS zone、添加反向查找区域、添加主机记录、别名记录、PTR 记录、设置 DNS 服务器的属性、设置 DNS 服务器的动态更新)。

(3) 配置 DNS 客户端并测试能否解析主机记录、别名记录和 PTR 记录。

(4) 安装 DHCP 服务器。

(5) DHCP 服务器的配置(授权、建立可用的作用域、管理作用域、保留特定的 IP 地址、DHCP 选项的设置、数据库的维护)。

(6) 配置 DHCP 客户端并测试能否获得动态 IP 地址。

(7) 用 DHCP 服务器给 DNS 服务器分配固定的 IP 地址(也就是将 DNS 的 MAC 地址与 IP 地址绑定)。

实验四　WWW 和 FTP 服务器的安装与配置

1. 实验目的

熟练掌握 WWW 服务的配置方法,了解 WWW 的工作原理;熟练掌握 FTP 服务的配置方法,了解 FTP 的工作原理。

2. 实验环境

多台装有 Windows Server 2008 的计算机。

3. 实验内容

该实验分组进行,自愿组合,三人一组,分别做 DNS 服务器、WWW 服务器和 FTP 服务器。

4. 实验步骤

(1) 安装及配置 DNS 服务(实验三已经做过)。

(2) 安装及配置 WWW 服务(通过改变 IP 地址、端口和主机名分别设置不同的站点,注意:主机名应该在 DNS 中能够解析)。

(3) 设置虚拟目录,在客户端浏览虚拟目录中的站点。

(4) 安装及配置 FTP 服务(改变 IP 地址和端口,设置不同的站点)。

(5) 设置虚拟目录,在客户端访问虚拟目录中的文件。

(6) 管理 FTP 站点(禁用匿名访问、添加拒绝 IP 地址、允许用户上载文件)。

习　　题

一、选择题

1. DHCP 服务器的默认租约期限为(　　)。

   A. 2 天　　B. 4 天　　C. 6 天　　D. 8 天

2. 下面 DHCP 选项中哪种优先级别最高(　　)。

   A. 类别选项　　B. 保留选项　　C. 作用域选项　　D. 服务器选项

3. 配置 Active Directory 中的 DHCP 服务器第一步需要做的是(　　)。

   A. 协调　　B. 授权　　C. 停止　　D. 启动

4. 按查询方式分类,DNS 查询分为(　　)。

   A. 正向　　B. 反向　　C. 递归　　D. 迭代

5. 下面哪一项是 FQDN(　　)。

   A. edu. cn　　B. zzti. edu. cn

C. cs. zzti. edu. cn　　D. www. zzti. edu. cn

6. 下面哪条命令可用来清除 DNS 缓存(　　)。

A. ipconfig /all　　B. ipconfig /renew

C. ipconfig /flushdns　　D. ipconfig

7. 下面哪些项能用来识别 Web 站点(　　)。

A. IP 地址　　B. 端口　　C. 主机名　　D. 别名

8. 下面哪些项能用来识别 FTP 站点(　　)。

A. IP 地址　　B. 端口　　C. 主机名　　D. 别名

二、简答题

1. 简述 DHCP 的工作原理。
2. 简述配置 DHCP 服务器的主要步骤。
3. 说明在 DHCP 服务器中可以设置哪几种选项以及它们的优先级别。
4. 简述配置 DNS 服务器的主要步骤。
5. DNS 服务器支持哪几种常用的记录类型?
6. 如何在同一台计算机中配置 4 个不同的 Web 站点?
7. 在 Web 服务器中如何设置虚拟目录?
8. 如何建立 FTP 站点,并允许用户上传文件?

第4章 活动目录的配置与管理

【本章学习目标】

- 了解活动目录的基本概念。
- 熟练掌握域控制器的安装和配置。
- 掌握活动目录的备份和恢复。
- 掌握拯救域控制器的方法。
- 掌握用户账户和计算机账户的管理。
- 掌握组和组织单位的管理。
- 熟悉组策略的使用方法。

活动目录(Active Directory)是面向 Windows Standard Server、Windows Enterprise Server 以及 Windows Datacenter Server 的目录服务。Active Directory 不能运行在 Windows Web Server 上,但是可以通过它对运行 Windows Web Server 的计算机进行管理。使得 Windows 2000 以上服务器系统与 Internet 上的各项服务和协议联系更加紧密,因为它对目录的命名方式成功地与“域名”的命名方式一致,然后通过 DNS 进行解析,使得与在 Internet 上通过 WINS 解析取得一致的效果。

4.1 活动目录概述

活动目录(Active Directory)是一种集成管理技术,为了更有效、灵活地实现管理目的。

活动目录是一个层次的、树状的结构,通过活动目录组织和存储网络上的对象信息,可以让管理员非常方便地进行对象的查询、组织和管理工作。

活动目录具有与 DNS 集成、便于查询、可伸缩扩展、可进行基于策略的管理,且安全高效等特点;通过组织活动目录,可以实现提高用户生产力,增强安全性,减少宕机时间,减轻 IT 管理的负担与成本等优势。

活动目录作为用户、计算机和网络服务相关信息的中心,支持现有的行业标准 LDAP (Lightweight Directory Access Protocal,轻量目录访问协议)第 8 版,使任何兼容 LDAP 的客户端都能与之相互协作,可访问存储在活动目录中的信息,如 Linux、Novell 系统等。

4.1.1 活动目录的功能

活动目录可以实现如下的功能:

- 提高管理者定义的安全性来保证信息不受入侵者的破坏;
- 将目录分布在一个网络中的多台计算机上,提高了整个网络系统的可靠性;

- 复制目录可以使得更多用户获得它并且减少使用和管理开销，提高效率；
- 分配一个目录于多个存储介质中使其可以存储规模非常大的对象。

4.1.2 活动目录对象

对象(Object)是对某具体事物的命名，如用户、打印机或应用程序等。属性是对象用来识别主题的描述性数据。一个用户的属性可能包括用户的 Name、Email 和 Phone 等，如图 4-1 所示，是一个用户对象和其属性的表示。

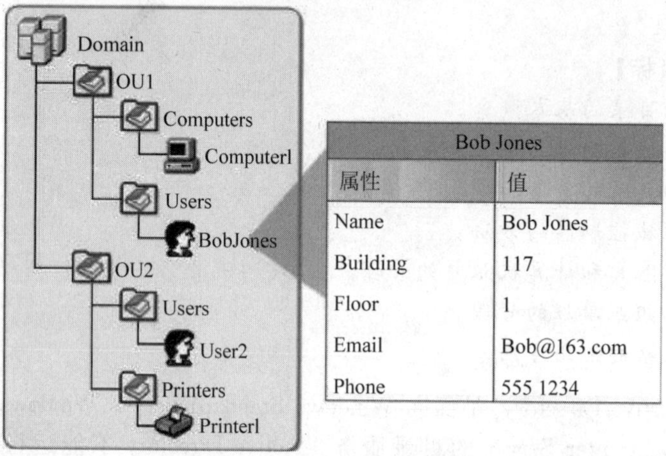

图 4-1　用户对象和其属性

分布式系统常常导致时间的消耗和管理的冗余。当公司在他们的基础结构上添加应用程序并雇用新的职员时，他们需要适当地向各桌面系统分发软件并管理多个应用程序目录。

通过在单一的位置管理用户、组和网络资源以及分发软件和管理桌面系统配置，活动目录可以显著降低公司的管理费用。

活动目录可以从以下方面帮助公司简化管理：

- 消除冗余管理任务：提供对 Windows 用户账号、客户、服务器和应用程序以及现存目录同步能力进行单一点管理。
- 降低桌面系统的行程：针对用户在公司中所担当的角色自动向其分发软件，以减少或消除系统管理员为软件安装和配置而安排的多次行程。
- 更好的实现 IT 资源的最大化：安全地将管理功能分派到组织机构的所有层次上。
- 降低总体拥有成本(TCO)：通过使网络资源容易被定位、配置和使用来简化对文件和打印服务的管理和使用。

4.2 活动目录的安装

4.2.1 活动目录的安装

1. 安装活动目录

具体步骤如下。

步骤1：打开“运行”对话框，输入 dcpromo 命令，单击“确定”按钮，打开如图4-2所示的“Active Directory 域服务安装向导”窗口。

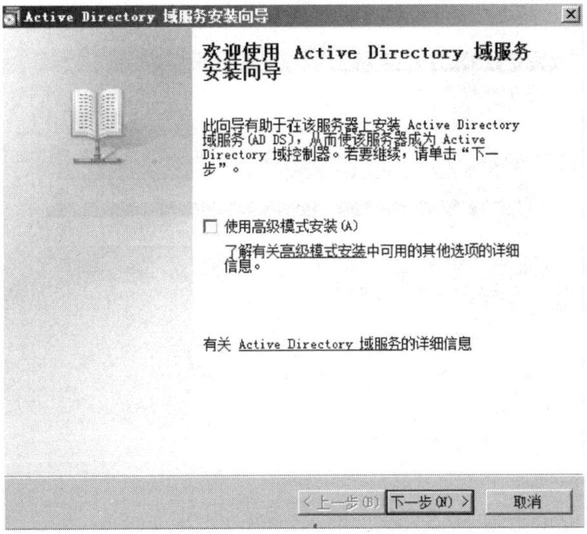

图4-2 “Active Directory 域服务安装向导”窗口

步骤2：取默认设置，单击“下一步”按钮，进入“操作系统兼容性”窗口。

步骤3：单击“下一步”按钮，进入“选择某一部署配置”窗口；因为这是第一台域控制器，所以选择“在新林中新建域”单选按钮。

步骤4：单击“下一步”按钮，进入“命名根林域”窗口。在“目录林根级域的 FQDN”编辑框中输入域控制器所在单位的 DNS 域名，如 cs. zzti. edu. cn，如图4-3所示

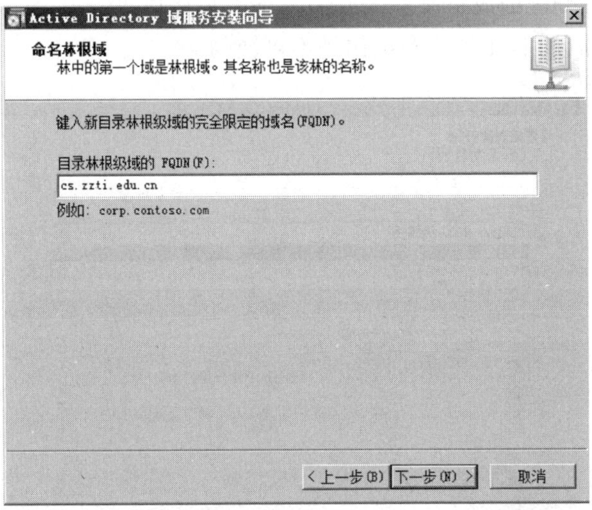

图4-3 “命名根林域”窗口

步骤5：单击“下一步”按钮，开始检查所设的域名 cs. zzti. edu. cn 及其相应的 NetBIOS 是否在网络中已使用，避免发生冲突。如未使用，则进入“设置林功能级别”窗口。在“林功

能级别”的下拉列表框中，提供了 Windows 2000，Windows Server 2003，Windows Server 2008 三种模式。根据本域控制器所在网络中存在的最低 Windows 版本的域控制器来选择，如图 4-4 所示。

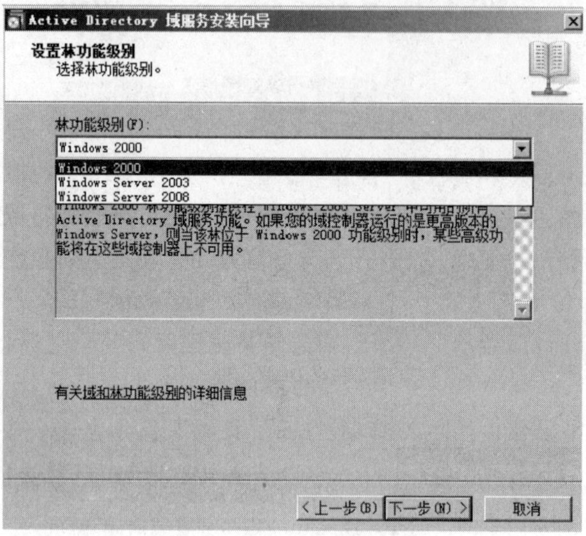

图 4-4 “设置林功能级别”窗口

步骤 6：单击“下一步”按钮，进入“设置域功能级别”窗口。在“域功能级别”的下拉列表框中，提供了 Windows 2000 纯模式，Windows Server 2003，Windows Server 2008 三种模式。根据网络中存在的 Windows Server 版本，选择相应的域功能级别，如图 4-5 所示。此处我们选择为 Windows Server 2003。如果选择 Windows Server 2008 则域内如果还有其他 Windows Server 2003 的成员服务器或 DC，那么那些以 Windows Server 2003 为服务平台的服务都不能正常使用，而且这个操作是不可逆的。

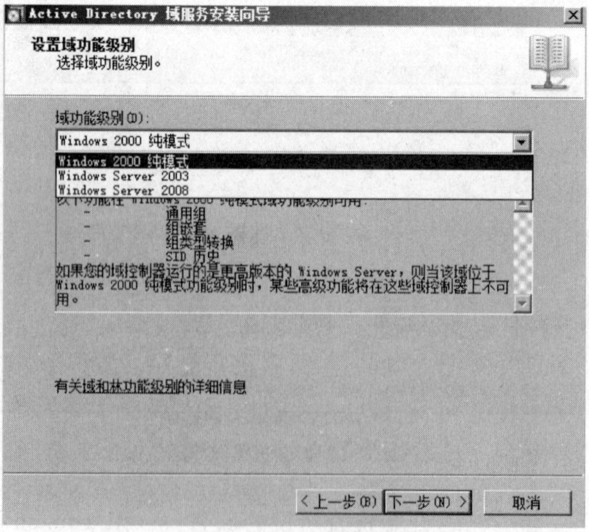

图 4-5 “设置域功能级别”窗口

步骤 7：单击“下一步”按钮，开始检查 DNS 配置。完成后显示“其他域控制器选项”窗口，选中“DNS 服务器”复选框，如图 4-6 所示。

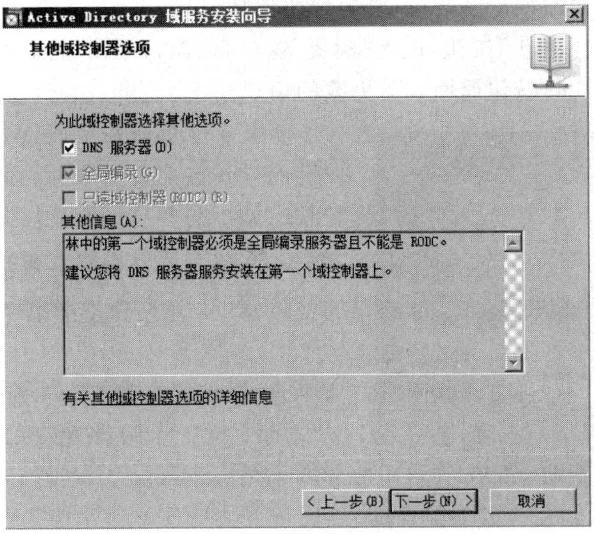

图 4-6 “其他域控制器选项”窗口

步骤 8：单击“下一步”按钮，如域控制器使用的是动态 IP，将弹出警告窗口。一般建议将域控制器配置成静态 IP。单击“是(Y)，该计算机将使用动态分配的 IP 地址”，则会弹出警告窗口，提示找不到父域。

步骤 9：单击“是”按钮，进入“数据库、日志文件和 SYSVOL 的位置”窗口。一般为了提高系统性能，便于以后的故障恢复，建议将数据库和日志文件存储的位置放在非系统分区，并分别存储于不同的文件夹内，如图 4-7 所示。

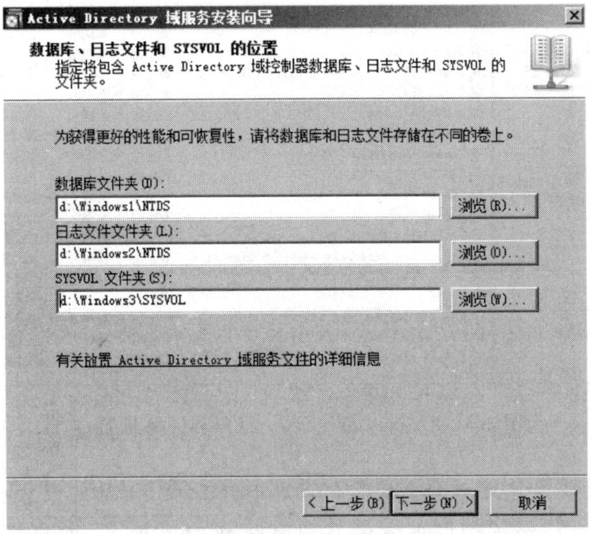

图 4-7 “数据库、日志文件和 SYSVOL 的位置”窗口

步骤 10：单击“下一步”按钮，进入“目录服务还原模式的 Administrator 密码”窗口。设置该密码。注意一定要符合密码复杂度要求。修改密码的命令为 net user administrator *（*为不显示密码），填写两次密码后，密码修改成功。

步骤 11：单击“下一步”按钮，进入“摘要”窗口，该窗口列出了前面所设置的全部信息。如需更改，单击“上一步”按钮返回到需更改的窗口。

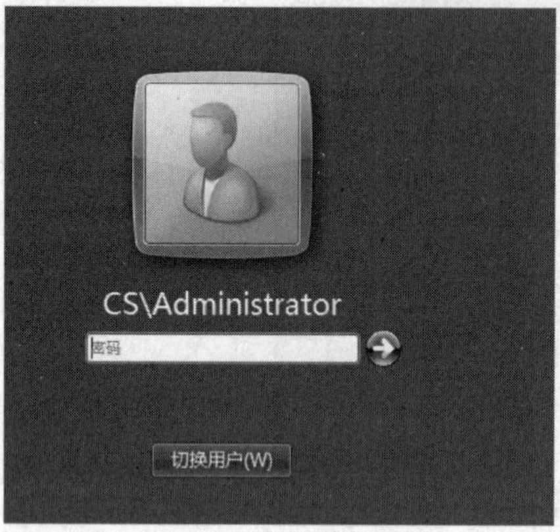

图 4-8　登录域

步骤 12：如不需更改，则单击“下一步”按钮，安装向导开始配置域服务。此过程可能等待时间较长。如不想等待，可选中“完成后重新启动”复选框。安装完成后自动重启。

步骤 13：配置完成后，出现“完成 Active Directory 域服务安装向导”窗口，提示已完成 Active Directory 域服务的安装。

步骤 14：单击“完成”按钮，提示重启后更改才能生效。

步骤 15：单击“立即重新启动”按钮，重启计算机。注意重启后登录域时，用户账户需使用“域名\用户名”的格式登录，如图 4-8 所示。

步骤 16：进入系统后，单击“开始”→“管理工具”→“Active Directory 用户和计算机”选项。弹出“Active Directory 用户和计算机”窗口，在此可管理所有用户账户，如图 4-9 所示。至此，活动目录安装完成。

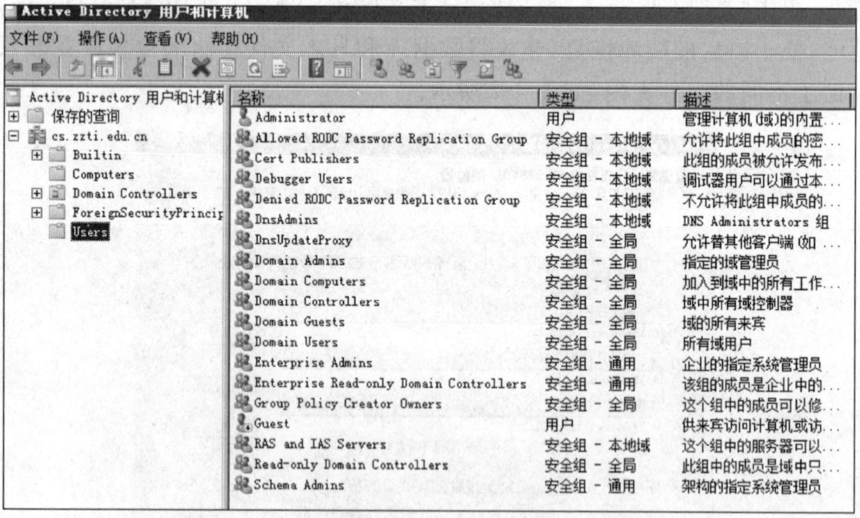

图 4-9　“Active Directory 用户和计算机”窗口

注意：*活动目录安装完成之后，必须重新启动计算机，活动目录才会生效。*

在活动目录安装之后，不但服务器的开机和关机时间变长，而且系统的执行速度变慢。所以，如果用户对某个服务器没有特别要求或不把它作为域控制器来使用，可将该服务器上的活动目录删除，使其降级为成员服务器或独立服务器。

成员服务器是指安装到现有域中的附加域控制器，独立服务器是指在名称空间目录树中直接位于另一个域名之下的服务器。删除活动目录使服务器成为成员服务器还是独立服务器，取决于该服务器的域控制器的类型。如果要删除活动目录的服务器不是域中的唯一的域控制器，则删除活动目录将使该服务器成为成员服务器；如果要删除活动目录的服务器是域中最后一个域控制器，则删除活动目录将使该服务器成为独立服务器。

2. 检验 Active Directory 安装结果

在安装完成后，可以通过以下方法检验 Active Directory 安装是否正确，在安装过程中一项最重要的工作是在 DNS 数据库中添加服务记录（SRV 记录），下面介绍一下如何检查安装结果。

1）检查 DNS 文件的 SRV 记录

用文本编辑器打开%SystemRoot%/system32/config/中的 Netlogon. dns 文件，查看 LDAP 服务记录，在本例中为 ldap. _tcp. cs. zzti. edu. cn. 600 IN SRV 0 100 389 WIN-1ECMJ4MYPNI. cs. zzti. edu. cn.

2）验证 SRV 记录在 NSLOOKUP 命令工具中运行是否正常

（1）在命令提示行下，输入 NSLOOKUP。

（2）输入 set type=srv。

（3）输入_ldap. _tcp. cs. zzti. edu. cn。

如果返回了服务器名和 IP 地址，说明 SRV 记录工作正常。

4.2.2 让域控制器向 DNS 服务器注册 SRV 记录

如果先安装 DNS 服务器，后安装活动目录，有时可能会发现 DNS 上的正向区域和 SRV 记录没有或不全；此时需强制让域控制器向 DNS 注册 SRV 记录。

下面先删除 DNS 服务器上的正向区域，同时也就删除了该区域下的所有记录。然后，将会让域控制器向 DNS 服务器注册其 SRV 记录。

步骤如下。

（1）打开服务管理器。

（2）如图 4-10 所示，右击 _msdcs. cs. zzti. edu. cn 区域，单击"删除"命令。

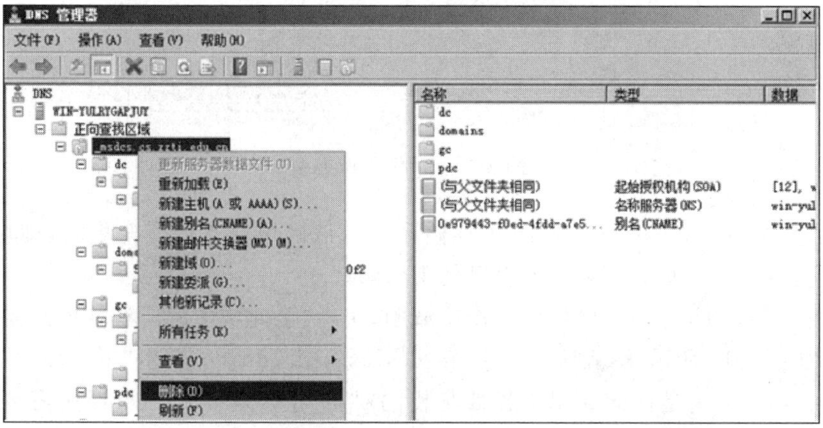

图 4-10　删除正向查找区域

(3) 在弹出的提示框中,单击"是"按钮。

(4) 右击 cs. zzti. edu. cn 区域,单击"删除"命令。

(5) 在弹出的提示框中,单击"是"按钮。

提示:现在相当于 DNS 没有配置成功,没有正向查找区域,也没有 SRV 记录。这种情况域中的其他计算机没有办法通过 DNS 找到 cs. zzti. edu. cn 域的域控制器。

(6) 如图 4-11 所示,右击"正向查找区域",单击"新建区域"。

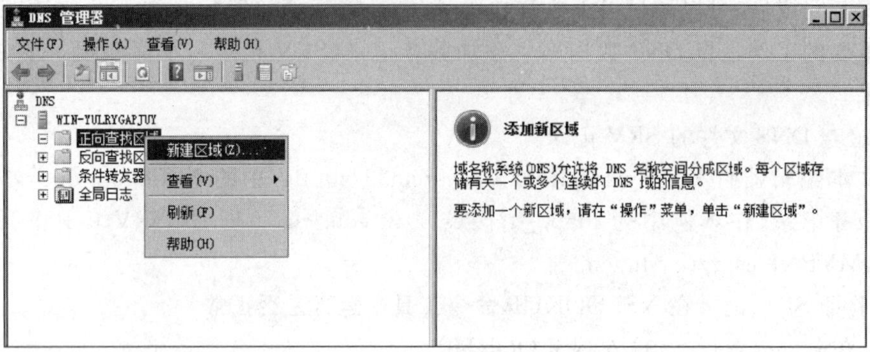

图 4-11 新建区域

(7) 在新建区域向导中,单击"下一步"按钮。

(8) 如图 4-12 所示,区域类型选择"主要区域",选中"在 Active Directory 中存储区域",单击"下一步"按钮。

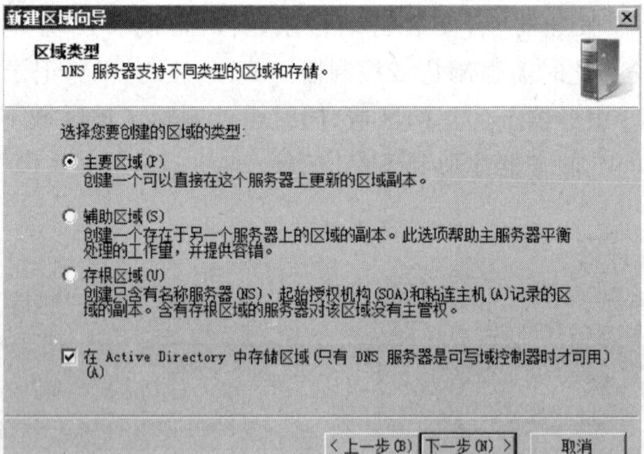

图 4-12 指定区域类型

提示:选中"在 Active Directory 中存储区域",该区域就支持安全更新,即域中的计算机 IP 地址变化后可以向该区域注册自己的 IP 地址。

(9) 在 Active Directory 区域传送作用域中,选择"至此域中的所有域控制器"。

(10) 如图 4-13 所示,输入区域名字_msdcs. cs. zzti. edu. cn,单击"下一步"按钮。

提示:_msdcs 这是固定格式,比如安装的林的名称是 sohu. com,那需要创建一个_msdcs. sohu. com 正向查找区域。

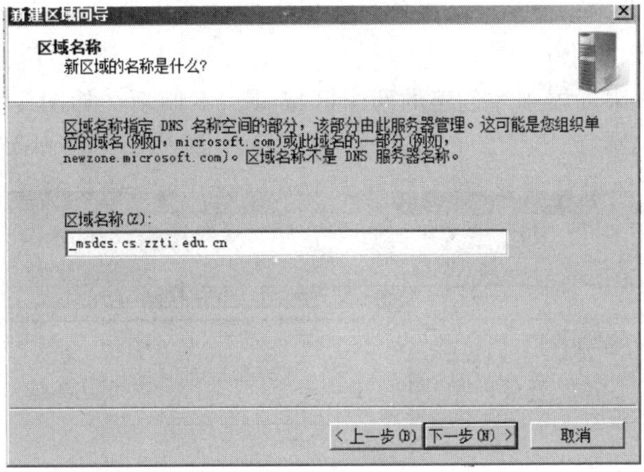

图 4-13　创建正向查找区域

(11) 在“动态更新”中，选中“只允许安全的更新”。

(12) 单击“下一步”按钮，单击“完成”按钮。

(13) 在“区域名称”中，按照上面的步骤创建一个 cs.zzti.edu.cn 区域。这个名字必须是活动目录的名字。

(14) 如图 4-14 所示，注意观察，刚建的两个区域下面没有 SRV 记录。

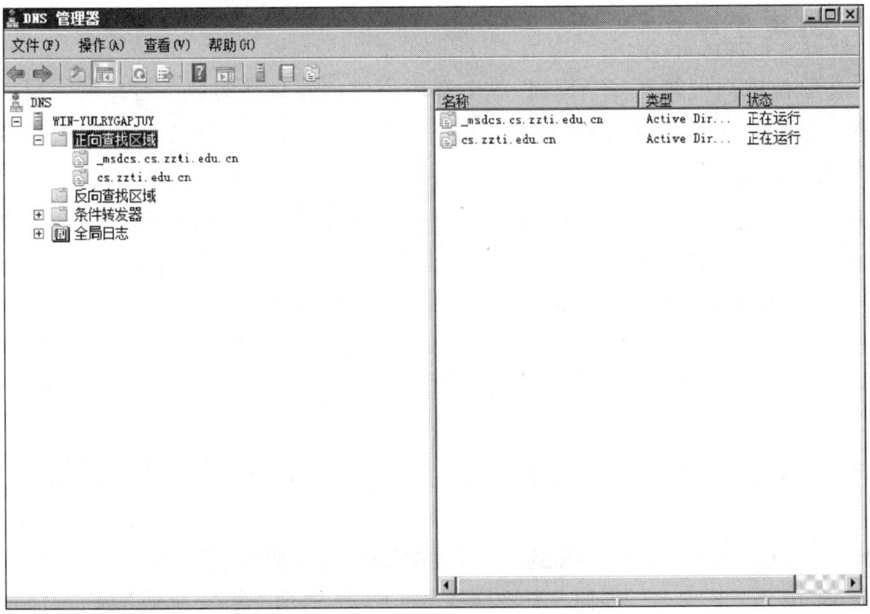

图 4-14　创建好的两个正向查找区域

(15) 确保域控制器的 TCP/IPv4 的首选 DNS 指向自己的地址。

(16) 在域控制器上命令提示符环境下运行 net stop netlogon。

(17) 再运行 net start netlogon。

提示：也可以单击“开始”→“运行”，输入 services.msc，打开服务管理工具，使用图形界面管理工具重启 netlogon 服务。该服务只有域中的计算机是自动启动的，工作组中的计算机默认该服务是关闭的。

(18) 选中 DNS 服务器刚才创建的两个区域，按 F5 刷新。如图 4-15 所示，会发现已经注册成功 SRV 记录。

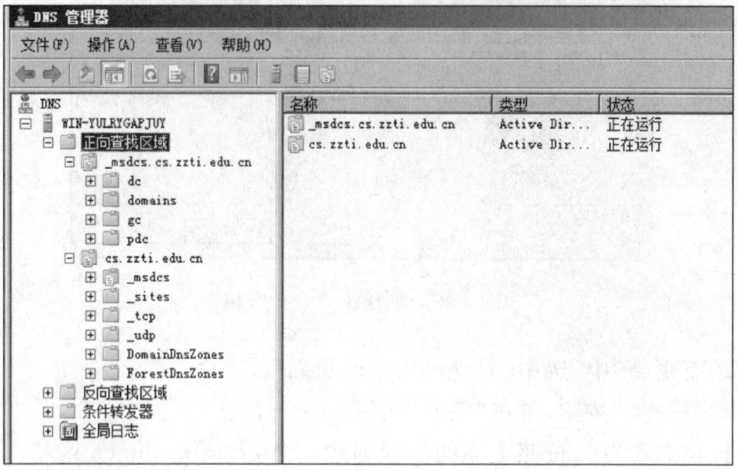

图 4-15 域控制器向 DNS 注册 SRV 记录成功

4.2.3 创建子域

由于在单位内部可能有多个部门，每个部门需要创建自己的域。这样就需要创建子域。

注意：在创建子域前，应把子域服务器的 DNS 服务器地址设置为主域控制器的 IP 地址(因为需要主域控制器对其进行域名解析的服务)。

步骤 1：在运行窗口输入 dcpromo。安装程序会检测系统，并自动安装 Active Directory 域服务所需的文件。出现提示窗口后，连续单击“下一步”按钮，进入“选择某一部署配置”窗口。此处选择“现有林和在现有林中新建域”单选按钮。

步骤 2：单击“下一步”按钮，进入如图 4-16 所示的“网络凭据”窗口。在“键入位于计划安装此域控制器的林中任何域的名称”编辑框中输入网络中已安装的域的名称，如 cs.zzti.edu.cn。

步骤 3：单击图 4-16 中的“设置”按钮，显示 “Windows 安全”窗口。输入用户名和密码。

步骤 4：单击“确定”按钮，添加到“备用凭据”列表框，如图 4-17 所示。

步骤 5：单击“下一步”按钮，开始检查域，然后显示“命名新域”窗口。在“父域的 FQDN”的编辑框中输入主域的域名，或单击“浏览”按钮选择。在“子域的单标签 DNS 名称”编辑框中输入子域的名称，如 wangluo。

步骤 6：单击“下一步”按钮，开始检查所设的域名 cs.zzti.edu.cn 及其相应的 NetBIOS 是否在网络中已使用，避免发生冲突。如未使用，则进入“设置域功能级别”窗口。在“域功能级别”的下拉列表框中，提供了 Windows 2000 纯模式，Windows Server 2003，Windows Server 2008 三种模式。根据网络中存在的 Windows Server 版本，选择相应的域功能级别。

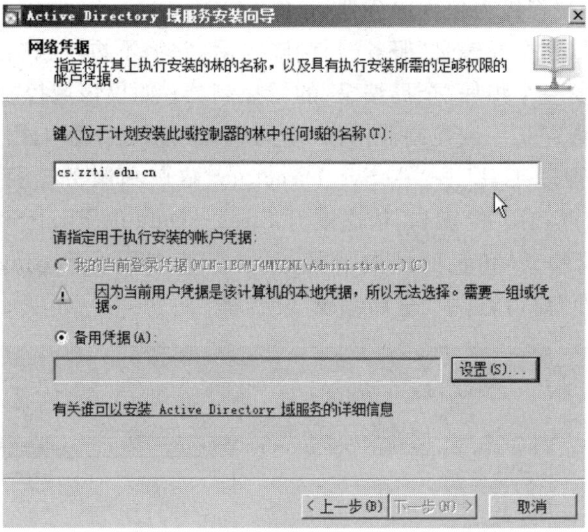

图 4-16 “网络凭据”窗口

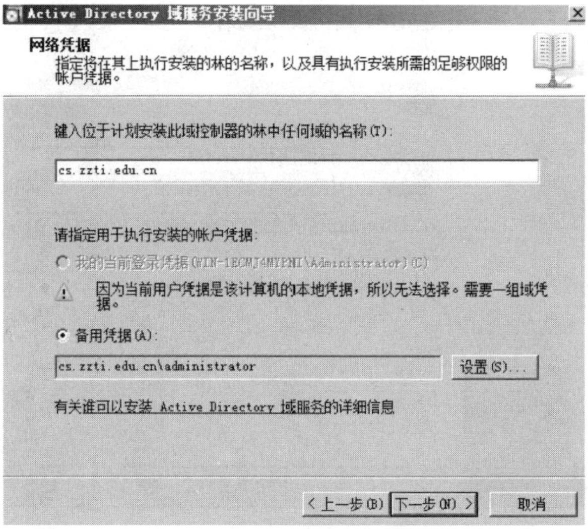

图 4-17 添加到“备用凭据”中的用户

步骤 7：单击“下一步”按钮，显示“请选择一个站点”对话框，在“站点”列表框中选择一个新域控制器站点。其他同安装活动目录的步骤 7～13。

4.2.4 删除 Active Directory

如网络中不再需要使用域控制器，或将其移至其他服务器上，则需要将当前的 Active Directory 删除，并将其降级为独立服务器或成员服务器，不必重新安装系统。但需注意的是以下几点。

如果该域内还有其他域控制器，则该域将降级为这个“其他域控制器”的成员服务器。如这个域控制器为该域内最后的一个域控制器，则降级后，将删除该域控制器，且该域控制器所在的计算机也会被降级为独立服务器。

如这个域控制器是“全局编录”服务器，则降级后，它将不再担当“全局编录”的角色。但需注意，域中至少需要一个担任“全局编录”的域控制器；如仅该域控制器是“全局编录”的，则在降级前，需要先指定某一域控制器担任“全局编录”，以便不影响用户的正常登录。指定的方法：“开始”→“管理工具”→“Active Directory 站点和服务”，打开如图 4-18 所示的“Active Directory 站点和服务”窗口，依次展开 Sites→Default-First-Site-Name→Servers 目录，选择要扮演“全局编录”角色的域控制器，并右击其 NTDS Settings，选择“属性”，弹出“NTDS Settings 属性”窗口，选中“全局编录”复选框。

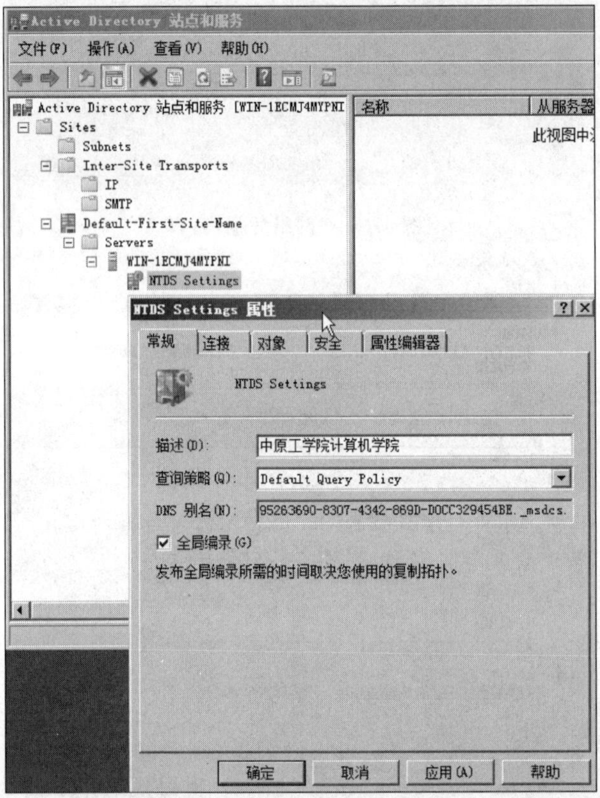

图 4-18 设置“全局编录”的域控制器

删除 Active Directory 的步骤如下。

步骤 1：在运行窗口中输入 dcpromo，单击“确定”按钮，打开“Active Directory 域服务安装向导”窗口。提示将卸载该服务器上的 Active Directory 域服务。

步骤 2：单击“下一步”按钮，弹出警告窗口。

步骤 3：如确认要删除该全局编录服务器，单击“确定”按钮。显示如图 4-19 所示的“删除域”窗口，选中“删除该域，因为此服务器是该域中的最后一个域控制器”复选框。

步骤 4：单击“下一步”按钮，显示“应用程序目录分区”窗口，提示在该域控制器中保留列表框中的应用程序目录分区的最后副本。

步骤 5：单击“下一步”按钮，显示“确认删除”窗口，选中“删除该 Active Directory 域控制器上的所有应用程序目录分区”复选框。

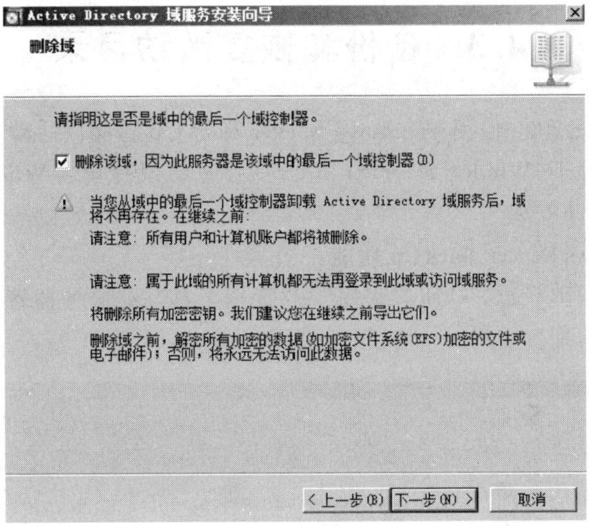

图 4-19 “删除域”窗口

步骤 6：单击“下一步”按钮，显示“删除 DNS 委派”窗口。选中“删除指向此服务器的 DNS 委派。系统可能提示您删除此委派的其他凭据”复选框。

步骤 7：单击“下一步”按钮，显示“管理凭据”窗口。

步骤 8：输入用户账号和密码，单击确定。弹出“Administrator 密码”窗口。输入新密码并确认密码。

步骤 9：单击“下一步”按钮，显示“摘要”窗口。提示删除完成后，此域将不再存在。如需更改所做的选择，单击“上一步”按钮，回到相应的位置修改。

步骤 10：如不需修改所做的选择，单击“下一步”按钮。向导开始配置 Active Directory 域服务并准备降级目录服务。

步骤 11：删除完成后弹出“提示域服务已删除”窗口。单击“完成”按钮。并重启计算机使之成为独立服务器。

4.2.5 创建辅助域控制器

为了在主域控制器出现故障不能正常工作时，仍然保证用户能正常登录网络，一般还需要一个或多个额外的域控制器，即辅助域控制器。以便在主域控制器出现故障时，辅助域控制器接管主域控制器的工作。除了保障网络的正常运行外，还有备份数据的作用。

安装辅助域控制器前，需要先把辅助域控制器的 DNS 地址设为主域控制器的 IP，否则在辅助域控制器的安装过程中可能找不到主域。

安装步骤如下。

步骤 1：在运行窗口输入 dcpromo，单击“确定”按钮，进入“Active Directory 域服务安装向导”窗口。

步骤 2：单击“下一步”按钮，进入“选择某一部署配置”窗口；选择“在现有林中添加域控制器”。

步骤 3：其他步骤和创建子域基本相同，不再赘述。

4.3 备份和恢复活动目录

Windows Server 2008 使用 Windows Server BackUp 功能对活动目录进行备份。

但由于默认情况下，Windows Server 2008 操作系统没有安装 Windows Server BackUp 功能组件，因此需手动安装。

1. 安装 Windows Server BackUp 功能

步骤 1：依次打开"开始"→"所有程序"→"管理工具"→"服务器管理器"，打开如图 4-20 所示的服务器管理器配置窗口。

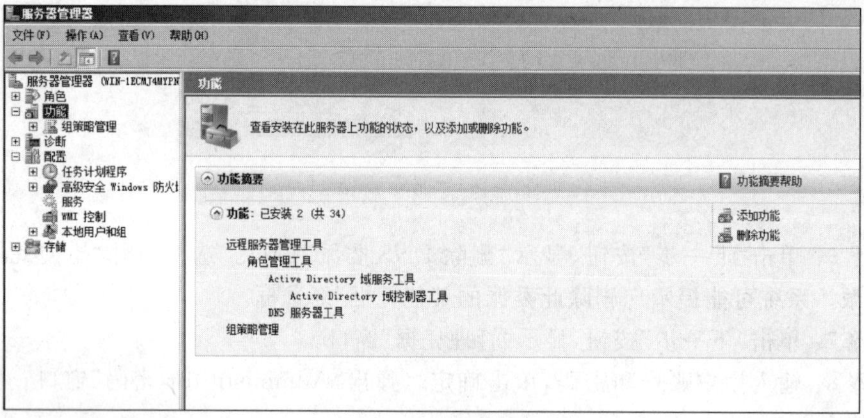

图 4-20 服务器管理器窗口

步骤 2：选择其中的"功能"→"添加功能"，进入如图 4-21 所示的"选择功能"窗口。选择"Windows Server BackUp 功能"选项。

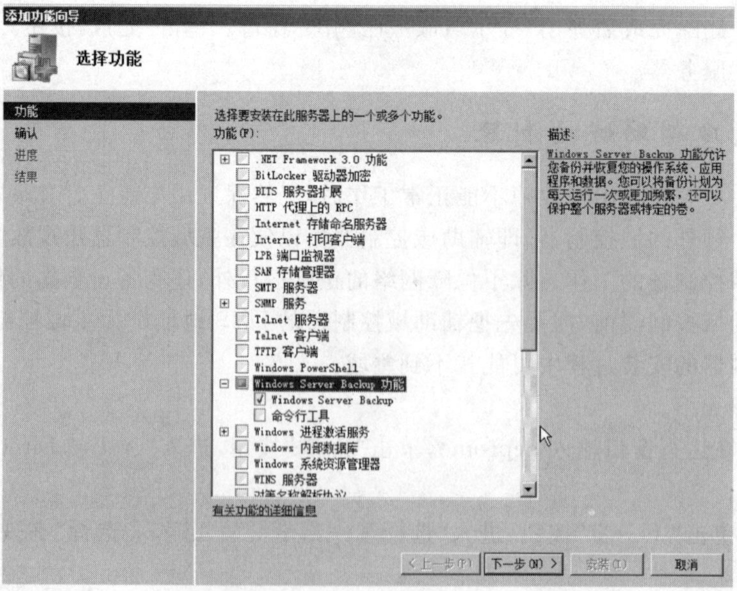

图 4-21 "选择功能"窗口

步骤 3：单击“下一步”按钮，进入“确认安装”窗口，单击“安装”按钮。安装完成后，显示“安装结果”窗口，提示 “Windows Server BackUp 功能”安装完成。

步骤 4：单击“关闭”按钮，回到“服务器管理器”窗口，可以发现“Windows Server BackUp 功能”已安装好了。

2. 备份计划

步骤 1：依次打开“开始”→“所有程序”→“管理工具”→“服务器管理器”，打开如图 4-22 所示的“服务器管理器”窗口。

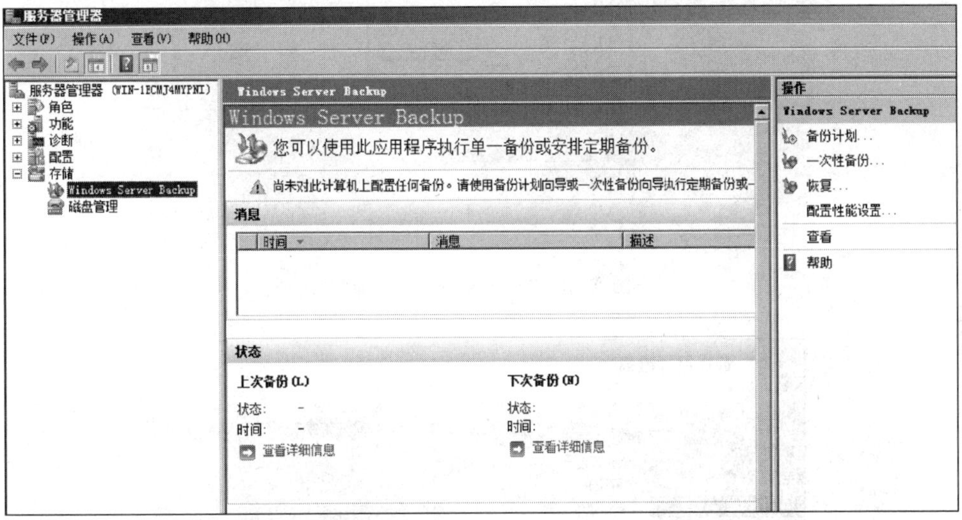

图 4-22 “服务器管理器”窗口

步骤 2：在服务器管理器窗口中，展开“存储”选项，选中 Windows Server BackUp，发现此时尚未做任何备份。

步骤 3：在该窗口的右侧“操作”中，单击“备份计划”，运行“备份计划向导”。

步骤 4：单击“下一步”按钮，进入“选择备份配置”窗口；根据需要选择“整个服务器”单选按钮或者“自定义”单选按钮。

步骤 5：单击“下一步”按钮，进入如图 4-23 所示的“指定备份时间”窗口；根据需要选择每日备份一次或多次；并进一步选择开始备份的时间。

步骤 6：单击“下一步”按钮，在可用磁盘中选择一块用于备份的目标磁盘，如图 4-24 所示。

步骤 7：单击“下一步”按钮，显示警告窗口。提示将重新格式化所选的磁盘，并删除该磁盘上的所有卷和数据。

步骤 8：单击“是”按钮，进入“标记目标磁盘”窗口。提示将使用列表中的信息标记该目标磁盘，以便日后识别该磁盘用于恢复。

步骤 9：单击“下一步”按钮，进入“确认”窗口。

步骤 10：单击“完成”按钮，开始格式化硬盘。完成后显示“摘要”窗口。至此，备份计划结束。单击“关闭”按钮关闭。

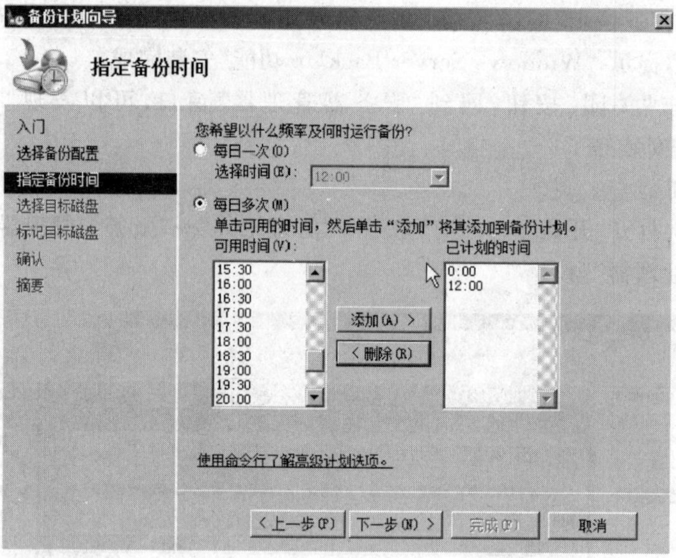

图 4-23 "指定备份时间"窗口

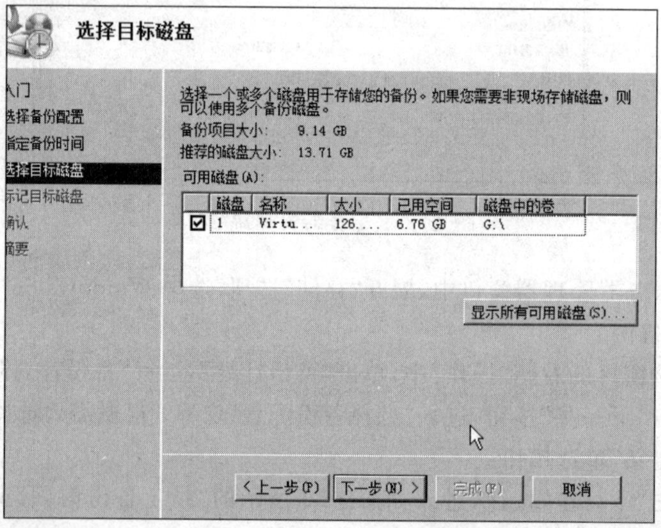

图 4-24 "选择目标磁盘"窗口

4.3.1 备份数据

为了安全起见，对于重要的数据需定时备份；可以通过备份向导备份整个分区或者整个磁盘中的数据。因为活动目录一般安装在 C 盘，因此备份活动目录的系统数据其实就是备份 C 盘。

备份数据的步骤如下。

步骤 1：在"Windows Server Backup"窗口的右侧"操作"列表中单击"一次性备份"，弹出"备份选项"窗口。

步骤 2：单击"下一步"按钮，进入"选择备份配置"窗口。由于我们只需要备份 C 盘，所以选择“自定义”单选按钮。

步骤3：单击“下一步”按钮，进入“选择备份项目”窗口。在希望备份哪些卷列表框中选择活动目录的安装盘——C盘。

步骤4：单击“下一步”按钮，进入“指定目标类型”窗口。选择“本地驱动器”单选按钮；如需备份到远程的共享文件夹，可选择“远程共享文件夹”单选按钮。

步骤5：单击“下一步”按钮，进入“选择备份目标”窗口。选择在备份目标中选择本地磁盘的C分区，亦即C盘。

步骤6：单击“下一步”按钮，进入“指定高级选项”窗口。选择要创建的卷影复制服务（VSS）备份的类型。如果有非 Windows Server 2008 的备份产品来备份选中分区中的应用程序，可以选择“VSS 副本备份”单选按钮；否则选中“VSS 完整备份”单选按钮。

步骤7：单击“下一步”按钮，进入“确认”窗口。列出了以上几步所做的选择，如需更改，单击“上一步”按钮，回到需修改的位置。

步骤8：单击“备份”按钮。开始创建卷的卷影副本。创建好后，开始备份，并在项目列表中显示备份的进度。

步骤9：备份完成后，提示备份已完成。

步骤10：单击“关闭”按钮关闭备份向导，返回服务器管理器窗口，可以看到已完成的备份。

4.3.2 恢复系统状态

当服务器出现故障时，可以利用做好的备份去恢复。恢复时，为了安全，一般在“目录服务还原模式”下还原。

恢复系统状态的步骤如下。

步骤1：重启计算机，马上按下 F8 键，在“高级启动选项界面”中，选择“目录服务还原模式”；按 Enter 键，启动电脑。

步骤2：在用户登录界面，使用 Administrator 登录到本地计算机而不是登录到域。

步骤3：按 Enter 键，以安全模式进入 Windows Server 2008 的系统桌面。

步骤4：依次打开“开始”→“管理工具”→“服务器管理器”→“存储”窗口，选中 Windows Server 2008 BackUp。

步骤5：在“操作”一栏中，单击“恢复”按钮，运行恢复向导。弹出“入门”窗口；在该窗口中选择“此服务器”作为恢复数据使用的服务器。

步骤6：单击“下一步”按钮，显示“选择备份日期”窗口，从多个选项中选择从何时开始恢复。

步骤7：单击“下一步”按钮，进入“选择恢复类型”窗口。如只需要恢复文件或文件夹，应选择“文件和文件夹”单选按钮；如要恢复整个卷，如C卷；则选择“卷”单选按钮。

步骤8：单击“下一步”按钮，进入“选择要恢复的项目”窗口，选择“本地磁盘(C:)”，恢复整个C盘的所有文件和文件夹。

步骤9：单击“下一步”按钮，弹出如图所示的警告框。提示文件或文件夹将无法恢复到原始位置。

步骤10：单击“确定”按钮，进入“指定恢复选项”窗口。单击“浏览”按钮，选择先前备份的文件夹，并选择是否覆盖现有文件。

步骤 11：单击“下一步”按钮，进入“确认”窗口，在“恢复项目”列表框中显示出将要被恢复的文件和文件夹。

步骤 12：单击“恢复”按钮，弹出“恢复进度”窗口。开始对文件和文件夹进行恢复。

步骤 13：恢复完成后，重启计算机。

4.4 拯救域控制器

虽然服务器的性能很好，但由于病毒、使用或操作不当、安装添加或删除程序等的原因，或者服务器的硬件故障，造成工作站在登录时也就是在进行身份验证的时候，登录速度缓慢。或者，在域控制器上进行一些管理或维护性的操作时，速度过慢，或者由于以前安装配置的问题，在域控制器上安装新的应用软件时，导致不能进行安装。此时需要拯救域控制器，重新安装或者恢复域并安装或恢复操作系统。

4.4.1 概述

因为域控制器保存了大量的用户及用户相关的信息与数据，这时候，只有在保存好用户数据及信息的前提下，才能重新安装。

域控制器的故障大致有两种情况。

(1) 主域控制器虽有故障但仍能用。此时可以将数据备份到其他磁盘中并将辅助域控制器升级为主域控制器，然后在主域控制器上将其从 Active Directory 上删除。

或在将原来的辅助域控制器升级为主域控制器后，重装本机的操作系统，接着安装为当前的主域控制器的辅助域控制器，而后再进一步升级为主域控制器，最后恢复原来的数据。

(2) 主域控制器彻底损坏不能恢复。

此时只能将辅助域控制器升级为主域控制器，重装本机的操作系统，接着安装为当前的主域控制器的辅助域控制器，而后再进一步升级为主域控制器，最后恢复原来的数据。

4.4.2 操作主机

操作主机有 5 种角色。

- 架构主机角色。
- 域命名操作主机角色。
- PDC 仿真主机角色。
- 基础结构主机角色。
- 转移 RID 主机角色。

注意：操作主机角色有且只能有一个。

在林范围内的操作主机角色有架构主机和域命名主机，且全林唯一。

- 架构主机控制整个林的架构的全部更新。架构管理工具叫“AD 架构”，默认是没有安装的，需要在 DC 的运行中输入 regsvr32 schmmgmt.dll 命令，注册架构，然后在 MMC 中添加架构管理单元。

- 域命名主机控制林中域的添加和删除，可以防止林中域名的重复。

在域范围内的操作主机角色有三种：PDC 仿真主机、基础结构主机和 RID 主机，且域内唯一。

- PDC 仿真主机的主要作用是负责域内部时间和密码的同步。
- 基础结构主机负责更新从它所在的域中的对象到其他域中对象的引用。如果基础结构主机发现数据已过时，则它会从全局编录请求更新数据，然后，基础结构主机再将这些更新的数据复制到域中的其他域控制器。
- RID 主机将相对 ID(RID)序列分配给域中的每个域控制器。我们知道，每当域控制器创建用户、组或计算机对象时，它就给该对象指派一个唯一的安全 ID(SID)。SID ＝域 ID＋RID 序列号。域 ID 在全域是相同的，而 RID 对域中创建的每个 SID 是唯一的。

1. 转移操作主机角色

当网络中的 Windows Server 2008 的 Active Directory 域控制器的硬件配置不能满足企业需要时，可以将该域控制器的主机角色转移到另一个域控制器上。转移操作主机时，域控制器是联机的，没有数据的损失。

根据要转移的操作主机角色，使用 Microsoft 管理控制台（MMC）中三个 Active Directory 控制台之一执行角色转移，其对应关系如表 4-1 所示。

表 4-1　操作主机角色和 MMC 控制台的对应关系表

角　　色	MMC 中的控制台
架构主机	Active Directory 架构
域命名主机	Active Directory 域和信任关系
RID 主机	Active Directory 用户和计算机
PDC 仿真主机	Active Directory 用户和计算机
结构主机	Active Directory 用户和计算机

占用操作主机时，DC 出了故障，且占用后可能有数据损失。并且占用主机只能通过命令行的方式来实现，而转移则可以通过图形界面和命令行两种方式来实现。

2. 转移架构主机角色

转移架构主机角色可以使用以下两种方法：使用 Windows 界面或者使用命令行。

1)使用 Windows 界面

(1) 打开 Active Directory 架构管理单元。

(2) 在控制台树中，右击“Active Directory 架构”，然后单击“更改域控制器”。

(3) 单击“指定名称”并输入要担任架构主机角色的域控制器的名称。

(4) 在控制台树中，右击“Active Directory 架构”，然后单击“操作主机”，单击“更改”。

注意：要执行此过程，用户必须是 Active Directory 中的架构管理员组的成员，或者必须被委派了适当的权限。必须将 Active Directory 架构管理单元连接到架构主机才能执行此过程。默认情况下，“Active Directory 架构”管理单元会在启动时连接到架构主机。

2) 使用命令行

(1) 打开“命令提示符”。

(2) 输入 ntdsutil。

(3) 在 ntdsutil 命令提示符下,输入 roles。

(4) 在 fsmo maintenance 命令提示符下,输入 connection。

(5) 在 server connections 命令提示符下,输入 connect to server DomainController,要为其指派新的操作主机角色的目标辅助域控制器。

(6) 在 server connections 命令提示符下,输入 quit。

(7) 在 fsmo maintenance 命令提示符下,输入 transfer schema master。

3. 转移域命名主机角色

转移域命名主机角色也有两种方式:使用 Windows 界面或者使用命令行。

1)使用 Windows 界面

(1) 打开 Active Directory 域和信任关系。

(2) 在控制台树中,右击"Active Directory 域和信任关系",然后单击"连接到域控制器"。

(3) 在"输入另一个域控制器的名称"中,输入要担任域命名主机角色的域控制器的名称,或单击可用的域控制器列表中的该域控制器。

(4) 在控制台树中,右击"Active Directory 域和信任关系",然后单击"操作主机",单击"更改"。

注意:要执行此过程,用户必须是 Active Directory 中的 Domain Admins 组或 Enterprise Admins 组的成员,或者必须被委派了适当的权限。

2) 使用命令行

(1) 打开"命令提示符"。

(2) 输入 ntdsutil。

(3) 在 ntdsutil 命令提示符下,输入 roles。

(4) 在 fsmo maintenance 命令提示符下,输入 connection。

(5) 在 server connection 命令提示符下,输入 connect to server DomainController,要为其指派新的操作主机角色的目标辅助域控制器。

(6) 在 server connection 命令提示符下,输入 quit。

(7) 在 fsmo maintenance 命令提示符下,输入 transfer naming master。

4. 转移 RID 主机角色

转移 RID 主机角色有两种方法:使用 Windows 界面或者使用命令行。

1) Windows 界面

(1) 打开 Active Directory 用户和计算机。

(2) 在控制台树中,右击"Active Directory 用户和计算机",然后单击"连接到域控制器"。

(3) 在"输入另一个域控制器的名称"中,输入要担任 RID 主机角色的域控制器的名称,或单击可用的域控制器列表中的该域控制器。

(4) 在控制台树中,右击"Active Directory 用户和计算机",指向"所有任务",然后单击"操作主机"。

(5) 单击 RID 选项卡,然后单击"更改"。

注意：要执行此过程，用户必须是 Active Directory 中的 Domain Admins 组或 Enterprise Admins 组的成员，或者必须被委派了适当的权限。

2）使用命令行

（1）打开"命令提示符"。

（2）输入 Ntdsutil。

（3）在 ntdsutil 命令提示符下，输入 Roles。

（4）在 fsmo maintenance 命令提示符下，输入 Connection。

（5）在 server connections 命令提示符下，输入 connect to server DomainController，要为其指派新的操作主机角色的目标辅助域控制器。

（6）在 server connections 命令提示符下，输入 Quit。

（7）在 fsmo maintenance 命令提示符下，输入 transfer RID master。

5. 转移 PDC 模拟器角色

转移 PDC 模拟器角色有两种方法：使用 Windows 界面或者使用命令行。

1）使用 Windows 界面

（1）打开 Active Directory 用户和计算机。

（2）在控制台树中，右击"Active Directory 用户和计算机"，然后单击"连接到域控制器"。

（3）在"输入另一个域控制器的名称"中，输入要担任 PDC 模拟器角色的域控制器的名称。或单击可用的域控制器列表中的该域控制器。

（4）在控制台树中，右击"Active Directory 用户和计算机"，指向"所有任务"，然后单击"操作主机"。

（5）单击 PDC 选项卡，然后单击"更改"。

注意：要执行此过程，用户必须是 Domain Admins 组或 Enterprise Admins 组的成员在 Active Directory 中，或者必须被委派了适当的权限。

2）使用命令行

（1）打开"命令提示符"。

（2）输入 Ntdsutil。

（3）在 ntdsutil 命令提示符下，输入 Roles。

（4）在 fsmo maintenance 命令提示符下，输入 Connection。

（5）在 server connections 命令提示符下，输入 connect to server DomainController，要为其指派新的操作主机角色的目标辅助域控制器。

（6）在 server connections 命令提示符下，输入 Quit。

（7）在 fsmo maintenance 命令提示符下，输入 transfer PDC。

6. 转移结构主机角色

转移结构主机角色有两种方法：使用 Windows 界面或者使用命令行。

1）使用 Windows 界面

（1）打开"Active Directory 用户和计算机"。

（2）在控制台树中，右击"Active Directory 用户和计算机"，然后单击"连接到域控制器"。

（3）在"输入另一个域控制器的名称"中，输入要担任结构主机角色的域控制器的名称，或单击可用的域控制器列表中的该域控制器。

(4) 在控制台树中,右击"Active Directory 用户和计算机",指向"所有任务",然后单击"操作主机"。

(5) 在"结构"选项卡上,单击"更改"。

注意:要执行此过程,用户必须是 Domain Admins 组或 Enterprise Admins 组的成员在 Active Directory 中,或者必须被委派了适当的权限。

2) 使用命令行

(1) 打开"命令提示符"。

(2) 输入 Ntdsutil。

(3) 在 ntdsutil 命令提示符下,输入 Roles。

(4) 在 fsmo maintenance 命令提示符下,输入 Connection。

(5) 在 server connections 命令提示符下,输入 connect to server DomainController,要为其指派新的操作主机角色的目标辅助域控制器。

(6) 在 server connections 命令提示符下,输入 Quit。

(7) 在 fsmo maintenance 命令提示符下,输入 transfer infrastructure master。

7. 查看架构主机角色

步骤如下。

步骤 1:在辅助域控制器中打开"运行"窗口,输入 regsvr32 schmmgmt.dll,单击"确定",提示注册成功。

步骤 2:运行 MMC,打开控制台窗口。

步骤 3:依次单击"文件"→"添加或删除管理单元"命令,在打开的"添加或删除管理单元"窗口中的"可用的管理单元"下拉列表框中选中"Active Directory 架构",将其添加进"所选管理单元"列表框。单击"确定"按钮,返回到"Active Directory 架构"管理单元。

步骤 4:右击"Active Directory 架构",在快捷菜单中选择"操作主机",打开"更改架构主机"对话框。从中可以看到架构主机角色已经转移。

4.4.3 占用操作主机角色

当网络中的 Windows Server 2008 的 Active Directory 主域控制器完全损坏并且不能恢复时,为了保证网络的完整,需要将网络中的其他一台额外的域控制器强行升级到 Active Directory 的主域控制器及全局编录服务器。接着重新安装原来的主域控制器,然后将其升级为辅助域控制器,最后升级为主域控制器即可。

4.5 信任关系的创建

域(Domain)是活动目录的分区,定义了安全边界,在没经过授权的情况下,不允许其他域中的用户访问本域中的资源。

在同一个域内,成员服务器根据 Active Directory 中的用户账号,可以很容易地把资源分配给域内的用户。但我们有时会用到多个域,则在多域环境下,该如何进行资源的跨域分配呢?比较常用的一种方法是在这几个域之间创建信任关系。

4.5.1 信任关系

信任是域之间建立的关系,它可使一个域中的用户由处在另一个域中的域控制器来进行验证。根据信任是否具有传递性,可将信任关系分为:可传递信任和非可传递信任。可传递信任可将信任扩展到其他域,但非可传递信任则拒绝与其他域的信任关系。

Windows Server 2008 域之间信任关系建立在 Kerberos 安全协议上。Windows Server 2008 树林中的所有信任都是可传递的、双向信任的,因此,信任关系中的两个域都是相互受信任的。

1. 可传递的信任关系

当在域林中创建新的域时,在父域和子域之间会自动建立双向的可传递信任关系。

如果子域被添加到新的域中,则信任路径会沿着域的层次向上流动,从而扩展到新域与其父域之间创建的初始信任路径,如图 4-25 所示。域树 grandchild. child. root. com 中的所有域在默认情况下都具有双向的可传递信任关系。

可传递的信任关系会以域树形成时的方向沿域树向上流动,最终在域树的所有域之间创建可传递的信任。可传递的信任关系是双向的,关系中的两个域相互信任。默认情况下,域目录树或林中的所有信任关系都是传递的。当为资源指派适当的权限后,域树 a. com 中的用户可以访问域树 root. net 中的资源,反之亦然,如图 4-26 所示。

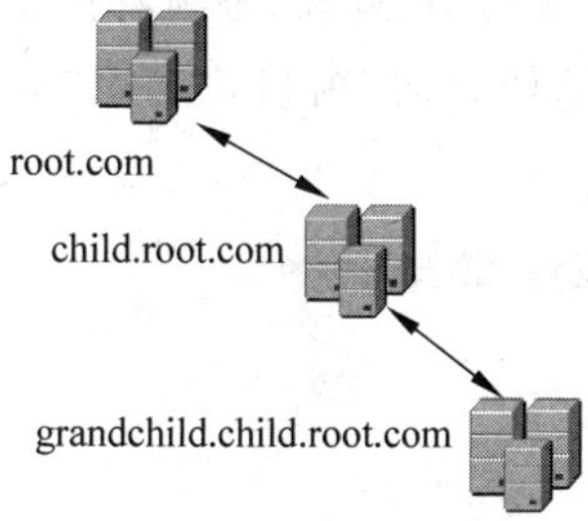

图 4-25　域树

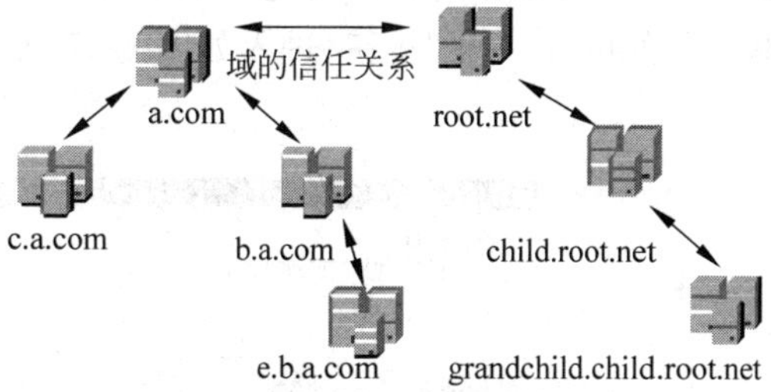

图 4-26　域之间的信任关系

2. 非传递信任

非传递信任受信任关系中的两个域的共同约束,不会流向域林中的任何其他域。默认情况下为单向信任关系,但用户可通过建立两个方向的单向信任关系来建立一个双向的信任关系。总之,不可传递的信任关系是以下各项之间唯一的信任关系形式。

- Windows Server 2003/2008 域和 Windows NT 域。
- 一个林中的 Windows Server 域和另一个林中的某个域(当没有被林信任连接时)。

用户可以用 Active Directory 域和信任关系中的"新建信任向导"手动创建以下的信任关系。

- 外部信任:在 Windows Server 域和 Windows NT 域或者另一个林中的 Windows Server 域或者 Windows 2000 域之间创建的非传递的信任关系。
- 领域信任:可以使用 Active Directory 域和信任关系管理单元创建领域信任。领域信任可以从不可传递切换为可传递,并可反向切换。领域信任也可以是单向的或双向的。

当把 Windows NT 域升级到 Windows Server 2003/2008 域时，所有的现有的 Windows NT 信任都保持不变，在 Windows NT 域和 Windows Server 2003/2008 域之间的所有信任关系都是不可传递的。

4.5.2 设置域信任关系

要建立不同域之间的信任关系时，需要建立各自域的域控制器之间的信任。需注意的是，在建立信任之前，需要首先将某域控制器的 DNS 服务器地址设置为将要与之建立信任关系域控制器的 IP 地址。下面是建立域 cs.zzti.edu.cn 和域 zzc.com.cn 之间信任关系的过程。

步骤 1：依次单击"开始→管理工具→Active Directory 域和信任关系"选项，打开"Active Directory 域和信任关系"窗口。右击域名 cs.zzti.edu.cn，选择快捷菜单中的"属性"，打开 cs.zzti.edu.cn 属性窗口。

步骤 2：单击 cs.zzti.edu.cn 属性窗口中的"信任"标签，单击"新建信任"按钮，打开新建信任向导。

步骤 3：单击"下一步"按钮，弹出"信任名称"对话框，在"名称"文本框中输入要与之建立信任关系的域的 NetBIOS 名称 zzc。

注意：此处应输入 NetBIOS 名称，而不是 DNS 名称；如输入 DNS 名称的话，需要将本地服务器的 DNS 服务器设置为要建立信任关系的域控制器的 IP 地址，否则将无法解析。

步骤 4：单击"下一步"按钮，进入如图 4-27 所示的"信任方向"窗口。选中"双向"单选按钮。

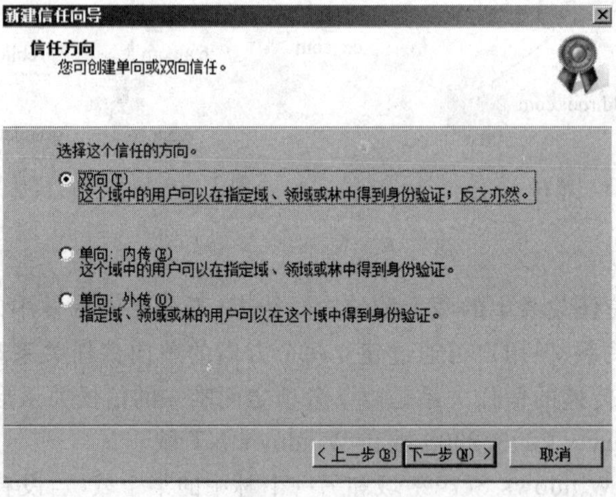

图 4-27 "信任方向"窗口

步骤 5：单击"下一步"按钮，进入"信任方"窗口。如果只与这个域建立信任关系，则选择"只是这个域"单选按钮。如果还需要和指定的域建立信任关系，则选择"此域和指定的域"单选按钮。

步骤 6：单击"下一步"按钮，进入"传出信任身份验证级别"窗口。为要建立信任的域 zzc.com.cn 中的用户选择身份验证的范围。如果两个域属于同样的组织时，可以选择"全域性身份验证”单选按钮，它可以自动对指定的域用户使用本地域的所有资源进行验证；如果域之间属于不同组织时，建议选择“选择性身份验证”单选按钮，该选项不会自动对指定域的用户使用本地域的所有资源进行身份验证，须向指定域用户授予访问权限。

步骤7：单击“下一步”按钮，进入“信任密码”窗口，输入信任密码和确认信任密码。

步骤8：单击“下一步”按钮，进入“选择信任完毕”窗口。列出了前面所有的配置，如需更改，单击“上一步”按钮直至需要更改的窗口。

步骤9：如不需更改，单击“下一步”按钮，进入“信任创建完毕”窗口。创建信任成功。

步骤10：单击“下一步”按钮，进入“确认传出信任”窗口。选择“否，不要确认传出信任”单选按钮，等在另一台域控制器上创建了信任后再确认传出信任。

步骤11：单击“下一步”按钮，进入“确认传入信任”窗口。选择“否，不要确认传入信任”单选按钮，等在另一台域控制器上创建了信任后再确认传出信任。

步骤12：单击“下一步”按钮，进入“正在完成新建信任向导”窗口，提示创建信任关系成功。

步骤13：单击“完成”按钮，域控制器 cs. zzti. edu. cn 上的信任关系创建成功。

在另一台域控制器 zzc. com. cn 上按同样步骤创建信任关系，只是在步骤10时选择“是，确认传出信任”单选按钮。

在步骤11中，选择“是，确认传入信任”单选按钮，并输入 zzc. com. cn 域中有管理权限的账户名和密码。

域控制器之间的信任关系创建完成后，客户端计算机只要加入其中任何一个域控制器所在的域，在登录到该域后，就可以访问信任域的资源，而不需要再加入到信任的域。

4.6 用户账户和计算机账户管理

用户账户用来记录用户的用户名和口令、隶属的组、可以访问的网络资源，以及用户的个人文件和设置。每个用户都应在域控制器中有一个用户账户，才能访问服务器，使用网络上的资源。

活动目录的一个重要作用就是管理用户账户和组；可以为不同权限的用户账户分配不同的访问权限和磁盘配额；另外，为了管理方便，可以将用户账户添加到组，那么该组的用户账户拥有所在组的所有权限，实现了用户账户的集中管理；此外，还可以通过组织单元为组配置组策略。

4.6.1 创建用户账户和计算机账户

1. 创建用户账户

步骤1：依次打开“开始→管理工具→Active Directory 用户和计算机”选项，打开“Active Directory 用户和计算机”窗口，如图4-28所示。

步骤2：如果要创建用户账户，鼠标右击要添加用户的组织单位或容器，从弹出的快捷菜单中依次选择“新建”→“用户”，打开如图4-29所示的“新建对象-用户”窗口。并在其中输入相应的信息。注意如果有多个域，则创建某一域的用户时，应该在域的下拉列表框中选择相应的域名。

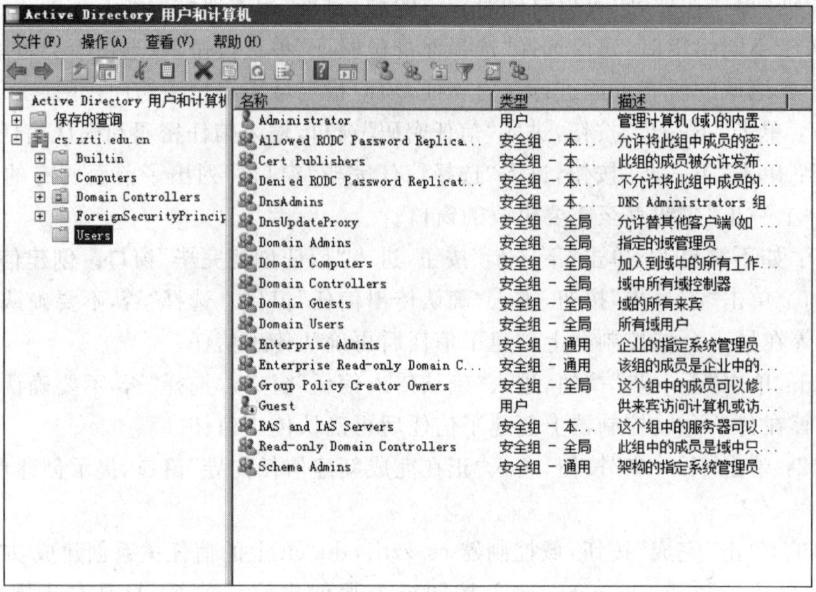

图 4-28 “Active Directory 用户和计算机”窗口

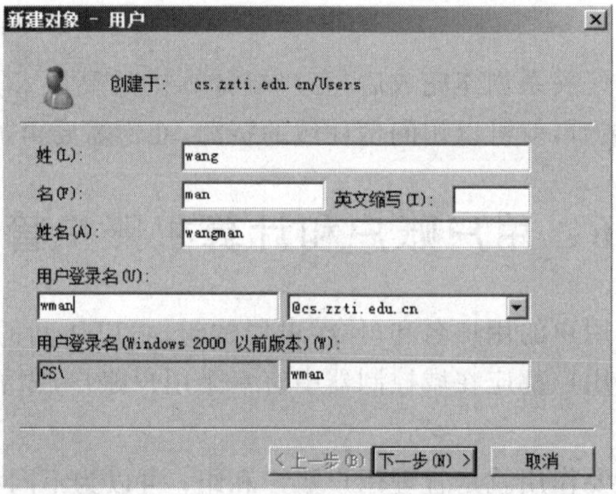

图 4-29 “新建对象-用户”窗口

步骤 3：单击“下一步”按钮，输入密码并确认。并根据需要选择以下选项。

- “用户下次登录时须更改密码”复选框：如果要求用户第一次登录时必须更改密码，选择此项。
- “用户不能更改密码”复选框：用户不能自己更改密码，但可用此账号登录。
- “密码永不过期”复选框：密码不会过期，也不会提醒用户修改密码。
- “账户已禁用”复选框：如果暂不启用该用户账户，可选择。

步骤 4：单击“下一步”按钮，显示用户设置的摘要信息；如果无误，单击“完成”按钮，完成添加用户账户任务。同样方法，可以添加多个用户账户。

用户账户添加完成后，活动目录会为其建立一个唯一的安全识别码（Security Identifier，SID），Windows Server 2008 系统内部利用这个 SID 来识别该用户，有关的权限设置等都是通过 SID 来设置的，而不是利用用户的账户名称。

2. 创建计算机账户

创建计算机账户方法同上，只需在上述第二步中选择“新建→计算机”，在弹出的对话框中输入该计算机的名称，单击“确定”即可，如图 4-30 所示。

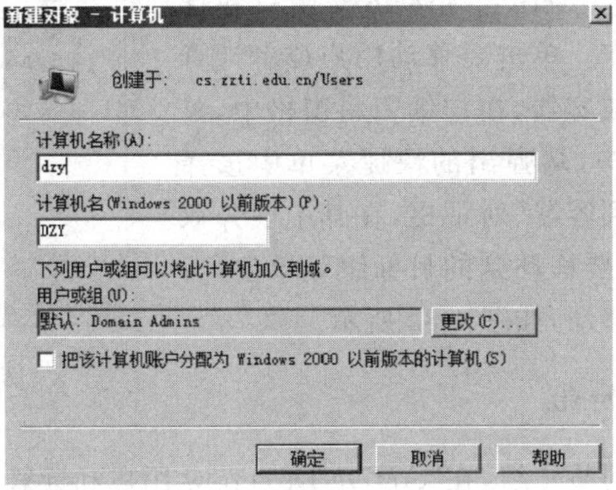

图 4-30 “新建对象-计算机”窗口

4.6.2 删除用户账户

要删除一个用户账户，在“Active Directory 用户和计算机”窗口中，展开域节点。单击要删除的用户账户或者计算机所在的组织单位或容器，在详细资料窗格中，右击要停用的用户或者计算机账户，从弹出的快捷菜单中选择“删除”，如图 4-31 所示，出现信息确认框后，单击“是”按钮，即可删除该用户或者计算机。

图 4-31 删除用户

4.6.3 禁用用户账户

要禁用一个用户账户，在“Active Directory 用户和计算机”窗口中，展开域节点。单击要禁用的用户账户或者计算机所在的组织单位或容器，在详细资料窗格中，右击要禁用的用户或者计算机账户，从弹出的快捷菜单中选择“禁用账户”，出现信息确认框后，单击“确定”按钮，即可禁用该用户账户。

4.6.4 移动用户账户

要移动用户账户，在“Active Directory 用户和计算机”窗口中，展开域节点。单击要移动用户或者计算机账户所在的组织单位或容器，在详细资料窗格中，鼠标右击要移动的用户账户，从弹出的快捷菜单中选择“移动”，打开“将对象移到容器”对话框，在其中展开双击域节点，单击用户账户要移动到的目标组织单位，然后单击“确定”即可完成移动，如图 4-32 所示。

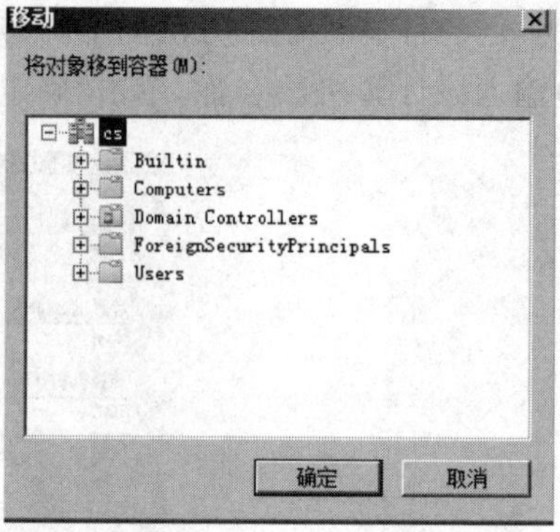

图 4-32　移动对象

4.6.5 为用户添加组

要为用户账户添加到某一组，在“Active Directory 用户和计算机”窗口中，展开域节点。鼠标单击要加入组的用户所在的组织单位或容器，在详细资料窗口中，鼠标右击该用户账户，从弹出的快捷菜单中选择“添加到组”，打开如图 4-33 所示的“选择组”对话框，可以直接输入组对象的名称，也可以打开“高级”选项卡进行查找。然后在组列表框中选择一个要添加的组，单击“确定”按钮即可为用户添加组。

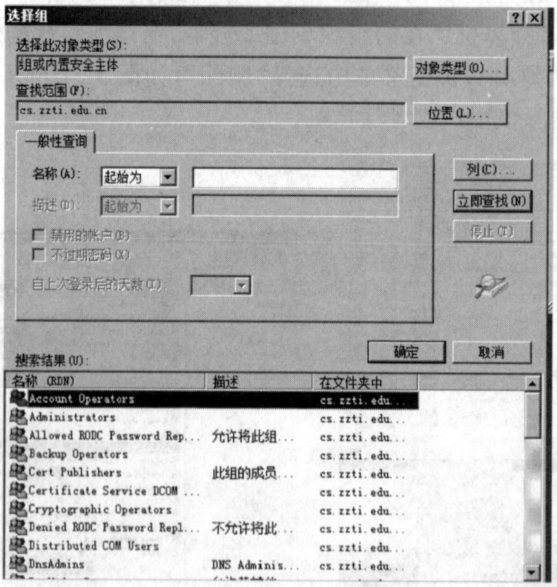

图 4-33　选择组

4.6.6 重设密码

要重新设置用户密码，在“Active Directory 用户和计算机”窗口中，展开域节点。然后单击包含要重新设置密码的用户的组织单位或容器，在右侧的详细资料窗口中，鼠标右击该用户账户，从弹出的快捷菜单中选择“重设密码”，打开 “重设密码”对话框，在“新密码”和

"确认密码"文本框中输入要设置的新密码。如果允许用户更改密码,可选择"用户下次登录时须更改密码"复选框。单击"确定"按钮保存设置,同时系统会打开确认信息框,单击"确定"按钮可完成设置。

4.7 组和组织单位的管理

组是指活动目录或本地计算机对象,包含用户、联系人、计算机和其他组等。组可以用来管理用户和计算机对网络资源的访问,例如活动目录对象及其属性、网络共享、文件、目录、打印机队列,还可以筛选组策略。使用组,方便了管理访问目的和权限相同的一系列用户和计算机账户。

组织单位(Organizational Unit,OU)是域中包含的一类目录对象,它包括域中一些用户、计算机和组、文件与打印机等资源。不过,组织单位不能包含其他域中的对象。

由于活动目录服务把域又详细的划分成组织单位,且组织单位中还可以再划分下级组织单位,因此组织单位的分层结构可用来建立域的分层结构模型,进而可使用户把网络所需的域的数量减至最小。

注意:组和组织单位有很大的不同。

- 组主要用于权限设置,而组织单位则主要用于网络构建。
- 组织单位只表示单个域中的对象集合(可包括组对象),而组可以包含用户、计算机、本地服务器上的共享资源、单个域、域目录树或目录林。

4.7.1 系统默认组

创建 Active Directory 域时系统会自动创建一些默认的安全组。使用这些组可以控制对共享资源的访问,并委派特定域范围的管理角色。

可以通过使用 Active Directory 用户和计算机来管理组。默认组位于 Builtin 容器和 Users 容器中。Builtin 容器包含用本地域作用域定义的组。Users 容器包含通过全局作用域定义的组和通过本地域作用域定义的组。可将这些容器中的组移到域中的其他组或组织单位,但不能将它们移到其他域。

1. Builtin 容器中的主要用户组

Builtin 容器中的主要用户组如表 4-2 所示。

表 4-2 Builtin 容器中的常用的用户组

组	描　述	默认用户权限
Account Operators	该组的成员可以创建、修改和删除位于 Users 或 Computers 容器中的用户、组和计算机的账户以及该域中的组织单位,但 Domain Controllers 组织单位除外。该组的成员无权修改 Administrators 或 Domain Admins 组,也无权修改这些组的成员的账户。该组的成员可本地登录到该域的域控制器中,并可将其关闭	允许本地登录、关闭系统

续表

组	描　述	默认用户权限
Administrators	该组的成员具有对域中所有域控制器的完全控制。默认情况下，Domain Admins 和 Enterprise Admins 组是 Administrators 组的成员	从网络上访问该计算机、调整进程的内存配额、备份文件和目录、更改系统时间、创建页面文件、调试程序、为委派启用受信任的计算机和用户账户、从远程系统强行关机、提高调度优先级、允许本地登录、管理审核和安全日志、从插接站删除计算机、还原文件和目录、关闭系统、获得文件或其他对象的所有权
Backup Operators	该组的成员可备份和还原该域中域控制器上的所有文件，而不用考虑其各自对这些文件的权限。Backup Operators 还可以登录到域控制器并将其关闭。该组没有默认的成员	备份/还原文件和目录、允许本地登录、关闭系统
Guests	默认情况下，Domain Guests 组是该组的成员。Guest 账户(默认情况下禁用此账户)也是该组的默认成员	没有默认的用户权限
Network Configuration Operators	该组的成员可更改 TCP/IP 设置并续订和发布该域中域控制器上的 TCP/IP 地址。该组没有默认的成员	没有默认的用户权限
Performance Monitor Users	该组的成员可在本地或从远程客户端监视该域中域控制器上的性能计数器，不必成为 Administrators 或 Performance Log Users 组的成员	没有默认的用户权限
Performance Log Users	该组的成员可在本地或从远程客户端管理该域中域控制器上的性能计数器、日志和警报，不必成为 Administrators 组的成员	没有默认的用户权限
Print Operators	该组的成员可管理、创建、共享和删除连接到该域中域控制器上的打印机。它们可以管理该域中的 Active Directory 打印机对象。该组的成员可本地登录到该域的域控制器中，并可将其关闭。该组没有默认的成员。由于该组的成员可在该域的所有域控制器上加载和卸载设备驱动程序，因此在添加用户时要特别谨慎	允许本地登录、关闭系统
Remote Desktop Users	该组的成员可远程登录到该域的域控制器。该组没有默认的成员	没有默认的用户权限

续表

组	描　述	默认用户权限
Server Operators	在域控制器上，该组的成员可进行交互式登录、创建和删除共享资源、启动和停止某些服务、备份和还原文件、格式化硬盘，以及关闭计算机。该组没有默认的成员。由于该组对域控制器有重要作用，因此在添加用户时要特别谨慎	备份文件和目录、更改系统时间、从远程系统强行关机、允许本地登录、还原文件和目录、关闭系统
用户	该组的成员可执行大部分常见任务，如运行应用程序、使用本地和网络打印机，以及锁定服务器。默认情况下，Domain Users 组、Authenticated Users 或 Interactive 都是该组的成员。因此，域中创建的任意用户账户均为该组成员	没有默认的用户权限

2. Users 容器中的主要用户组

表 4-3 提供了 Users 容器中默认组的描述，并列出了为每个组指派的用户权限。

表 4-3　Users 容器中的用户组

组	描　述	默认用户权限
证书发行者	该组的成员获准为用户和计算机发行证书。该组没有默认的成员	没有默认的用户权限
DnsAdmins（随 DNS 安装）	该组的成员具有对 DNS Server 服务的管理访问权限。该组没有默认的成员	没有默认的用户权限
DnsUpdateProxy（随 DNS 安装）	该组的成员是可代表其他客户端（如 DHCP 服务器）执行动态更新的 DNS 客户端。该组没有默认的成员	没有默认的用户权限
Domain Admins	该组的成员具有对该域的完全控制权。默认情况下，该组是加入到该域中的所有域控制器、所有域工作站和所有域成员服务器上的 Administrators 组的成员。默认情况下，Administrator 账户是该组的成员	从网络上访问该计算机、调整进程的内存配额、备份文件和目录、跳过遍历检查、更改系统时间、创建页面文件、调试程序、为委派启用受信任的计算机和用户账户、从远程系统强行关机、提高调度优先级、加载和卸载设备驱动程序、允许本地登录、管理审核和安全日志、从插接站删除计算机、还原文件和目录、关闭系统、获得文件或其他对象的所有权
域计算机	该组包含加入到此域的所有工作站和服务器。默认情况下，创建的任何计算机账户都会自动成为该组的成员	没有默认的用户权限
域控制器	该组包含此域中的所有域控制器	没有默认的用户权限
Domain Guests	该组包含所有域来宾	没有默认的用户权限

续表

组	描　述	默认用户权限
Domain Users	该组包含所有域用户。默认情况下，此域中创建的任何用户账户都会自动成为该组的成员。可以使用该组来表示此域中的所有用户	没有默认的用户权限
Enterprise Admins（仅出现在林根域中）	该组的成员具有对林中所有域的完全控制权限。默认情况下，该组是林中所有域控制器上 Administrators 组的成员。默认情况下，Administrator 账户是该组的成员	从网络上访问该计算机、调整进程的内存配额、备份文件和目录、跳过遍历检查、更改系统时间、创建页面文件、调试程序、为委派启用受信任的计算机和用户账户、从远程系统强行关机、提高调度优先级、加载和卸载设备驱动程序、允许本地登录、管理审核和安全日志、修改固件环境值、从插接站删除计算机、还原文件和目录、关闭系统、获得文件或其他对象的所有权
Group Policy Creator Owners	该组的成员可修改此域中的组策略。默认情况下，Administrator 账户是该组的成员	没有默认的用户权限
IIS_WPG(随 IIS 安装)	IIS_WPG 组是 Internet 信息服务（IIS）6.0 工作进程组。在 IIS 6.0 的工作范围内存在服务于特定命名空间的工作进程	没有默认的用户权限
RAS 和 IAS 服务器	该组中的服务器获准访问用户的远程访问属性。	没有默认的用户权限
Schema Admins（仅出现在林根域中）	该组的成员可修改 Active Directory 架构。默认情况下，Administrator 账户是该组的成员	没有默认的用户权限

4.7.2 新建组和组织单位

1. 新建组

步骤 1：在“Active Directory 用户和计算机”控制台目录树中，展开域节点。

步骤 2：鼠标右击要进行组创建的组织单位或容器，从弹出的快捷菜单中选择“新建”→“组”命令，打开如图 4-34 所示的对话框，在“组名”文本框中输入要创建的组名，如“网络教研室”。在“组作用域”选项区域中，选择单选按钮来确定组的作用域；在“组类型”选项区域中，通过单选按钮来选择新组的类型。

1）组作用域

- 本地域：可以从任何域添加用户账户、通用组和全局组。域本地组不能嵌套于其他组中。它主要是用于授予位于本域资源的访问权限。
- 全局：只能在创建该全局组的域上进行添加用户账户和全局组，但全局组可以嵌套在其他组中。可以将某个全局组添加到同一个域上的另一个全局组中，或添加到其他域的通用组和域本地组中（注意这里不能把它加入到不同域的全局组中，全局组只能在创建它的域中添加用户和组）。虽然可以利用全局组授予访问任何域上的资源的权限，但一般不直接用它来进行权限管理。

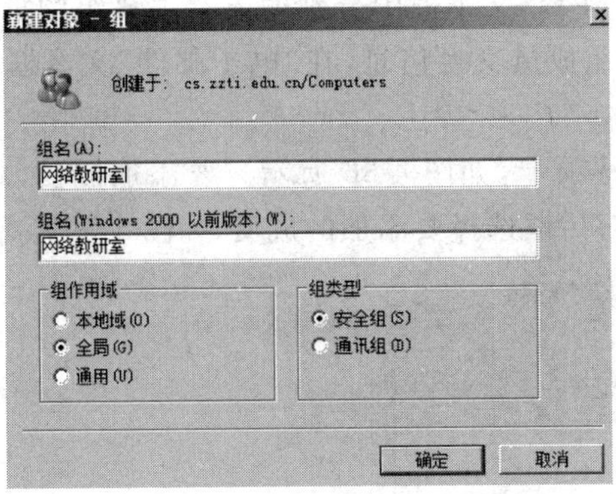

图 4-34　新建组

一般使用具有全局作用域的组管理那些需要每天维护的目录对象。

- 通用组：通用组是集合了上面两种组的优点，即可以从任何域中添加用户和组，可以嵌套于其他域组中。

2）组类型

安全组：用于与对象权限分配有关的场合。

通讯组：用于与安全无关的场合。

强烈建议在指定复制到全局编录的域目录对象的权限时，使用全局组或通用组，而不是本地域组。

步骤 3：单击"确定"按钮即完成新组的创建。

2. 设置组的属性

要设置组的属性，具体步骤如下：

步骤 1：在"Active Directory 用户和计算机"控制台目录树中，展开域节点。鼠标单击要设置属性的组所在的组织单位或容器，在详细资料窗口中，鼠标右击要添加成员的组，从弹出的快捷菜单中选择"属性"命令，打开该组的属性对话框，如图 4-35 所示。

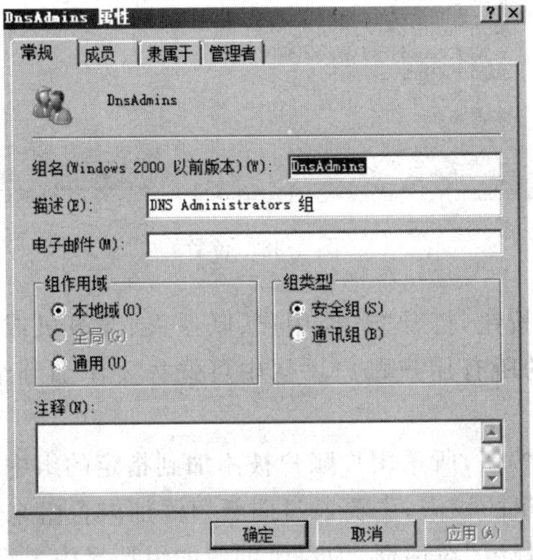

图 4-35　设置常规属性

步骤 2：在“描述”和“注释”文本框中分别输入有关该组的描述和注释；可以修改组名称；为了便于组管理员与组成员交换信息，在“电子邮件”文本框中输入组管理员的电子邮件地址。

步骤 3：单击“成员”选项卡，如图 4-36 所示。要添加成员，单击“添加”，打开“选择用户、联系人、计算机或组”对话框选择要添加的成员，如图 4-37 所示。

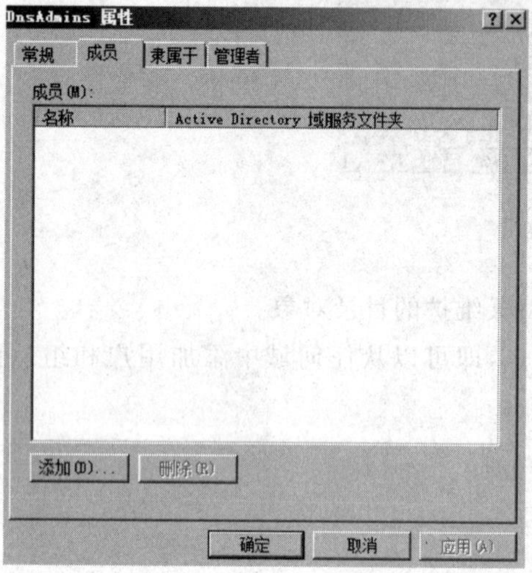

图 4-36　添加成员到组

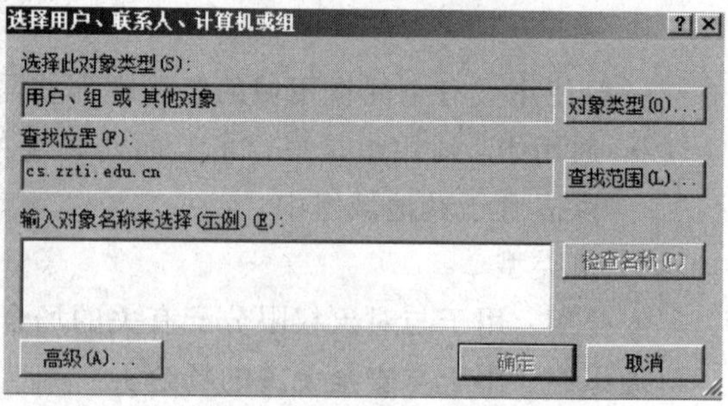

图 4-37　选择用户联系人或计算机

步骤 4：如果当前域中包含有多个域，则需要在查找范围中指定查找用户的位置。单击“查找范围”按钮，显示如图 4-38 所示的“位置”对话框。从中选择要查找的域或者容器，单击“确定”按钮返回。

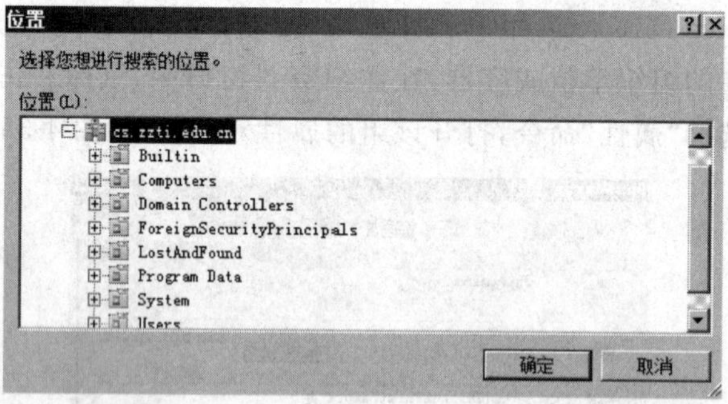

图 4-38　位置

步骤 5：单击“高级”按钮，打开“选择用户、联系人、计算机或组”对话框，单击“立即查找”按钮，则列出了域中的所有用户账户。从中可选择要添加到组中的一个或多个用户账户，如图 4-39 所示。

步骤 6：单击“确定”按钮，所选用户账户被添加到指定的组中，如图 4-40 所示。

步骤 7：用户设置新组的权限，主要通过向新组添加内置组来实现。选择“隶属于”选项卡，单击“添加”，打开“选择组”对话框，为自己创建的组选择内置组。要删除某个组权限，在“隶属于”列表框中选择该组，单击“删除”按钮即可。

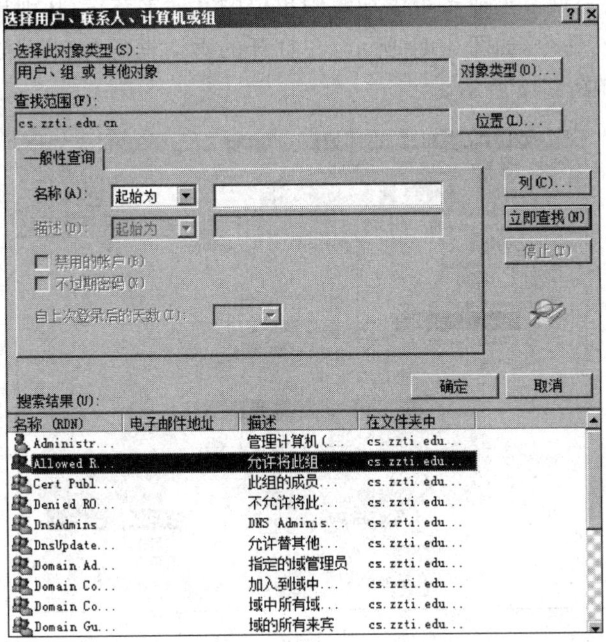

图 4-39 选择用户、联系人、计算机或组

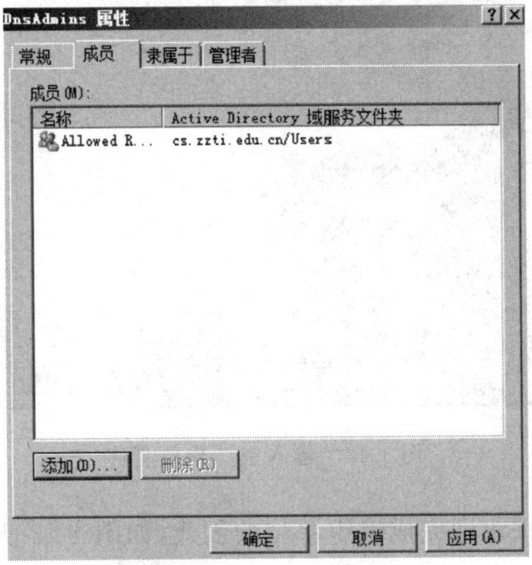

图 4-40 添加成员

步骤 8：要设置组的管理者，选择"管理者"选项卡。要更改组管理者，单击"更改"按钮，打开"选择用户或联系人"对话框选择管理者；要查看管理者的属性，单击"属性"按钮进行查看；如果要清除管理者对组的管理，单击"清除"按钮即可。

步骤 9：属性设置完毕，单击"确定"按钮保存设置并关闭属性对话框。

4.7.3 创建组织单位

步骤 1：在"Active Directory 用户和计算机"控制台目录树中，展开域节点。

步骤 2：鼠标右击域节点或者可添加组织单位的文件夹节点，从弹出的快捷菜单中选择“新建”→“组织单位”命令，如图 4-41 所示，在打开的对话框的“名称”文本框中输入新创建组织单位的名称，如图 4-42 所示。

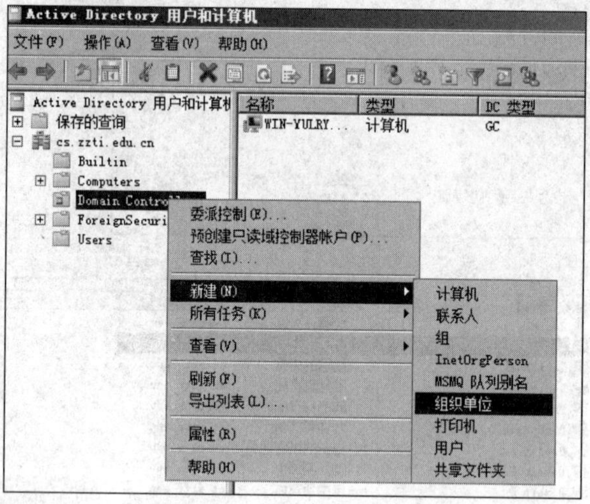

图 4-41　新建组织单位

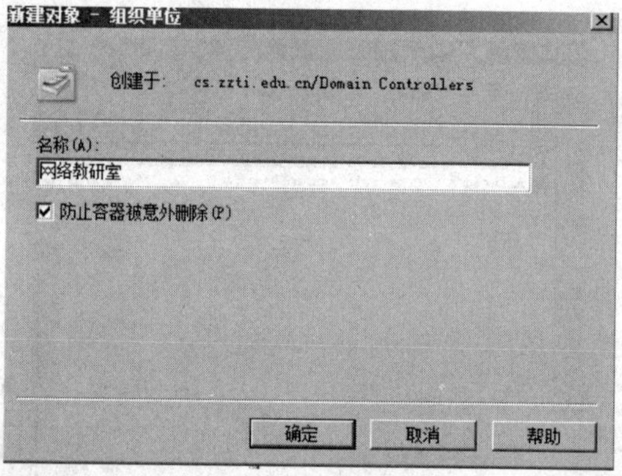

图 4-42　输入组织单位名称

步骤 3：单击“确定”按钮即完成组织单位的创建，如图 4-43 所示。

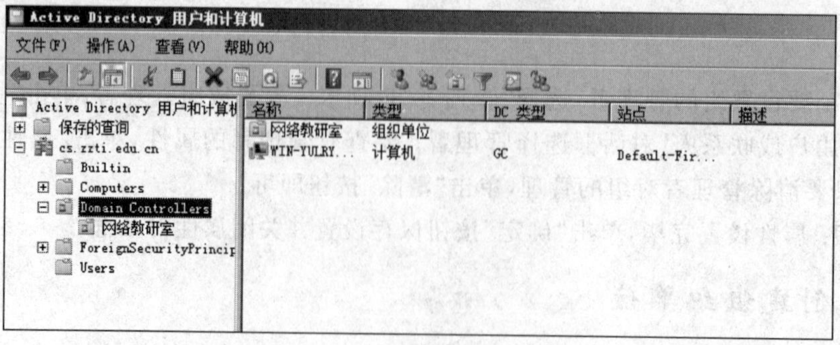

图 4-43　完成组织单位的创建

4.8 组 策 略

组策略(Group Policy)是管理员为用户和计算机定义并控制程序、网络资源及操作系统行为的主要工具。通过使用组策略可以设置各种软件、计算机和用户策略。

4.8.1 概述

组策略,即基于组的策略。它是一个 MMC 管理单元,可使系统管理员针对整个计算机或是特定用户来设置多种配置,包括桌面配置和安全配置；它是 Windows 中的一套系统更改和配置管理工具的集合。

注册表是 Windows 系统中保存系统软件和应用软件配置的数据库,组策略设置就是在修改注册表中的配置。

组策略将系统重要的配置功能汇集成各种配置模块,供用户直接使用,从而达到方便管理计算机的目的,比手工修改注册表要方便、灵活,功能也更加强大。

4.8.2 组策略的分类

根据应用范围可将组策略分为三类。

- 域的组策略:组策略的设置对整个域都生效。
- 组织单位的组策略:组策略的设置仅对本组织单位有效。
- 站点的组策略:组策略的设置仅对本站点有效。

注意:在“运行”中输入 gpedit. msc,启动的是本地组策略；如果要启动“域的组策略”,需要依次单击“开始→管理工具→组策略管理”进入。

4.8.3 组策略的组件

组策略组件包括:

- 组策略对象组件。
- 组策略模板组件。
- 组策略容器组件。
- 客户端扩展组件。
- 组策略 编辑器组件。
- 计算机策略、用户策略。
- 组策略和本地策略组件。

1. 组策略对象组件

在活动目录中包括站点、域和组织单位在内的容器对象都可以连接到一个组策略对象(Group Policy Object,GPO)中,通过这种连接,就可以将 GPO 的设置应用于指定容器中的用户和计算机。GPO 由组策略容器(Group Policy Container,GPC)和组策略模板(Group Policy Template,GPT)组成。

2. 组策略模板组件

组策略模板组件实现了一系列的指令集基于文件的 GPT 存储在每个域控制器的

Sysvol 中。

3. 组策略容器组件

组策略容器组件是一个活动目录(AD)对象,列出了一个特定的组策略对象关联的 GPT 名称。

4. 客户端扩展组件

在 Windows 的客户端中的许多功能是由组策略来管理的。这些功能知道如何获取和处理指向它们的组策略。

5. 组策略编辑器组件

组策略编辑器组件(Group Policy Editor,GPE)是一个 MMC 管理单元,用于创建和管理 GPO。

6. 计算机策略组件和用户策略组件

一个 GPO 的策略设置既可用于用户对象,也可用于计算机对象。计算机启动时会自动下载预先设置的策略,用户登录到域控制器时也会下载所属的组策略。

7. 组策略和本地策略组件

如果用户不属于任何一个域,则启动时使用的是本地的组策略。

4.8.4 利用组策略定制用户桌面

组策略可以帮助域用户创建自己的个性桌面,在每一台成员计算机上登录时都会显示系统默认桌面。定制步骤如下。

步骤 1:登录到域控制器,依次单击"开始→管理工具→组策略管理"进入"组策略管理"窗口,逐步展开"林:cs. zzti. edu. cn"→"域"cs. zzti. edu. cn→Domain Controllers。

步骤 2:在组织单位"网络教研室"上右击,在快捷菜单上选择"在这个域中创建 GPO 并在此处链接",如图 4-44 所示。

步骤 3:在弹出的"新建 GPO"对话框中的名称文本框中输入 wangluo,单击"确定"按钮,完成组策略的创建,如图 4-45 所示。创建好后的界面如图 4-46 所示。

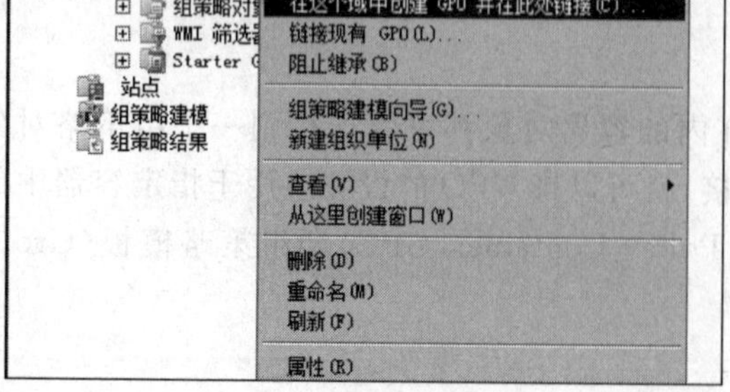

图 4-44 创建组策略

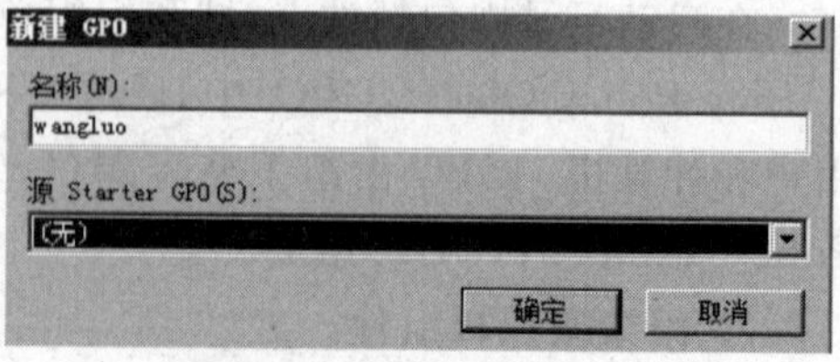

图 4-45 新建组策略

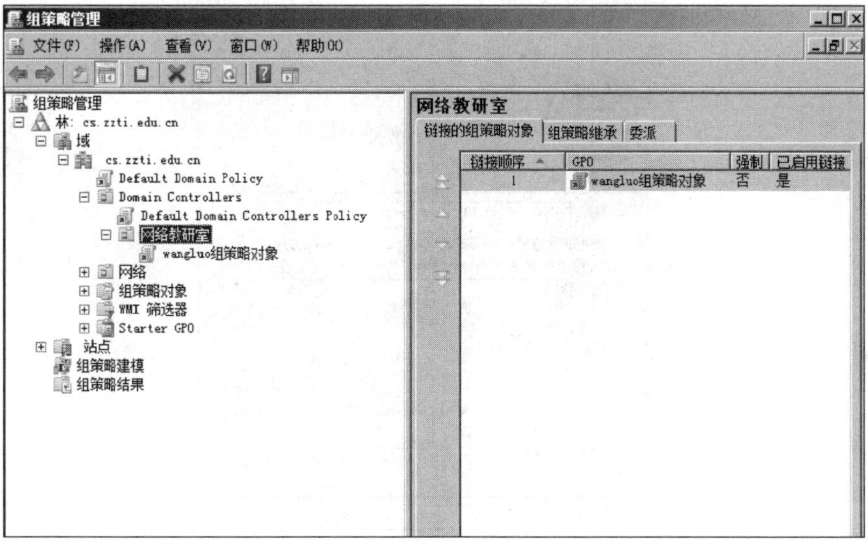

图 4-46　组策略管理

步骤 4：右击组策略名称 wangluo，在快捷菜单上选择“编辑”，打开“组策略管理编辑器”窗口，如图 4-47 所示。

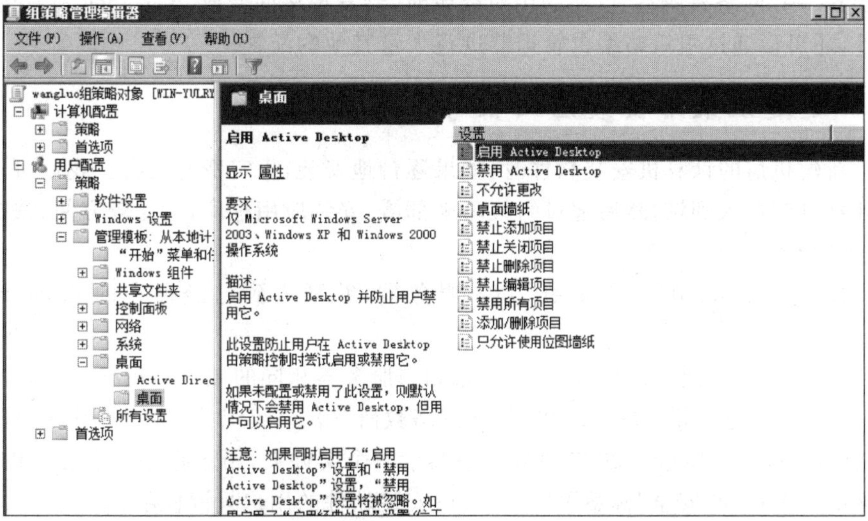

图 4-47　组策略编辑

如给用户配置一个桌面墙纸的步骤如下。

步骤 1：依次展开“用户配置”→“策略”→“管理模板”→“桌面”→“桌面”，双击右侧的“启用 Active Desktop”选项，打开其属性窗口，选择“启用”单选按钮。

步骤 2：在“禁用 Active Desktop”选项上双击，打开其属性窗口，选择“未配置”单选按钮。

步骤 3：在“桌面墙纸”选项上双击，打开其属性窗口，并在墙纸“名称”处输入墙纸的路径，如图 4-48 所示。

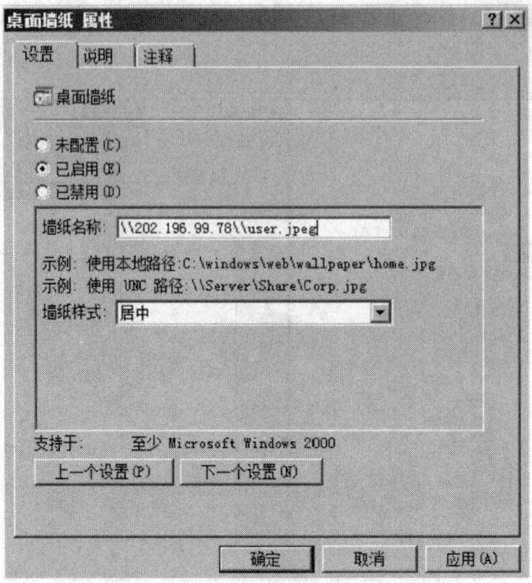

图 4-48　编辑策略

步骤 4：依次单击“开始”→“运行”，在运行窗口中输入 gpupdate，运行更新组策略。

步骤 5：系统会弹出 DOS 窗口，提示“用户策略更新成功完成”。

步骤 6：用“网络教研室”里面的用户登录时，会发现桌面变成 user.jpeg 所示的桌面。

此外，还可以通过组策略编辑管理器进行大量其他的配置。

4.8.5　通过组策略安装应用程序

在给新建机房的计算机安装软件时，如果逐台地安装，肯定费时费力。我们可以将机房的所有计算机都加入到域，然后通过组策略来部署、安装应用程序，就比较方便、快捷了。

1. 前期工作

(1) 部署一台 Windows Server 2008 服务器，并加入到已经存在的域 cs.zzti.edu.cn 中。

(2) 将所有需要安装软件的客户端加入到与服务器相同的域 cs.zzti.edu.cn 中。

(3) 在 AD 中建立相应的组织单元(如网络教研室)、该组织单元下的计算机和用户。

(4) 在 Windows Server 2008 服务器中共享一个文件夹，用于存储所需分发的软件，在该文件夹属性窗口的“安全”标签页中，要给待安装软件的用户只读权限。

2. 设置组策略

步骤 1：依次打开“开始”→管理工具→“组策略管理器”，并展开到“组策略对象”，右击“新建”创建一个新的组策略对象——“软件安装”，如图 4-49 所示。

步骤 2：在已经建立的新的组策略对象“软件安装”上右击，选“编辑”选项，进入到“组策略管理编辑器”中。

步骤 3：依次单击“用户配置”→“策略”→“软件设置”→“软件安装”，在“软件安装”上右击选择“新建”→“数据包”，如图 4-50 所示。

步骤 4：选择所需部署的软件，记住我们只能部署 MSI 格式的应用程序，EXE 格式需要进行重新封装为 MSI 格式才能部署(可用转换工具进行转换)。选择文件时需要使用它

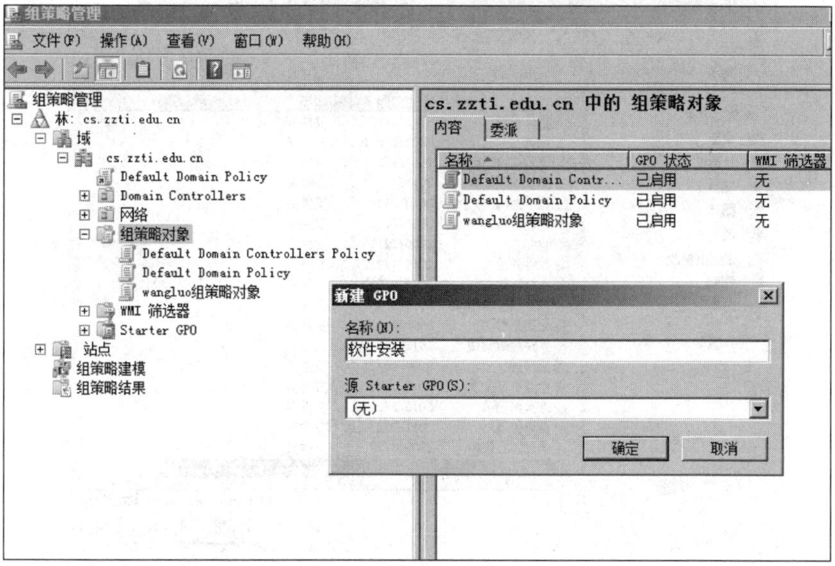

图 4-49　新建策略

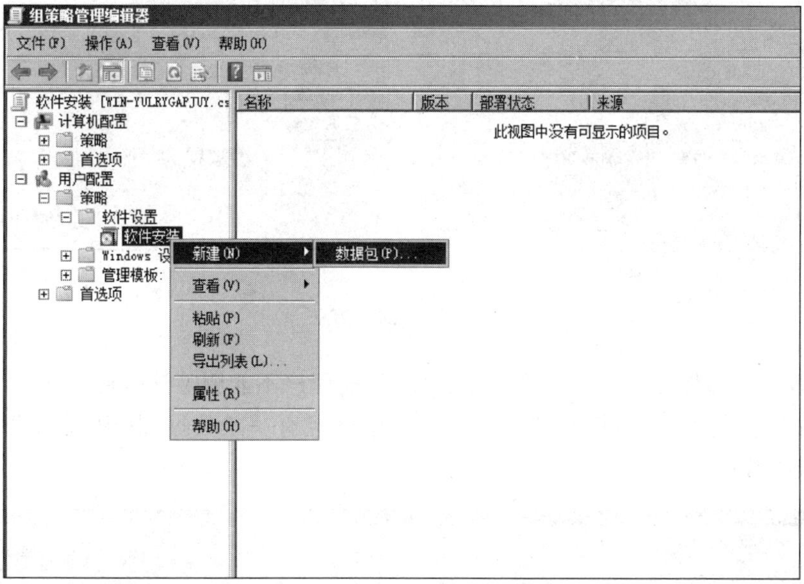

图 4-50　新建数据包

的网络路径，否则客户端将无法读取文件，部署将失败。如图 4-51 所示，选择 OFFICE 2003 安装包 pro11.msi，单击“打开”按钮。

步骤 5：在弹出的部署软件对话框中，选择“已分配”单选按钮，如图 4-52 所示。

- 已发布：当软件分发给用户且组策略生效后，用户在任一计算机登录，所部署的软件都将显示在“添加或删除程序”对话框中。但此时并没有真正安装，需要用户手动安装在所使用的计算机上。
- 已分配：当软件分配给计算机时，计算机在下一次启动时自动下载并安装软件。用

图 4-51　选择安装包

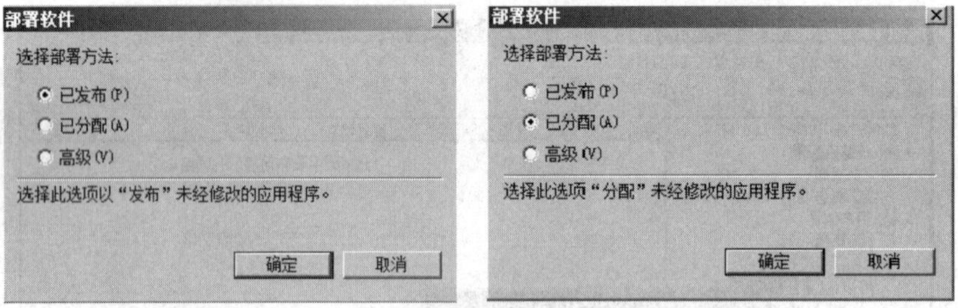

(a)　　(b)

图 4-52　部署方法

户登录以后即可使用。但除管理员外，其他用户不能删除该软件。

建立好数据包后，我们将看到“软件安装”中已经有一条数据，其中“来源”中是网络路径，如图 4-53 所示。

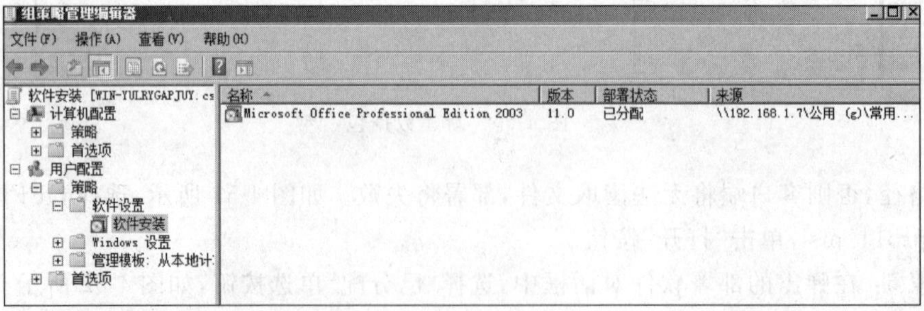

图 4-53　完成

步骤 6：右击新建的数据包，选择“属性”，打开“属性”对话框。选择该对话框上的“部署”标签页，在“部署选项”选项组中，选中“在登录时安装此应用程序”复选框，则当用户登录到 AD 时将自动安装此应用程序，如图 4-54 所示。

步骤 7：单击“确定”按钮，完成软件部署策略。

注意：*权限一般情况下不需要修改，用户只需只读权限即可。*

步骤 8：完成组策略编辑后，在所需部署策略的 OU（网络教研室）上右击选择“链接现有 GPO”，如图 4-55 所示，如果只想运行当前的组策略对象，那么我们可以选择“阻止继承”来将上一级的组策略对象阻止。

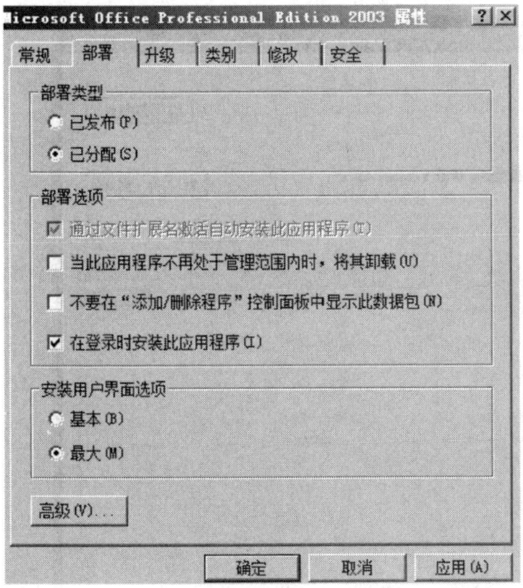

图 4-54 部署选项

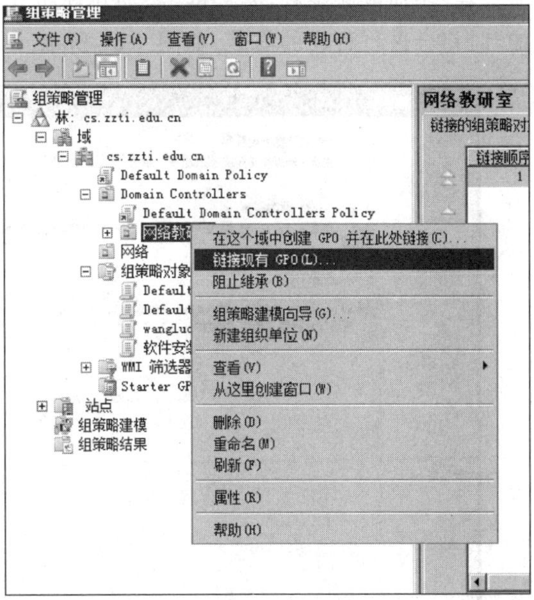

图 4-55 链接现有 GPO

步骤 9：选择编辑好的“组策略对象”并单击“确定”按钮，如图 4-56 所示。

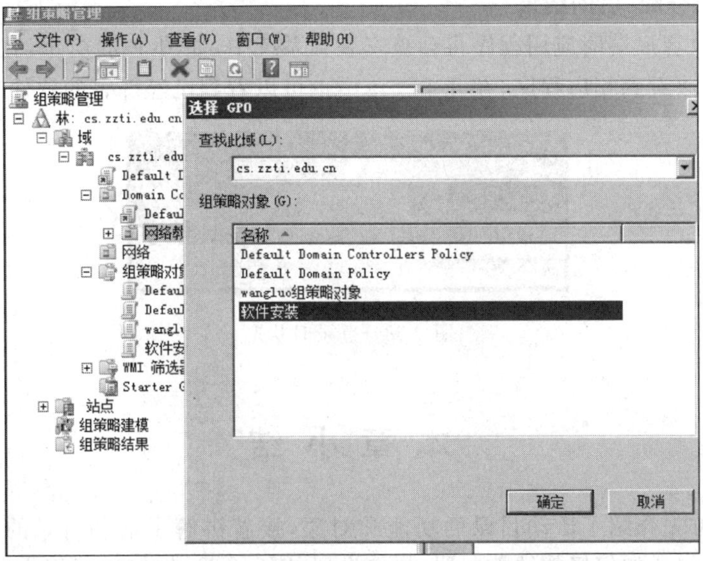

图 4-56 选择 GPO

步骤 10：现在我们可以看到此 OU 已经连接到了刚编辑好的组策略对象。

步骤 11：完成策略部署后，为了使用策略立刻生效，打开命令窗口并输入 gpupdate /force 进行组策略强制更新。稍后会提示完成。

4.8.6 客户端软件部署结果

1. 采用“已分发”后的结果

在“添加或删除程序”中的“添加新程序”中我们将可以看到已经分发的程序，当单击“添加”时将会进行程序的安装，如图 4-57 所示。

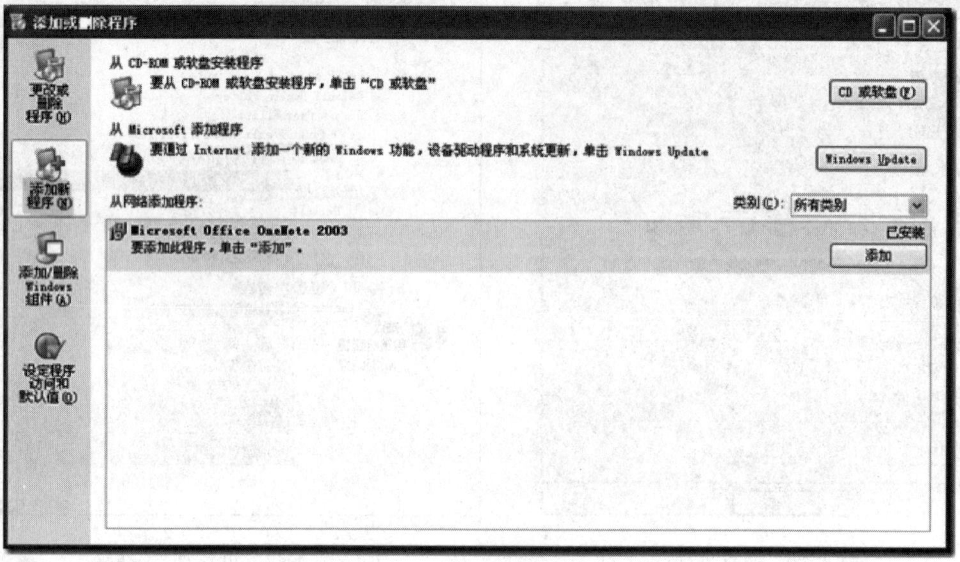

图 4-57　添加新程序

2. 采用“已分配”后的结果

用户在登录客户端时应用程序将会被安装到系统中，如图 4-58 所示，我们在“更改或删除程序”中将可以看到相应程序，在开始菜单中也可以看到已经部署的软件信息。

图 4-58　登录时状态

本章小结

这一章中首先介绍了活动目录的功能和对象，接着讲解了活动目录的安装、备份和恢复，然后分别讲解了如何拯救域控制器、如何设置信任关系、如何进行用户账户和计算机账户的管理、如何对组和组织单位进行管理，最后对组策略的应用进行了介绍。

实验五　Windows Server 2008 活动目录设置

1. 实验目的

熟练掌握 Windows Server 2008 活动目录的安装和设置，了解“域”的概念。

2. 实验环境

多台装有 Windows Server 2008 的计算机。

3. 实验内容

该实验分组进行，自愿组合，三人一组，分别做域控制器、附加的域控制器和成员服务器。

4. 实验步骤

(1) 三人一组，一人为域控制器，一人为附加域控制器，一人只加入该域中做成员服务器。

(2) 在域控制器中对其他的计算机进行管理。

(3) 连接到其他小组的域。

(4) 更换域控制器。

(5) 与其他域建立信任关系。

习　题

一、选择题

1. 在 Windows Server 2008 中，域中的所有域控制器之间都是(　　)。

A. 主从关系　　B. 平等关系　　C. 从属关系　　D. 其他关系

2. 域之间的信任关系有哪几种(　　)。

A. 单向信任关系　　B. 双向信任关系　　C. 不信任关系　　D. 其他关系

3. 组织单位(Organizational Unit，OU)是域中包含的一类目录对象，它包括(　　)。

A. 一些用户　　B. 计算机和组　　C. 域　　D. 打印机与文件

4. 全局目录服务器一般是域目录林中第(　　)个域控制器，存有全局目录的副本，并执行对全局目录的查询操作。

A. 1　　B. 2　　C. 3　　D. 4

5. 如果一个用户除了有一个域用户账户外还有本地计算机上的用户账户，或者有多个域用户账户，则每个账户的本地配置文件将(　　)。

A. 相同　　B. 不相同　　C. 不一定相同，看情况定

6. 下列哪个选项功能可以用来创建用户和组(　　)。

A. Active Directory 用户和计算机　　B. 计算机管理

C. Active Directory 站点和服务　　D. 以上皆非

7. 以下哪些属于成员服务器(　　)。

A. 域控制器服务器　　B. 打印服务器

C. 文件服务器　　D. 以上皆是

二、简答题

1. 简述安装活动目录的过程。
2. 简述如何安装并配置第一台域控制器。
3. 说明附加域控制器和成员服务器的区别。
4. 如何成为成员服务器?
5. 用户账户和计算机账户有何不同?
6. 组和组织单位有何不同?
7. 说明组织单位委派的意义?

第5章 证书服务器配置与管理

【本章学习目标】

- 了解数字证书的概念。
- 了解数字证书的内容及格式。
- 掌握数字证书的使用方法。
- 熟练掌握 Windows Server 2008 中证书的安装与配置。
- 掌握如何在客户端申请证书。

当今世界网络隐患急速增多,网络安全事件层出不穷;网络安全对政府、企事业单位和个人的意义都越来越重大。

通过安装电子证书可以较大地提高通信的安全性,对用户身份进行认证并对通信的数据进行加密,从而在一定程度上提高了网络的安全性能和通信的保密性。

5.1 数字证书和证书服务概述

5.1.1 数字证书概述

数字证书是一段包含用户身份信息、用户公钥信息以及身份验证机构数字签名的数据。身份验证机构的数字签名可以确保证书信息的真实性,用户公钥信息可以保证数字信息传输的完整性,用户的数字签名可以保证数字信息的不可否认性。

数字证书是各类终端实体和最终用户在网上进行信息交流及商务活动的身份证明,在电子交易的各个环节,交易的各方都需验证对方数字证书的有效性,从而解决相互间的信任问题。

数字证书是一个经证书认证中心(CA)数字签名的包含公开密钥拥有者信息以及公开密钥的文件。认证中心作为权威的、可信赖的、公正的第三方机构,专门负责为各种认证需求提供数字证书服务。认证中心颁发的数字证书均遵循 X.509 V3 标准。X.509 标准在编排公共密钥密码格式方面已被广为接受。X.509 证书已应用于许多网络安全,其中包括 IPSec(IP 安全)、SSL、SET、S/MIME。

5.1.2 应用数字证书的目的

数字信息安全主要包括以下几个方面:

身份验证(Authentication)。

信息传输安全。

信息保密性(存储与交易)(Confidentiality)。

信息完整性(Integrity)。

交易的不可否认性(Non-repudiation)。

对于数字信息的安全需求,通过如下手段加以解决。

- 数据保密性——加密。
- 数据的完整性——数字签名。
- 身份鉴别——数字证书与数字签名。
- 不可否认性——数字签名。

为了保证网上信息传输双方的身份验证和信息传输安全,目前采用数字证书技术来实现传输信息的机密性、真实性、完整性和不可否认性。

5.1.3 数字证书内容及格式

数字证书包括证书申请者的信息和发放证书 CA 的信息,认证中心所颁发的数字证书均遵循 X.509 V3 标准。数字证书的格式在 ITU 标准和 X.509 V3 里定义。根据这项标准,数字证书包括证书申请者的信息和发放证书 CA 的信息。X.509 数字证书内容如下:

证书各部分的含义如下:

- 域含义。
- Version:证书版本号,不同版本的证书格式不同。
- Serial Number:序列号,同一身份验证机构签发的证书序列号唯一。
- Algorithm Identifier:签名算法,包括必要的参数。
- Issuer:身份验证机构的标识信息。
- Period of Validity:有效期。
- Subject:证书持有人的标识信息。
- Subject's Public Key:证书持有人的公钥。
- Signature:身份验证机构对证书的签名。

证书内容由以下两部分组成:

第一部分为申请者的信息,数字证书里的数据包括以下信息:

版本信息,用来与 X.509 的将来版本兼容;

证书序列号,每一个由 CA 发行的证书必须有一个唯一的序列号;

A 所使用的签名算法;

发行证书 CA 的名称;

证书的有效期限;

证书主题名称;

被证明的公钥信息,包括公钥算法、公钥的位字符串表示;

包含额外信息的特别扩展。

第二部分 CA 的信息,数字证书包含发行证书 CA 的签名和用来生成数字签名的签名算法。任何人收到证书后都能使用签名算法来验证证书是否是由 CA 的签名密钥签发的。

5.1.4 验证证书

持证人甲想与持证人乙通信时，他首先查找数据库并得到一个从甲到乙的证书路径（certification path）和乙的公开密钥。这时甲可使用单向或双向验证证书。

单向验证是从甲到乙的单向通信。它建立了甲和乙双方身份的证明以及从甲到乙的任何通信信息的完整性。它还可以防止通信过程中的任何攻击。

双向验证与单向验证类似，但它增加了来自乙的应答。它保证是乙而不是冒名者发送来的应答。它还保证双方通信的机密性并可防止攻击。

单向和双向验证都使用了时间标记。

单向验证如下：

(1) 甲产生一个随机数 Ra。

(2) 甲构造一条消息，M=(Ta,Ra,Ib,d)，其中 Ta 是甲的时间标记，Ib 是乙的身份证明，d 为任意的一条数据信息。为安全起见，数据可用乙的公开密钥 Eb 加密。

(3) 甲将(Ca,Da(M))发送给乙(Ca 为甲的证书，Da 为甲的私人密钥)。

(4) 乙确认 Ca 并得到 Ea。他确认这些密钥没有过期(Ea 为甲的公开密钥)。

(5) 乙用 Ea 去解密 Da(M)，这样既证明了甲的签名又证明了所签发信息的完整性。

(6) 为准确起见，乙检查 M 中的 Ib。

(7) 乙检查 M 中的 Ta 以证实消息是刚发来的。

(8) 作为一个可选项，乙对照旧随机数数据库检查 M 中的 Ra 以确保消息不是旧消息重放。

双向验证包括一个单向验证和一个从乙到甲的类似的单向验证。除了完成单向验证的(1)到(8)步外，双向验证还包括：

(9) 乙产生另一个随机数，Rb。

(10) 乙构造一条消息，Mm=(Tb,Rb,Ia,Ra,d)，其中 Tb 是乙的时间标记，Ia 是甲的身份，d 为任意的数据。为确保安全，可用甲的公开密钥对数据加密。Ra 是甲在第(1)步中产生的随机数。

(11) 乙将 Db(Mm)发送给甲。

(12) 甲用 Ea 解密 Db(Mm)，以确认乙的签名和消息的完整性。

(13) 为准确起见，甲检查 Mm 中 Ia。

(14) 甲检查 Mm 中的 Tb，并证实消息是刚发送来的。

(15) 作为可选项，甲可检查 Mm 中的 Rb 以确保消息不是重放的旧消息。

5.1.5 数字证书使用

每一个用户有一个各不相同的名字，一个可信的证书认证中心给每个用户分配一个唯一的名字并签发一个包含名字和用户公开密钥的证书。

如果甲想和乙通信，他首先必须从数据库中取得乙的证书，然后对它进行验证。如果他们使用相同的 CA，事情就很简单了，甲只需验证乙证书上 CA 的签名；如果他们使用不同的 CA，问题就复杂了，甲必须从 CA 的树状结构底部开始，从底层 CA 往上层 CA 查询，一直追踪到同一个 CA 为止，找出共同的信任 CA。

证书可以存储在网络中的数据库中。用户可以利用网络彼此交换证书。当证书撤销后，它将从证书目录中删除，然而签发此证书的 CA 仍保留此证书的副本，以备日后解决可能引起的纠纷。

如果用户的密钥或 CA 的密钥被破坏，从而导致证书的撤销。每一个 CA 必须保留一个已经撤销但还没有过期的证书废止列表(CRL)。当甲收到一个新证书时，首先应该从证书废止列表(CRL)中检查证书是否已经被撤销。

现有持证人甲向持证人乙传送数字信息，为了保证信息传送的真实性、完整性和不可否认性，需要对要传送的信息进行数字加密和数字签名，其传送过程如下：

(1) 甲准备好要传送的数字信息(明文)。

(2) 甲对数字信息进行哈希(hash)运算，得到一个信息摘要。

(3) 甲用自己的私钥(SK)对信息摘要进行加密得到甲的数字签名，并将其附在数字信息上。

(4) 甲随机产生一个加密密钥(DES 密钥)，并用此密钥对要发送的信息进行加密，形成密文。

(5) 甲用乙的公钥(PK)对刚才随机产生的加密密钥进行加密，将加密后的 DES 密钥连同密文一起传送给乙。

(6) 乙收到甲传送过来的密文和加过密的 DES 密钥，先用自己的私钥(SK)对加密的 DES 密钥进行解密，得到 DES 密钥。

(7) 乙然后用 DES 密钥对收到的密文进行解密，得到明文的数字信息，然后将 DES 密钥抛弃(即 DES 密钥作废)。

(8) 乙用甲的公钥(PK)对甲的数字签名进行解密，得到信息摘要。乙用相同的 hash 算法对收到的明文再进行一次 hash 运算，得到一个新的信息摘要。

(9) 乙将收到的信息摘要和新产生的信息摘要进行比较，如果一致，说明收到的信息没有被修改过。

5.1.6 证书存放方式

数字证书可以存放在计算机的硬盘、随身软盘、IC 卡或 CUP 卡中。

用户数字证书在计算机硬盘中存放时，使用方便，但存放证书的 PC 必须受到安全保护，否则一旦被攻击，证书就有可能被盗用。

使用软盘保存证书，被窃取的可能性有所降低，但软盘容易损坏。一旦损坏，证书将无法使用。

IC 卡中存放证书是一种较为广泛的使用方式。因为 IC 卡的成本较低，本身不易被损坏。但使用 IC 卡加密时，用户的密钥会出卡，造成安全隐患。

使用 CUP 卡存放证书时，用户的证书等安全信息被加密存放在 CUP 卡中，无法被盗用。在进行加密的过程中，密钥可以不出卡，安全级别最高，但相对来说，成本较高。

目前在网上传输信息时，普遍使用 X.509V3 格式的数字证书。在数字信息传输前，首先传输双方互相交换证书，验证彼此的身份；然后，发送方利用证书中的加密密钥和签名密钥对要传输的数字信息进行加密和签名，这就保证了只有合法的用户才能接收该信息，同时保证了传输信息的机密性、真实性、完整性和不可否认性。从而保证网上信息的安全传输。

5.2 认证服务概述

认证服务是一种强大的、可自定义的、用于发布并管理多种认证的服务，来向用户提供经过认证的、安全的应用读取。

认证中心承担网上安全电子交易认证服务，能签发数字证书，并确认用户身份的服务机构。认证中心通常是企业性的服务机构，主要任务是受理数字凭证的申请、签发以及对数字凭证的管理。

认证中心通过向电子商务各参与方发放数字证书，来确认各方的身份，保证网上支付的安全性。

认证中心主要包括三个组成部分：

- 注册服务器(RS)。
- 注册管理机构(RA)：负责证书申请的审批，是持卡人的发卡行或商户的收单行。因此，认证中心离不开银行的参与。
- 证书管理机构(CA)。

认证中心所颁发的数字证书主要有持卡人证书、商户证书和支付网关证书。

- 持卡人证书：包括持卡人 ID，这其中包含了有关该持卡人所使用的支付卡的数据和相应的账户信息。
- 商户证书：包含了有关其账户的信息。
- 支付网关：一般为收单银行或为收单银行参加的银行卡组织。

5.3 安装与配置 Windows Server 2008 证书服务

证书服务有两类：企业证书服务器(企业 CA)和独立证书服务器(独立 CA)。企业 CA 主要应用于企业内部，独立 CA 则用于企业内部或因特网。

企业 CA 的主要特征。

- 企业 CA 安装时需要 AD 的支持，也即计算机在活动目录中才可安装；
- 当安装企业根时，对于域中的所有计算机，它都将自动添加到受信任的根证书颁发机构的证书存储区域；
- 必须是域管理员或对 AD 有写权限的管理员，才能安装企业根 CA。

独立 CA 的主要特征：

- CA 安装时不需要 AD；
- 发送到独立 CA 的所有证书申请都被设置为挂起状态，需要管理员去颁发。

5.3.1 安装企业 CA

如前所述，安装企业 CA 需要 AD 的支持，因此我们要先安装域服务。

步骤 1：依次单击“开始”→“所有程序”→“管理工具”→“服务器管理器”，在服务器管理器窗口上右击“角色”→“添加角色”，弹出“选择服务器角色”窗口，选择“Active Directory 证书服务”复选框，如图 5-1 所示。

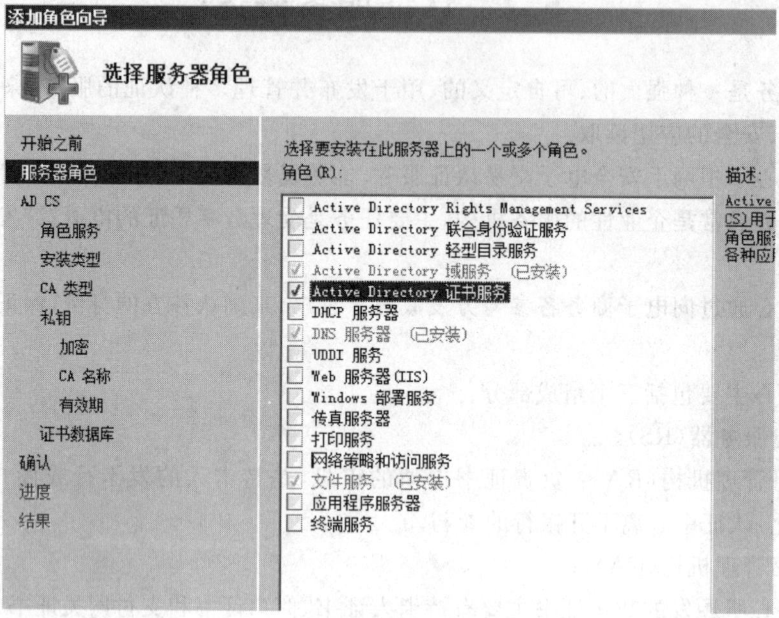

图 5-1 “选择服务角色”对话框

步骤 2：单击“下一步”按钮，显示如图 5-2 所示的“Active Directory 证书简介”窗口，该窗口说明了一些注意事项及 Active Directory 证书的基本概念。

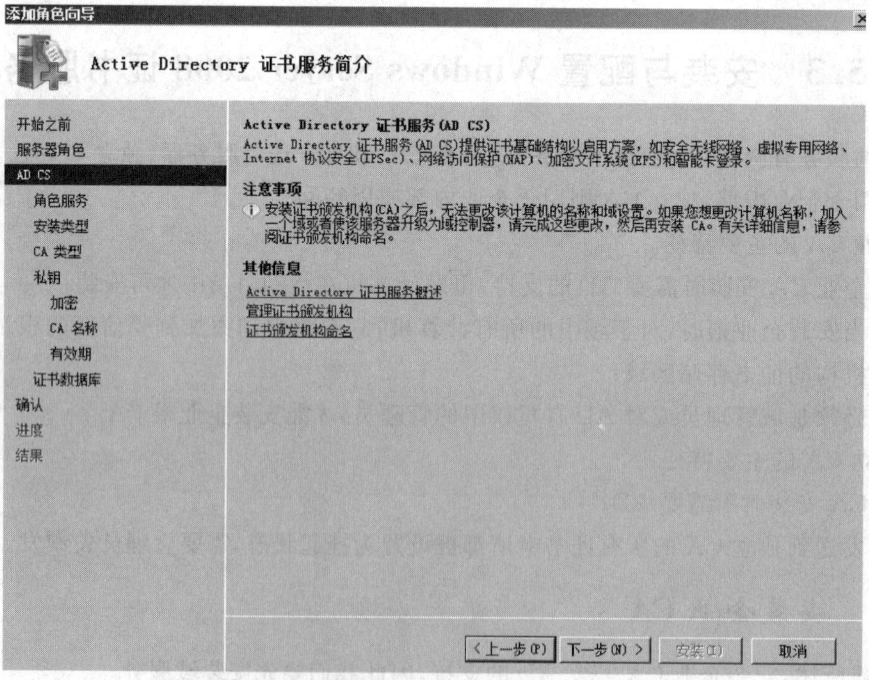

图 5-2 “Active Directory 证书简介”对话框

步骤 3：单击“下一步”按钮，进入如图 5-3 所示的“选择角色服务”对话框。选择“证书颁发机构”复选框。

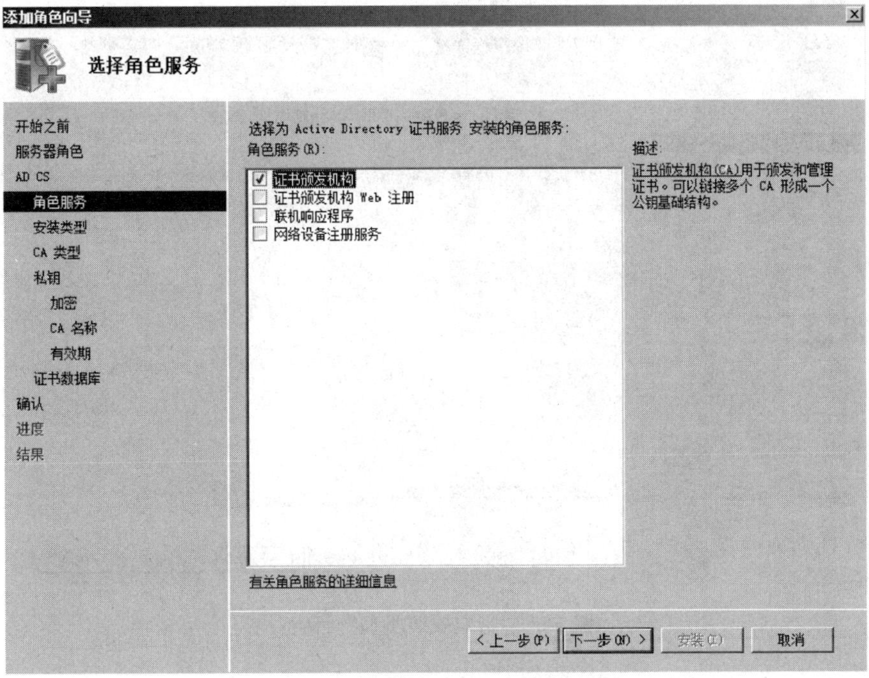

图 5-3 “选择角色服务”对话框

步骤 4：如果还需要启动证书 Web 注册功能，还需要选择“证书颁发机构 Web 注册”复选框。该选项允许用户以浏览器模式访问证书服务器，并申请证书。由于证书的 Web 注册显然要启动 Web 功能，因此会弹出如图 5-4 所示的对话框。询问是否添加 Web 服务器功能。

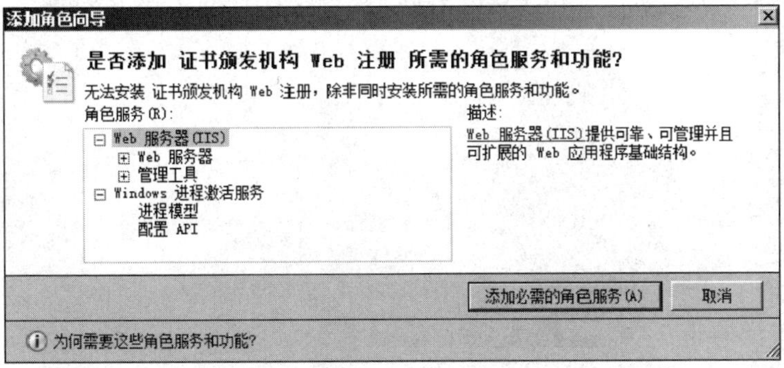

图 5-4 添加 Web 服务器功能

步骤 5：单击“添加必需的角色服务”按钮，进入如图 5-5 所示的“指定安装类型”对话框。因为要安装企业证书，此处选中“企业”单选按钮。

步骤 6：单击“下一步”按钮，打开如图 5-6 所示的“指定 CA 类型”对话框。由于是第一次安装证书服务，且是唯一的证书颁发机构，因此选中“根 CA”单选按钮。

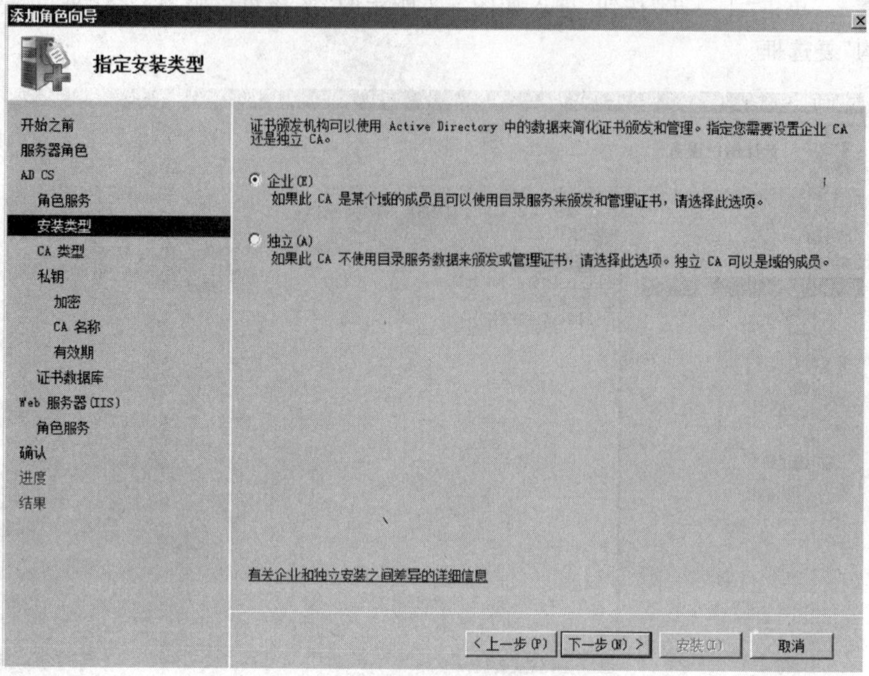

图 5-5 “指定安装类型”对话框

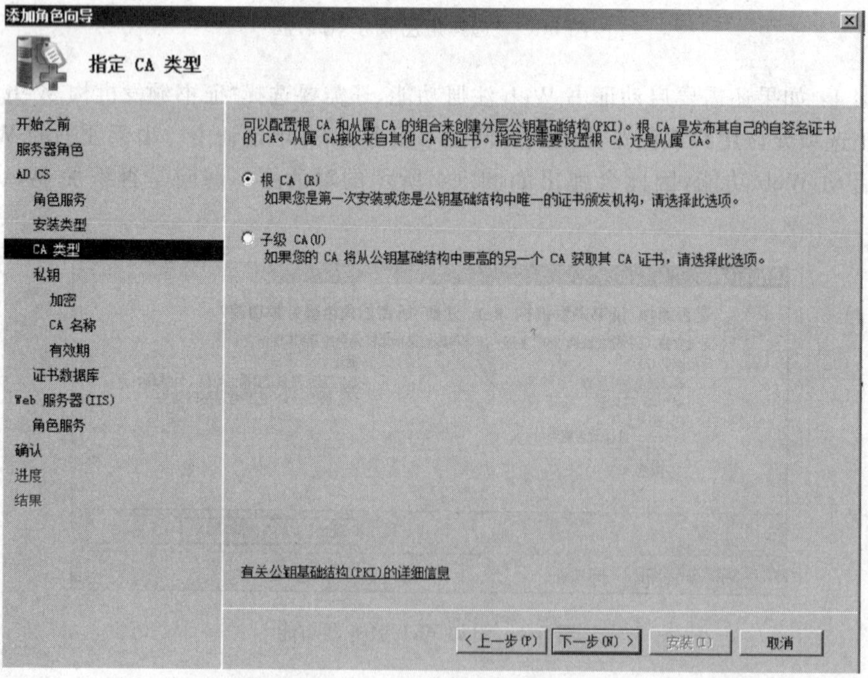

图 5-6 “指定 CA 类型”对话框

步骤 7：单击“下一步”按钮，打开如图 5-7 所示的“设置私钥”对话框。由于是第一次安装证书服务，而且没有私钥，所以选中“新建私钥”单选按钮。

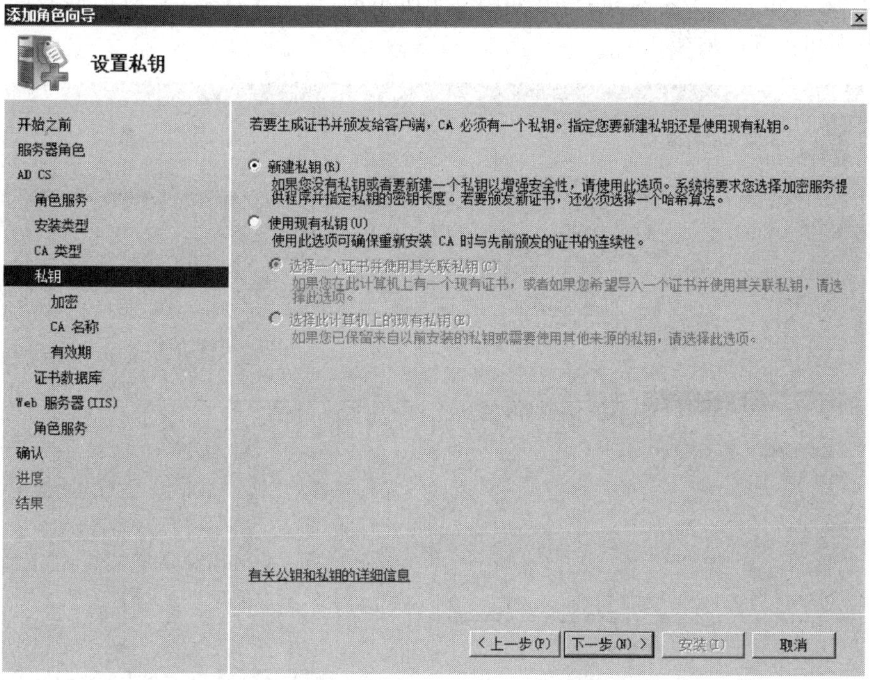

图 5-7 “设置私钥”对话框

步骤 8：单击“下一步”按钮，打开如图 5-8 所示的“为 CA 配置加密”对话框。选择适当的加密程序和使用的哈希算法(建议选用 sha1)。另外，根据安全应用的需要可以选择 512、1024 或 2048 位密钥长度，密钥长度越长越安全。

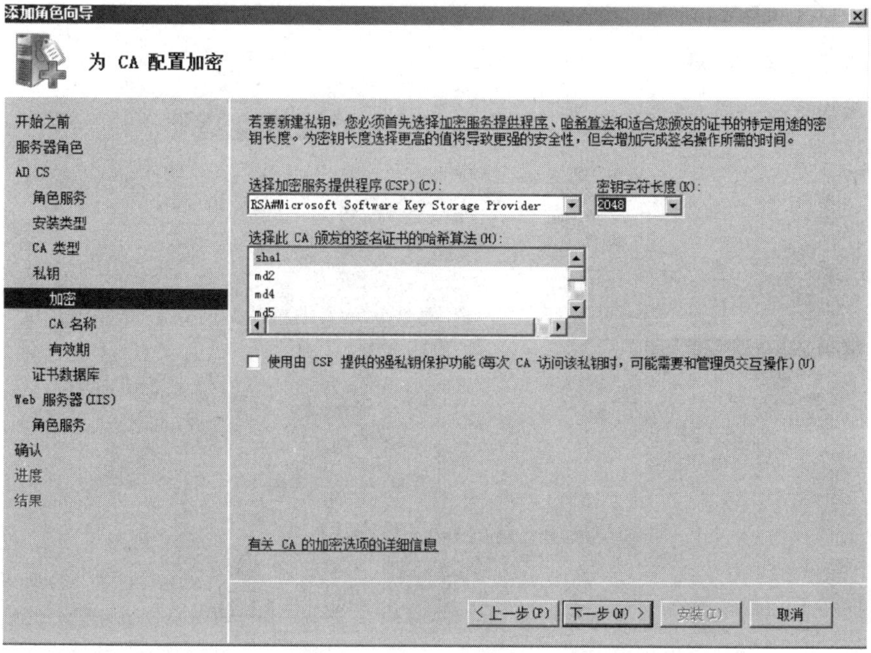

图 5-8 “为 CA 配置加密”对话框

步骤 9：单击“下一步”按钮，打开如图 5-9 所示的“配置 CA 名称”对话框。设置此 CA 的公用名称和名称的后缀。

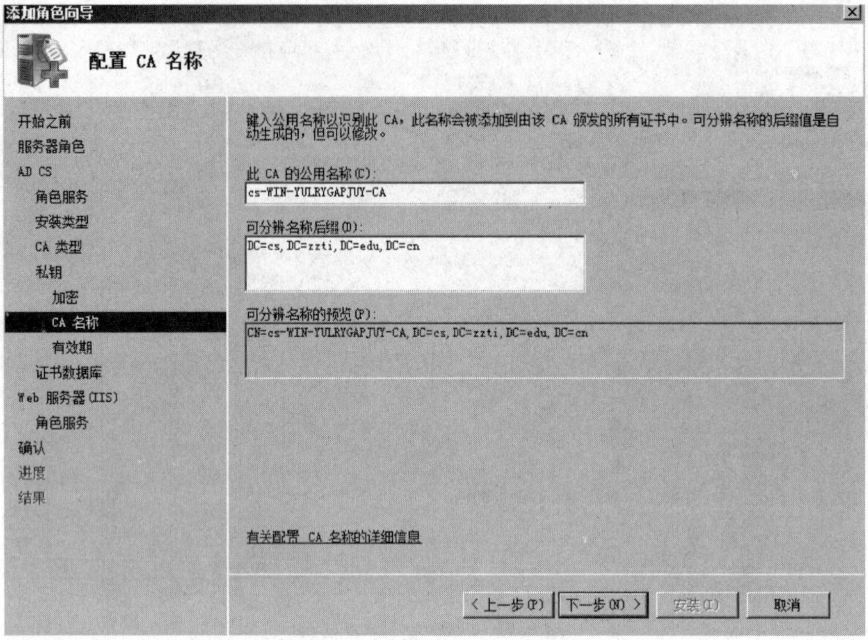

图 5-9 “配置 CA 名称”对话框

步骤 10：单击“下一步”按钮，打开如图 5-10 所示的“设置有效期”对话框。设置该证书的有效期，默认为 5 年。

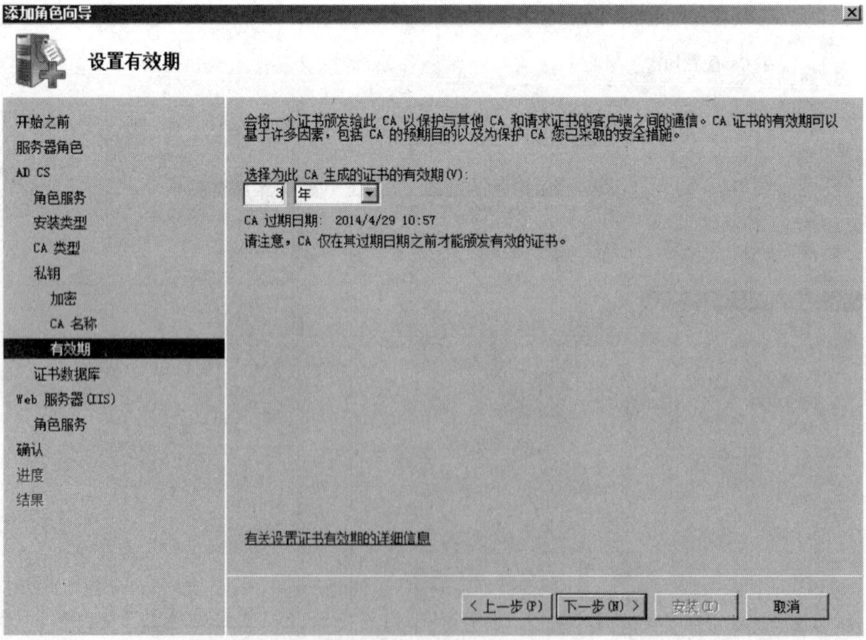

图 5-10 “设置有效期”对话框

步骤 11：单击"下一步"按钮，打开如图 5-11 所示的"配置证书数据库"对话框。设置存储证书数据库和证书数据库日志的位置。安全起见，一般要求不要放在同一目录下。

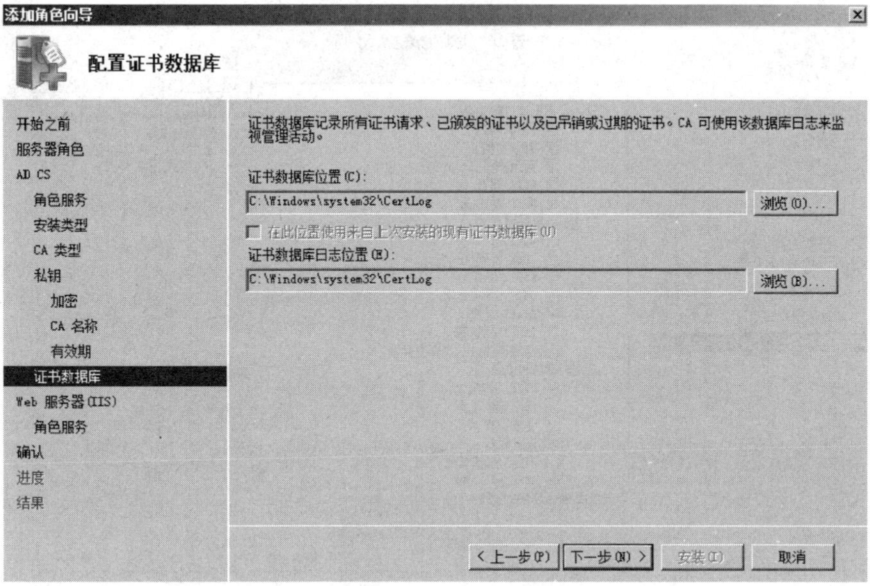

图 5-11 "配置证书数据库"对话框

步骤 12：单击"下一步"按钮，打开如图 5-12 所示的"Web 服务器(IIS)"对话框。它对 IIS 做了简单的介绍。

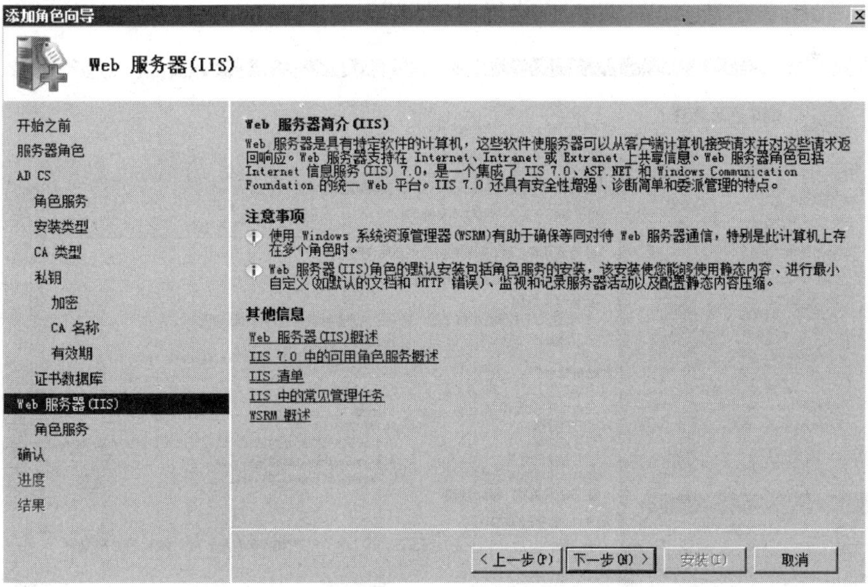

图 5-12 "Web 服务器(IIS)"对话框

步骤 13：单击"下一步"按钮，打开如图 5-13 所示的"选择角色服务"对话框。根据需求，选择不同的 IIS 组件。

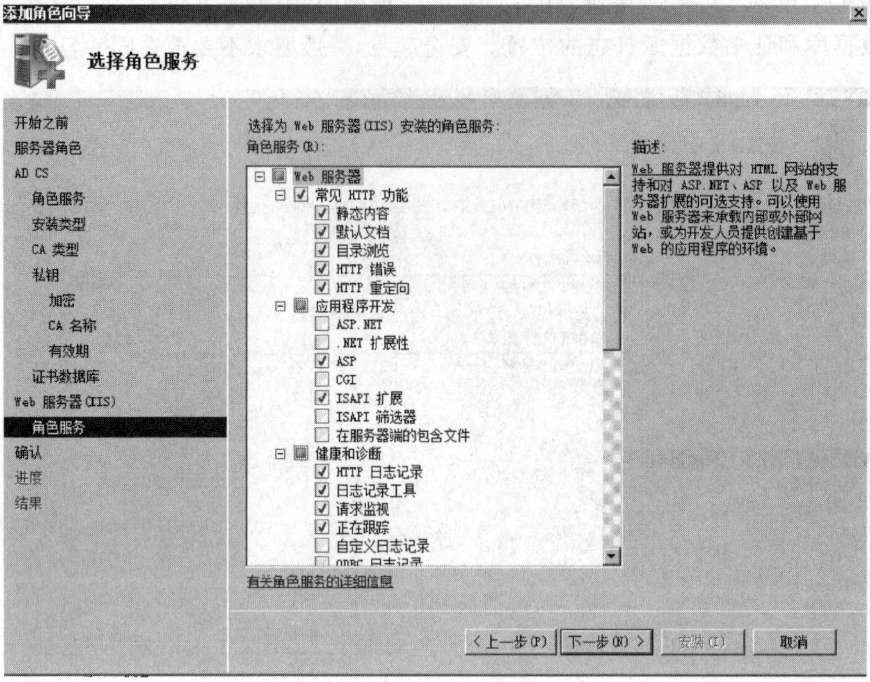

图 5-13 “选择角色服务”对话框

步骤 14：单击“下一步”按钮，打开如图 5-14 所示的“确认安装选择”对话框。列出了用户要安装的角色；同时提醒用户安装证书服务后，将无法更改计算机的名称和域的设置。如需修改，单击“上一步”按钮，回到需要更改的位置。

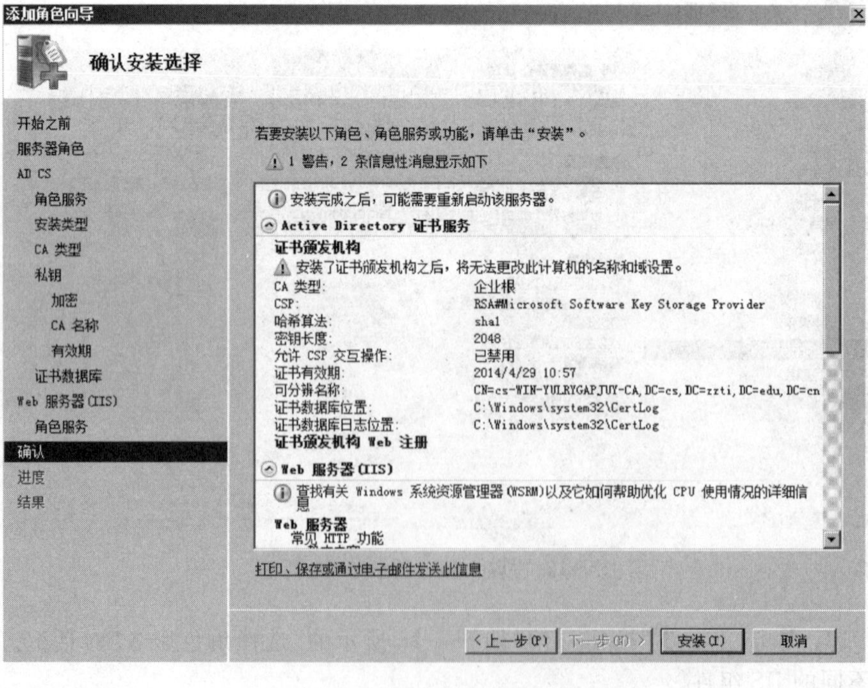

图 5-14 “确认安装选择”对话框

步骤 15：单击“安装”按钮，系统开始安装证书服务及相关组件。安装完成后，显示如图 5-15 所示的“安装结果”对话框。显示 Active Directory 证书服务安装成功、Web 服务器(IIS)安装成功。单击“关闭”按钮，完成安装证书服务任务。

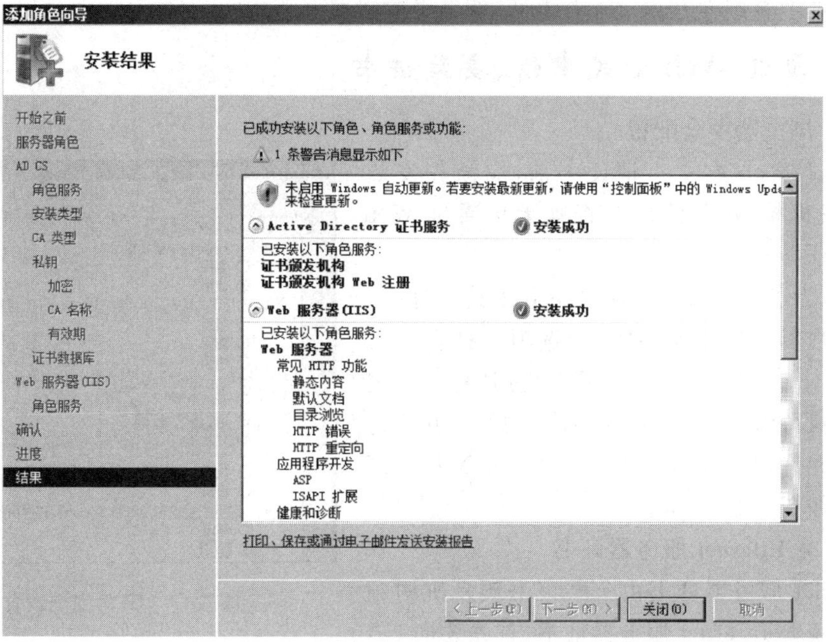

图 5-15 “安装结果”对话框

步骤 16：安装完成后，依次打开“管理工具”→Certification Authority，打开如图 5-16 所示的“证书颁发机构”窗口，证书颁发机构用于管理证书的颁发和管理。

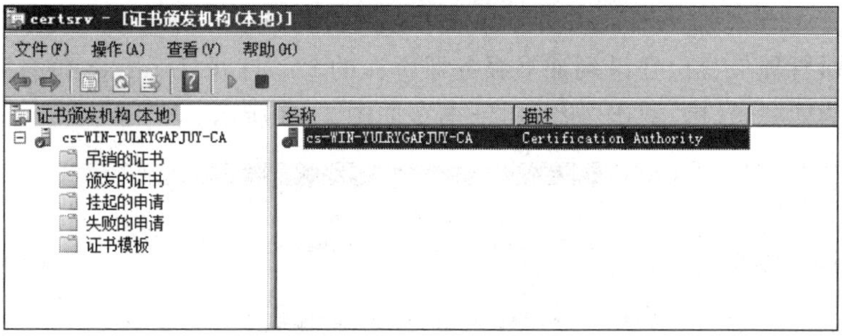

图 5-16 “证书颁发机构”窗口

5.3.2 安装独立根 CA

如果网络内没有安装域服务，可将证书服务器安装在独立服务器上，以实现证书的颁发和管理。此时的独立根 CA 不需 AD 的支持，只能使用 Web 方式注册证书。无法利用“证书申请向导”，而且所申请的证书必须由管理员颁发。

安装步骤除第 5 步的“指定安装类型”对话框中选择“独立”单选按钮与“安装企业 CA”不同外，其他步骤都一样。

5.4 使用企业证书服务

申请证书有两种方式：Web 方式、证书申请向导方式。

5.4.1 通过 Web 方式申请、安装证书

1. IE 浏览器安全配置

在通过 Web 方式申请证书前，应该先安装“证书颁发机构 Web 注册”，否则无法通过 Web 方式申请证书。

此外，为了客户端能够顺利下载申请的证书，应该在客户端的浏览器的“安全选项”→“自定义级别”→“Active X 控件和插件”上启用“对未标记为可安全执行脚本的 Active X 控件初始化并执行脚本”和“允许运行以前未使用的 Active X 控件而不提示”，如图 5-17 所示。

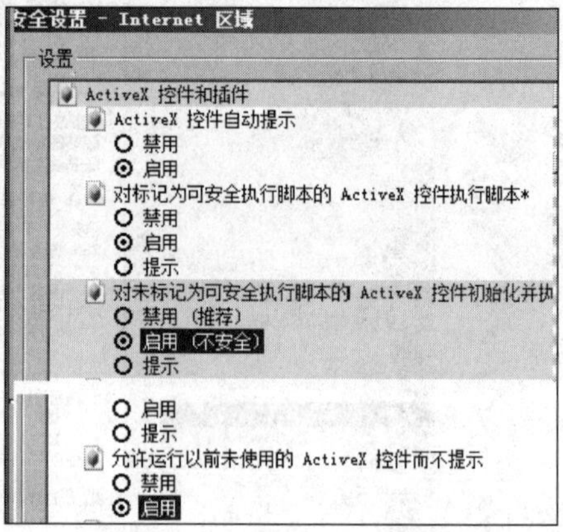

图 5-17 IE 的安全设置

2. 配置 Internet 服务器证书

Internet 服务器证书由公共证书颁发机构颁发。若要获取 Internet 服务器证书，首先要向 CA 发送申请，然后安装从 CA 发送来的 Internet 服务器证书。这样客户端才能从 Web 服务器下载证书。

3. 申请 Internet 服务器证书

如果必须向请求 Web 服务器内容的客户端证明该服务器的身份，就需要申请 Internet 服务器证书。Internet 服务器证书由公共证书颁发机构颁发。

步骤 1：以管理员身份登录到证书服务器所在的 PC，打开“Internet 信息服务(IIS)管理器”窗口，在“功能视图”中，双击“服务器证书”，如图 5-18 所示。

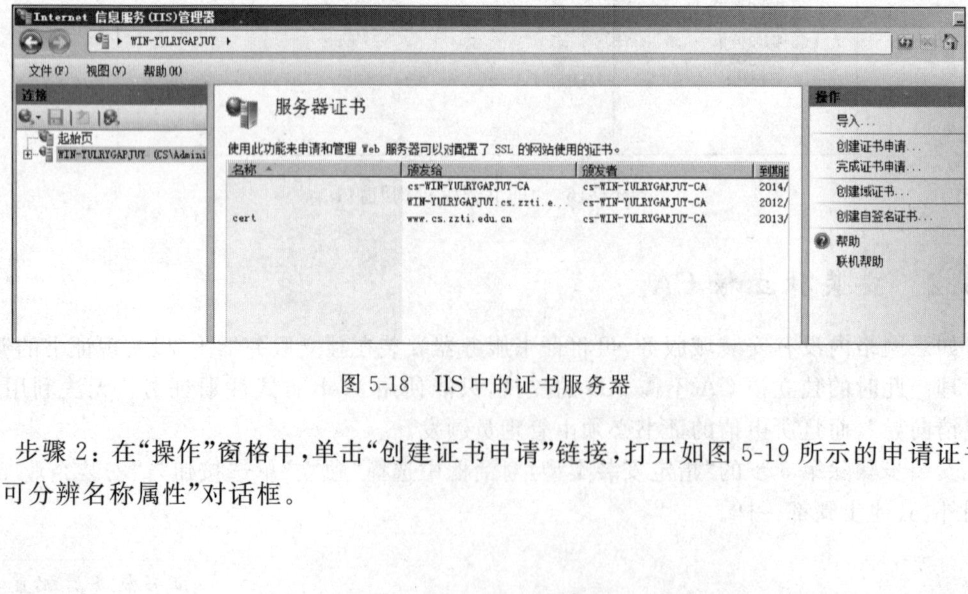

图 5-18 IIS 中的证书服务器

步骤 2：在“操作”窗格中，单击“创建证书申请”链接，打开如图 5-19 所示的申请证书中的“可分辨名称属性”对话框。

- 在“通用名称”文本框中，为证书输入一个名称，可以是证书服务器所在域的域名或者 IP 地址。
- 在“组织”文本框中，输入将使用该证书的组织的名称。
- 在“组织单位”文本框中，输入组织中将使用该证书的组织单位的名称。
- 在“城市/地点”文本框中，输入组织或组织单位所在的城市或地点的非缩略名称。
- 在“省/市/自治区”文本框中，输入组织或组织单位所在的省/市/自治区的非缩略名称。
- 在“国家/地区”文本框中，输入组织或组织单位所在的国家/地区的名称。

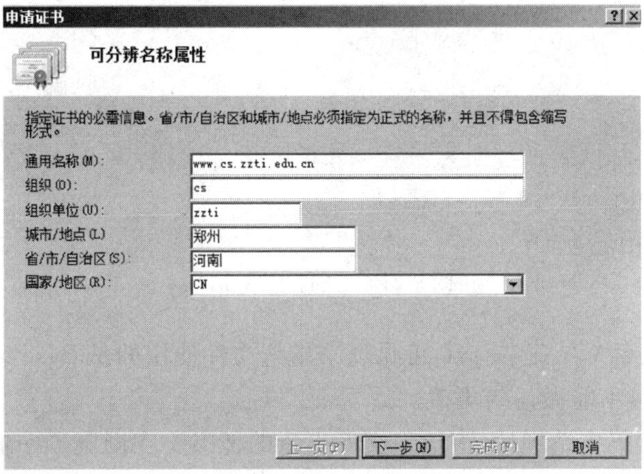

图 5-19 “可分辨名称属性”对话框

步骤 3：单击“下一步”按钮，进入“加密服务提供程序属性”对话框。

- 在“加密服务提供程序”下拉列表中，选择“Microsoft RSA SChannel 加密提供程序”或“Microsoft DH SChannel 加密提供程序”。默认情况下，IIS 7 使用 Microsoft RSA SChannel 加密提供程序。
- 在“位长”下拉列表中，选择提供程序可以使用的位长。默认情况下，RSA SChannel 提供程序使用的位长为 1024。DH SChannel 提供程序使用的位长为 512。位长越长，安全性就越强，但也会使性能受到不同程度的影响，如图 5-20 所示。

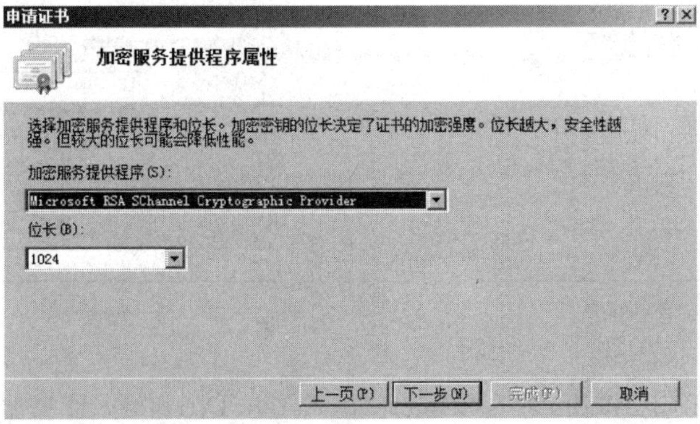

图 5-20 “加密服务提供程序属性”对话框

步骤 4：单击“下一步”按钮，进入“文件名”对话框。为该证书申请指定一个文件名和保存路径。在为证书申请指定一个“文件名”文本框中，输入一个文件名；也可以单击该页上的浏览按钮来定位文件，然后单击“完成”，将证书申请发送至公共 CA，如图 5-21 所示。

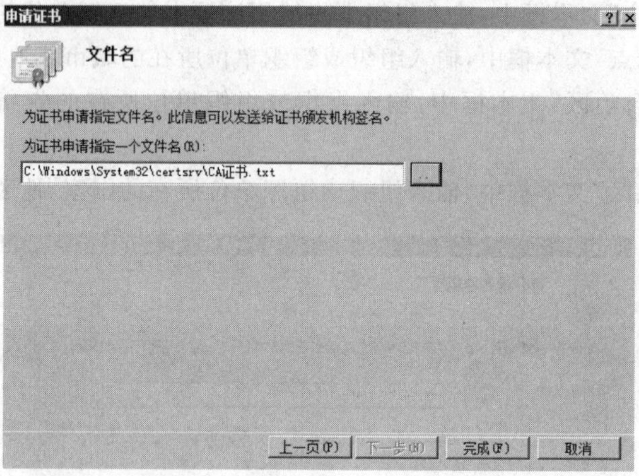

图 5-21 “文件名”对话框

步骤 5：打开文件 CA 证书.txt，可见证书申请文件使用的是 Base 编码。复制其中的全部内容。注意：内容不能做任何更改。

步骤 6：文件编码申请到后，应该提交所申请的证书。在浏览器中输入证书服务器的 IP 及证书文件所在的虚拟目录。按 Enter 键，弹出登录窗口。输入用户名和密码，如图 5-22 所示。

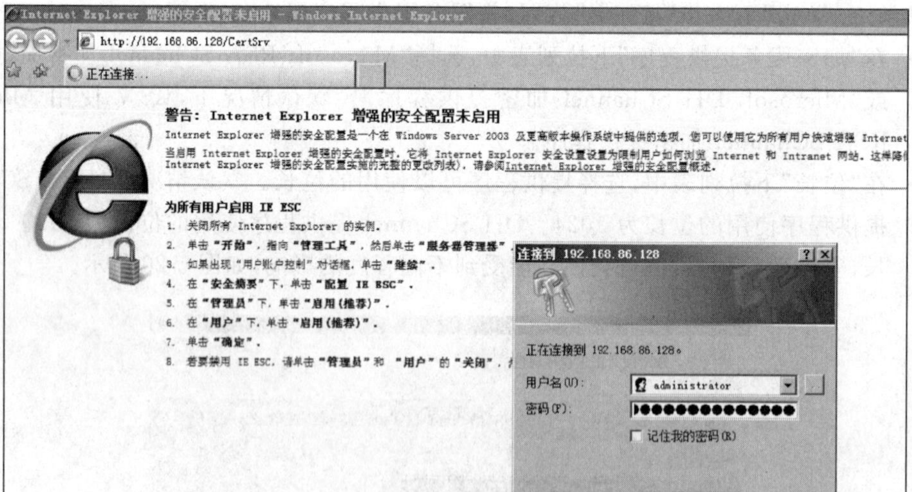

图 5-22 登录框

步骤 7：单击“确定”按钮，进入“Microsoft Active Directory 证书服务”窗口，如图 5-23 所示。

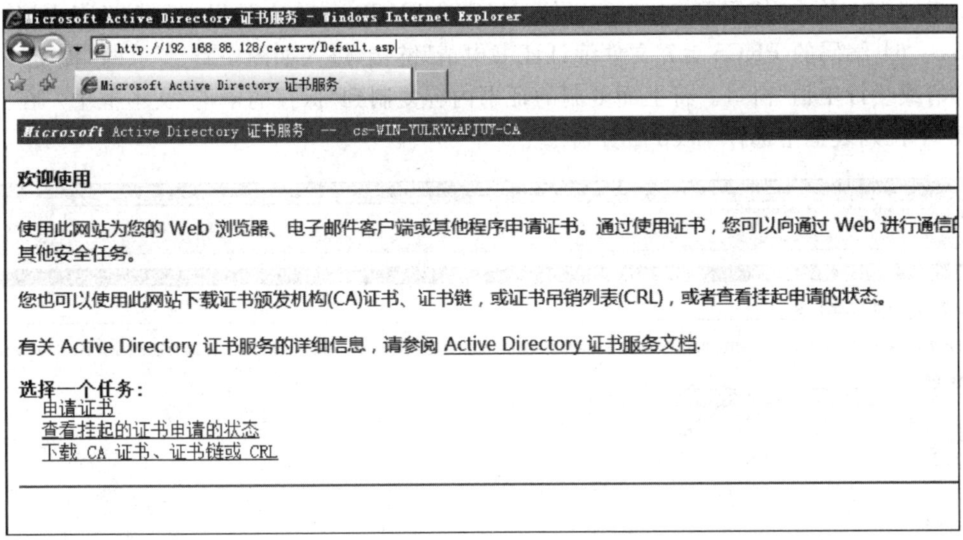

图 5-23 “Microsoft Active Directory 证书服务”窗口

步骤 8：单击“申请证书”链接，进入如图 5-24 所示的“申请一个证书”窗口。

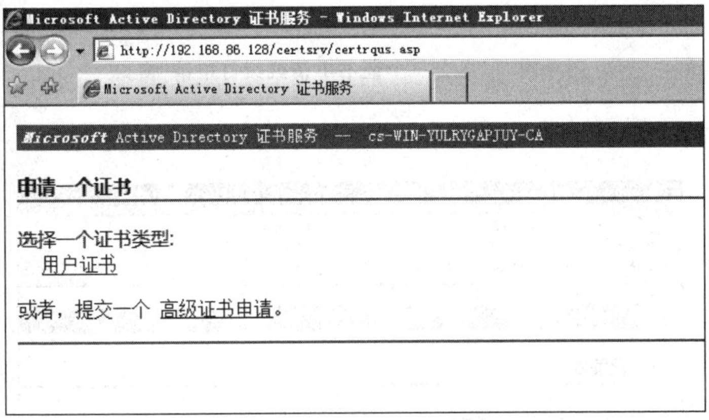

图 5-24 “申请一个证书”窗口

步骤 9：单击“提交一个高级证书申请”链接，进入如图 5-25 所示的“高级证书申请”窗口。

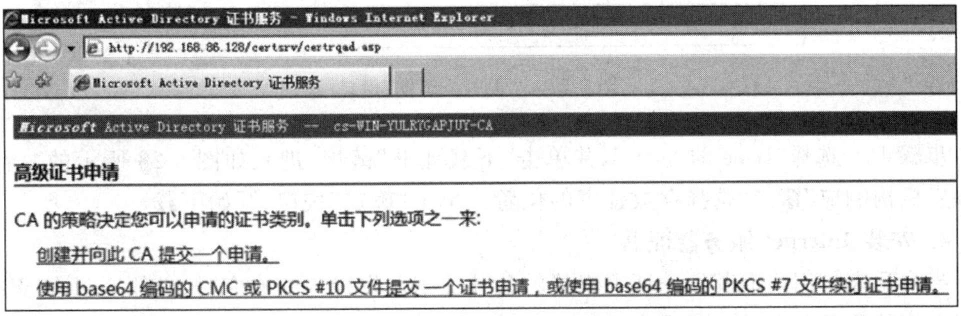

图 5-25 “高级证书申请”窗口

步骤 10：单击“使用 Base 64 编码的 CMC 或 PKCS #10 文件提交一个证书申请，或使用 Base 64 编码的 PKCS #7 文件续订证书申请”链接，进入如图 5-26 所示的“提交一个证书申请或续订申请”窗口。将上面复制的证书内容复制到“保存的申请”文本框中。在“证书模板”下拉列表框中选择“Web 服务器”。

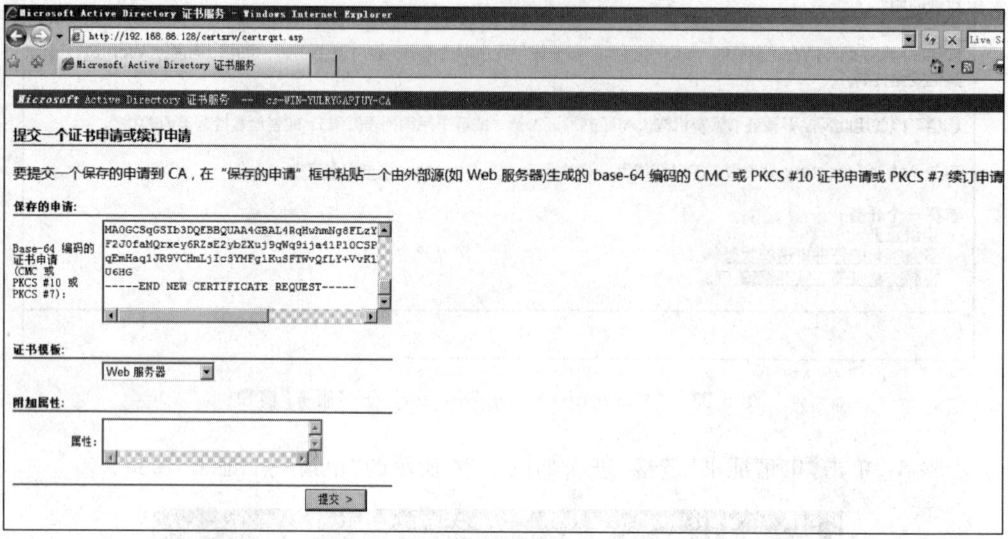

图 5-26 “提交一个证书申请或续订申请”窗口

步骤 11：单击“提交”按钮，进入如图 5-27 所示的“证书已颁发”窗口。

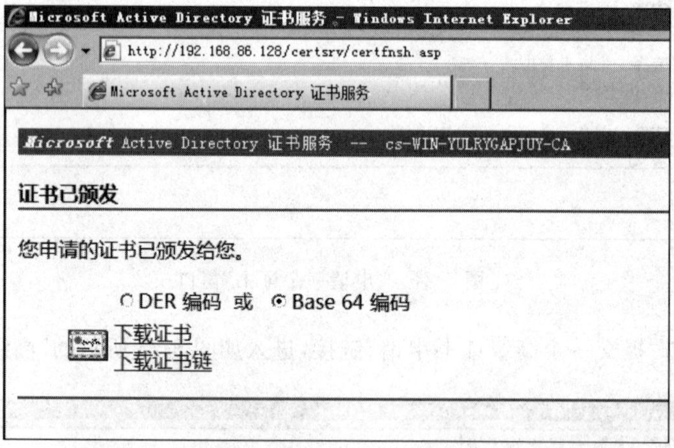

图 5-27 “证书已颁发”窗口

步骤 12：选择“Base 64 编码”，并单击“下载证书”链接，进入如图 5-28 所示的“指定证书颁发机构响应”窗口，选择存放证书的位置。单击“确定”按钮，开始下载。

4. 安装 Internet 服务器证书

当收到来自用户向其发送证书申请的公共证书颁发机构的响应时，必须通过在 Web 服务器上安装服务器证书来完成此过程。

步骤 1：下载完成后，打开“Internet 信息服务(IIS)管理器”窗口，在“功能视图”中，双击

“服务器证书”。在“操作”窗格中，单击“完成证书申请”链接，将申请的证书导入服务器，如图 5-29 所示。

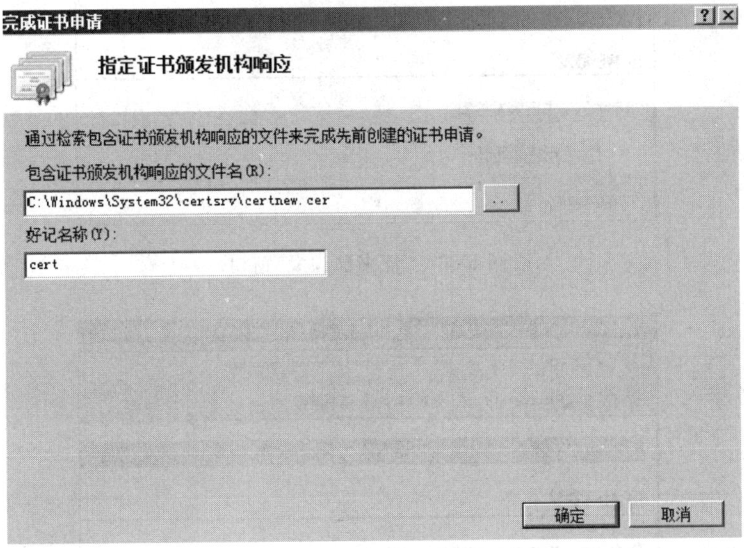

图 5-28 “指定证书颁发机构响应”窗口

步骤 2：单击“确定”按钮，将选择的证书导入服务器。导入成功后，在“功能视图”中，双击“服务器证书”。就可以看到刚导入的证书，如图 5-29 所示。

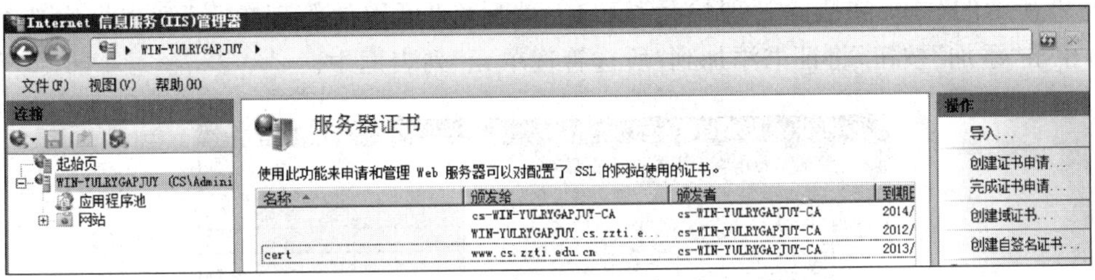

图 5-29 导入成功的服务器证书

5. 申请证书

步骤 1：打开如图 5-24 所示的“申请一个证书”窗口。

步骤 2：单击“用户证书”链接，进入“用户证书-识别信息”窗口。

步骤 3：单击“提交”按钮，开始从证书服务器申请证书，完成后进入如图 5-30 所示的“证书已颁发”窗口，提示所申请的证书已颁发。

步骤 4：单击“安装此证书”链接，进入如图 5-31 所示的“证书已安装”窗口，提示证书已安装。

5.4.2 使用“证书申请向导”申请证书

步骤 1：客户端以域用户身份登录到 PC，在运行窗口中输入 mmc，按 Enter 键。将打开一个控制台窗口。

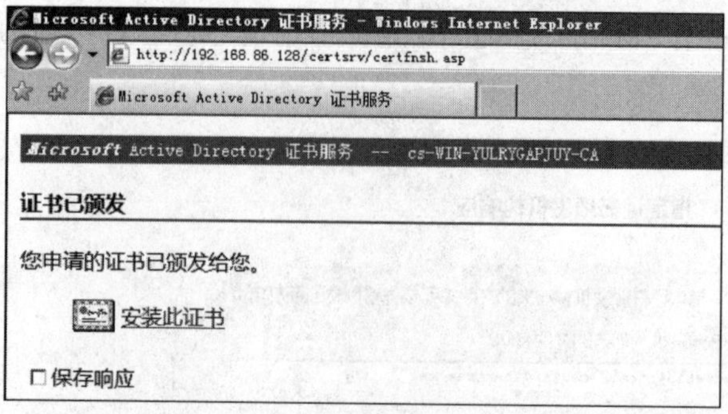

图 5-30 “证书已颁发”窗口

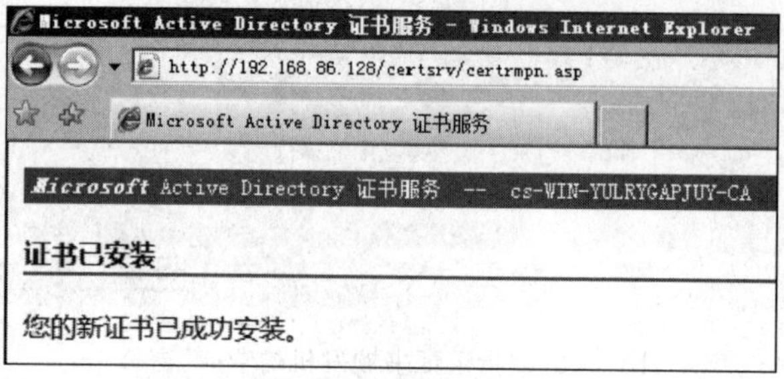

图 5-31 “证书已安装”窗口

步骤 2：如图 5-32 所示，在菜单栏依次单击“文件”→“添加/删除管理单元”，进入如图 5-33 所示的“添加或删除管理单元”窗口。然后在“可用的管理单元”列表框中选择“证书”，单击“添加”按钮，将证书添加到“所选管理单元”列表框中。

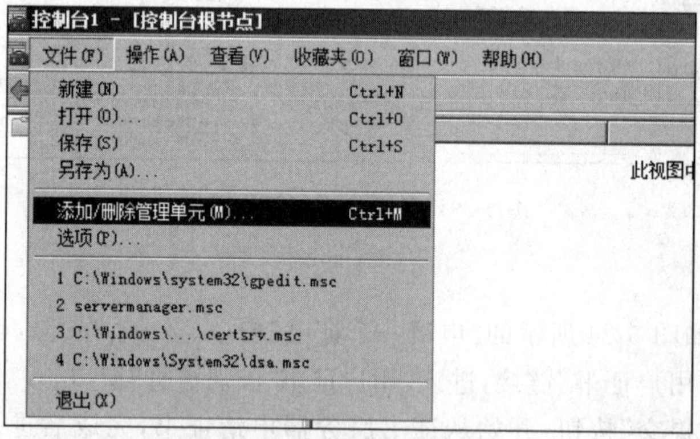

图 5-32 添加管理单元

步骤 3：单击“确定”按钮，将证书管理单元添加到控制台中。在“控制台根节点”中依次展开“证书-当前用户”→“个人”节点。在“个人”上右击并选择快捷菜单中的“所有任务”→“申请新证书”选项，进入“证书注册”窗口，如图 5-34 所示。

步骤 4：在“证书注册”窗口中单击“下一步”按钮，进入如图所示的“申请证书”窗口。选择证书的类型，单击“详细信息”，可以查看该类型证书的详细信息，如图 5-35 所示。

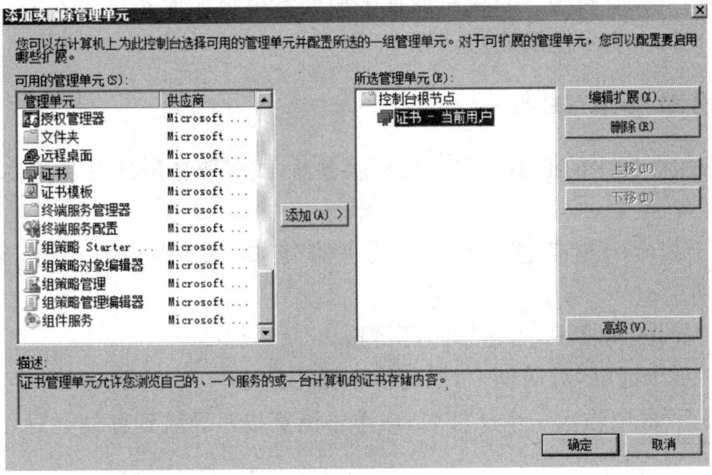

图 5-33　选择管理单元

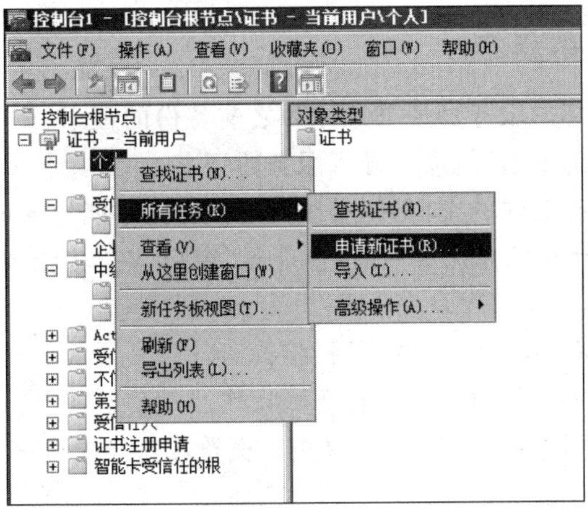

图 5-34　申请新证书

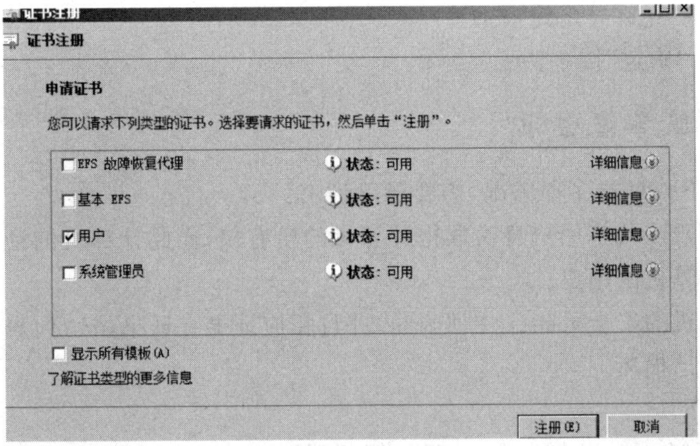

图 5-35　证书注册

步骤 5：单击“注册”按钮。系统将向证书服务器申请注册并自动安装。安装完成后显示证书安装结果窗口，提示注册成功。

5.4.3 导出服务器证书

如果要将源服务器中的证书应用于目标服务器，或者要备份证书及其关联私钥，请从源服务器中导出相应证书。

步骤 1：打开“Internet 信息服务(IIS)管理器”窗口，在“功能视图”中，双击“服务器证书”，如图 5-18 所示。

步骤 2：在“操作”窗格中，单击“导入”链接。

步骤 3：在“导出证书”对话框中，执行以下操作：

- 在“导出至”框中输入一个文件名，或单击浏览按钮导航到存储要导出的证书的文件的名称。
- 如果要将密码与导出的证书相关联，则在“密码”框中输入密码。
- 在“确认密码”框中重新输入该密码，然后单击“确定”。

5.4.4 导入服务器证书

如果要将丢失或损坏的服务器证书还原为之前备份的证书，或者安装由其他用户或证书颁发机构发送给用户的证书，就需要导入服务器证书。

如果服务器证书具有关联的密码，则必须知道该密码才能导入该服务器证书。

步骤 1：打开“Internet 信息服务(IIS)管理器”窗口，在“功能视图”中，双击“服务器证书”，如图 5-18 所示。

步骤 2：在“操作”窗格中，单击“导入”链接。

步骤 3：在“导入证书”对话框中，执行下列操作。

- 在“证书文件”框中输入文件名，或者单击浏览按钮导航至存储已导出证书的文件的名称。
- 如果在导出证书的过程中使用了密码，则在“密码”框中输入密码。
- 如果希望能够导出此证书，则选中“允许导出此证书”；如果不希望再次导出此证书，则清除“允许导出此证书”。

步骤 4：单击“确定”按钮。

5.4.5 删除服务器证书

如果出现以下一种或多种情况，需要删除证书：

- 以唯一用户或共享用户身份取得计算机的所有权，而此计算机的证书已分配给不再使用此计算机的用户。
- 认为计算机的安全可能已受到威胁，并且相应证书在证书吊销列表(CRL)中。
- 认为证书已损坏。

具体步骤如下。

步骤 1：打开“Internet 信息服务(IIS)管理器”窗口，在“功能视图”中，双击“服务器证书”，如图 5-18 所示。

步骤 2：在“操作”窗格中，单击“删除”链接。

注意：删除服务器证书可能会造成相关服务或程序停止运行。

步骤 3：在“确认删除”对话框中，单击“是”按钮。

5.5 使用独立证书服务

独立的证书服务器没有加入任何域，因此不能使用“证书申请向导”来申请，客户端只能以 Web 方式向独立的证书服务器申请证书。

此外，为了安全起见，客户在申请证书后不会立即安装，要等到管理员颁发证书后才能使用。

5.5.1 申请证书

客户端申请证书前，必须完成的两个工作：

- 在客户端的浏览器的“安全选项”→“自定义级别”→“Active X 控件和插件”上启用“对未标记为可安全执行脚本的 Active X 控件初始化并执行脚本”和“允许运行以前未使用的 Active X 控件而不提示”。
- 下载 CA 证书并导入到客户端上，使其信任证书颁发机构。

上面的两步完成后，就可以向独立的证书服务器申请证书了，其步骤如下。

步骤 1：打开浏览器，并在地址栏中输入申请的独立根证书的地址。如图 5-36 所示。

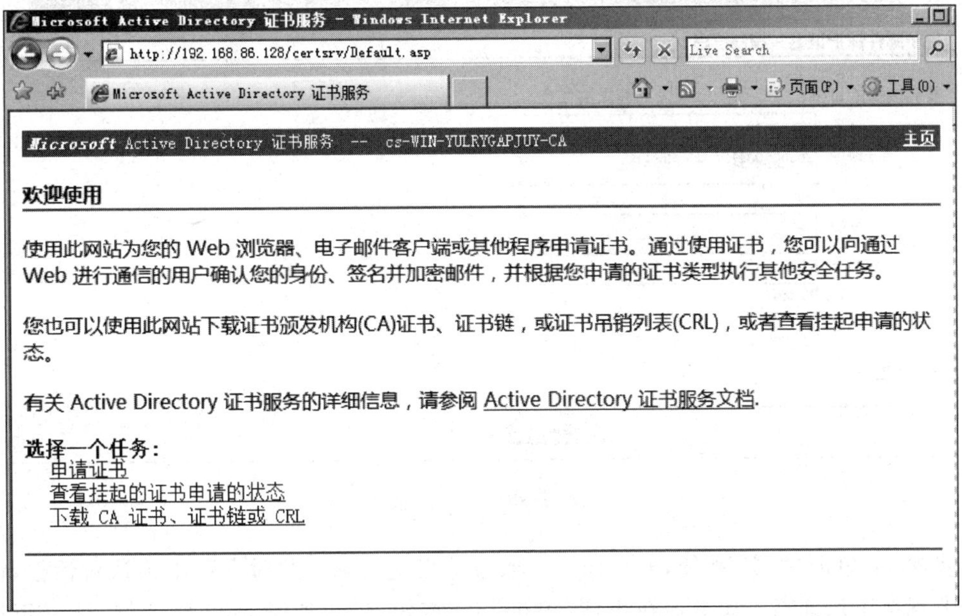

图 5-36 管理页面

步骤 2：单击“申请证书”链接，进入“申请一个证书”窗口，可以申请“Web 浏览器证书”或者“电子邮件保护证书”，也可提交一个“高级证书申请”，如图 5-37 所示。

步骤 3：以申请“电子邮件保护证书”为例，单击“电子邮件保护证书”链接，进入如图 5-38 所示的页面，在其中输入相应的信息即可。

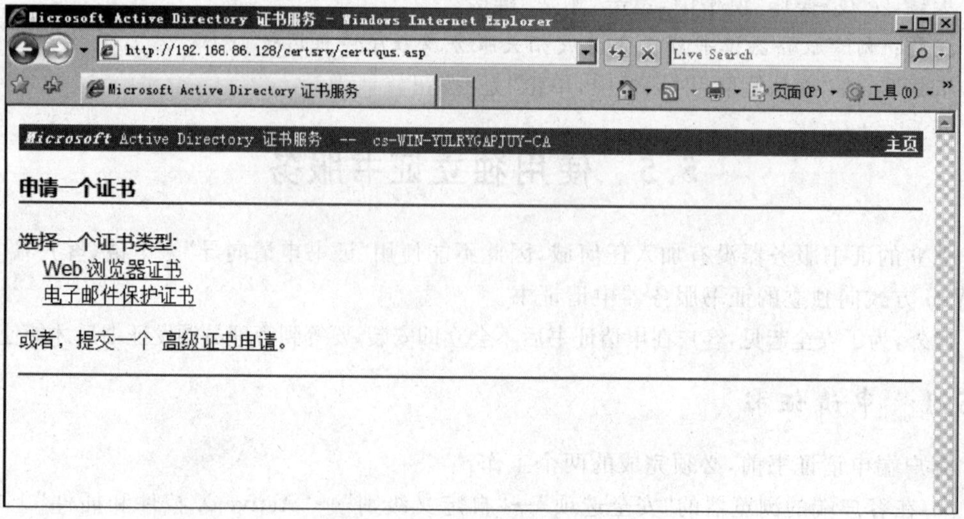

图 5-37　申请证书

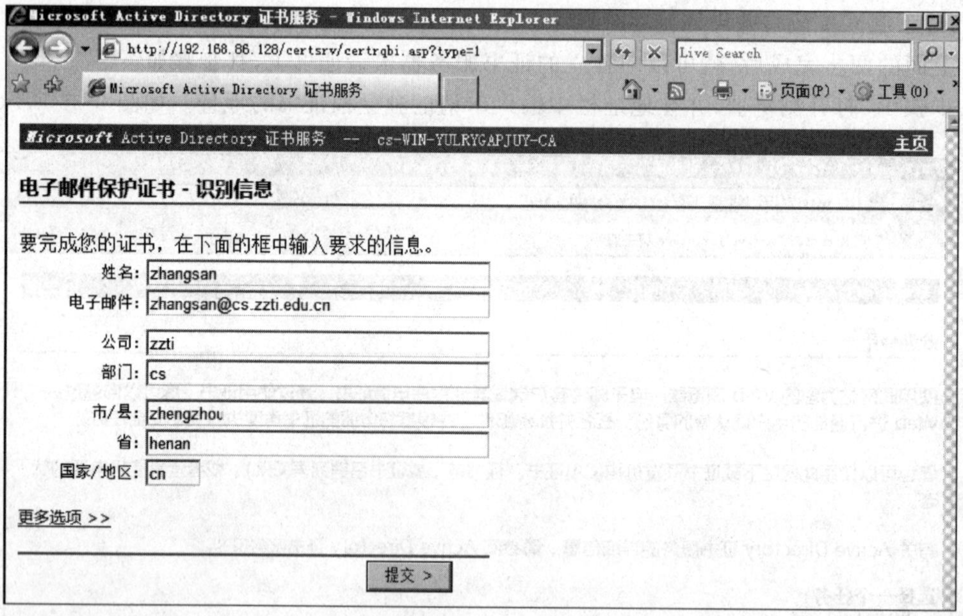

图 5-38　输入信息

步骤 4：单击“提交”按钮，开始向证书服务器发送请求。此时会弹出确认对话框，询问是否要现在申请证书。如要现在申请，单击“是”按钮，进入如图 5-39 所示的“证书正在挂起”页面，提示：申请已收到，但需要等待管理员颁发。

5.5.2 颁发证书

颁发证书是管理员的职责和权限，管理员可以登录到 Windows Server 2008 证书服务器，查看所有的证书申请，并对符合条件的单位或个人颁发证书。

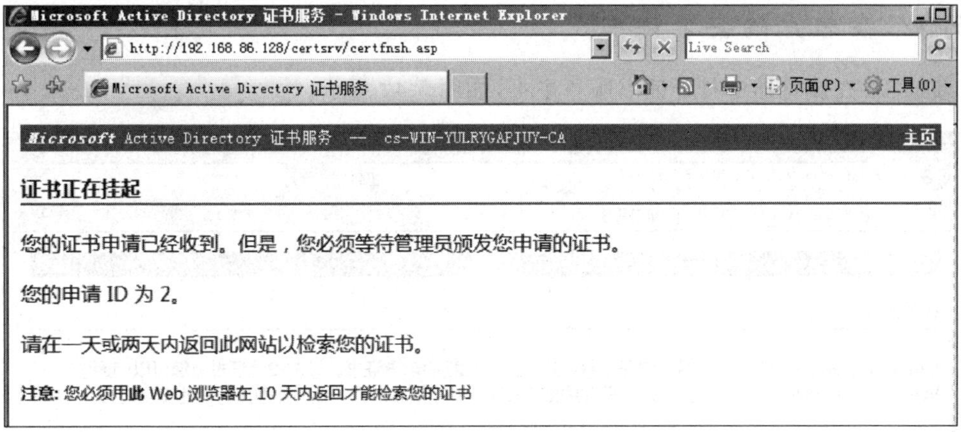

图 5-39　证书挂起

步骤 1：管理员登录到 Windows Server 2008 证书服务器，依次单击"开始"→"管理工具"→Certification Authority，打开 certsrv 窗口，如图 5-40 所示。

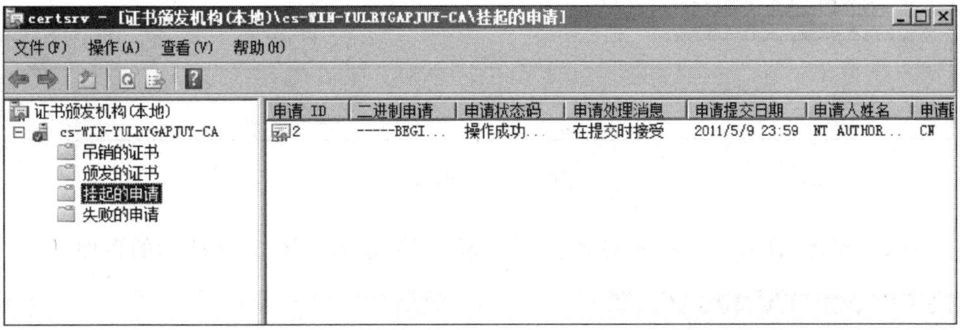

图 5-40　证书颁发机构

步骤 2：选择要颁发的证书，并在其上右击并选择快捷菜单中的"所有任务"→"颁发"选项，即可颁发选定的证书。此时，客户端就可以安装或下载此颁发的证书了，如图 5-41 所示。

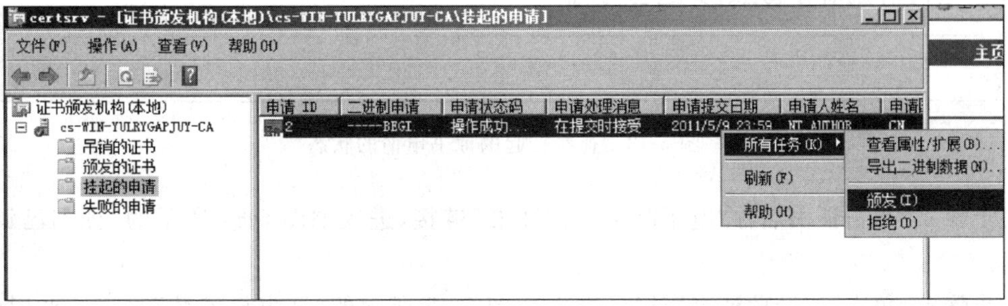

图 5-41　颁发证书

5.5.3 在客户端安装证书

步骤 1：在浏览器中打开证书服务主页，如图 5-42 所示。

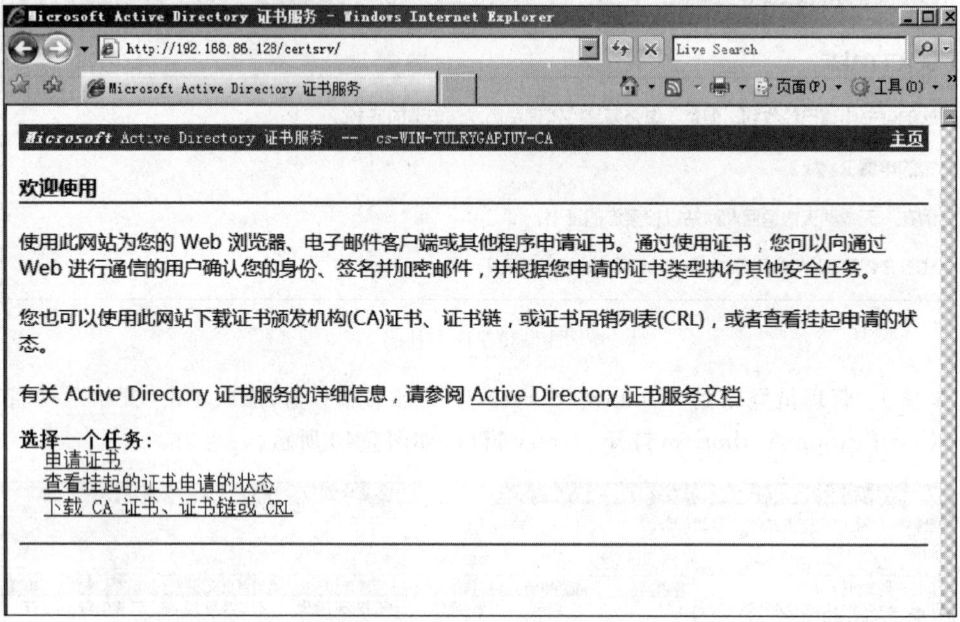

图 5-42 安装证书

步骤 2：单击“查看挂起的证书申请的状态”链接，显示如图 5-43 所示的页面。

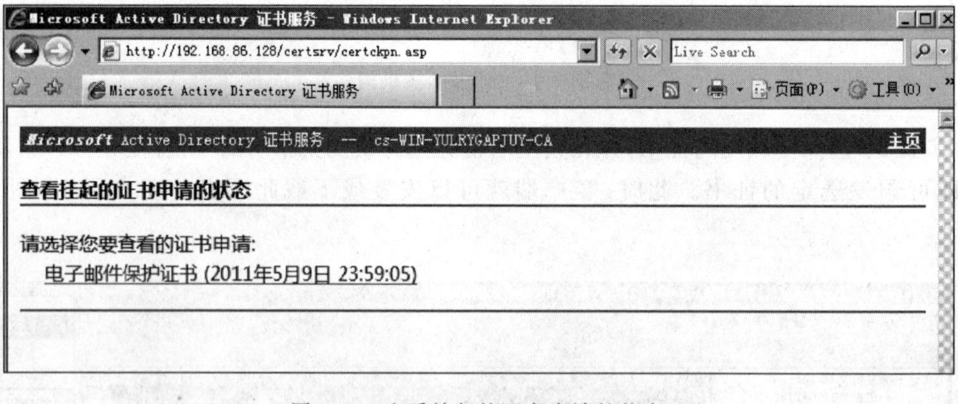

图 5-43 查看挂起的证书申请的状态

步骤 3：单击证书名称“电子邮件保护证书”链接，进入如图 5-44 所示的“证书已颁发”页面。

步骤 4：单击“安装此证书”链接，进入如图 5-45 所示的“证书已安装”页面。此时该证书已安装到客户端计算机上。

步骤 5：在客户端的浏览器上，依次打开“工具”→“Internet 选项”→“内容”→“证书”，可以看到刚安装的证书，如图 5-46 所示。

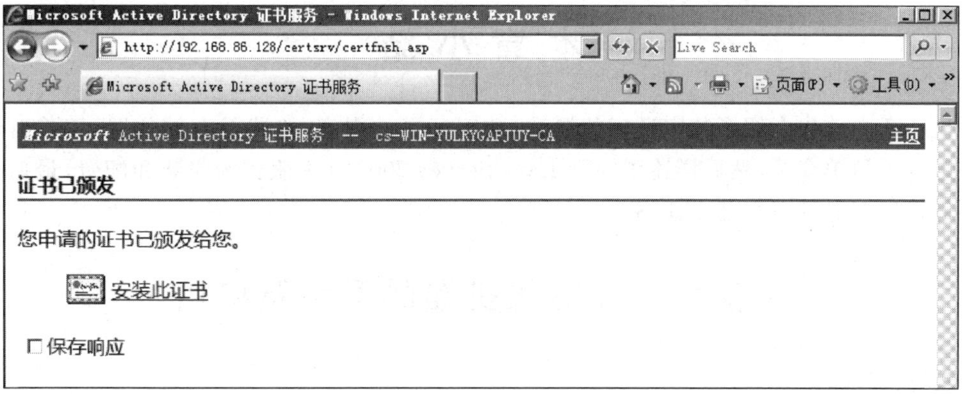

图 5-44　证书已颁发

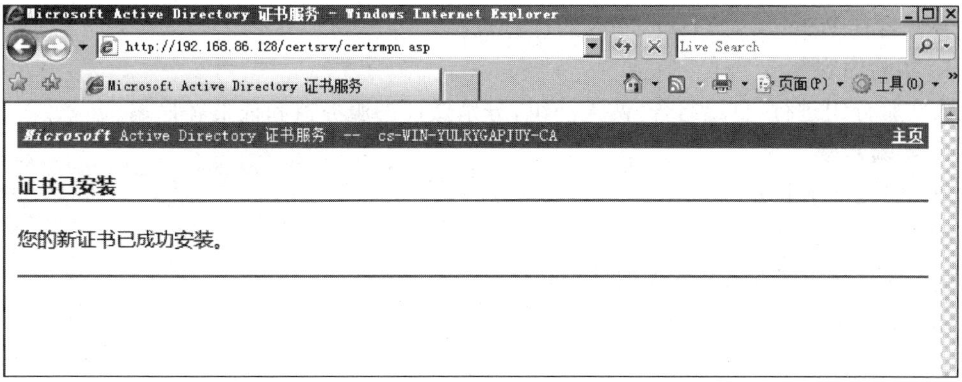

图 5-45　证书安装成功

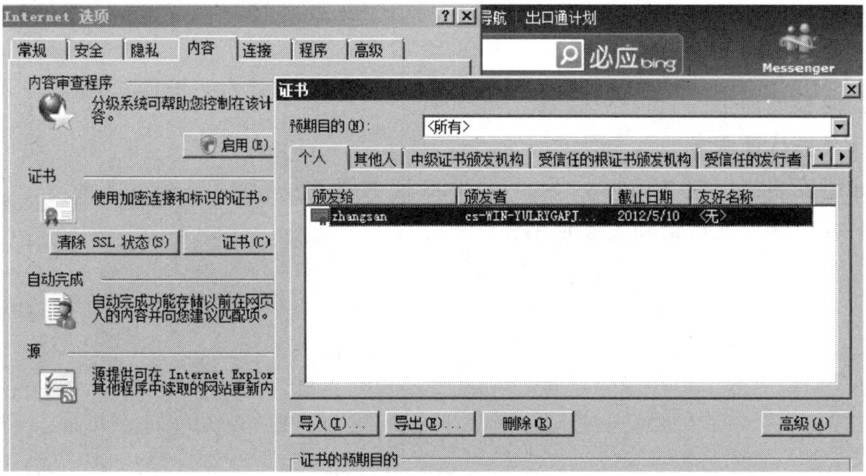

图 5-46　查看证书

本章小结

这一章中首先介绍了数字证书的概念，数字证书的内容、格式及存储位置，接着对认证服务进行了简单介绍，然后详述了 Windows Server 2008 证书服务的安装和配置，最后介绍了如何使用企业证书和独立证书。

实验六 证书服务器的配置及应用

1. 实验目的

熟练掌握证书服务器的配置方法，了解证书服务器的工作原理，学会在客户端申请和使用证书。

2. 实验环境

多台装有 Windows Server 2008 的计算机。

3. 实验内容

该实验分组进行，自愿组合，两人一组，分别做证书服务器和证书客户端。

4. 实验步骤

(1) 安装证书服务。

(2) 证书服务器管理。

(3) 客户端下载并安装 CA 根证书。

(4) 申请并安装客户证书。

习 题

1. 什么是数字证书？
2. 使用数字证书的目的有哪些？
3. 简述数字证书的内容。
4. 如何验证证书？
5. 什么是认证服务？
6. 如何安装与配置 Windows Server 2008 证书服务？
7. 在客户端如何申请和安装证书？

第6章 Windows Server 2008 安全管理

【本章学习目标】

- 了解组策略的概念。
- 掌握组策略的安全管理方法。
- 掌握域控制器的安全管理。

6.1 组策略安全管理

6.1.1 组策略概述

1. 概念

组策略(Group Policy,GP)是管理员为计算机和用户定义的,用来控制应用程序、系统设置和管理模板的一种机制。GP也是Windows操作系统中最常用的管理组件之一,支持安全部署、定制安全策略、软件限制与分发等。简单地说,组策略就是介于控制面板和注册表之间的一种修改系统、设置程序的工具。组策略高于注册表,组策略使用更完善的管理组织方法,可以对各种对象中的设置进行管理和配置,远比手工修改注册表方便、灵活,功能也更加强大。使用组策略可以实现的功能:

- 账户策略的设定;
- 本地策略的设定;
- 脚本的设定;
- 用户工作环境的定制;
- 软件的安装与删除;
- 限制软件的运行;
- 文件夹的转移;
- 其他系统设定。

2. 启动

方法1:单击"开始"→"运行",输入gpedit.msc,单击"确定"按钮,打开本地计算机组策略编辑器,如图6-1所示。

方法2:单击"开始"→"运行",输入MMC,单击"确定"按钮,打开Microsoft管理控制台。单击"文件"→"添加或删除管理单元",在"可用的管理单元"中选择添加"组策略对象编辑器",如图6-2所示。

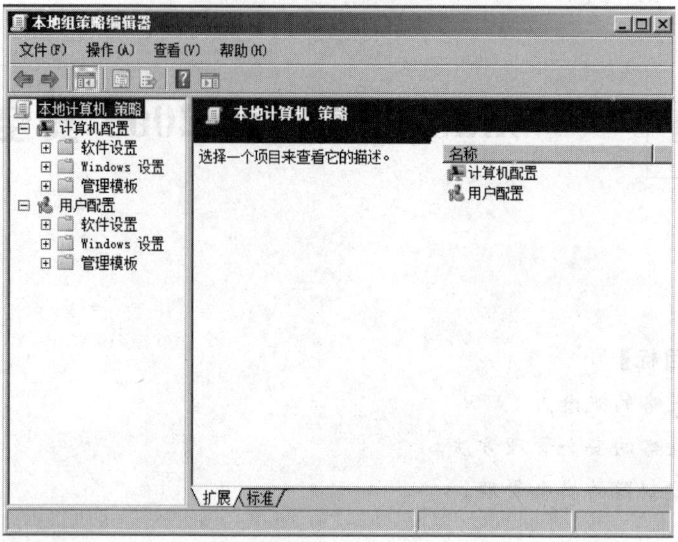

图 6-1　打开本地计算机组策略编辑器

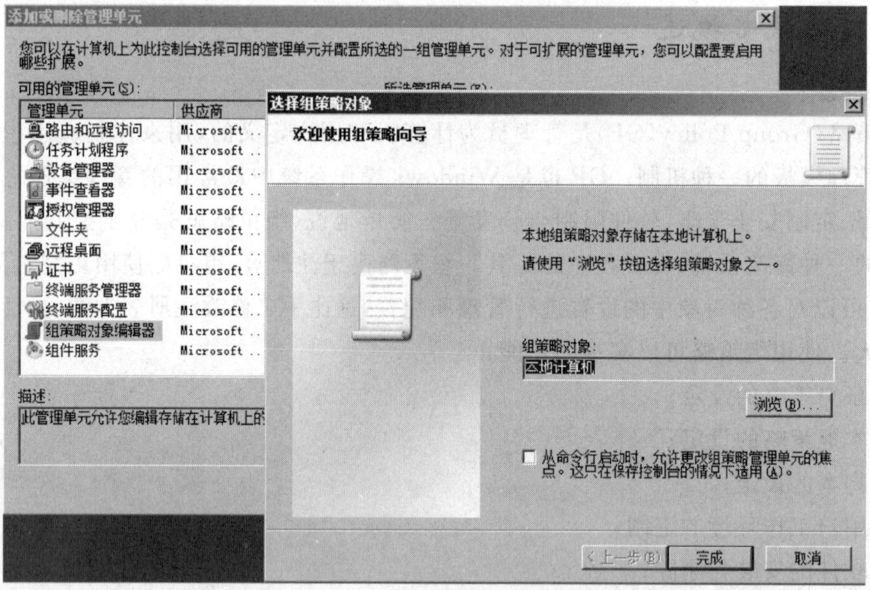

图 6-2　添加组策略对象编辑器

单击“完成”按钮，然后单击“确定”按钮，则出现如图 6-3 所示的控制台根节点下的“本地计算机 策略”。

3. 组策略界面

组策略主界面共分为左右两个窗格，左边窗格中的“本地计算机策略”由“计算机配置”和“用户配置”两个子项构成，右边窗格中是针对左边某一配置可以设置的具体策略。

4. 组策略对象

组策略的基本单元是组策略对象 GPO，它是一组设置的组合。有两种类型的组策略对

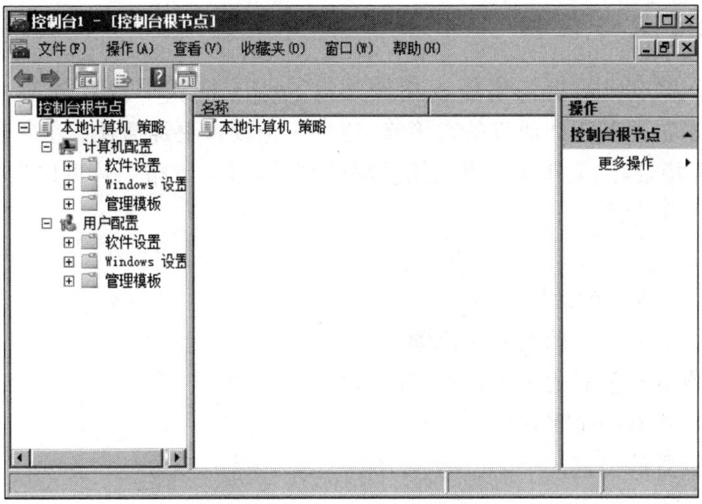

图 6-3　打开本地计算机策略

象：本地组策略对象和非本地组策略对象。组策略作用范围：由它们所链接的站点、域或组织单元启用。

5. 组策略的应用时机

计算机配置：计算机开机时自动启用，域控制器默认每隔 5 分钟自动启用，非域控制器默认每隔 90～120 分钟自动启动，此外不论策略是否有变动系统每隔 16 小时自动启动一次。

用户配置：用户登录时自动启用，系统默认每隔 90 分钟自动启动，此外不论策略是否有变动系统每隔 16 小时自动启动一次。

手动启动组策略的命令是：gpupdate /target:compute /force。

6. 组策略的处理顺序

组策略的配置是累加的。应用的顺序：本地组策略对象→站点的组策略对象→域的组策略对象→组织单元的组策略对象。后面策略覆盖前面策略。

7. 组策略的基本配置

1）计算机配置

计算机配置包括所有与计算机相关的策略设置，它们用来指定操作系统行为、桌面行为、安全设置、计算机开机与关机脚本、指定的计算机应用选项以及应用设置。

2）用户配置

用户配置包括所有与用户相关的策略设置，它们用来指定操作系统行为、桌面设置、安全设置、指定和发布的应用选项、应用设置、文件夹重定向选项、用户登录与注销脚本等。

3）组策略插件扩展

- 软件设置。
- Windows 设置：账号策略、本地策略、事件日志、受限组、系统服务、注册表、文件系统、IP 安全策略、公钥策略。
- 管理模板。

6.1.2 admx 策略模板

在 Windows 2008 中，组策略模板文件是以.admx 格式单独存放的。这是一种基于 xml 的文件，用来描述基于注册表的组策略，使得安全设置更加简便。组策略模板文件分为语言无关和语言特定，以适用于所有的组策略管理员，且组策略工具可以根据管理员配置的语种来调整其管理界面。

1. 基本信息

组策略模板中通常包括如下信息：

- 与每一个设置对应的注册表位置；
- 与每个设置相关联的选项或对值的限制；
- 设置多数都有一个默认值；
- 对每个设置的描述；
- 支持设置不同的 Windows 版本。

如图 6-4 所示为 AutoPlay.admx 策略模板中一条策略的相关信息。可以看到策略名、注册表位置、注册表项、默认值等相关信息。

```
<policies>
    <policy name="NoAutorun" class="Both" displayName="$(string.NoAutorun)"
    explainText="$(string.NoAutorun_Help)" presentation="$(presentation.NoAutorun)"
    key="Software\Microsoft\Windows\CurrentVersion\Policies\Explorer">
      <parentCategory ref="AutoPlay" />
      <supportedOn ref="windows:SUPPORTED_WindowsVista" />
      <elements>
        <enum id="NoAutorun_Dropdown" valueName="NoAutorun">
          <item displayName="$(string.NoAutorun_Disabled)">
            <value>
              <decimal value="1" />
            </value>
          </item>
          <item displayName="$(string.NoAutorun_XP)">
            <value>
              <decimal value="2" />
            </value>
          </item>
        </enum>
      </elements>
    </policy>
```

图 6-4 组策略模板基本信息

2. 模板文件编辑

ADMX 文件采用 xml 标准来描述注册表策略的设置，如图 6-4 所示。管理员可以通过多种编辑工具打开或者编辑 ADMX 文件，如记事本、写字板、文本编辑器、Visual Studio、IE 浏览器等都可以查看文件详细内容。组策略文件存放在 Windows\PolicyDifinitions 下。

6.1.3 账号策略

1. 安全设置

安全设置策略主要用于保护计算机的安全。所有的安全策略都是基于“计算机配置”的策略。尽管 Windows 2008 提供了强大的安全机制，但在默认情况下并未配置，起不到任何保护作用，所以必须根据需要启用并配置这些安全策略，以确保系统安全。打开“本地组策略编辑器”窗口，依次展开“本地计算机策略”→“计算机配置”→“Windows 设置”→“安全设置”,即可开始配置相关策略,如图 6-5 所示。

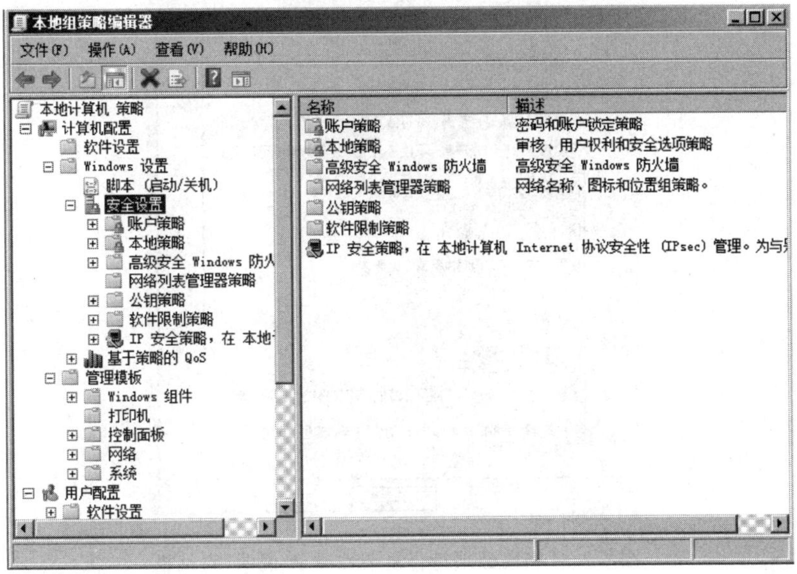

图 6-5　本地组策略编辑器窗口

账户策略主要用于限制本地用户账户或域用户账户的交互方式,包括密码策略和账户锁定策略。

- 密码策略:用于域或本地用户账户的密码设置。
- 账户锁定策略:用于域或本地用户账户,确定某个账号被锁定在系统之外的情况和时间长短。

2. 密码策略

在 Windows 2008 系统中,默认已经开启密码策略。密码策略主要为如图 6-6 所示的策略。其默认的安全设置在图中有所体现。

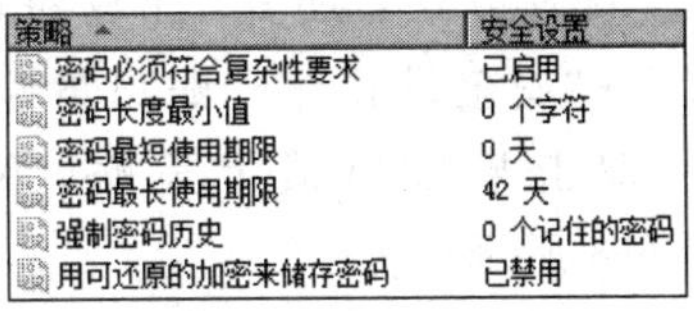

图 6-6　默认密码策略

双击“密码必须符合复杂性要求”,密码如图 6-7 所示。在“本地安全设置”中选择“已启用”即可启用该策略。策略一旦启用,则严格按照“说明”中所定义的最低要求。

读者在进行密码策略配置过程中,请先参考每一项配置中的“说明”进行配置。几点重要说明如下。

- 密码长度最小值:可选范围为 1～14,0 表示允许不设置密码。
- 密码最短使用期限:可选范围为 0～998,独立服务器默认为 0 天,域控制器默认为 1 天。
- 密码最长使用期限:可选范围为 1～999,默认为 42 天,0 表示永不过期。
- 强制密码历史:用于限制用户更改账号密码之前不得使用的旧密码个数。范围为 0～24,独立服务器默认为 0,域控制器默认为 24。如果用户设置为 5,则用户修改密码时不能使用在此之前用过的 5 个历史密码。
- 用可还原的加密来存储密码:用于确定操作系统是否使用可还原的加密来存储密

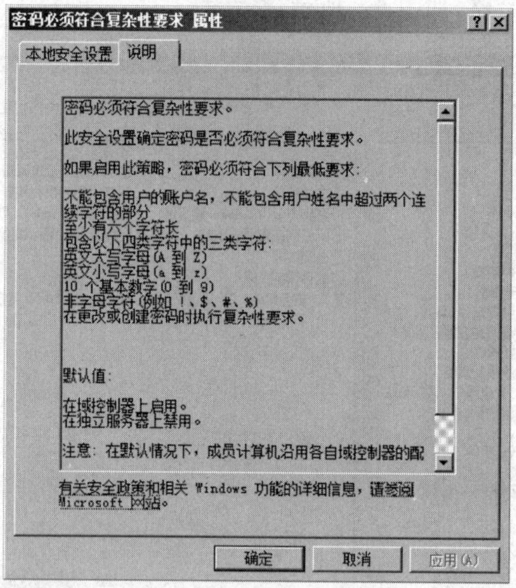

图 6-7 “密码必须符合复杂性要求 说明”对话框

码，此策略为某些应用程序提供支持，这些应用程序使用的协议需要用户密码来进行身份验证。除非应用程序需求比保护密码信息更重要，否则不予启用。

3. 账号锁定策略

账户锁定指在某些情况下(如账户受到黑客攻击)，为保护账户安全而将此账户进行锁定，使之在一定时间内不能再次登录，从而挫败连续的猜解尝试。主要包括账户锁定阈值、账户锁定时间、复位账户锁定计数器。

配置方法：展开“计算机配置”→“Windows 设置”→“安全设置”→“账户策略”→“账户锁定策略”项，双击某账户锁定策略，策略及其默认设置如图 6-8 所示。

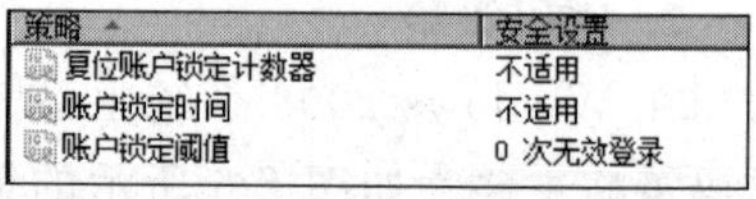

图 6-8 账户锁定策略默认配置

“复位账号锁定计数器”和“账号锁定时间”默认是禁止配置。并且“复位账号锁定计数器”和“账号锁定时间”的开启必须和“账号锁定阈值”相关联，如图 6-9 所示。

几点重要说明如下。

- 账户锁定阈值：用户登录输入密码失败时，将记做登录尝试失败。Windows Server 2008 独立服务器默认值为 0 表明账号不锁定，域控制器默认未配置。
- 账户锁定时间：默认为 30 分钟。
- 复位账户锁定计数器：如果定义了账号锁定阈值，此重置时间必须小于或等于账号锁定时间。

4. 推荐密码策略设置

- 必须开启“密码必须符合复杂性要求”。
- 12 个字符或者更高的“密码长度最小值”。
- 3 次以上无效登录的“账号锁定阈值”。

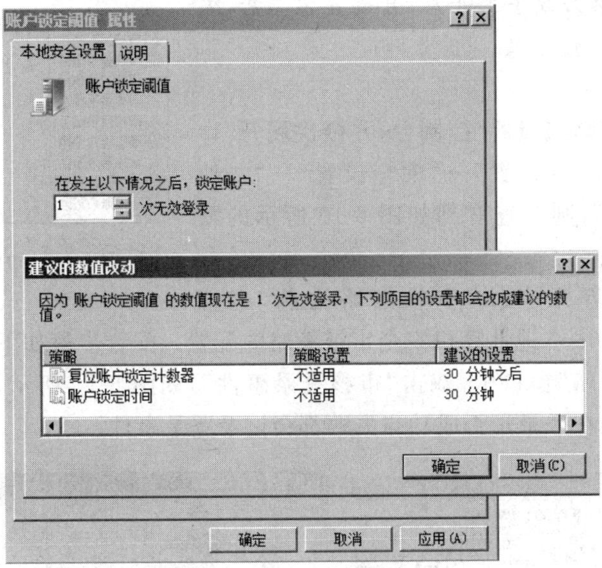

图 6-9　账户锁定阈值设置

- 默认 30 分钟的“账号锁定时间”。
- 默认 30 分钟的“复位账户锁定计数器”。

6.1.4　审核策略

1. 概述

审核是指通过将所选类型的事件记录在服务器或工作站的安全日志中来跟踪用户活动的过程。安全审核策略是 Windows 2008 的一项功能，负责监视各种与安全性有关的事件。每当用户执行指定的某些操作时，审核日志就会记录一项。如对文件、安全策略、注册表等进行修改就会触发审核项，记录其执行的操作、相关用户信息、操作日期和时间。

通过配置审核策略，系统可以自动地记录登录到本地计算机上面的所有信息。因此监视系统事件对于检测入侵者以及危及系统数据安全性的尝试是非常必要的。失败的登录尝试就是一个应该被审核的事件的范例。

通过审核可以记录下列信息：

- 用户账号信息的完整性；
- 系统安全配置是否更改；
- 用户指定的文件、文件夹或打印机进行那种类型的访问；
- 用户登录系统时间、成功与否、日期与时间等。

各个审核项可以进行如下的配置。

- 成功：操作成功时会生成一个审核项。
- 失败：请求操作失败时会生成一个审核项。
- 无审核：相关操作不会生成审核项。

因此，通过审核、记录并查看这些信息，可以及时发现系统存在的安全隐患、资源使用情况等。Windows Server 2008 系统支持的审核策略和默认设置如图 6-10 所示。

注意：审核策略必须手工开启，且设置完毕后，需要重新启动计算机才能生效。

2. 配置

打开“本地组策略编辑器”控制台，并依次展开“计算机配置”→“Windows 设置”→“安全设置”→“本地策略”→“审核策略”，则会查看到如图 6-10 所示的默认的系统所有策略。

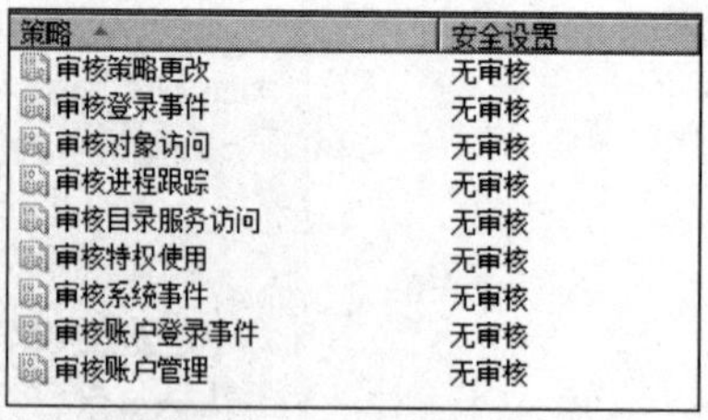

策略
安全设置
审核策略更改
无审核
审核登录事件
无审核
审核对象访问
无审核
审核进程跟踪
无审核
审核目录服务访问
无审核
审核特权使用
无审核
审核系统事件
无审核
审核账户登录事件
无审核
审核账户管理
无审核

图 6-10 审核策略默认设置

下面以“审核登录事件”审核策略为例，进行 Windows Server 2008 本地计算机安全审核策略的配置。配置步骤如下。

(1) 在“审核策略”窗口中，双击“审核登录事件”，如图 6-11 所示，同时选择“成功”和“失败”选项，则系统在登录是否成功与失败都会记录登录事件。

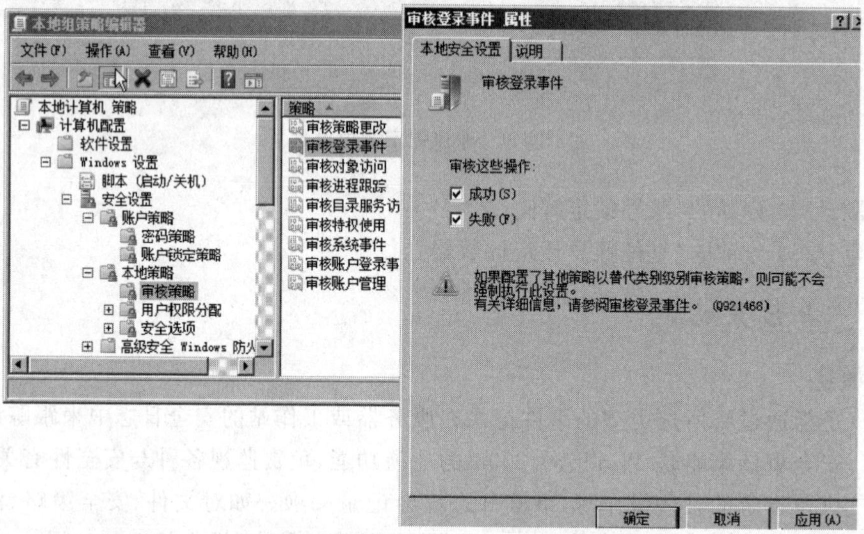

图 6-11 “审核登录事件 属性”对话框

(2) 单击“说明”按钮，可以查看该策略的说明信息。

(3) 单击“确定”按钮，保存设置，则在系统重启后生效。

其他审核策略的配置步骤和上述一致，不再赘述。

3. 推荐配置

- 审核账户登录事件：成功、失败。
- 审核账户管理：成功、失败。
- 审核目录服务访问：失败。
- 审核登录事件：成功、失败。
- 审核对象访问：失败。
- 审核策略更改：失败、成功。
- 审核特权使用：失败。
- 审核过程跟踪：失败。
- 审核系统事件：成功与失败。

配置与启用审核策略后，系统将自动对指定事件进行审核和记录。默认情况下保存在 system32\winevt\logs\下。如图 6-12 所示为借助 Windows 事件查看器查看的关于“安全”事件中审核失败与成功的日志信息。

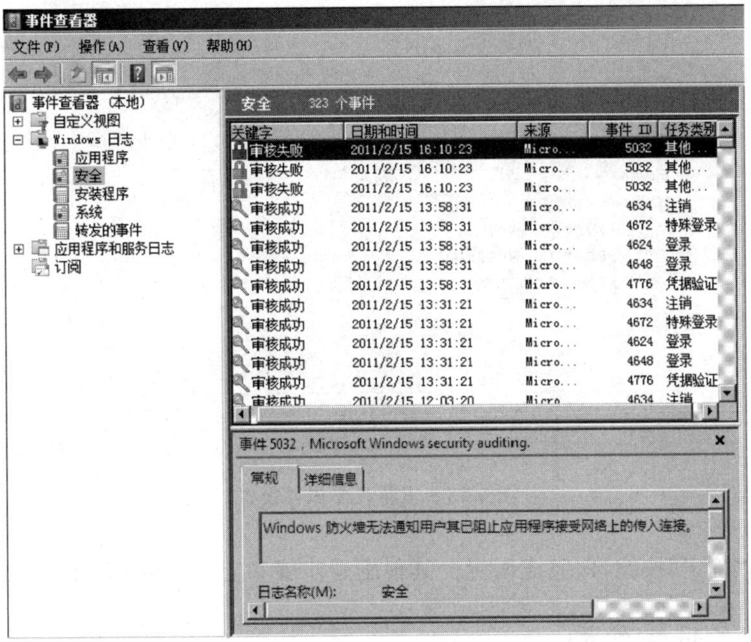

图 6-12 查看安全事件审核日志信息

4. 调整日志审核文件的大小

一旦开启审核，则会记录大量的信息，那么必须设置保存审核日志文件的空间大小。在 Windows Server 2008 中，默认已经设置文件大小，大小如下。

- 应用程序日志：1024KB。
- 安全日志：20MB。
- 系统日志：20MB。
- 安装程序日志：20MB。
- 转发的事件日志：20MB。

对于网络服务器而言，建议适当增大日志文件的上限值。推荐大小如下：

- 应用程序日志：50MB。
- 安全日志：100MB。
- 系统日志：100MB。

如何调整 Windows 日志文件大小的存储空间大小，下面以“安全”日志审核文件为例进行配置。配置步骤如下：

(1) 依次单击“开始”→“管理工具”→“事件查看器”，如图 6-12 所示。

(2) 右击“安全”并选择菜单中的“属性”选项，如图所示。在“日志最大大小”文本框中输入 1024000KB(1GB)大小，然后选择“日志满时将其存档，不覆盖事件”按钮，以免丢失历史事件日志，如图 6-13 所示。

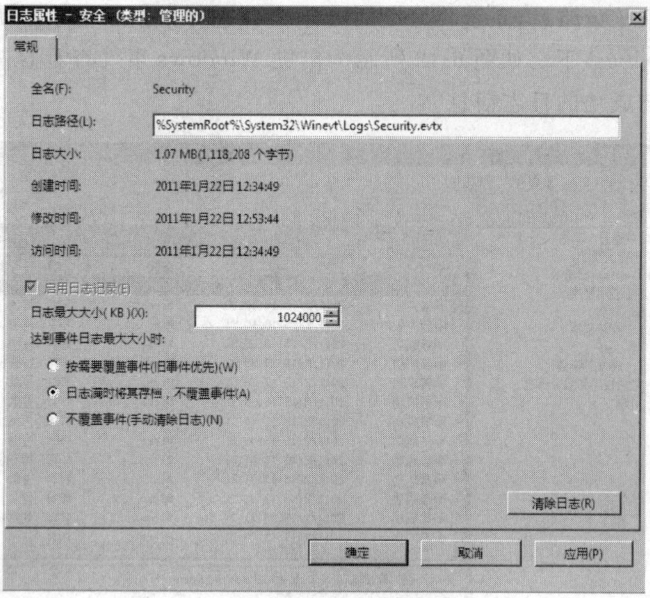

图 6-13　审核日志属性设置

(3) 单击“确定”按钮，即完成配置。其他配置步骤和上述一致，不再赘述。

6.1.5　用户权限分配

通过“用户权限分配”，管理员可以将部分安全功能设置分配给指定用户账号，一方面减少系统或网络管理员的工作负担，同时可以将重要权限分摊到不同的用户账号，避免因个别用户权限过大而给造成的安全威胁。打开“本地组策略编辑器”控制台，并依次展开“计算机配置”→“Windows 设置”→“安全设置”→“本地策略”→“用户权限分配”，如图 6-14 所示为用户权限分配策略。

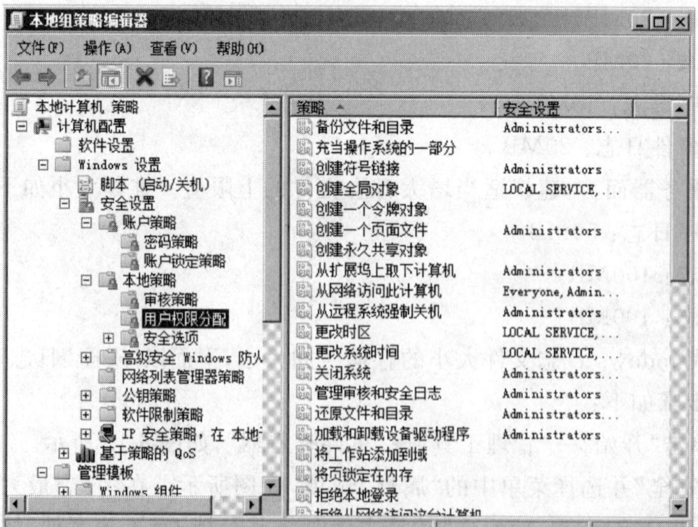

图 6-14　用户权限分配策略

下面以“备份文件和目录”为例，介绍如何配置用户权限分配策略，操作如下：

(1) 双击“备份文件和目录”，在“备份文件和目标 属性”的“本地安全设置”中可以看到策略默认的用户账号和组，如图 6-15 所示。

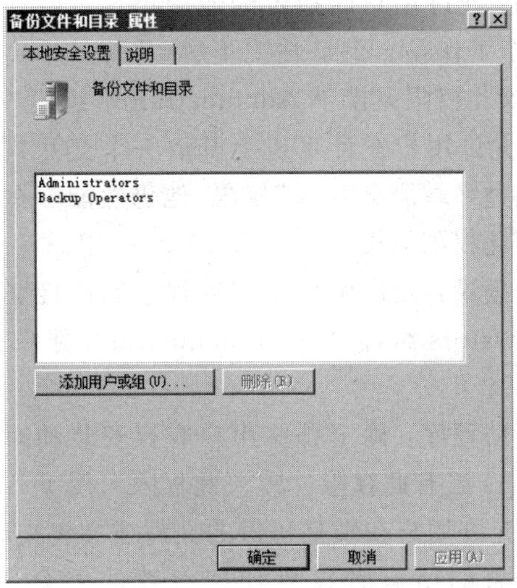

图 6-15 “备份文件和目标 属性”对话框

(2) 单击“添加用户或组”按钮，在如图 6-16 所示的“选择用户或组”对话框中，在“输入对象名称来选择”文本框中输入想要添加的用户账号或组。如用户名不存在，则提示找不到用户名。

(3) 单击“确定”按钮，即可将其添加到策略允许的对象列表中，如图 6-17 所示。

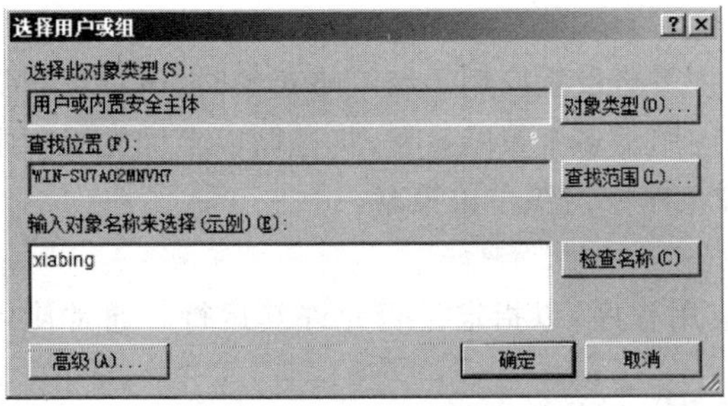

图 6-16 “选择用户或组”对话框

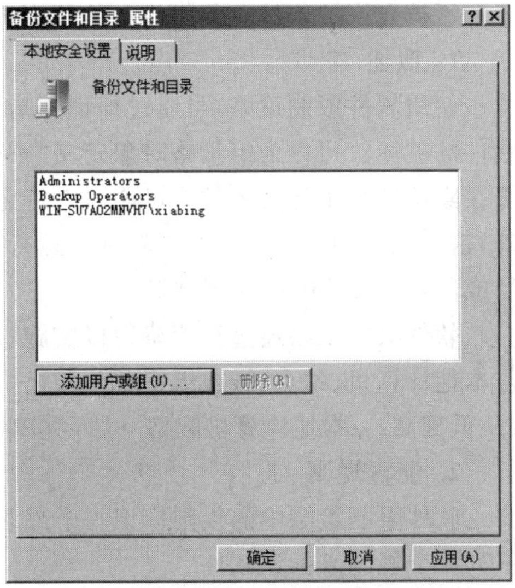

图 6-17 成功为权限分配用户

(4) 单击“确定”按钮，保存设置即可，其他配置步骤和上述一致，不再赘述。

下面列举几项用户权限的功能。

- 从网络访问此计算机：确定哪些用户和组能够通过网络连接到该计算机。许多网络协议(如 HTTP)都要求该用户权利。默认情况下为 Everyone(任何人)安全组授予权限。建议删除 Everyone 组。
- 向域中添加工作站：允许用户向指定的域中添加一台计算机。有此权限的用户可以向域中添加 10 个工作站。默认情况下 Authenticated Users(经过身份验证的用户)有此权限。建议此权限只授予 Administrators 组。
- 允许从本地登录：允许用户在计算机上开启一个交互式的会话。用户不具备该权限，但拥有“允许通过终端服务登录”权限，他仍然能够在计算机上开启一个远程的交互式会话。建议此权限只授予 Administrators 组。
- 允许通过终端服务登录：允许用户使用远程桌面连接登录到计算机上。建议此权限只授予 Administrators 组，但禁止 Administrator 账户有此权限，可以增加系统的安全性。
- 装载和卸载设备驱动程序：确定哪些用户有权安装和卸载设备驱动程序。默认情况下 Print Operators 组有此权限。建议此权限只授予 Administrators 组。
- 还原文件及目录：允许用户在恢复备份的文件或文件夹时，避开文件和目录的许可权限，并且作为对象的所有者设置任何有效的安全主体。建议此权限只授予 Administrators 组。

关于用户权限分配策略中的详细信息，请读者参考图中的说明即可。

6.1.6 软件限制策略

软件限制策略，从名字上理解，就是限制某些软件的使用。其主要功能在于控制未知或不信任软件的安装，如恶意软件与程序、间谍软件、未签名软件等。其目的在于控制不信任的和不被允许的软件在网络或本地计算机上运行。

1. 概述

使用软件限制策略，可通过标识并指定允许运行的软件来保护计算机环境免受不信任软件的破坏。可以为组策略对象定义“不受限”或“不允许的”的默认安全级别，从而决定是否在默认情况下运行软件。可通过对特定软件创建软件限制策略规则来对默认情况进行例外，这些规则用来标识和控制软件的运行方式，如可通过软件程序中的签名、证书、哈希、路径或所驻留在 Internet 区域等。

软件限制策略通过组策略得以实施，需要将策略设置应用于组策略对象时，该对象需要与本地计算机、站点、域或组织单位相连，如果应用了多个策略设置，将遵循以下优先级顺序(从低到高)：本地计算机策略→站点策略→域策略→组织单位策略。

2. 配置规则

软件限制策略中的规则标识一个或多个应用程序，以指定是否允许其运行。通常使用下列 4 个规则来标识软件。

- 哈希规则：使用可执行文件的加密密钥。
- 证书规则：用软件发布者为.exe 文件提供的数字签名证书。
- 路径规则：使用.exe 文件位置的本地路径、通用名字约定或注册表路径。
- 区域规则：使用可执行文件源自的 Internet 区域。

3. 创建软件限制策略

在 Windows Server 2008 默认情况下，并没有创建软件限制策略。打开“本地组策略编辑器”控制台，并依次展开“计算机配置”→“Windows 设置”→“安全设置”→“软件限制策略”，如图 6-18 所示。

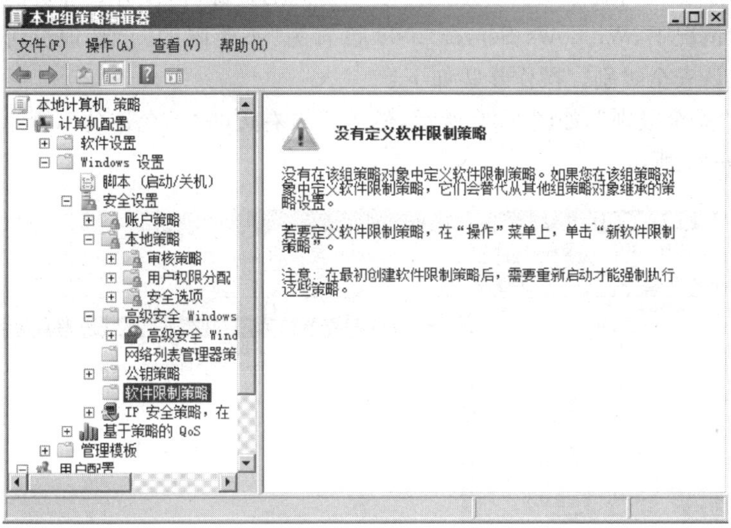

图 6-18　软件限制策略

右击“软件限制策略”，并选择快捷菜单中的“创建软件限制策略”选项，系统将自动完成软件限制策略类型的创建，在对象类型中将会发现“安全级别”，“其他规则”，“强制”，“指派的文件类型”，“受信任的发布者”，如图 6-19 所示，其对象类型的操作在随后展开。

图 6-19　软件限制策略的创建

4. 安全级别设置

安全级别是指操作系统对应用策略所具备的访问级别，创建软件限制策略后，需要对其安全级别进行设置。使用软件限制策略时，可以为组策略对象 GPO 定义如下默认的安全级别中的一种：不受限的、不允许的或基本用户。

- 不受限的：软件访问权由用户的访问权限来决定。
- 不允许的：无论用户的访问权如何，软件都不会运行。
- 基本用户：允许程序访问一般用户可以访问的资源，但没有管理员的访问权。

在默认的情况下，Windows Server 2008 设置为“不受限的”。管理员可以根据需要进行修改其他默认安全级别。操作步骤如下：

(1) 选择“安全级别”，如图 6-20 所示，然后双击右边的“不允许的”，获取当前“属性”的对话框，如图 6-21 所示。

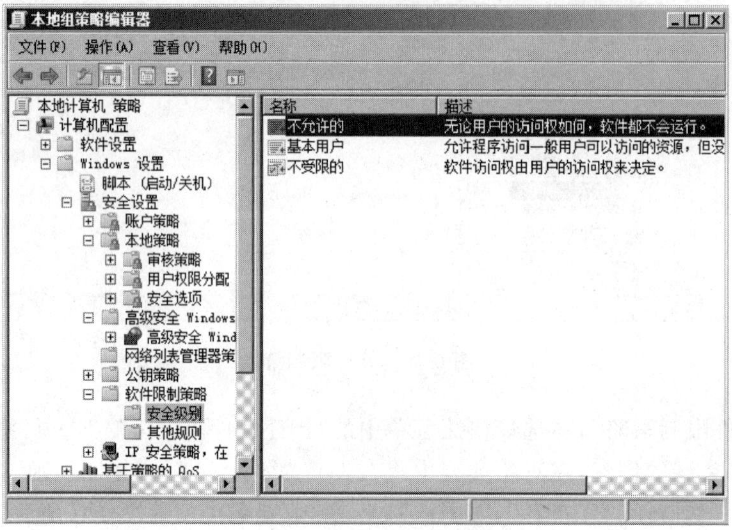

图 6-20 设置安全级别

(2) 单击“设为默认”按钮，显示如图 6-22 所示的“软件限制策略”对话框，提示所选择的“默认等级比当前默认安全等级要严格，更改会使一些应用程序停止工作”。

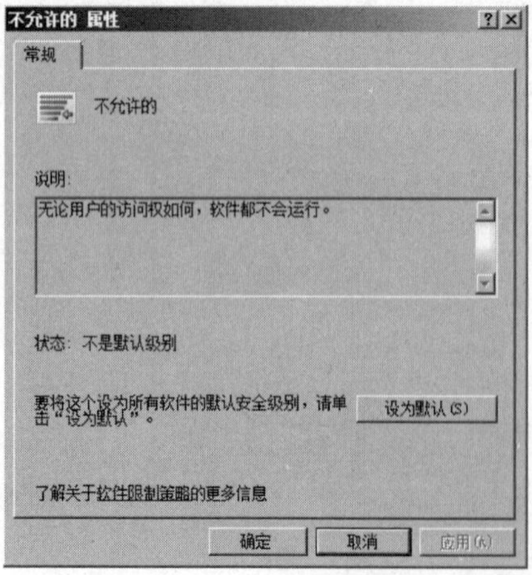

图 6-21 安全级别“不允许的 属性”对话框

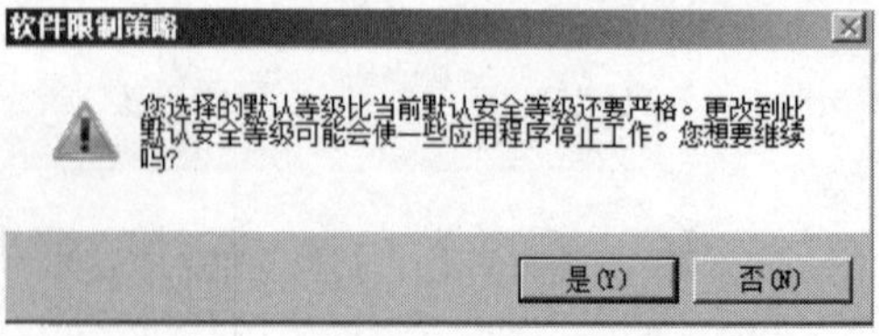

图 6-22 “软件限制策略”对话框

(3) 单击“是”按钮，则完成从“不受限的”到“不允许的”设置的更改。

(4) 返回“不允许的 属性”对话框，单击“确定”按钮保存设置。

5. 设置路径规则

应用程序路径规则允许对软件所在的路径进行标识，还允许使用软件的注册表路径规则。由于路径规则软件限制策略是按照软件所在的路径指定的，故路径移动后，该软件限制规则将不再适用。默认情况下，所有的应用程序都使用%ProgramFiles%变量作为安装目录，因此最好将路径规则定义到默认目录位置。

注册表路径规则是指很多应用程序将其安装文件夹或应用程序目录的路径存储在系统注册表中。则可以通过创建一个路径规则，且该路径规则将使用注册表中所存储的值。格式如%<Registry Hive>\<Registry Key Name >\<Value Name>%。下面以 MMC 为例进行注册表路径限制规则的实施。步骤如下。

(1) 单击“开始”→“运行”，输入 regedit，依次展开到 HKEY_LOCAL_MACHINE→SOFTWARE→Microsoft→MMC，右击 MMC 并选择快捷菜单中的“复制项”选项，如图 6-23 所示。

图 6-23 “注册表编辑器”窗口

(2) 在“本地组策略编辑器”窗口中，展开“软件限制策略”中的“其他规则”，如图 6-24 所示，其他默认已经设置了“%SystemRoot%”和“%ProgramFilesDir%”的路径规则限制，并且默认软件访问规则为“不受限的”。

(3) 右击“其他规则”并选择快捷菜单中的“新建路径规则”选项。

(4) 在“新建路径规则”对话框中，在“路径”对话框中，粘贴已复制的注册表项，并在首部加入“%”符号。在“安全级别”中下拉列表中，选择想要设置的安全级别，同时为了便于记忆和识别，还可以在“描述”对话框中输入相关描述信息，如图 6-25 所示。

(5) 单击“确定”按钮，保存设置即可。

请读者单击图 6-25 的“浏览”按钮，为本地计算机上面的指定文件夹设置访问规则。

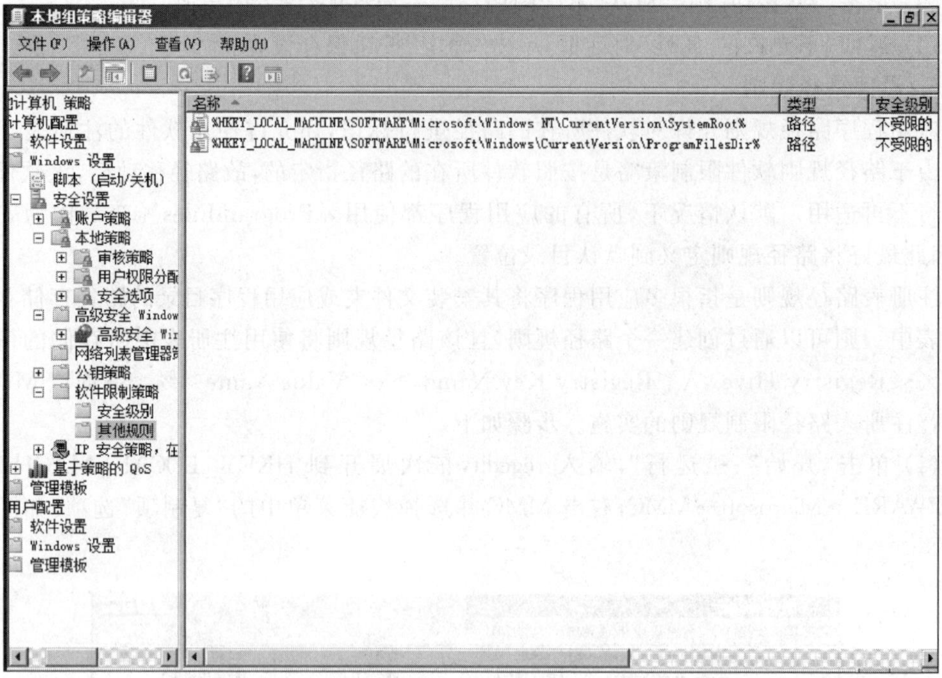

图 6-24　其他规则窗口

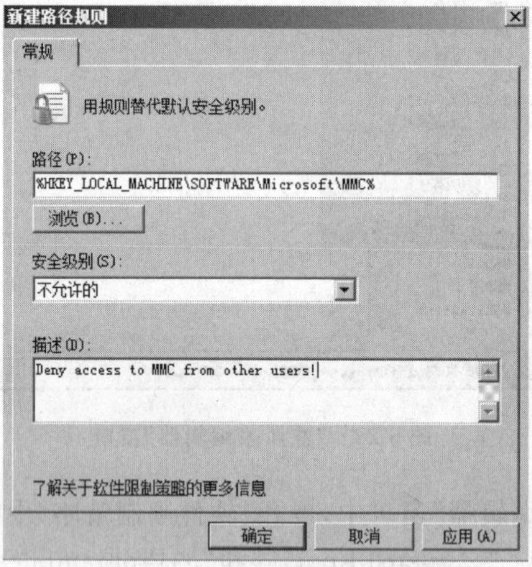

图 6-25　“新建路径规则”对话框

6.1.7 IE 安全策略

在企业网络应用环境中，为了减少通过 IE 造成的安全隐患，可以定制非法控件下载、定制安全区域、统一部署浏览器工具栏等，在基于活动目录组策略应用中，集中部署 Internet Explorer 的应用。IE 内置的很多安全功能都允许管理员或电脑拥有者进行定制。下面以“阻止恶意插件下载”为例来描述相关配置操作。

在 Windows Server 2008 系统环境中使用 IE 浏览器上网浏览网页时，时常会有一些恶意程序自动下载到本地硬盘上，这样就给计算机甚至整个网络带来安全隐患。为了防止恶意程序的任意下载，可以通过配置相关策略实施，具体配置如下。

(1) 以管理员账号登录系统，打开“本地组策略编辑器”窗口，展开“计算机配置”→“管理模板”→“Windows 组件”→Internet Explorer→“安全功能”→“限制文件下载”，如图 6-26 所示。

图 6-26 “本地组策略编辑器”窗口

(2) 双击“限制文件下载”子项中的“Internet Explorer 进程”组策略选项，如图 6-27 所示，并在“属性”对话框中选择“已启用”单选按钮。

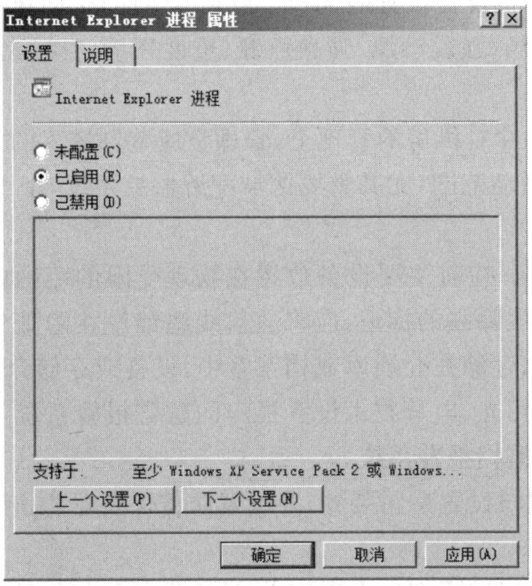

图 6-27 “Internet Explorer 进程属性”对话框

(3) 单击"确定"按钮，保存设置。一旦有文件下载，IE 将会自动弹出阻止提示。

6.2 域控制器安全管理

域控制器是对整个 Windows 域中的所有计算机的安全权限进行管理的设备。其自身安全对安全域管理至关重要。域控制器安全管理主要由自身安全和配置安全两个部分组成，其中配置安全可参考活动目录和 6.1 节内容进行配置。域控制器安全管理总体如图 6-28 所示。

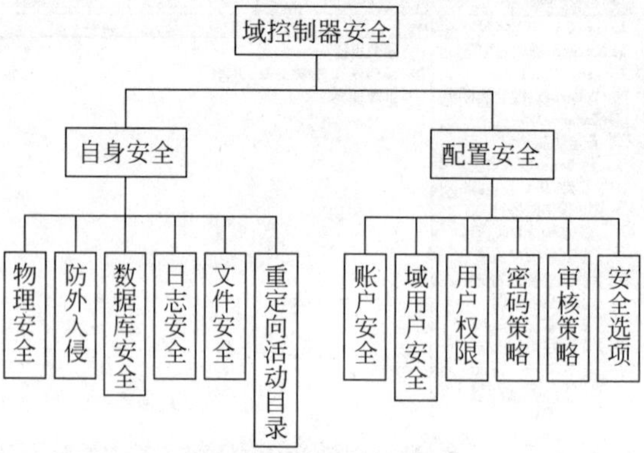

图 6-28　域控制器安全总体图

6.2.1 物理安全

为保护计算机和网络系统设备、设施免遭地震、水灾、火灾、有害气体和其他环境事故破坏，采取适当的物理保护措施实现物理安全防护。

(1) 机房及终端计算机设备位置的选择。应在具有防震、防风和防雨等能力的建筑内，还应当避开强电场、强磁场、强震动源、强噪声源、重度环境污染、易发生火灾、水灾、易遭受雷击的地区。

(2) 物理访问控制。在对机房的管理上，管理员应鉴别进入的人员身份并记录在案，对来访人员限制和监控其活动范围，尤其重要区域配置监控系统，用于记录进入的人员身份并监控其活动。

(3) 防盗窃和防破坏。应将主要设备放置在物理受限的范围内，对设备或主要部件进行固定，并设置明显的无法除去的标记，应将通信线缆铺设在隐蔽处，如铺设在地下或管道中等，应对介质分类标识，存储在介质库或档案室中，设备或存储介质携带出工作环境时，应受到监控和内容加密，利用光、电等技术设置机房的防盗报警系统，以防进入机房的盗窃和破坏行为，应对机房设置监控报警系统。

(4) 防雷击。机房建筑设置避雷装置，要设置防雷保安器防止感应雷，还要设置交流电源地线。

(5) 防火。机房采取区域隔离防火措施，将重要设备与其他设备隔离开，其建筑材料应具有耐火等级，应设置自动灭火系统，加设灭火装置，必要时人工灭火。

(6) 防水和防潮。防止雨水渗透，水蒸气结露，地下积水的转移和渗透，以给予干燥的环境。

(7) 防静电。采用防静电地板,利用防静电消除器定期去除。

(8) 温湿度控制。定期检测机房内的温湿度,并做记录,查看趋向,以便及时采取措施,使机房温、湿度的变化在设备运行所允许的范围之内。

(9) 电力供应。装置稳压和过压防护设备,提供短期备用电力供应,设置冗余电力线缆电路,另加备用发电机,以备常用供电系统停电时使用。

(10) 电磁防护。采用接地方式防止外界电磁干扰和设备寄生耦合干扰,隔离电源线和通信线缆,避免互相干扰,开启电磁干扰器对重要设备和磁介质实施电磁屏蔽。

(11) 散热。应配备散热装置,防止温度过高烧坏设备。

6.2.2 防止外部远程入侵

网络层是网络入侵者进攻信息系统的渠道和通路。保证网络安全的首要问题就是要合理划分网段,利用网络中间设备的安全机制控制各网络间的访问。同时由于网络系统内运行的 TCP/IP 协议并非专为安全通信而设计,所以存在着大量的安全隐患和威胁,故要设立防火墙策略控制进出系统的用户权限。

1. 删除共享

打开"开始"→"管理工具"→"共享和存储管理",如图 6-29 所示。

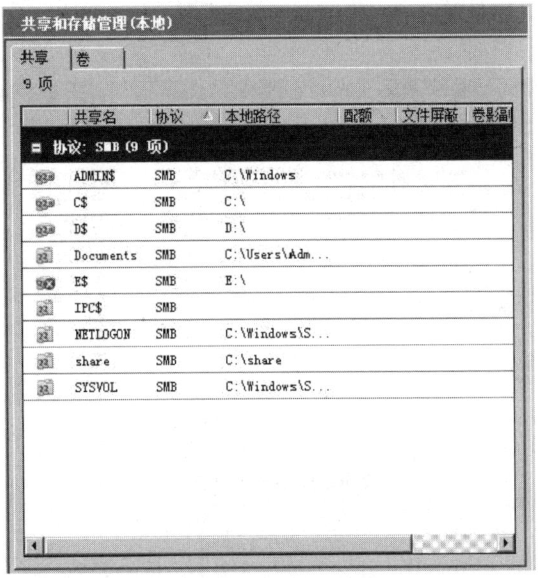

图 6-29 共享和存储管理(本地)窗口

找到"共享",然后借助 DOS 命令删除,如图 6-30 所示。

2. 删除 ipc $ 空连接

在"运行"框内输入"regedit",在注册表中将 HKEY_LOCAL_MACHINE\SYSTEM\CurrentControlSet\Control\LSA 项里数值名称 RestrictAnonymous 的数值数据由 0 改为 1,如图 6-31 所示。

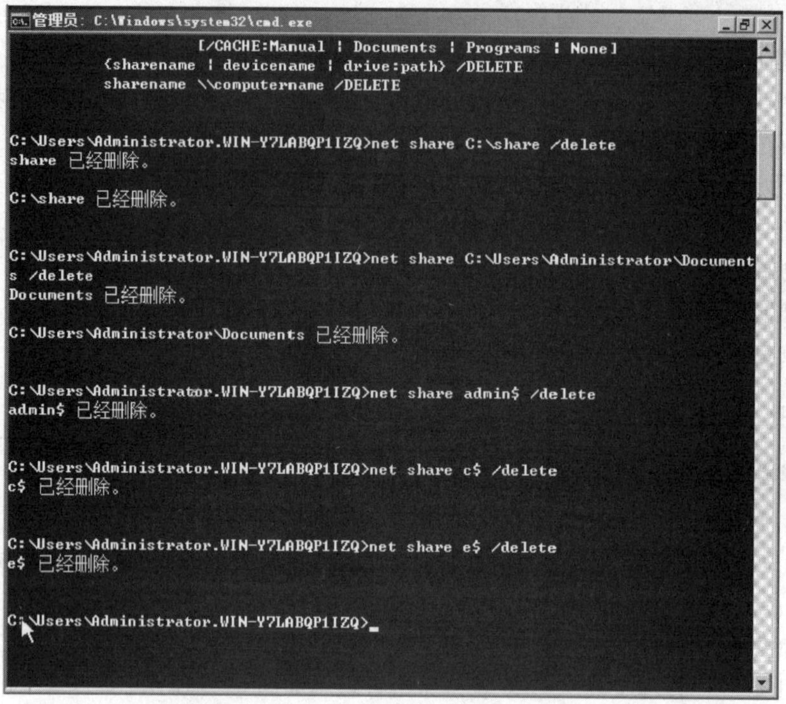

图 6-30　删除共享

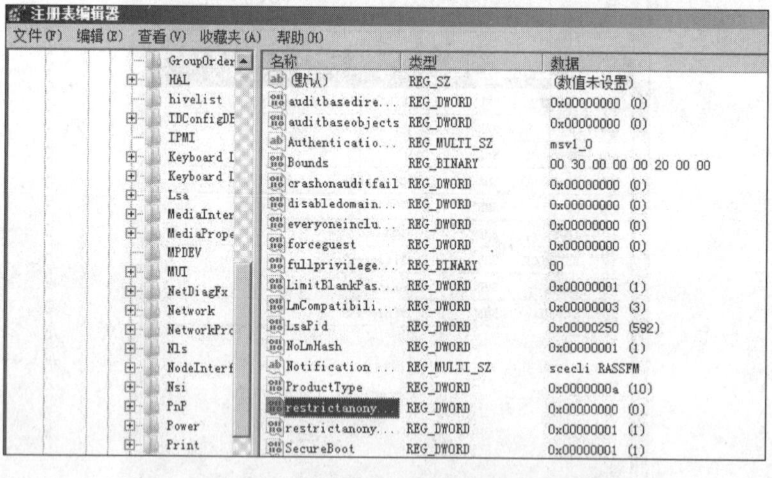

图 6-31　ipc$空连接注册表项值的更改

3. 防止 rpc 漏洞

打开"管理工具"→"服务",找到 RPC(Remote Procedure Call Locator)服务,选中右击"属性",在"恢复"选项卡中将"第一次失败"、"第二次失败"和"后续失败"都设置为不操作,如图 6-32 所示。

4. 关闭 139 端口

进入"本地连接属性"→"TCP/IPv4 属性"→"高级"→"WINS NetBIOS 设置",选中"禁

用 TCP/IP 的 NETBIOS”,如图 6-33 所示。

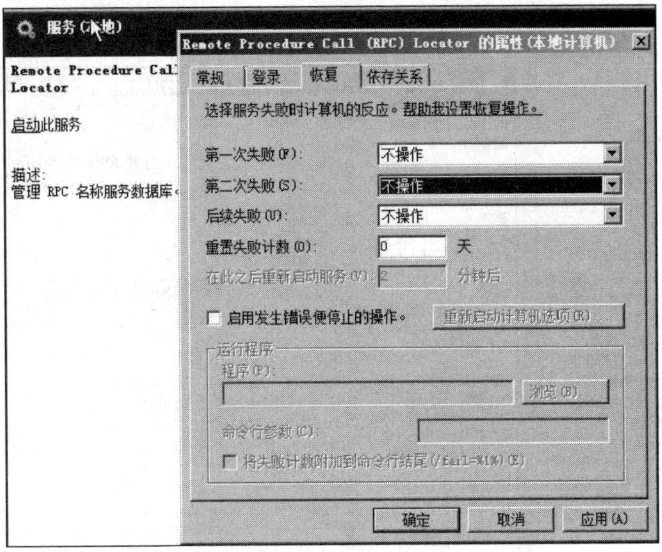

图 6-32　RPC 服务的设置

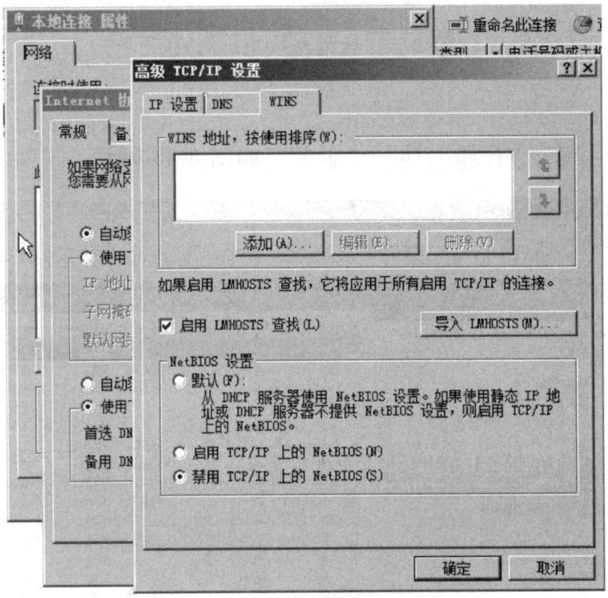

图 6-33　关闭 139 端口

5. 关闭远程连接端口,不允许连接到计算机

打开“本地组策略编辑器”→“本地计算机策略”→“计算机配置”→“管理模板”→“网络”→“网络连接”→“Windows 防火墙”→“标准配置文件”,双击后在右侧窗口中找到“Windows 防火墙:允许入站远程桌面例外”,右击选择“属性”并打开,选中“已禁用”,单击“应用”并“确定”按钮,如图 6-34 所示。

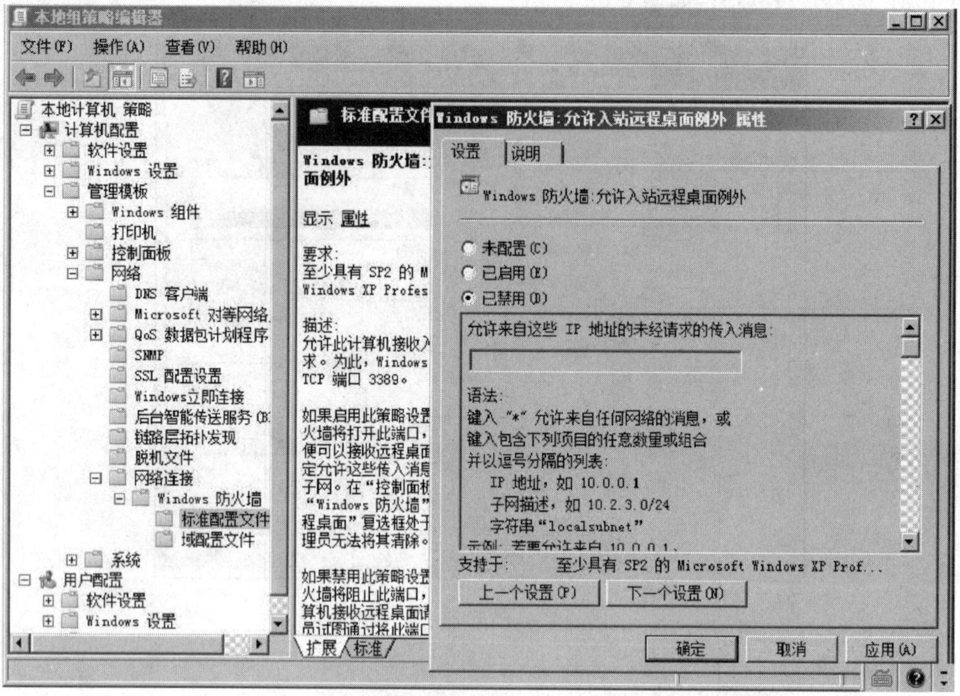

图 6-34 远程连接端口的关闭

6. 禁用服务

打开"控制面板",进入"管理工具"→"服务",如图 6-35 所示。

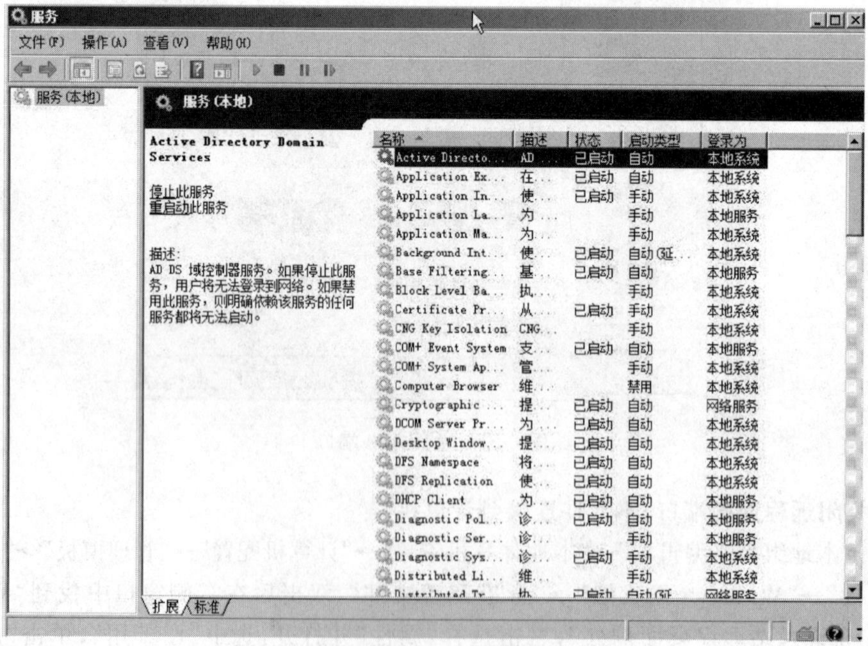

图 6-35 本地服务窗口

关闭以下服务：

- Kerberos Key Distribution Center[授权协议登录网络]；
- Print Spooler[打印机服务]；
- Remote Registry[使远程计算机用户修改本地注册表]；
- Routing and Remote Access[在局域网和广域往提供路由服务]；
- Server[支持此计算机通过网络的文件、打印、和命名管道共享]；
- Special Administration Console Helper[允许管理员使用紧急管理服务远程访问命令行提示符]；
- TCP/IPNetBIOS Helper[提供 TCP/IP 服务上的 NetBIOS 和网络上客户端的 NetBIOS 名称解析的支持而使用户能够共享文件、打印和登录到网络]；
- Terminal Services[允许用户以交互方式连接到远程计算机]。

6.2.3 数据库安全

主要是借助数据库备份来实现，需要在 Server 2008 的 DC 上安装好 Windows Server Backup，借助 DOS 工具，执行如下命令：

```
wbadmin start systemstatebackup - backuptarget:d:
```

其中后面的 d:代表备份的目标盘符，如图 6-36 所示。

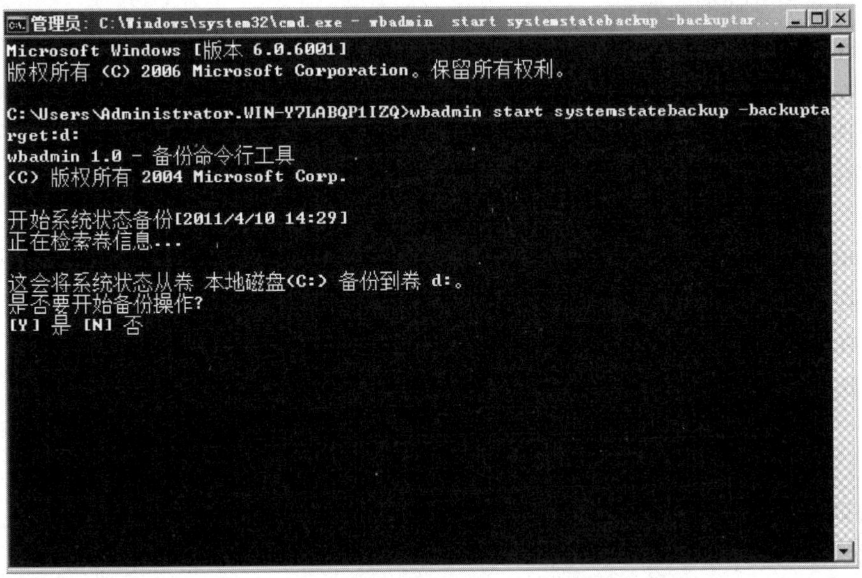

图 6-36 数据备份

输入 Y 后按 Enter 键。

还原时也可以通过命令行的方式，打开命令提示符进行活动目录数据库的数据还原，在命令提示符中输入 Wbadmin，根据提示输入 wbadmin get versions 查看备份版本标识符，而后输入 wbadmin START SYSTEMSTATERECOVERY - version:【版本标识符】还原活动目录数据库。

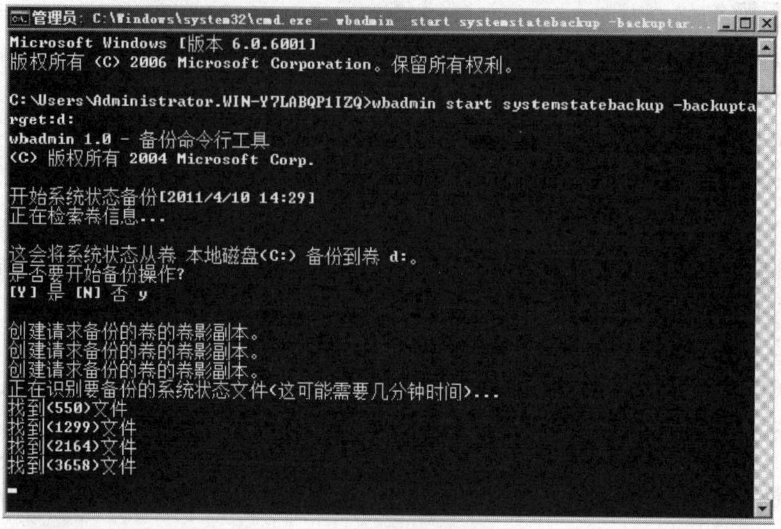

图 6-37 数据备份中

6.2.4 日志安全

通过 NTDSUTIL.EXE 这个工具来转移活动目录的日志文件，过程如下：

(1) 重新启动域控制器。

(2) 在启动的时候按下 F8 键，以访问高级选项菜单。

(3) 在菜单中选择"目录服务恢复模式"。

(4) 选择 Windows Server 2008，按 Enter 键继续。

(5) 在登录提示时，使用当时用户提升服务器时指定的活动目录恢复账号的用户密码登录。

(6) 单击"开始"→"运行"，输入 CMD，运行命令提示行。

(7) 在命令提示行中，输入 NTDSUTIL.EXE，并执行。

(8) 在 NTDSUTIL 的提示行中，输入 FILES。

(9) 选择想要移动的日志文件，输入 MOVE LOGS TO。

6.2.5 文件安全

在这里对 D 盘上的文件夹的权限限制给 whw 账户，打开"新建文件夹属性"→"安全"，单击"高级"按钮，如图 6-38 所示。

单击"编辑"按钮，打开如图 6-39 所示的对话框。

单击"添加"按钮，并输入账户名，如图 6-40 所示，单击"确定"按钮。

而后出现一个权限项目表，如图 6-41 所示。

选中想要分给 whw 账户的权限确定即可。

6.2.6 重定向活动目录

文件夹重定向和漫游配置用户的设定很大程度上方便了用户在域中登录的随意性，就

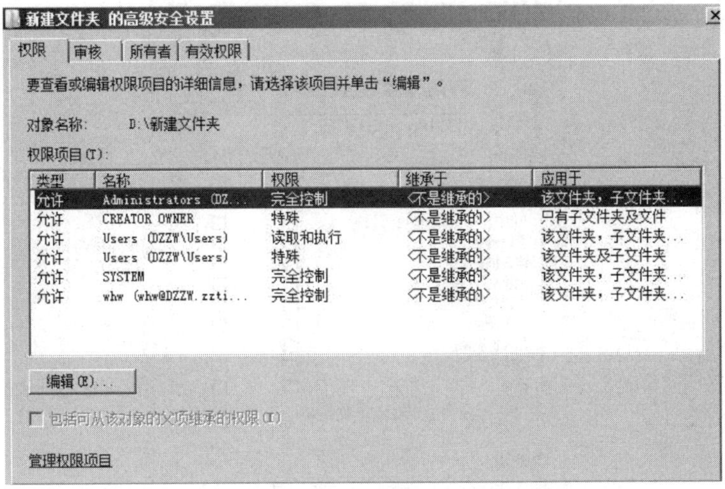

图 6-38　文件夹高级安全设置

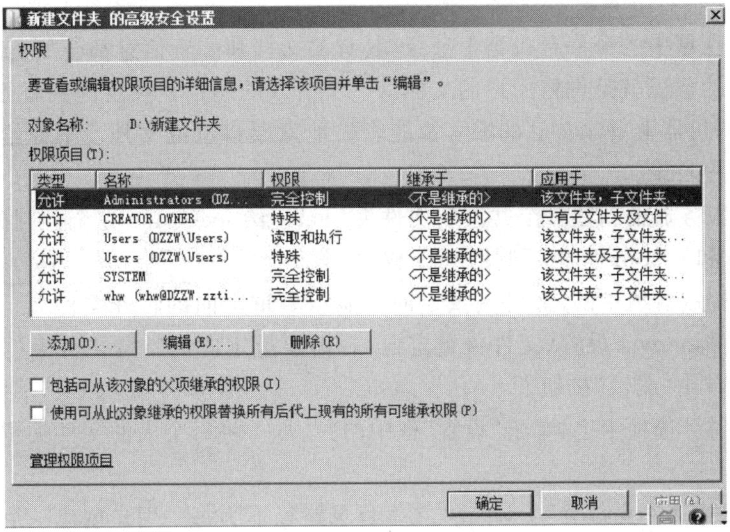

图 6-39　文件夹特殊权限

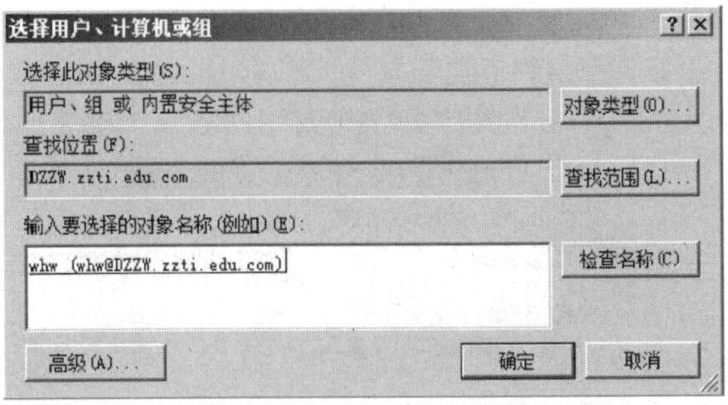

图 6-40　添加用户

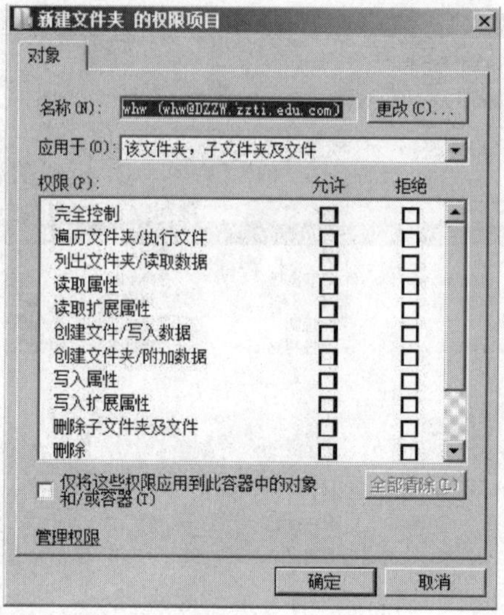

图 6-41　权限项目

是说用户无论在域中的哪一台机器上登录，其有关文档和配置信息都会如实的反馈给用户，文件夹重定向的意思就是说将用户的文档从一个有效的网络途径定向到服务器或者别的机器上，在不同的机器上登录自己的账号都能轻松地索取自己的文档。下面给出一个例子来阐述重定向到根目录。

(1) 在域服务器上新建一个共享的文件夹 share，给 everyone 完全控制的共享权限，给 creator owner 和 system 完全控制的 ntfs 权限。

(2) 双击控制台树中的“文件夹重定向”，显示要重定向的特殊文件夹。位置组策略对象\用户配置\Windows 设置\文件夹重定向，右击要重定向的特殊文件夹(如创建的 share 文件夹)，然后单击“属性”按钮。

(3) 在“目标”选项卡上，单击“设置”框中的“基本 - 将每个人的文件夹重定向到同一个位置”。

(4) 在“目标文件夹位置”下，单击“在根目录路径下为每一用户创建一个文件夹”。

(5) 在“根路径”中，键入通用命名约定 (UNC) 路径(例如\\servername\sharename，本例中为\\Server1\share)，然后单击“确定”按钮，如图 6-42 所示。

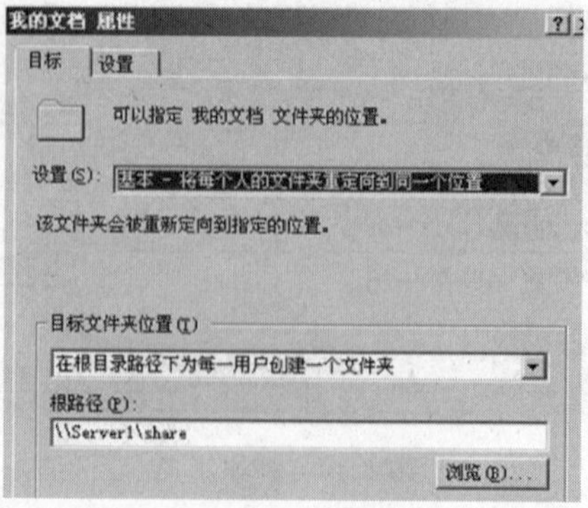

图 6-42　应用重定向

完成后刷新组策略即可。

本章小结

本章介绍了 Windows Server 2008 系统中的安全管理，包括组策略的安全管理和域控制器的安全管理。其中组策略的安全管理中分别介绍了账号策略、审核策略、用户权限分配、软件限制策略和 IE 安全策略。域控制器的安全管理中分别介绍了物理安全、防止外部远程入侵、数据库安全、日志安全、文件安全和重定向活动目录。

习　　题

1. 什么是组策略？
2. 如何启动组策略？
3. 组策略的基本配置有哪些？
4. 如何设置软件限制策略？
5. 如何在 IE 中限制软件下载？
6. 域控制器的安全管理包括哪些方面？

第7章　RHEL 6.0 的安装和基本配置

【本章学习目标】

- 了解 RHEL 6.0 的安装方式和硬件需求。
- 掌握 RHEL 6.0 的安装过程。
- 了解 Linux 的文件系统类型。
- 掌握 Linux 的文件权限设置。
- 掌握 Linux 的硬盘分区和格式化。
- 掌握 Linux 文件系统的挂载方法。

7.1　RHEL 6.0 的安装

RHEL(Red Hat Enterprise Linux)6.0 系统的安装方式通常情况下分为三种：光盘安装、硬盘安装和网络安装。

光盘安装：我们可以从 Linux 官方网站下载安装程序，然后采用 CD 或 DVD 作为载体，通过 CD-ROM 驱动器启动计算机进行安装。这是最常用的一种安装方式。

硬盘安装：将下载好的 ISO 镜像文件解压到硬盘中，然后制作启动盘。通过启动盘启动后进入安装状态，再选择硬盘中的安装文件进行安装。

网络安装：将安装文件保存在网络中的某台服务器中，需要安装 RHEL 的计算机启动后进入安装程序，选择“网络安装”，指定安装镜像文件所在的 URL 地址，然后安装程序将自动从指定的网络位置获取安装文件，并且安装到本地计算机中。RHEL 目前支持的网络安装方式有 NFS Image、FTP 和 HTTP 三种。

不管哪一种安装方式，安装界面都分为文本界面和图形界面，其中，文本界面安装比较快。

7.1.1　硬件要求

RHEL 6.0 对硬件的兼容性比较好，支持目前绝大多数主流的硬件设备。不过，由于当前硬件配置及硬件规格的发展速度很快，因此很难保证 RHEL 6.0 与所有硬件都能完全兼容。如果想了解 RHEL 6.0 是否支持自己的硬件设备，可以到官方网站 https://hardware.redhat.com/中去查看最新硬件支持列表。

为保证主机正常运行，安装 RHEL 6.0 的最低硬件需求如下：

(1) CPU：建议主频至少 PⅢ500 以上。

(2) 内存：建议最少 512MB。

(3) 硬盘：若需要将 RHEL 的套件全部安装到计算机中，则需要至少 5GB 的硬盘空间；若采用最小方式安装，则需要至少 3GB 的硬盘空间；若需要划分多个分区，则建议至少数十 GB 以上。

(4) 显卡：需要 VGA 兼容显卡。

(5) 光驱：CD-ROM 或者 DVD。

(6) 其他：兼容声卡和网卡等。

我们要把 RHEL 6.0 配置为服务器为用户提供各种网络服务，因此就需要比较高的硬件配置。当然，为了在使用时得到更快的速度和更高的稳定性，CPU 的性能和内存的容量都应该相应提高。

7.1.2 安装过程

RHEL 的安装过程大部分都是在图形界面下进行的，我们只需要根据相应的提示就可以逐步完成安装。下面以光盘安装为例详细介绍 RHEL 6.0 的安装过程。

1. 设置启动顺序

如果计算机一直都是设置为从硬盘启动，那么要从光盘安装 RHEL 6.0，必须到 BIOS 中进行设置，将光驱启动设置为高优先级。在启动计算机的过程中，按下 Del 键进入 BIOS，在 BOOT 菜单下，将第一个引导设备选择为 CDROM 并保存退出，如图 7-1 所示。

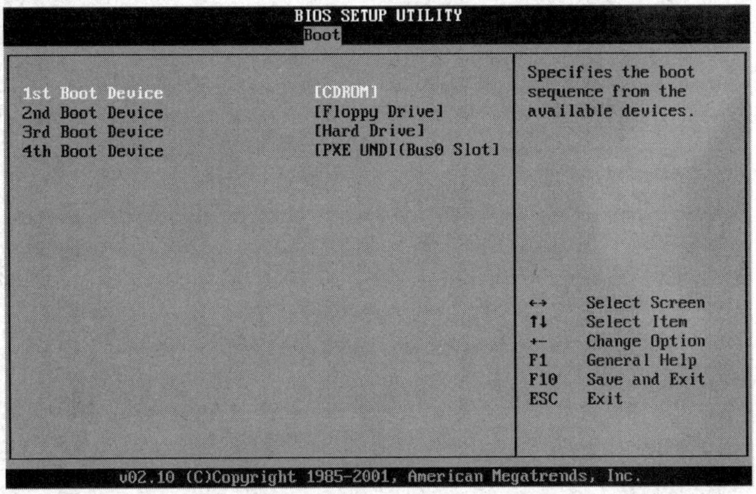

图 7-1 设置从光盘启动 RHEL 6.0

2. 选择安装方式

把 RHEL 6.0 的安装光盘放进光驱后重新启动计算机，马上就会看到 RHEL 6.0 的安装界面，如图 7-2 所示。

这里直接按下 Enter 键表示采用默认的选项进行安装。也可以通过上下键选择其他的安装方式，如进入急救模式、从硬盘启动等。

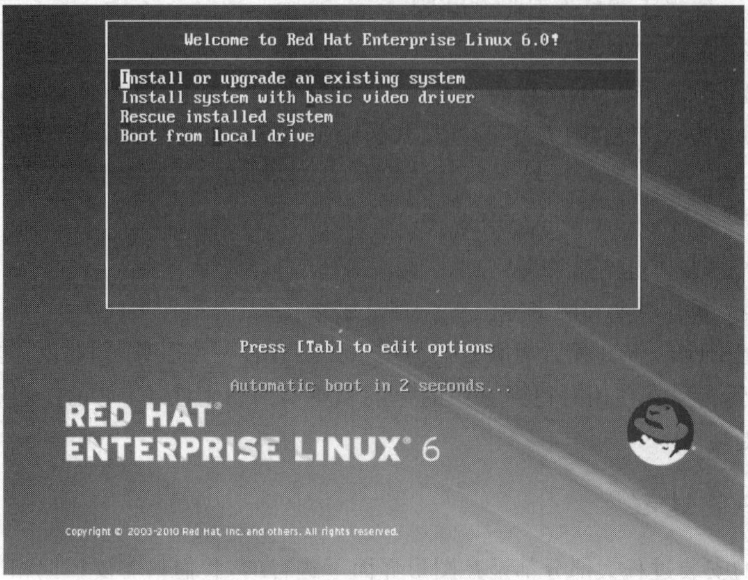

图 7-2　选择 RHEL 6.0 的安装模式

3. 检测光盘和硬件

在上一步骤中直接按下 Enter 键，安装程序将会自动去检测硬件，并且会在屏幕上提示相关的信息，比如硬盘、CPU、串行设备等，如图 7-3 所示。

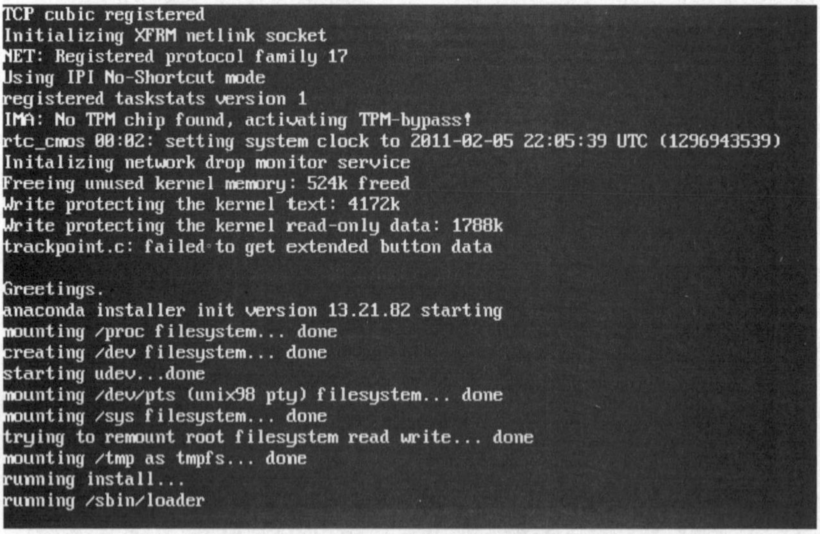

图 7-3　RHEL 6.0 安装程序检测硬件设备

硬件设备检测完毕后，会出现一个光盘检测窗口，如图 7-4 所示。如果确认自己的光盘没有问题的话，选中 Skip 按钮后按下 Enter 键跳过检测过程。

4. 选择安装语言和键盘设置

下面就进入了图形化的安装阶段，首先打开的是欢迎界面，如图 7-5 所示。

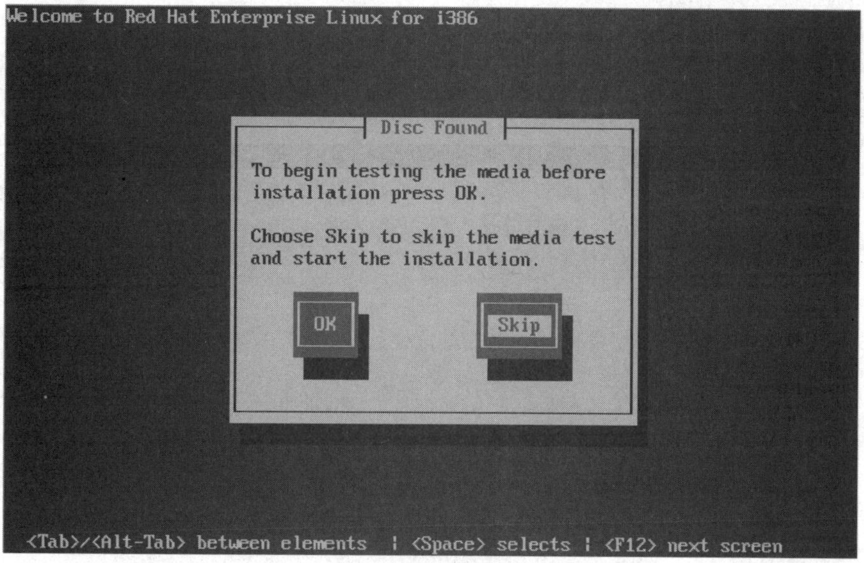

图 7-4　光盘检测窗口

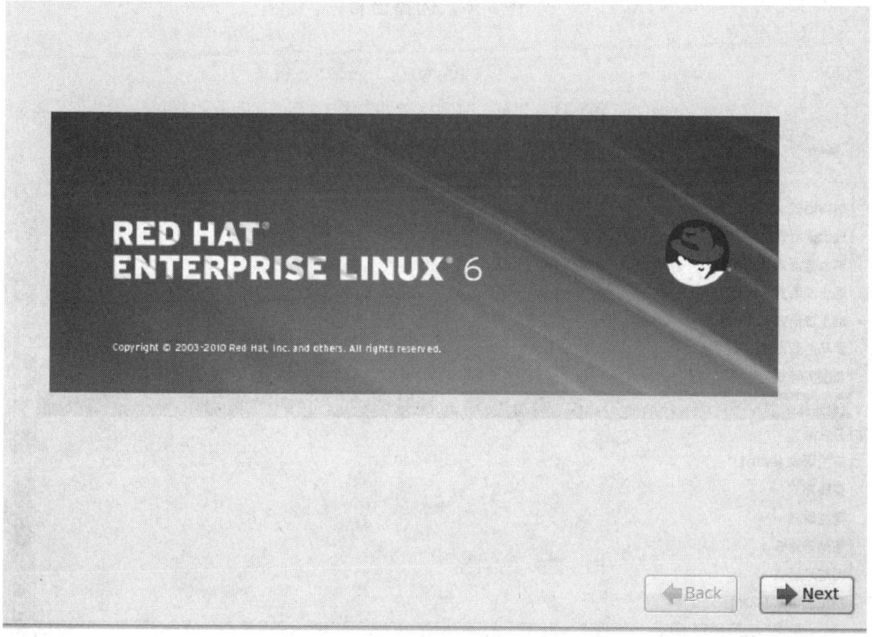

图 7-5　RHEL 6.0 的欢迎界面

然后在如图 7-6 所示的界面中选择语言为中文(简体),单击 Next 按钮后,整个安装界面就变成中文显示了。

接下来选择键盘布局,通常选择“美国英语式”,如图 7-7 所示。

5. 选择存储设备

在“您的安装将使用哪种设备”,选择默认的基本存储设备,如图 7-8 所示。

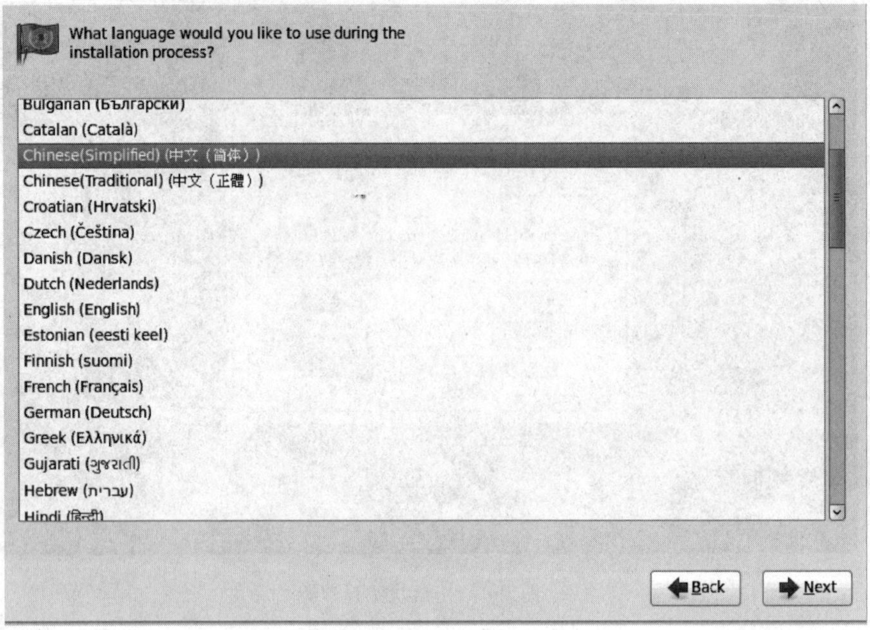

图 7-6　选择语言

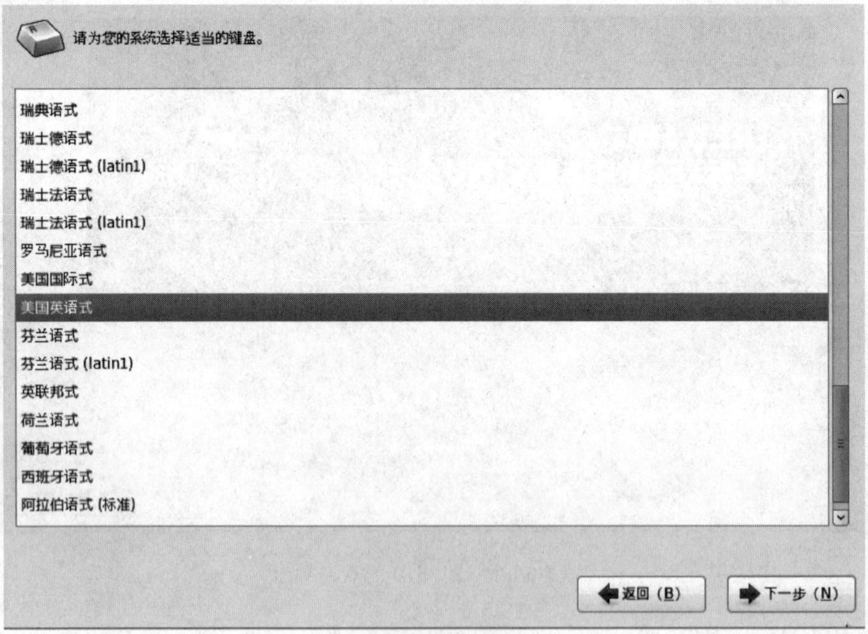

图 7-7　选择键盘布局

6. 为计算机命名

为计算机设置一个名字，如图 7-9 所示。

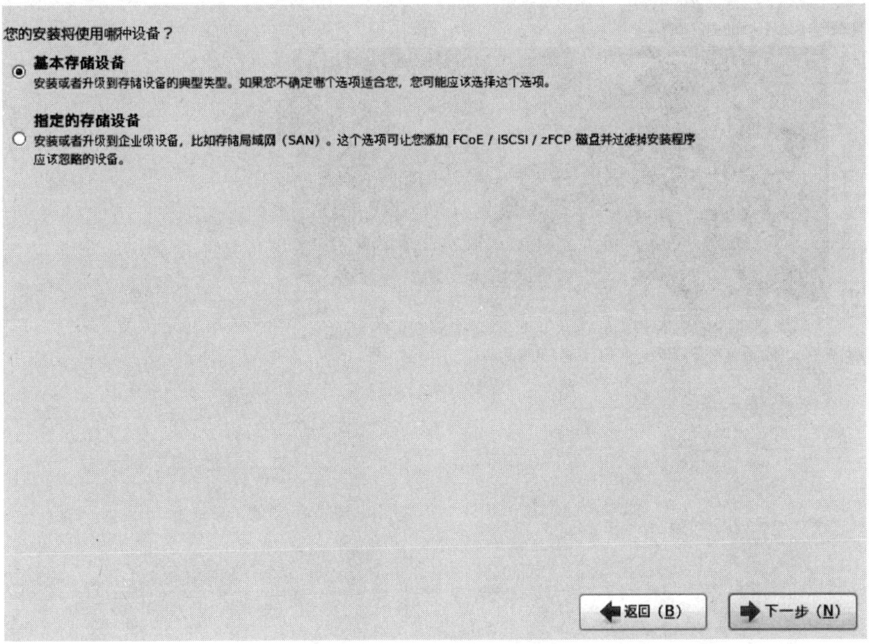

图 7-8　选择存储设备

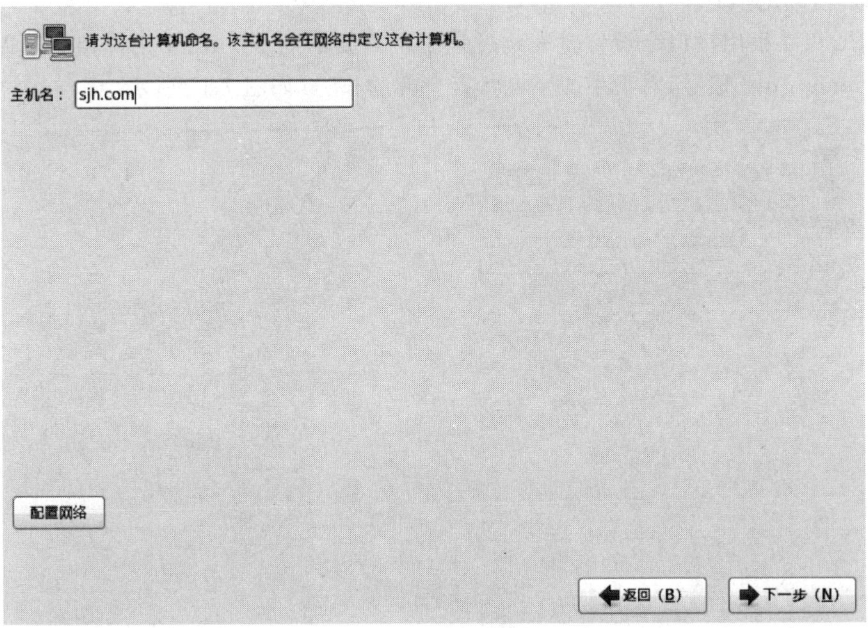

图 7-9　为计算机设置名字

7. 设置时区

时区用于标志计算机的物理位置，RHEL 6.0 既可以通过单击地图来选择，这时当前选中的区域会显示一个红色的“×”，也可以通过地图下方的下拉列表进行选择，如图 7-10 所示。

图 7-10　选择时区

8. 设置根用户口令

RHEL 6.0 根用户口令设置是安装过程中最重要的一步。Root 用户相当于 Windows 中的 Administrator 账号,对于系统来说具有全部的权力,如图 7-11 所示。

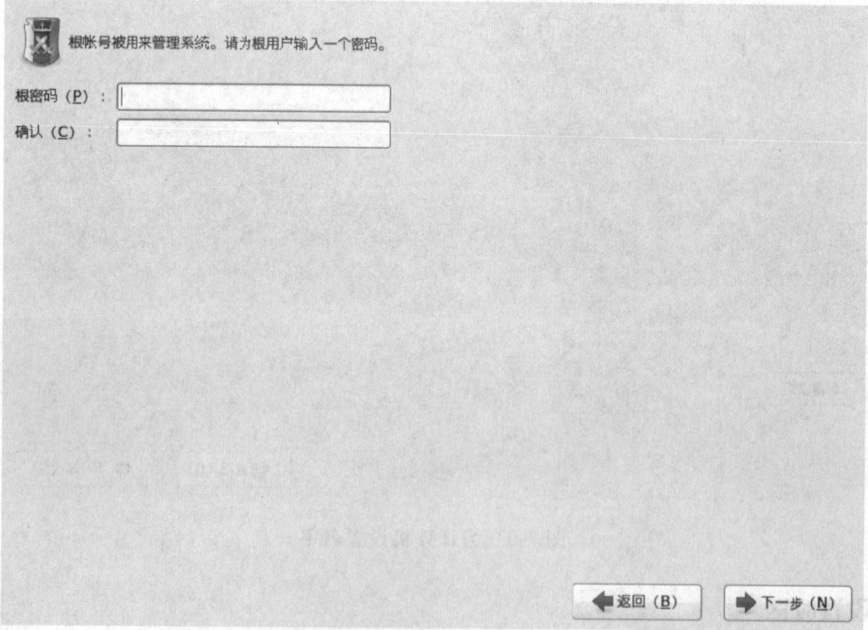

图 7-11　设置根用户口令

9. 为硬盘分区

磁盘分区允许用户将一个磁盘划分成几个单独的部分，每一部分都有自己的盘符。系统提供了 5 种类型的分区方式，如图 7-12 所示。对于初学者来说，不建议采用“创建自定义布局”这种方式。

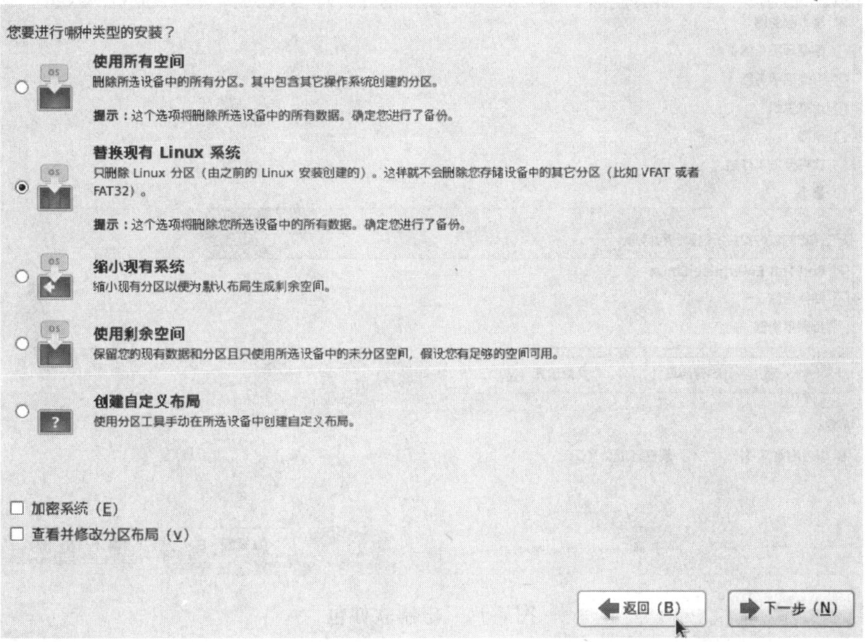

图 7-12 选择硬盘分区方式

选择替换现有 Linux 系统后，系统提示要将所选的分区选项写入磁盘，这将导致分区中的数据丢失，选择“将修改写入磁盘”，如图 7-13 所示。

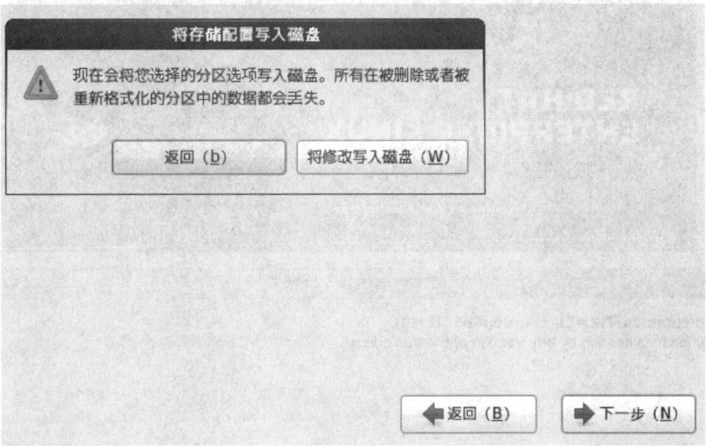

图 7-13 将存储写入磁盘

接下来系统开始格式化分区，分区格式化完毕以后，系统将开始获取安装信息。

10. 定制要安装的组件

RHEL 6.0 为我们提供了安装组件的选项，如图 7-14 所示。系统默认为基本服务器安装，在这里我们可以立即定制更加详细的软件组，也可以以后再进行所需软件包的安装。

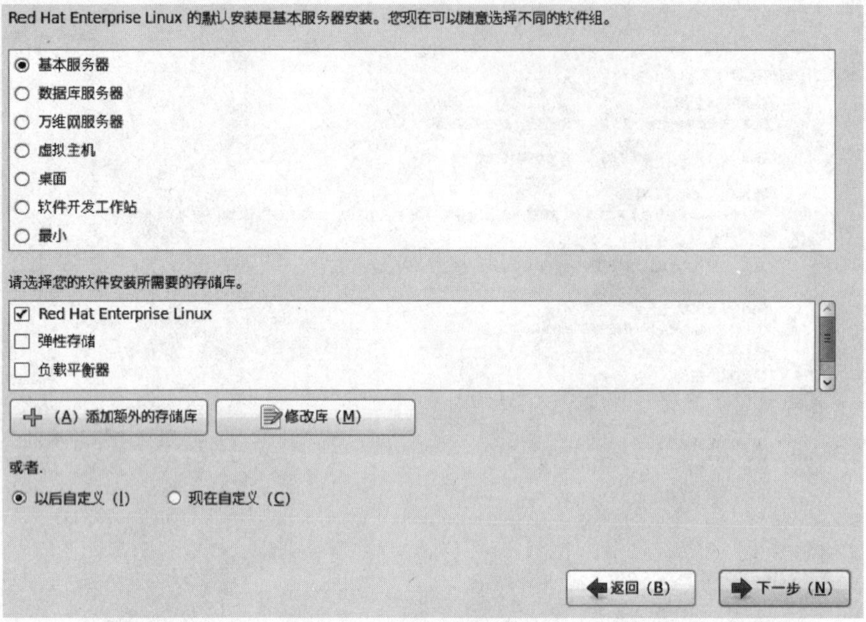

图 7-14　定制软件包

选择"基本服务器"以后，系统将进行软件包的依赖关系检查，检查完毕后系统开始复制文件，文件复制结束启动安装过程，开始安装软件包，如图 7-15 所示。

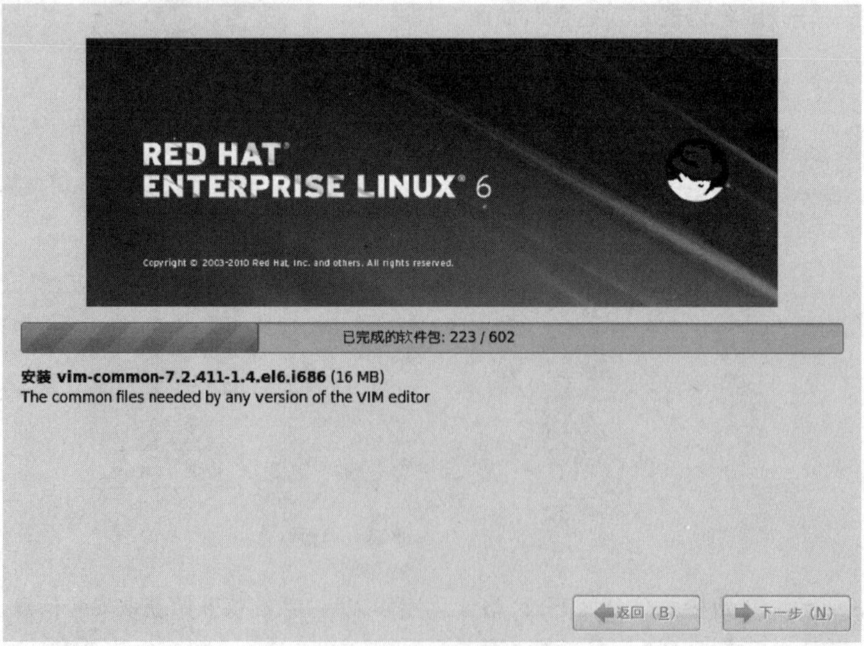

图 7-15　安装软件包

经过一段时间后，软件包安装完毕，我们就可以看到如图 7-16 所示的画面。

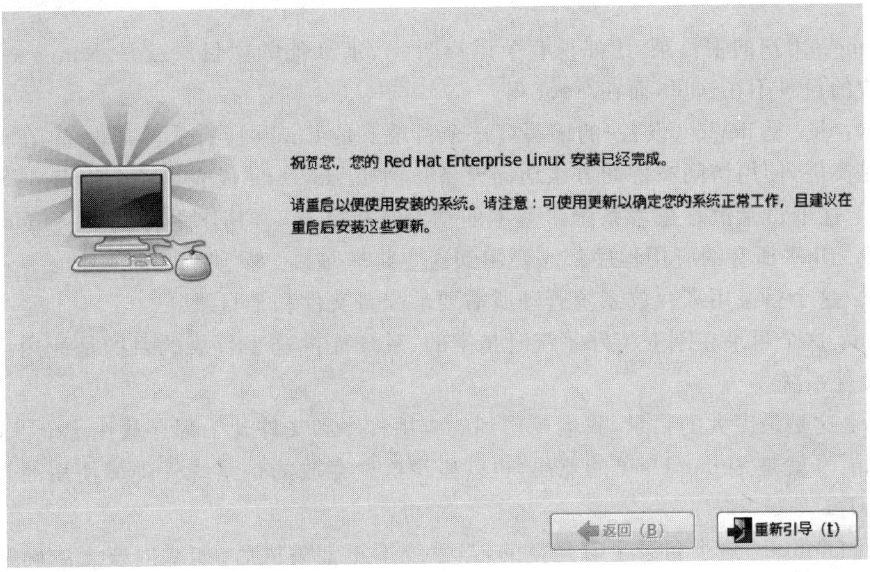

图 7-16　系统安装结束

7.1.3　安装后的基本配置

RHEL 6.0 安装好后，单击"重新引导"按钮重启系统。系统重启之后，并不能立刻投入使用，还必须进行必要的设置，包括许可协议、防火墙设置 SElinux、Kdump、时间和日期设置、软件更新、用户创建、声卡设置这 8 个方面，在此不再详述。

7.2　文件系统

操作系统中负责管理和存储文件信息的软件机构称为文件管理系统，简称文件系统。文件系统对存储文件的磁盘或者分区进行组织和分配，负责文件的存储并对存入的文件进行保护和检索。Linux 系统中的文件、目录和文件相关信息等都存储在文件系统中。

7.2.1　认识 Linux 文件系统

1. Linux 目录

Linux 文件系统和 Windows 文件系统一样，其目录均是采用树状的层次结构，不同的是，在 Windows 中树状结构的根是一个个的盘符，磁盘有几个分区就有几个盘符，各个盘符之间是并列的关系。但是在 Linux 中，系统只有一个根目录，用"/"表示，无论操作系统管理几个分区，这些分区都必须挂在某个子目录下，从而形成一个完整的目录树结构。在根目录"/"下是不同的子目录，包括 root、home、bin、dev、etc、lib、mnt、tmp、usr 等，各子目录的作用如下。

/root：系统管理员（也叫超级用户）的主目录。

/boot：这里存放的是启动 Linux 时使用的一些核心文件。

/bin：bin 是 binary 的缩写。这个目录存放着使用者最经常使用的命令。例如 cp、ls、cat，等。

/home：用户的主目录，比如说有个用户叫 sy，那么他的主目录就是/home/sy。注意，root 用户的目录不在这里，而在/root 里。

/dev：dev 是 device(设备)的缩写。这个目录下是 Linux 所有的外部设备，在 Linux 中设备也是文件，使用访问文件的方法访问设备。例如/dev/sda 代表第一个物理 SCSI 硬盘。

/lib：这个目录里存放着系统最基本的动态链接共享库，其作用类似于 Windows 里的 .dll 文件。几乎所有的应用程序都需要用到这些共享库。

/etc：这个目录用来存放系统管理所需要的配置文件和子目录。

/mnt：这个目录在刚安装好系统时是空的，系统提供这个目录的目的是让用户临时挂载别的文件系统。

/usr：这是最庞大的目录，我们要用到的应用程序和文件几乎都存放在这个目录下。

/sbin：s 就是 Super User 的意思，也就是说这里存放的是系统管理员使用的管理命令和管理程序。

/lost＋found：这个目录平时是空的，当系统不正常关机后，如果内核无法确定一些文件的正确位置，就将它们存放在这个目录中。

/tmp：用来存放临时文件的地方。

/var：这个目录中存放着那些不断在扩充着的东西，为了保持/usr 的相对稳定，那些经常被修改的目录可以放在这个目录下，系统的日志文件就在/var/log 目录中。

/proc：这个目录是一个虚拟的目录，它是系统内存的映射，我们可以通过直接访问这个目录来获取系统信息。也就是说，这个目录的内容不在硬盘上而是在内存里。

2. 文件类型

Linux 系统中的文件和 Windows 系统中的文件一样，也包括文件名和扩展名。若文件名的第一个字符为“.”，表示该文件为隐藏文件。Linux 系统中文件名是区分大小写的，而 Windows 中文件名字是保留大小写但不区分。

使用“ls -l”命令显示文件列表时，共显示 9 个部分，其中第一部分表示文件的类型和权限，而第一个字符代表文件的类型，可以为 p、d、l、s、c、b 和-，各文件类型分别如下：

(1) 普通文件(－)：用于存放数据、程序等信息的一般文件，包括文本文件和二进制文件。

(2) 目录文件(d)：相当于 Windows 系统中的文件夹，由该目录所包含的目录项所组成的文件。

(3) 套接字文件(s)：套接字文件系统是一个用户不可见的，高度简化的，用于汇集网络套接字的内存文件系统，它没有块设备，没有子目录，没有文件缓冲，它借用虚拟文件系统的框架来使套接字与文件描述字具有相同的用户接口。当用户用 socket(family，type，protocol)创建一个网络协议簇为 family，类型为 type，协议为 protocol 的套接字时，系统就在套接字文件系统中为其创建了一个名称为其索引节点编号的套接字文件。

(4) 块设备文件(b)：存取是以一个字块为单位。普通文件的处理是不必要对硬件进行过多操作的，而字符型设备和块设备就不同了，所以是以特别形式文件出现的。dev/cdrom，/dev/fd0，/dev/hda 都是磁盘(光驱，软驱，主硬盘)，它们的存取是通过数据块来进行的。

(5) 字符设备文件(c): 存取数据时是以单个字符为单位的。/dev/audio 是字符设备文件,对 audio 的存取是以字节流方式来进行的。

(6) 命名管道文件(p): 负责将一个进程的信息传递给另一个进程,从而使该进程的输出成为另一个进程的输入。

(7) 符号链接文件(l): 符号链接又叫软链接,这个文件包含了另一个文件的路径名。可以是任意文件或目录,可以链接不同文件系统的文件。用 ln -s source_file softlink_file 命令可以生成一个软链接,在对符号文件进行读或写操作的时候,系统会自动把该操作转换为对源文件的操作,但删除链接文件时,系统仅仅删除链接文件,而不删除源文件本身。删除软链接用 rm softlink_file 或者 unlink softlink_file。

在当前工作目录中执行"ls -l"命令,如图 7-17 所示,可以看出该目录中的文件主要是普通文件和目录文件。再执行"ls -l /dev"命令,如图 7-18 所示,可以看出大部分文件为设备文件。

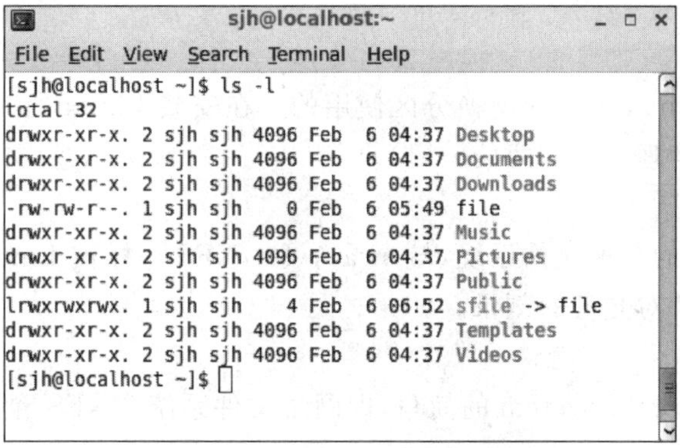

图 7-17　查看用户主目录中的文件类型

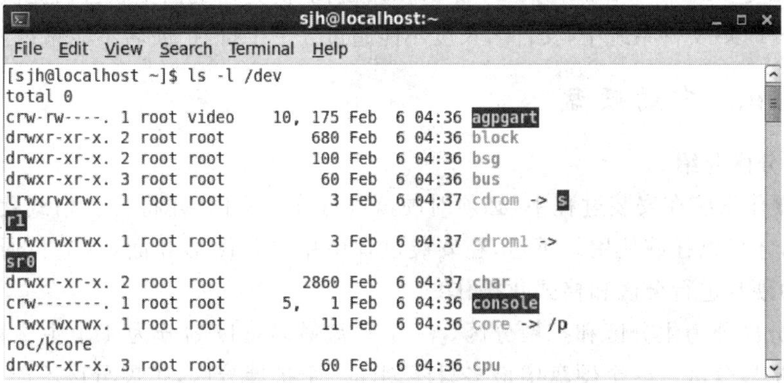

图 7-18　查看/dev 中的文件类型

3. 文件系统类型

操作系统的种类不同,它们使用的文件系统类型也不相同。Windows 支持 FAT、FAT32 和 NTFS 文件系统类型。Linux 支持的文件系统类型有很多种,下面列举常用的几种。

1）ext2

The Second Extended File System(ext2)文件系统是 Linux 系统中的标准文件系统，是通过对 Minix 的文件系统进行扩展而得到的，其存取文件的性能极好。对于中小型的文件更显示出优势，这主要得益于其簇快取层的优良设计。

2）ext3

ext3 是一种日志式文件系统，是对 ext2 系统的扩展，它兼容 ext2。此类文件系统最大的特色是，它会将整个磁盘的写入动作完整记录在磁盘的某个区域上，以便有需要时可以回溯追踪。

3）ext4

ext4 是一种针对 ext3 系统的扩展日志式文件系统，是专门为 Linux 开发的原始的扩展文件系统(ext 或 extfs)的第 4 版。ext3 升级到 ext4 能为系统提供更高的性能，消除存储限制，获取新的功能，并且不需要重新格式化分区，ext4 会在新的数据上用新的文件结构，旧的文件保留原状。

4）SWAP

该文件系统是 Linux 中作为交换分区使用的。在安装 Linux 的时候，交换分区是必须建立的，大小设置为物理内存的两倍。

5）ISO9660

这是光盘所使用的一种文件系统，与 swap，vfat，NFS 一样被 Linux 支持。它可以提供对光盘的读写，也支持对光盘的刻录。

6）NFS

NFS 是 Network File System 的简写，即网络文件系统。NFS 允许一个系统在网络上与别人共享目录和文件。

7）MS-DOS

MS-DOS 是 Microsoft Disk Operating System 的简称，是由美国微软公司提供的 DOS 操作系统。在 MS-DOS 文件系统中，文件名长度不能超过 8 个字符，扩展名不能超过三个字符。

7.2.2 Linux 中的硬盘

1. 硬盘分区介绍

Linux 操作系统在安装过程中，必须对硬盘进行分区操作，并将分区格式化为不同的文件系统之后，才可以挂载使用。不过，在安装过程中用的是图形界面，本节将通过命令的方式，为新增的硬盘进行分区和格式化操作。

硬盘的分区分为主分区和扩展分区。一个硬盘最多可以划分为 4 个主磁盘分区，这时不能再创建扩展分区。一个硬盘中最多只能创建一个扩展分区，扩展分区不能直接使用，必须在扩展分区中再划分出逻辑分区才可以使用。逻辑分区是从 5 开始的，每多一个分区，数字加一就可以。因此，如果想拥有超过 4 个分区数，合理的分区结构应该是：先划分出不超过三个的主分区，然后创建一个扩展分区，再从扩展分区中划分出多个逻辑分区。

2. 硬盘标识

Linux 系统安装好后，整个磁盘和每个分区都被 Linux 表示为/dev 目录中的文件，硬盘类型不同标识也不同。

1）IDE 硬盘

驱动器标识符为 hd[a-d] * ，hd 表示硬盘类型为 IDE，中括号中的字母为 a、b、c、d 中的一个，a 是基本盘，b 是从盘，c 是辅助主盘，d 是辅助从盘，* 指分区，即主分区和扩展分区。例如 hda1 代表第一个 IDE 硬盘上的第一个分区，hdb5 代表第二个 IDE 硬盘的第一个逻辑分区。

2）SCSI 硬盘

驱动器标识符为 sd[a-d] * ，sd 表示 SCSI 硬盘。SCSI 的引导盘使用设备文件/dev/sda1、/dev/sda2、/dev/sda3、/dev/sda4 作为主分区，而以/dev/sda5 等作为扩展分区。

3. 为新硬盘分区

1）查看系统中的新硬盘

在系统中增加 SCSI 硬盘，重新启动计算机，即可在/dev 目录中看到新的硬盘设备文件。执行 ls /dev/sd * 命令后，可看到三块 sd 开头的硬盘，其中 sdc 是新增加的硬盘，如图 7-19 所示。

```
root@sjh:~
File  Edit  View  Search  Terminal  Help
[root@sjh ~]# ls /dev/sd*
/dev/sda    /dev/sda2  /dev/sda4  /dev/sdb   /dev/sdb2  /dev/sdb5  /dev/sdb7
/dev/sda1   /dev/sda3  /dev/sda5  /dev/sdb1  /dev/sdb3  /dev/sdb6  /dev/sdc
[root@sjh ~]#
```

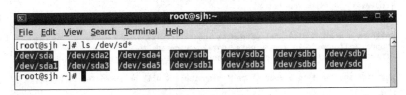

图 7-19　查看新增加的硬盘

2）查看分区

使用 fdisk 命令可以查看指定硬盘的分区情况，也可以对硬盘进行分区操作。执行 fdisk -l /dev/sda 命令后可看到第一块硬盘的分区情况，它包含三个主分区，一个逻辑分区，其中，第一个分区是启动分区（Boot 字段为 * ），如图 7-20 所示。

```
root@sjh:~
File  Edit  View  Search  Terminal  Help
[root@sjh ~]# fdisk -l /dev/sda

Disk /dev/sda: 21.5 GB, 21474836480 bytes
255 heads, 63 sectors/track, 2610 cylinders
Units = cylinders of 16065 * 512 = 8225280 bytes
Sector size (logical/physical): 512 bytes / 512 bytes
I/O size (minimum/optimal): 512 bytes / 512 bytes
Disk identifier: 0x0001bc5e

   Device Boot      Start         End      Blocks   Id  System
/dev/sda1   *           1           7       51200   83  Linux
Partition 1 does not end on cylinder boundary.
/dev/sda2               7         517     4096000   83  Linux
Partition 2 does not end on cylinder boundary.
/dev/sda3             517        2481    15774720   83  Linux
/dev/sda4            2481        2611     1048576    5  Extended
/dev/sda5            2481        2611     1047552   82  Linux swap / Solaris
[root@sjh ~]#
```

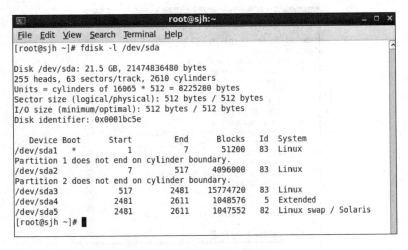

图 7-20　第一块硬盘的分区

对新增硬盘 sdc 使用 fdisk 查看分区，提示用户该设备没有分区表，需要进行分区操作，如图 7-21 所示。

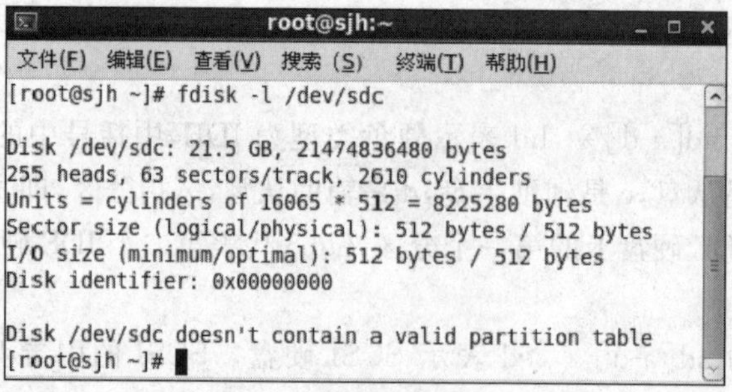

图 7-21　查看未分区硬盘

3）创建主分区

输入 fdisk /dev/sdc 命令，进入分区界面，如图 7-22 所示。

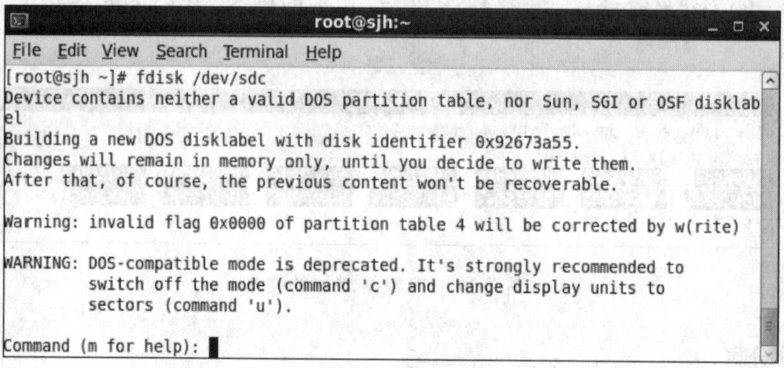

图 7-22　分区初始界面

输入字母 m 可显示帮助信息，如图 7-23 所示。

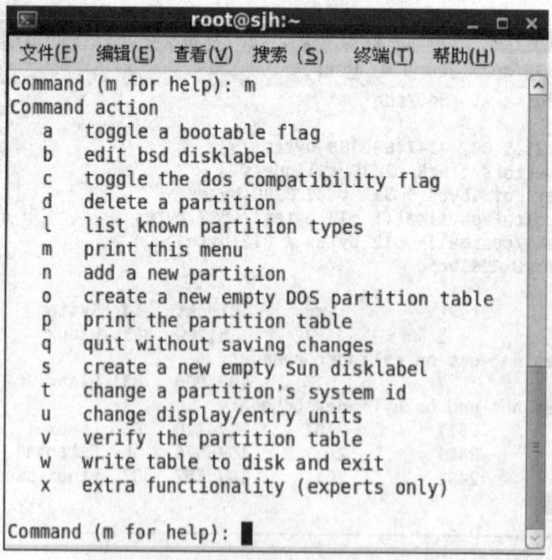

图 7-23　fdisk 帮助信息

输入 n 增加一个新的分区，程序提示用户选择创建主分区还是扩展分区，这里我们先创建主分区，因此输入 p，输入分区编号 1，建立第一个主分区，然后在新分区的起始柱面处直接按 Enter 键使起始柱面为 1，在新分区的结束柱面处，输入+1000M，表示新建分区的大小为 1000MB。整个新建主分区的过程如图 7-24 所示。

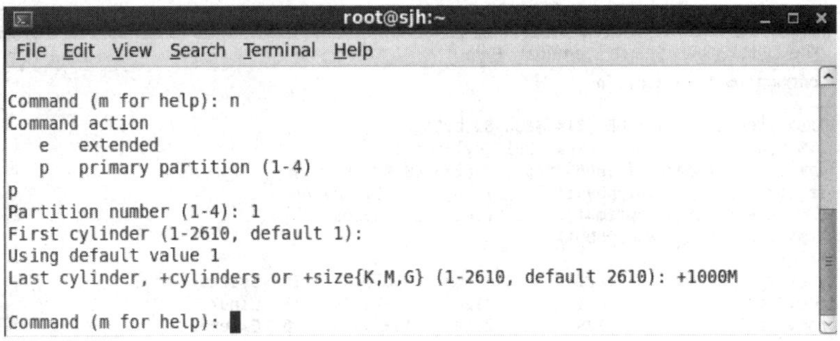

图 7-24　新建主分区

创建好分区之后，输入命令字符 p 可以查看分区表的情况，可看出 fdisk 命令将分区的结束柱面调整到了 128，如图 7-25 所示。

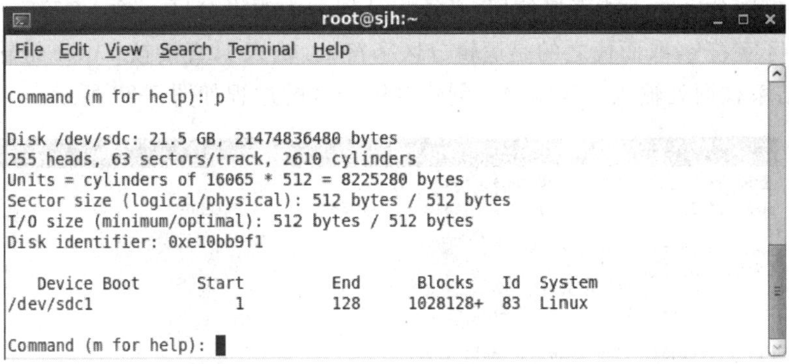

图 7-25　查看新建的分区信息

4）创建扩展分区

输入增加分区的命令字符 n，接着输入字符 e 创建一个扩展分区。输入分区号 2，输入分区的起始柱面，直接按 Enter 键使用默认值，在结束柱面处直接按 Enter 键使用默认值，让扩展分区占用所有的未分区空间。创建扩展分区的过程如图 7-26 所示。

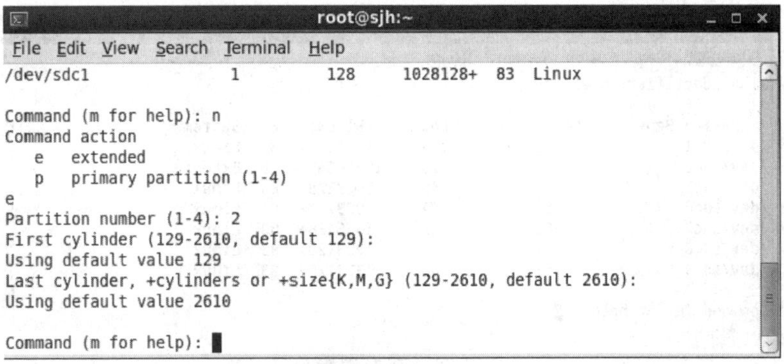

图 7-26　创建扩展分区

输入字符命令 p，从分区情况可以看出/dev/sdc2 的分区类型为 Extended(扩展分区)，如图 7-27 所示。

```
root@sjh:~
File  Edit  View  Search  Terminal  Help
Command (m for help): p

Disk /dev/sdc: 21.5 GB, 21474836480 bytes
255 heads, 63 sectors/track, 2610 cylinders
Units = cylinders of 16065 * 512 = 8225280 bytes
Sector size (logical/physical): 512 bytes / 512 bytes
I/O size (minimum/optimal): 512 bytes / 512 bytes
Disk identifier: 0xe10bb9f1

   Device Boot      Start         End      Blocks   Id  System
/dev/sdc1               1         128     1028128+  83  Linux
/dev/sdc2             129        2610    19936665    5  Extended

Command (m for help): 
```

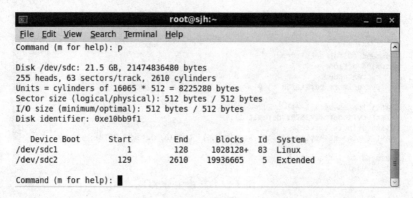

图 7-27　显示分区

5）创建逻辑分区

新建的扩展分区并不能直接使用，必须将其划分为逻辑分区。输入字符 n，此时将不会显示扩展分区字符 e，取而代之的是逻辑分区字符 l。输入 l，直接按 Enter 键输入分区的起始柱面，在结束柱面处输入+1000M。创建逻辑分区的过程如图 7-28 所示。

```
root@sjh:~
File  Edit  View  Search  Terminal  Help
/dev/sdc2             129        2610    19936665    5  Extended

Command (m for help): n
Command action
   l   logical (5 or over)
   p   primary partition (1-4)
l
First cylinder (129-2610, default 129):
Using default value 129
Last cylinder, +cylinders or +size{K,M,G} (129-2610, default 2610): +1000M

Command (m for help): 
```

图 7-28　新建逻辑分区

用类似的方法创建其余 4 个逻辑分区，最后输入字符命令 p，查看分区的情况，如图 7-29 所示。

```
root@sjh:~
File  Edit  View  Search  Terminal  Help
Disk identifier: 0xe10bb9f1

   Device Boot      Start         End      Blocks   Id  System
/dev/sdc1               1         128     1028128+  83  Linux
/dev/sdc2             129        2610    19936665    5  Extended
/dev/sdc5             129         256     1028128+  83  Linux
/dev/sdc6             257         384     1028128+  83  Linux
/dev/sdc7             385         512     1028128+  83  Linux
/dev/sdc8             513         640     1028128+  83  Linux
/dev/sdc9             641         768     1028128+  83  Linux

Command (m for help): 
```

图 7-29　查看逻辑分区

从图 7-29 可以看出，扩展分区的设备名为/dev/sdc2,，在该分区下包含 5 个逻辑分区，在实际应用中不能直接访问/dev/sdc2 中的数据，而只能通过逻辑分区进行访问。逻辑分区的编号是从 5 开始的，所以 5 个逻辑分区的名字分别为/dev/sdc5、/dev/sdc6、/dev/sdc7、/dev/sdc8、/dev/sdc9。

最后输入字符 w，保存分区修改并退出 fdisk 程序。

6）修改分区类型

新创建的分区类型默认为 Linux 类型，下面我们使用 fdisk 的 t 选项来修改分区类型，将/dev/sdc9 改为 swap 分区。具体步骤为：执行 fdisk /dev/sdc 命令，输入 p 显示分区信息，输入 t 修改分区类型，输入分区序号 9，执行过程如图 7-30 所示。

```
root@sjh:~
File  Edit  View  Search  Terminal  Help
Command (m for help): p

Disk /dev/sdc: 21.5 GB, 21474836480 bytes
255 heads, 63 sectors/track, 2610 cylinders
Units = cylinders of 16065 * 512 = 8225280 bytes
Sector size (logical/physical): 512 bytes / 512 bytes
I/O size (minimum/optimal): 512 bytes / 512 bytes
Disk identifier: 0xe10bb9f1

   Device Boot      Start         End      Blocks   Id  System
/dev/sdc1               1         128     1028128+  83  Linux
/dev/sdc2             129        2610    19936665    5  Extended
/dev/sdc5             129         256     1028128+  83  Linux
/dev/sdc6             257         384     1028128+  83  Linux
/dev/sdc7             385         512     1028128+  83  Linux
/dev/sdc8             513         640     1028128+  83  Linux
/dev/sdc9             641         768     1028128+  83  Linux

Command (m for help): t
Partition number (1-9): 9
Hex code (type L to list codes):
```

图 7-30　修改分区类型

输入分区类型的代码，输入大写字母 L 可显示不同分区类型对应的编号。在此输入 82，如图 7-31 所示。

```
File  Edit  View  Search  Terminal  Help
Hex code (type L to list codes): L

 0  Empty           24  NEC DOS         81  Minix / old Lin bf  Solaris
 1  FAT12           39  Plan 9          82  Linux swap / So c1  DRDOS/sec (FAT-
 2  XENIX root      3c  PartitionMagic  83  Linux           c4  DRDOS/sec (FAT-
 3  XENIX usr       40  Venix 80286     84  OS/2 hidden C:  c6  DRDOS/sec (FAT-
 4  FAT16 <32M      41  PPC PReP Boot   85  Linux extended  c7  Syrinx
 5  Extended        42  SFS             86  NTFS volume set da  Non-FS data
 6  FAT16           4d  QNX4.x          87  NTFS volume set db  CP/M / CTOS / .
 7  HPFS/NTFS       4e  QNX4.x 2nd part 88  Linux plaintext de  Dell Utility
 8  AIX             4f  QNX4.x 3rd part 8e  Linux LVM       df  BootIt
 9  AIX bootable    50  OnTrack DM      93  Amoeba          e1  DOS access
 a  OS/2 Boot Manag 51  OnTrack DM6 Aux 94  Amoeba BBT      e3  DOS R/O
 b  W95 FAT32       52  CP/M            9f  BSD/OS          e4  SpeedStor
 c  W95 FAT32 (LBA) 53  OnTrack DM6 Aux a0  IBM Thinkpad hi eb  BeOS fs
 e  W95 FAT16 (LBA) 54  OnTrackDM6      a5  FreeBSD         ee  GPT
 f  W95 Ext'd (LBA) 55  EZ-Drive        a6  OpenBSD         ef  EFI (FAT-12/16/
10  OPUS            56  Golden Bow      a7  NeXTSTEP        f0  Linux/PA-RISC b
11  Hidden FAT12    5c  Priam Edisk     a8  Darwin UFS      f1  SpeedStor
12  Compaq diagnost 61  SpeedStor       a9  NetBSD          f4  SpeedStor
14  Hidden FAT16 <3 63  GNU HURD or Sys ab  Darwin boot     f2  DOS secondary
16  Hidden FAT16    64  Novell Netware  af  HFS / HFS+      fb  VMware VMFS
17  Hidden HPFS/NTF 65  Novell Netware  b7  BSDI fs         fc  VMware VMKCORE
18  AST SmartSleep  70  DiskSecure Mult b8  BSDI swap       fd  Linux raid auto
1b  Hidden W95 FAT3 75  PC/IX           bb  Boot Wizard hid fe  LANstep
1c  Hidden W95 FAT3 80  Old Minix       be  Solaris boot    ff  BBT
1e  Hidden W95 FAT1
Hex code (type L to list codes): 82
```

图 7-31　查看分区类型代码

输入 p 命令字符，可以看到/dev/sdc9 的分区类型已经改为 Linux swap 分区，如图 7-32 所示。

```
File Edit View Search Terminal Help
/dev/sdc2            129        2610    19936665    5  Extended
/dev/sdc5            129         256     1028128+  83  Linux
/dev/sdc6            257         384     1028128+  83  Linux
/dev/sdc7            385         512     1028128+  83  Linux
/dev/sdc8            513         640     1028128+  83  Linux
/dev/sdc9            641         768     1028128+  82  Linux swap / Solaris

Command (m for help):
```

图 7-32　查看分区类型

输入 w 保存分区，退出 fdisk 程序。

7）格式化分区

创建好分区以后，在/dev 目录中将看到对应分区的设备名称，如图 7-33 所示。

```
File Edit View Search Terminal Help
[root@sjh ~]# ls -l /dev/sdc*
brw-rw----. 1 root disk 8, 32 Feb  2 02:18 /dev/sdc
brw-rw----. 1 root disk 8, 33 Feb  2 02:18 /dev/sdc1
brw-rw----. 1 root disk 8, 34 Feb  2 02:18 /dev/sdc2
brw-rw----. 1 root disk 8, 37 Feb  2 02:18 /dev/sdc5
brw-rw----. 1 root disk 8, 38 Feb  2 02:18 /dev/sdc6
brw-rw----. 1 root disk 8, 39 Feb  2 02:18 /dev/sdc7
brw-rw----. 1 root disk 8, 40 Feb  2 02:18 /dev/sdc8
brw-rw----. 1 root disk 8, 41 Feb  2 02:18 /dev/sdc9
[root@sjh ~]#
```

图 7-33　查看设备名

刚建立的分区还不能使用，必须使用 mkfs 命令格式化为指定的文件系统以后才能使用。下面使用 mkfs -t ext4 /dev/sdc1 命令将主分区格式化为 ext4 文件系统，如图 7-34 所示。

```
File Edit View Search Terminal Help
[root@sjh ~]# mkfs -t ext4 /dev/sdc1
mke2fs 1.41.12 (17-May-2010)
Filesystem label=
OS type: Linux
Block size=4096 (log=2)
Fragment size=4096 (log=2)
Stride=0 blocks, Stripe width=0 blocks
64384 inodes, 257032 blocks
12851 blocks (5.00%) reserved for the super user
First data block=0
Maximum filesystem blocks=264241152
8 block groups
32768 blocks per group, 32768 fragments per group
8048 inodes per group
Superblock backups stored on blocks:
        32768, 98304, 163840, 229376

Writing inode tables: done
Creating journal (4096 blocks): done
Writing superblocks and filesystem accounting information: done

This filesystem will be automatically checked every 27 mounts or
180 days, whichever comes first.  Use tune2fs -c or -i to overrid
e.
[root@sjh ~]#
```

图 7-34　格式化主分区

7.2.3 挂载文件系统

将磁盘进行分区并格式化好以后，还需要使用 mount 命令将磁盘分区挂载到根目录的某一个子目录中。

1. 挂载硬盘分区

首先在文件系统中创建一个空目录作为挂载点，如将格式化后的分区/dev/sdc5 用来保存音乐文件，可使用 mkdir /usr/music 和 mount /dev/sdc5 /usr/music 命令，执行这两条命令后，即可以通过/usr/music 目录访问/dev/sdc5 分区中的内容，具体执行过程如图 7-35 所示。

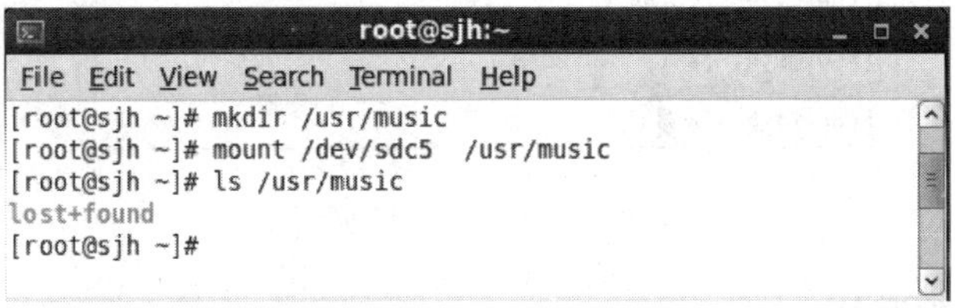

图 7-35　挂载硬盘分区

2. 挂载光驱

如果想使用光驱，必须将光驱挂载到文件系统中。通常情况下将光驱挂载到/mnt/cdrom 目录下，执行 mkdir /mnt/cdrom 和 mount /dev/cdrom /mnt/cdrom 这两条命令后，就可以使用 ls 命令显示光驱中的文件，执行结果如图 7-36 所示。

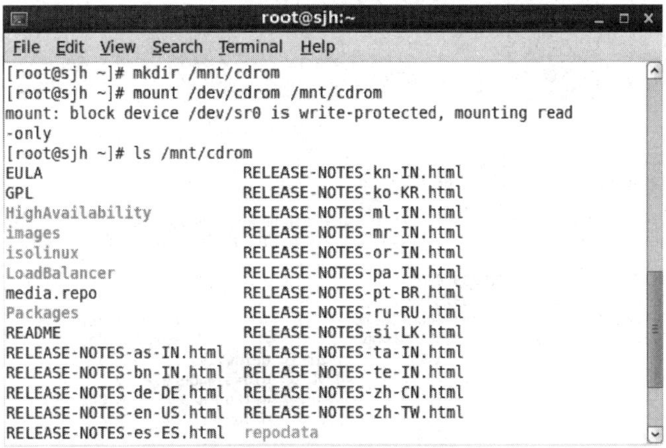

图 7-36　挂载光驱

3. 挂载 U 盘

将 U 盘插入计算机 USB 接口中，使用 ls /dev/sd * 命令查看 U 盘的设备名，执行结果如图 7-37 所示。

从图中可以看出，sdd 就是 U 盘设备，sdd1 就是 U 盘的分区。

执行 mkdir /mnt/usb 和 mount /dev/sdd1 /mnt/usb 这两条命令后，就可以使用 ls 命令显示 U 盘中的文件，执行结果如图 7-38 所示。

图 7-37　查看 U 盘的设备名

图 7-38　挂载 U 盘

4. 自动挂载文件系统

自动挂载文件系统指的是系统启动以后自动将硬盘中的分区挂载到文件系统中，我们就可以直接使用这些分区中的内容了，而不用在每次需要使用某个分区的时候，再去手动输入命令进行挂载。

在 Linux 系统中，/etc/fstab 文件存储了自动挂载文件系统的参数，若想要系统在每次启动时自动挂载指定的文件系统，则必须修改该文件中的参数。

使用 cat 命令打开/etc/fstab 文件，如图 7-39 所示。

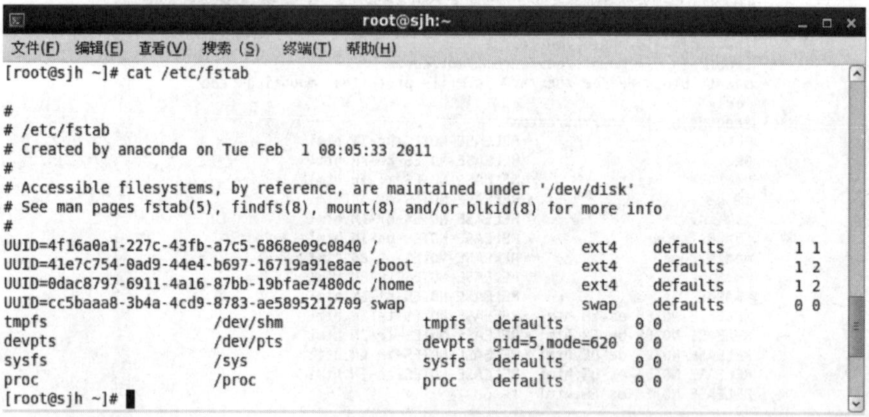

图 7-39　查看/etc/fstab 文件

由图 7-39 显示的内容可以看出 fstab 文件是由一条一条的记录所组成，其中每一行表示一条记录，代表一个自动挂载项。每条记录由 6 个字段组成，第 1 个字段是设备名，第 2 个字段设置挂载点，第 3 个字段显示文件系统的类型，第 4 个字段是挂载选项，使用 defaults 表示系统自动识别文件系统进行挂载，第 5 个字段设置是否备份，0 表示不备份，1 表示要备份，第 6 个字段设置自检顺序，该字段被 fsck 命令用来决定在系统启动时需要被扫描的文件系统的顺序，根文件系统“/”对应该字段的值为 1，其他文件系统为 2，如果某文件系统在启动时不需要扫描，则该字段的值设置为 0。

如果想要系统自动挂载/dev/sdc5 分区，可使用 vi 命令打开/etc/fstab 文件并添加下面这行后保存退出。

```
/dev/sdc5 /usr/music ext4 defaults 0 0
```

这样系统启动后就可以通过/usr/music 目录直接访问/dev/sdc5 分区中的内容，而不用每次都使用 mount 命令来挂载该分区。

由于 fstab 文件非常重要，如果这个文件有错误，就可能会造成系统不能正常启动。因此向 fstab 文件中添加数据时应非常小心。

7.2.4 Linux 文件权限

在 Linux 中，将文件访问权限分为三类用户进行设置：文件所有者(u)、和文件所有者同组的用户(g)和其他用户(o)。对于每一类用户，又可以设置读(r)、写(w)和执行(x)三种权限。这样 Linux 下对于任何文件或者目录的访问权限都有三组，如图 7-40 所示。

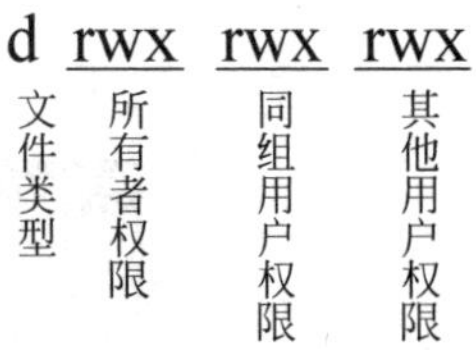

图 7-40　权限分组

执行 ls -l 命令可以查看到文件的权限信息，如图 7-41 所示。

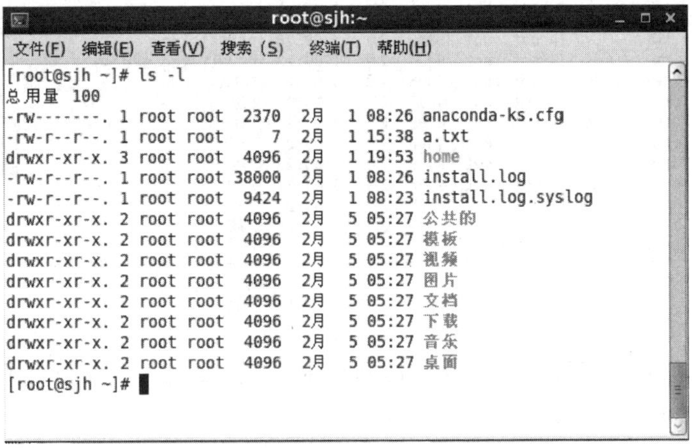

```
[root@sjh ~]# ls -l
总用量 100
-rw-------. 1 root root  2370  2月  1 08:26 anaconda-ks.cfg
-rw-r--r--. 1 root root     7  2月  1 15:38 a.txt
drwxr-xr-x. 3 root root  4096  2月  1 19:53 home
-rw-r--r--. 1 root root 38000  2月  1 08:26 install.log
-rw-r--r--. 1 root root  9424  2月  1 08:23 install.log.syslog
drwxr-xr-x. 2 root root  4096  2月  5 05:27 公共的
drwxr-xr-x. 2 root root  4096  2月  5 05:27 模板
drwxr-xr-x. 2 root root  4096  2月  5 05:27 视频
drwxr-xr-x. 2 root root  4096  2月  5 05:27 图片
drwxr-xr-x. 2 root root  4096  2月  5 05:27 文档
drwxr-xr-x. 2 root root  4096  2月  5 05:27 下载
drwxr-xr-x. 2 root root  4096  2月  5 05:27 音乐
drwxr-xr-x. 2 root root  4096  2月  5 05:27 桌面
[root@sjh ~]#
```


图 7-41　查看文件权限

图 7-41 中显示了/home 目录的权限位为：rwxr-xr-x，这表示目录所有者(root)可对目录进行各种操作，而同组用户具有浏览权限(r)和进入目录的权限(x)，其他用户也具有浏览权限和进入目录的权限。

另外，我们也可以使用数字进行文件权限的划分，其中 r=4、w=2、x=1、-=0，这样 rwx 这组权限就是 4+2+1=7，r-x 这组权限就是 5，/home 的权限就可以用 755 表示。

知道了 Linux 下文件和目录的权限设置规则，我们就可以用系统自带的 chmod 命令来修改它们的权限。例如，将 a.txt 文件设置为所有者拥有全部权限，其他人拥有执行权限，可以用 chmod u=rwx,go=x a.txt，也可以用 chmod 711 a.txt，这两条命令的效果是一样的，如图 7-42 和图 7-43 所示。

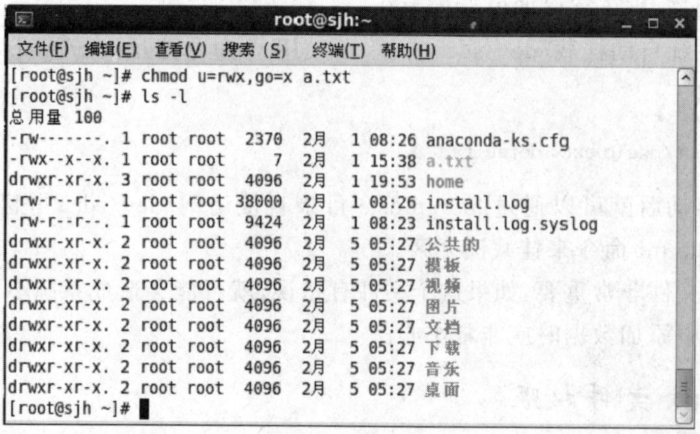

图 7-42　修改文件权限

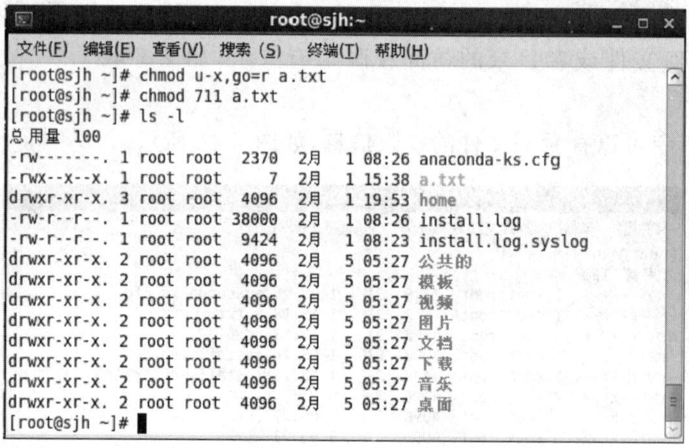

图 7-43　修改文件权限

chmod 只是用来改变目录和文件的访问权限，若想改变文件和目录的所有者，则需要借助 chown 和 chgrp 两个命令。

本 章 小 结

这一章中首先介绍了 RHEL 6.0 的安装方式和硬件需求，接着详细介绍了 RHEL 6.0 的安装过程。在 Linux 的文件系统类型一节，介绍了 Linux 的目录、文件类型和文件系统类型，然后介绍了 Linux 的文件权限及如何进行权限的设置，最后讲解了 Linux 的硬盘分区和格式化及 Linux 文件系统的挂载方法。

实验七　安装 RHEL 6.0

1. 实验目的

熟练掌握 RHEL 6.0 的安装过程和安装后的基本配置。

2. 实验环境

每人一台主机，在主机上直接用光驱安装；或者每人一台主机，在主机上安装虚拟机 VMware 或 Virtual PC，在虚拟中使用镜像文件进行安装。

3. 实验步骤

(1) 设置启动顺序。

(2) 选择安装方式。

(3) 检测光盘和硬件。

(4) 选择安装语言和键盘设置。

(5) 选择存储设备。

(6) 为计算机命名。

(7) 设置时区。

(8) 设置根用户口令。

(9) 为硬盘分区。

(10) 定制要安装的组件。

习　　题

一、选择题

1. 块设备文件类型的标志是(　　)。

A. P　　B. C　　C. S　　D. B

2. 建立链接文件的命令是(　　)。

A. ls　　B. ln　　C. touch　　D. cat

3. 用来改变目录和文件的访问权限的命令是(　　)。

A. chmod　　B. chown　　C. chgrp　　D. ls

4. 挂载文件系统的命令是(　　)。

A. mount　　B. umount　　C. fsck　　D. fdisk

5. 格式化文件系统的命令是(　　)。

A. fsck　　B. umount　　C. mkfs　　D. fdisk

6. 磁盘分区的命令是(　　)。

A. mount　　B. mkfs　　C. fsck　　D. fdisk

二、简答题

1. RHEL 6.0 有哪几种安装方式?

2. RHEL 6.0 中的文件类型有哪几种? 分别用什么符号表示?

3. RHEL 6.0 支持哪些常用的文件系统类型?

4. 如何使用 fdisk 命令将一块硬盘划分为 3 个主分区，4 个逻辑分区?

5. Linux 的文件权限有哪些? 使用什么命令进行设置?

6. 如何挂载硬盘分区、光驱和 U 盘?

第 8 章　RHEL 6.0 的基本网络服务

【本章学习目标】

- 了解 DHCP 服务器程序的安装、管理方法。
- 掌握 DHCP 服务器和 DHCP 客户端的配置方法。
- 了解 DNS 服务器安装、启动和停止方法。
- 掌握 DNS 配置文件 named.conf 的配置选项。
- 掌握安装并配置 Apache 的方法。
- 掌握在 Apache 服务器中配置虚拟主机的方法。
- 掌握 vsftpd 的安装和基本环境配置。
- 掌握 vsftpd 常用配置选项的使用。

8.1　DHCP 服务

DHCP(Dynamic Host Configuration Protocol)是 TCP/IP 协议簇中的一种，主要用来为网络中的各计算机动态分配 IP 地址。这些被分配的 IP 地址都是在 DHCP 服务器中预先保留的地址集。关于 DHCP 的原理和工作过程请参见第 3 章 DHCP 部分。

使用 DHCP 需要对服务器端和客户端分别进行设置。对于服务器端的设置比较简单，Windows Server 2008 和 RHEL 6.0 都提供了 DHCP 服务器程序，当然，它们同时也提供了 DHCP 客户端程序。

8.1.1　安装 DHCP 服务器

DHCP 服务器负责集中管理可动态分配的 IP 地址，并负责处理客户端的 DHCP 请求，给客户端分配 IP 地址。本节将介绍如何在 RHEL 6.0 中安装 DHCP 服务器程序。在安装 DHCP 服务之前，我们需要确信服务器已经有一个固定的 IP 地址，如果没有可以使用 ifconfig 命令自行设置。

1. 安装 DHCP 服务器程序

默认情况下，RHEL 6.0 并没有安装 DHCP 服务器程序，使用 rpm -qa dhcp 命令看不到任何提示。这时我们在光驱中放入 RHEL 6.0 的安装光盘，使用 mount 命令挂载光驱，然后使用 rpm 命令来安装 DHCP 服务器程序，具体过程如图 8-1 所示。

2. 启动 DHCP 服务

将 DHCP 服务器程序安装到系统中后，该服务程序的启动脚本程序位于/etc/rc.d/init.d 目录中，名为 dhcpd，使用该脚本程序可启动 DHCP 服务器程序。因此，可使用以下

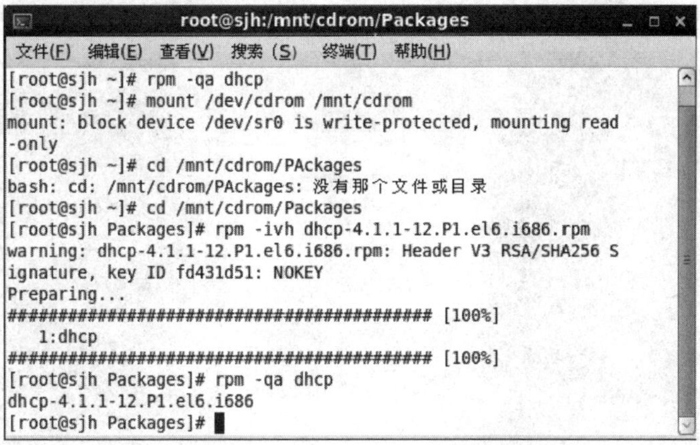

图 8-1 安装 DHCP 服务器程序

命令启动 DHCP 服务器程序：#/etc/rc.d/init.d/dhcpd start，同时也可使用# service dhcpd start 启动 DHCP 服务器程序。使用#/etc/rc.d/init.d/dhcpd restart 和 #service dhcpd restart 都可以重启 DHCP 服务器程序。

由于我们还没有对 DHCP 服务器进行配置，因此此时启动 DHCP 服务失败，如图 8-2 所示。

图 8-2 启动 DHCP 服务失败

3. 查看 DHCP 服务状态

使用#service dhcpd status 或者 #/etc/rc.d/init.d/dhcpd status 都可以查看 DHCP 服务器程序的运行状态。

4. 停止 DHCP 服务

若要停止 DHCP 服务器程序，则可使用#/etc/rc.d/init.d/dhcpd stop 命令或者#service dhcpd stop。

5. 让 DHCP 服务自动运行

我们也可以设置 dhcpd 进程随系统的启动而自动启动，具体操作步骤如下。

(1) 在 RHEL 6.0 的 Shell 命令模式下输入 setup 命令，打开如图 8-3 所示的设置窗口。

(2) 选择“系统服务”选项后按 Enter 键，打开如图 8-4 所示的窗口，按向下的光标键找到 dhcpd 项，然后按空格键使该项前面显示一个星号“*”，表示该服务将自动启动。

(3) 按 Tab 键将输入焦点移到“确定”按钮，按 Enter 键退出，返回如图 8-3 所示的窗口，再按 Tab 键将输入焦点移到“退出”按钮，按 Enter 键退出设置。

经过以上设置，每次系统启动后将自动启动 dhcpd 守护进程，不需要用户再手工输入命令来启动该进程了。

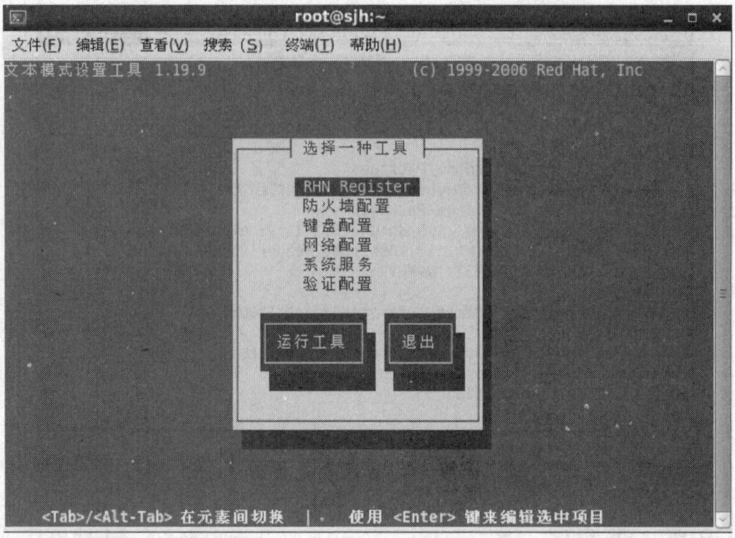

图 8-3 选择系统服务

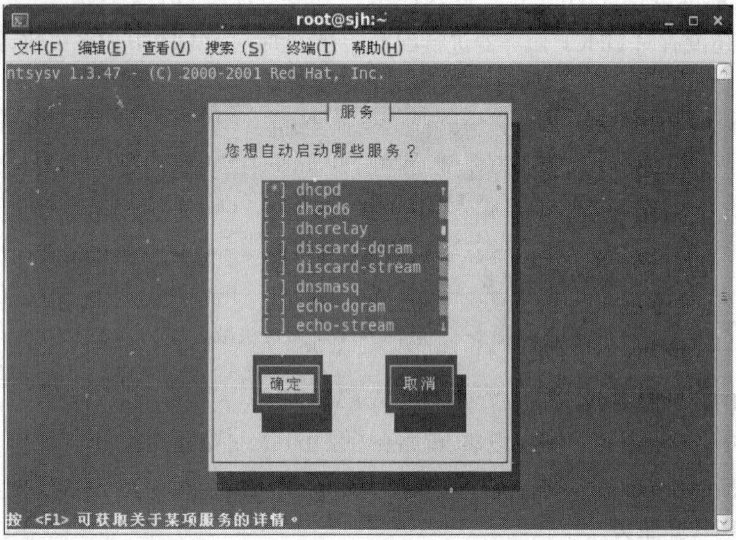

图 8-4 设置 dhcpd 自动启动

8.1.2 配置 DHCP 服务器

安装 DHCP 服务器程序后，系统自己并不会自动生成 DHCP 的配置文件，因此无法启动 dhcpd 进程，所以安装完成后，首先要进行的工作就是对 DHCP 服务器进行配置。

1. 相关的配置文件

与 DHCP 服务器相关的配置文件有两个。

1）主配文件

打开主配置文件(/etc/dhcp/dhcpd.conf)文件后，里面是下面三行注释，并没有实际的内容。因此 dhcpd 服务器程序启动时会失败。

```
# DHCP Server Configuration file.
# see /usr/share/doc/dhcp*/dhcpd.conf.sample
# see 'man 5 dhcpd.conf'
```

从注释的内容可看到，在/usr/share/doc/dhcp*（这里的星号表示 DHCP 的版本）目录中可找到配置文件的模板。使用以下命令将该模板复制到/etc/dhcp 目录：

```
# cp /usr/share/doc/dhcp-4.1.1/dhcpd.conf.sample /etc/dhcp/dhcpd.conf
```

再次打开/etc/dhcp/dhcpd.conf 文件，内容如图 8-5 所示。

```
# dhcpd.conf
#
# Sample configuration file for ISC dhcpd
#
# option definitions common to all supported networks...
option domain-name "example.org";
option domain-name-servers ns1.example.org, ns2.example.org;

default-lease-time 600;
max-lease-time 7200;

# Use this to enble / disable dynamic dns updates globally.
#ddns-update-style none;

# If this DHCP server is the official DHCP server for the local
# network, the authoritative directive should be uncommented.
#authoritative;

# Use this to send dhcp log messages to a different log file (you also
# have to hack syslog.conf to complete the redirection).
log-facility local7;
```

图 8-5　dhcpd 的配置文件模板

该文件中主要包括了一套声明集和一套参数集及大部分以“#”开头的注释语句。下面的语句就是一个网段的声明，也就是用这个声明来定义一个 IP 作用域，以便 DHCP 服务器向发出请求的 DHCP 客户端分配地址。

```
subnet 192.168.0.0 netmask 255.255.255.0 {
        option routers                  192.168.0.1;
        option subnet-mask              255.255.255.0;
        option domain-name              "domain.org";
        option domain-name-servers      192.168.0.2;
        option time-offset              -18000;
        range 192.168.0.100       192.168.0.200;
}
```

下面这段声明则用来为某台计算机保留特定的 IP 地址。

```
host ns {
      hardware ethernet 12:34:56:78:AB:CD;
      fixed-address 192.168.0.13;
      option routers                  192.168.0.1;
      option domain-name-servers      192.168.0.2;
  }
```

其中以 option 开头的语句为选项，具体格式为：option 选项名 选项值；

除了选项外，还可以设置参数，参数总是由设置项和设置值两部分组成，并且要以“;”结束。例如：

```
default - lease - time 21600;
max - lease - time 43200;
```

如果选项/参数在一个声明里设置，那么选项/参数将为局部选项，只在局部有效。如果选项/参数在声明外设置，则为全局选项，全局有效。

复制 dhcpd.conf 配置文件之后，仍然启动不了 DHCP 服务，还必须得根据自己的要求进行一些配置。

2）IP 地址分配信息

IP 地址分配信息(/var/lib/dhcpd/dhcpd.leases)文件主要用来记录 DHCP 服务器分配出去的 IP 地址及相应的客户端信息。

2. 配置实例

【实例 8-1】 假设公司有一台服务器，采用 RHEL 6.0 作为操作系统，它除了作为 NAT 服务器供整个局域网共享上网之外，还提供 DHCP 分配 IP 地址的功能。其他的网络条件要求如下：

（1）内部网段为 192.168.1.0/24，路由器的 IP 地址为 192.168.1.1，DNS 服务器的 IP 地址为 192.168.1.2。

（2）可以分配的 IP 地址范围为 192.168.1.100～192.168.1.200。

（3）DHCP 分配的 IP 地址默认租约期限为一天，最长为两天。

（4）有一台 Web 服务器，其 MAC 地址为 00:03:FF:0F:29:85，机器名为 cslab-win2003，需要分配给它的 IP 地址为 192.168.1.10。

其配置文件如图 8-6 所示。重启 dhcpd 服务后，即可以给 DHCP 客户端分配 IP 地址了。

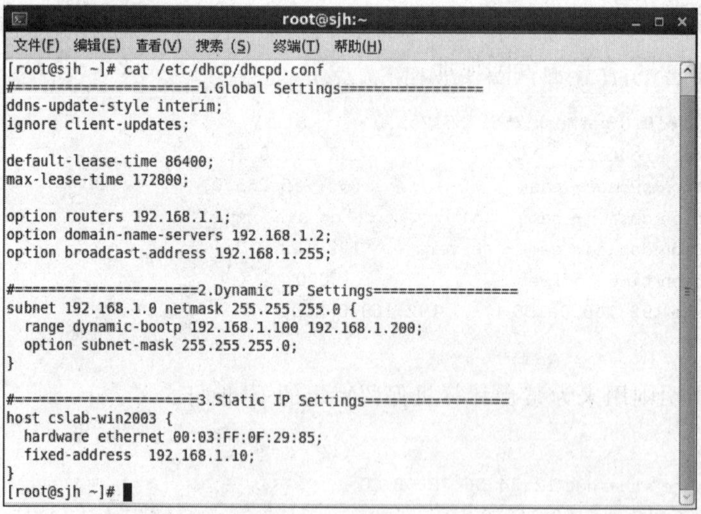

图 8-6 实例配置文件

3. 查看客户租约文件

打开/var/lib/dhcpd/dhcpd.leases 文件，可以看到 DHCP 服务器已经分配出去的 IP 地址及客户端的相关信息，如图 8-7 所示。

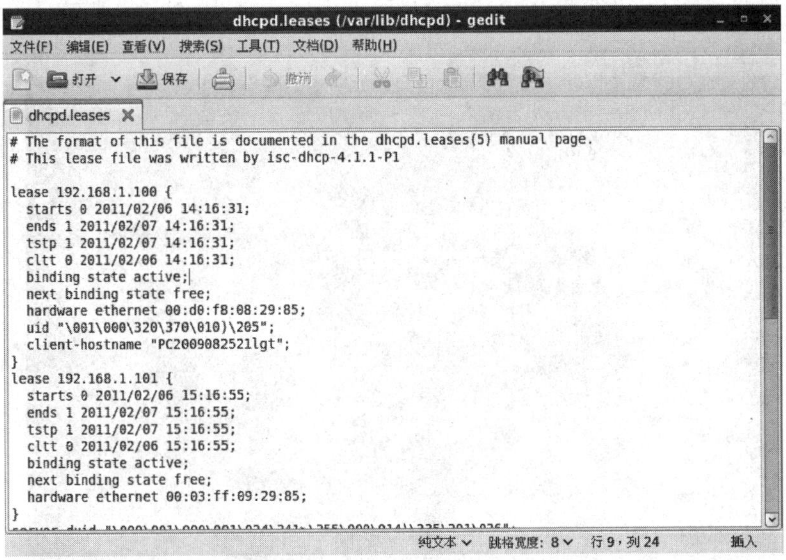

dhcpd.leases (/var/lib/dhcpd) - gedit
文件(F) 编辑(E) 查看(V) 搜索(S) 工具(T) 文档(D) 帮助(H)
打开 保存 撤消
dhcpd.leases
# The format of this file is documented in the dhcpd.leases(5) manual page.
# This lease file was written by isc-dhcp-4.1.1-P1
lease 192.168.1.100 {
starts 0 2011/02/06 14:16:31;
ends 1 2011/02/07 14:16:31;
tstp 1 2011/02/07 14:16:31;
cltt 0 2011/02/06 14:16:31;
binding state active;
next binding state free;
hardware ethernet 00:d0:f8:08:29:85;
uid "\001\000\320\370\010)\205";
client-hostname "PC2009082521lgt";
}
lease 192.168.1.101 {
starts 0 2011/02/06 15:16:55;
ends 1 2011/02/07 15:16:55;
tstp 1 2011/02/07 15:16:55;
cltt 0 2011/02/06 15:16:55;
binding state active;
next binding state free;
hardware ethernet 00:03:ff:09:29:85;
}
纯文本 跳格宽度: 8 行 9，列 24 插入

图 8-7　查看已经分配出去的 IP 地址

8.1.3　配置 DHCP 客户端

DHCP 服务是一种标准的基于 TCP/IP 网络的应用，所以它的客户端可以是 Linux，可以是 Windows，也可以是 UNIX 或者 MAC OS X。下面，我们以 Windows 和 Linux 两种客户端为例来设置 DHCP 客户端。

1. Windows 系统 DHCP 客户端设置

在 Windows 系统中使用图形界面配置 DHCP 客户端第 3 章已经介绍。此处我们使用命令行方式来配置 DHCP 客户端。ipconfig /release 和 ipconfig /renew 命令可以分别用来释放 IP 地址或者更新 IP 地址租约，如图 8-8 所示。

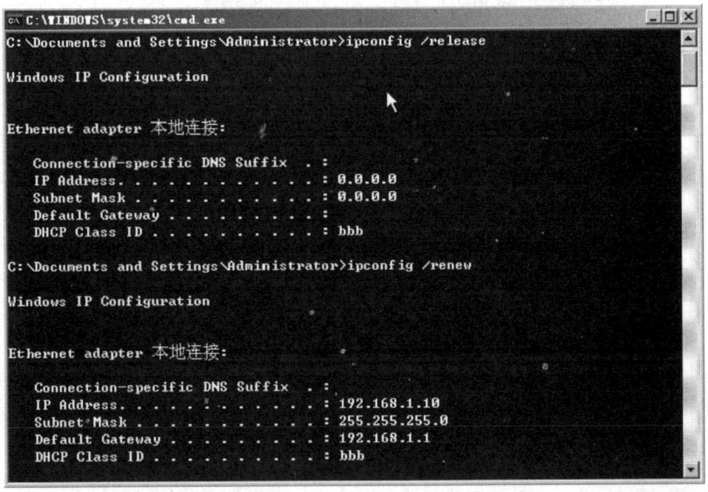

C:\WINDOWS\system32\cmd.exe
C:\Documents and Settings\Administrator>ipconfig /release
Windows IP Configuration
Ethernet adapter 本地连接:
Connection-specific DNS Suffix . :
IP Address. . . . . : 0.0.0.0
Subnet Mask . . . . : 0.0.0.0
Default Gateway . . . . :
DHCP Class ID . . . . : bbb
C:\Documents and Settings\Administrator>ipconfig /renew
Windows IP Configuration
Ethernet adapter 本地连接:
Connection-specific DNS Suffix . :
IP Address. . . . . : 192.168.1.10
Subnet Mask . . . . : 255.255.255.0
Default Gateway . . . . : 192.168.1.1
DHCP Class ID . . . . : bbb

图 8-8　使用 ipconfig /renw 命令更新租约

更新租约成功后，可以使用 ipconfig /all 命令进行查看，如图 8-9 所示。

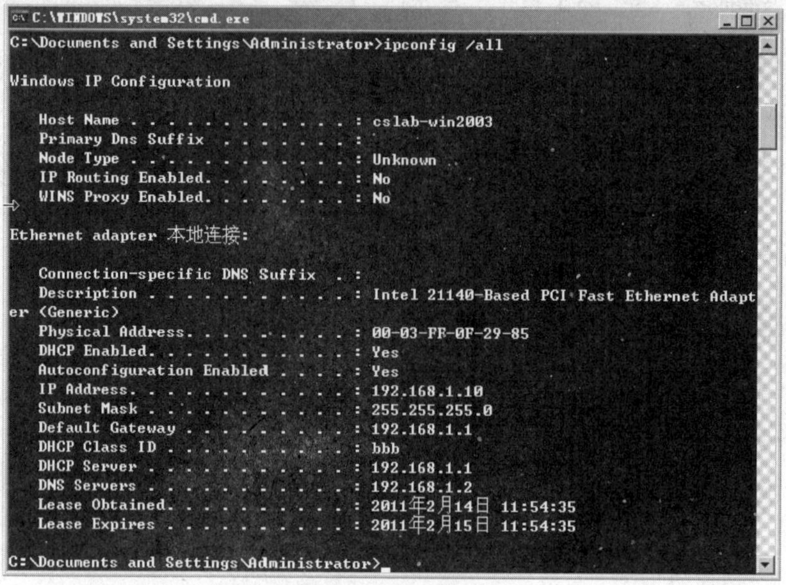

图 8-9 使用 ipconfig /all 命令查看 IP 地址

2. Linux 系统 DHCP 客户端设置

1）使用图形界面设置

在 Red Hat Linux 9.0 的桌面上，单击“主菜单”，选择“系统设置”→“网络”，或者在终端中输入 redhat-config-network 命令，即可以打开如图 8-10 所示的网络配置窗口。

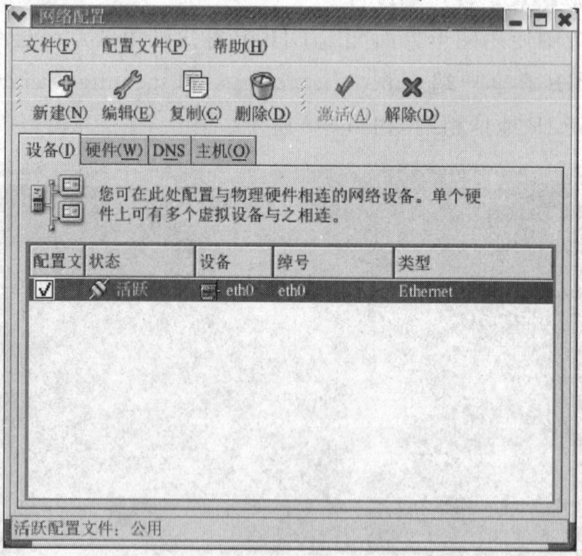

图 8-10 图形界面网络配置图

选中需要设置 IP 地址的网卡双击，或者单击“编辑”按钮都可以打开它的配置窗口，如图 8-11 所示。勾选“自动获取 IP 地址设置使用:”并选择 dhcp，单击“确定”按钮即可。

图 8-11　设置通过 DHCP 获取 IP 地址

在 RHEL 6.0 的终端中输入 system-config-network 命令可以通过如图 8-12 所示进行 DHCP 客户端的配置。

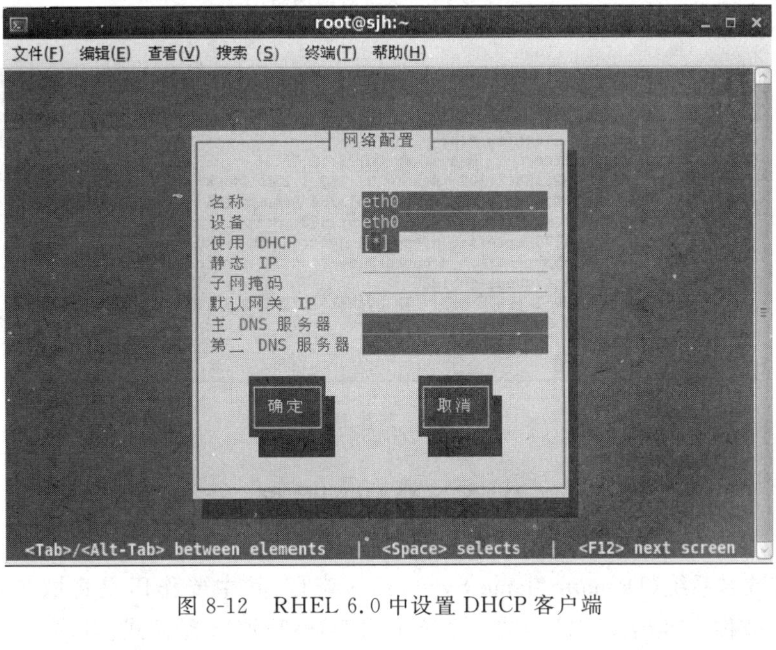

图 8-12　RHEL 6.0 中设置 DHCP 客户端

2）使用命令行设置

编辑/etc/sysconfig/network-scripts/ifcfg-eth0 文件，将 BOOTPROTO＝none 修改为 BOOTPROTO＝dhcp 并保存退出，如图 8-13 所示。

修改完毕后，使用命令＃service network restart 重新启动网络，如图 8-14 所示。

这时使用 ifconfig 命令可以看到客户端已经得到 IP 地址，如图 8-15 所示。

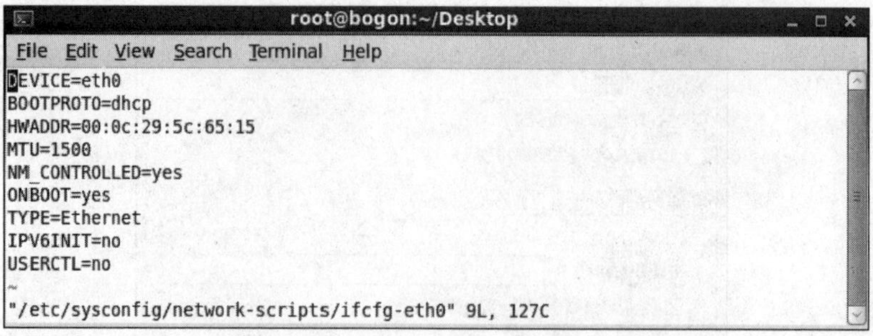

图 8-13　修改配置文件

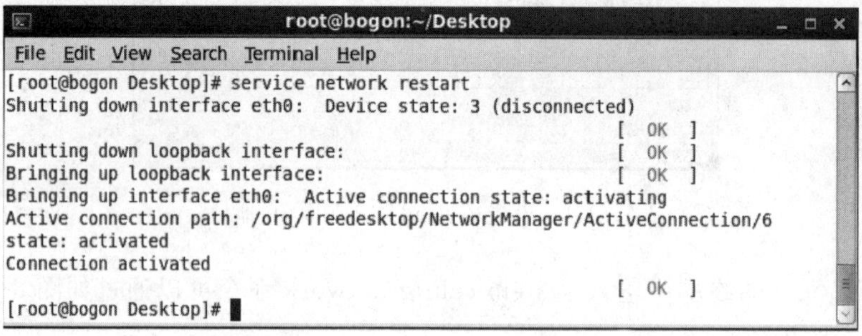

图 8-14　重新启动网络

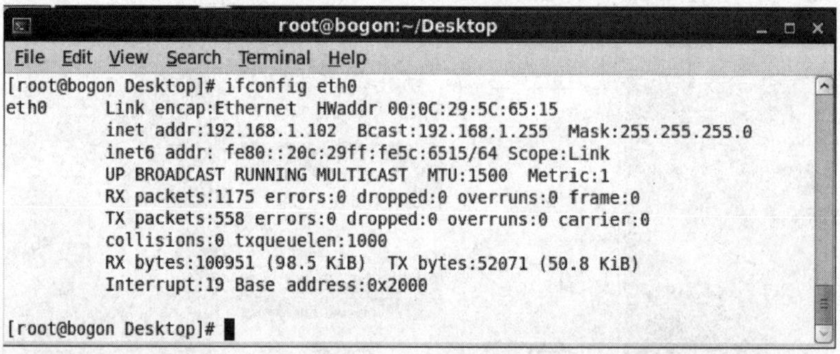

图 8-15　查看 IP 地址

8.2　DNS 服务

DNS 是域名系统(Domain Name System)的缩写,其主要作用是将域名映射为 IP 地址,这一过程被称为“域名解析”。域名系统采用客户机/服务器模式,其中域名服务器又分为主 DNS 服务器,辅助 DNS 服务器和专用缓存服务器。关于 DNS 的工作原理及相关概念请参见第 3 章 DNS 部分。

8.2.1　安装 DNS 服务器

在 RHEL 6.0 中,系统是通过 BIND(Berkeley Internet Name Domain)来实现 DNS 功

能的，安装 BIND 所需的软件包如下。

- bind：BIND 服务器软件包，默认没有被安装到 RHEL 6.0 系统中。
- bind-utils：提供了对 DNS 服务器的测试工具程序，系统默认安装。
- bind-chroot：chroot 是 BIND 的一种安装机制，使用 chroot 后，它会为 BIND 虚拟出一个 BIND 需要使用的目录。这个虚拟的目录可通过/etc/sysconfig/named 文件修改，位于文件的最后一行，即 ROOTDIR=/var/named/chroot，它表示对于 BIND 而言/var/named/chroot 就是/。比如某个 BIND 配置文件中写到/etc/named.conf，那么这个文件的实际路径应该是/var/named/chroot/etc/named.conf。本文中我们不再安装该软件包，直接使用 BIND 安装后的真实路径。
- caching-nameserver。

下面将介绍安装该软件和启动相应的守护进程的方法。

1. 安装 DNS 服务器程序

使用#rpm -qa bind 命令看不到任何提示，说明系统中还没有安装 BIND。这时我们在光驱中放入 RHEL 6.0 的安装光盘，使用 mount 命令挂载光驱，然后使用 rpm 命令来安装 BIND 程序，具体过程如图 8-16 所示。

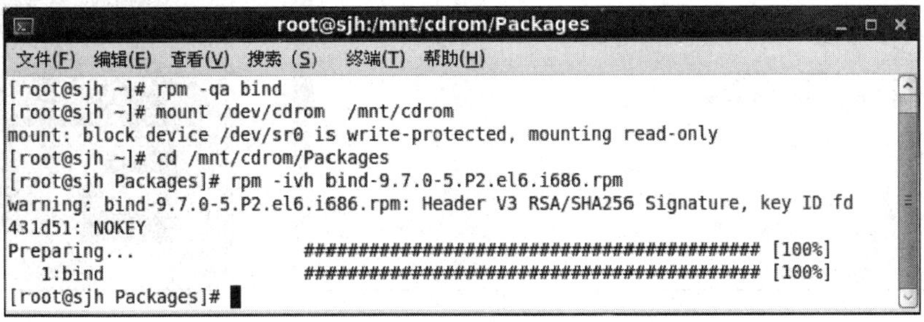

```
root@sjh:/mnt/cdrom/Packages
文件(F) 编辑(E) 查看(V) 搜索(S) 终端(T) 帮助(H)
[root@sjh ~]# rpm -qa bind
[root@sjh ~]# mount /dev/cdrom  /mnt/cdrom
mount: block device /dev/sr0 is write-protected, mounting read-only
[root@sjh ~]# cd /mnt/cdrom/Packages
[root@sjh Packages]# rpm -ivh bind-9.7.0-5.P2.el6.i686.rpm
warning: bind-9.7.0-5.P2.el6.i686.rpm: Header V3 RSA/SHA256 Signature, key ID fd
431d51: NOKEY
Preparing...                ########################################### [100%]
   1:bind                   ########################################### [100%]
[root@sjh Packages]#
```

图 8-16　安装 BIND

为了缓存 DNS 解析结果，还应安装软件包 cache-filesd-0.10.1-2.el6.i386.rpm，安装过程如图 8-17 所示。

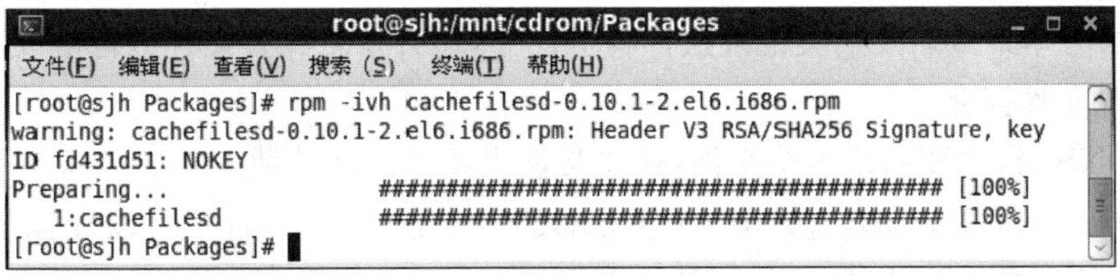

```
root@sjh:/mnt/cdrom/Packages
文件(F) 编辑(E) 查看(V) 搜索(S) 终端(T) 帮助(H)
[root@sjh Packages]# rpm -ivh cachefilesd-0.10.1-2.el6.i686.rpm
warning: cachefilesd-0.10.1-2.el6.i686.rpm: Header V3 RSA/SHA256 Signature, key
ID fd431d51: NOKEY
Preparing...                ########################################### [100%]
   1:cachefilesd            ########################################### [100%]
[root@sjh Packages]#
```

图 8-17　安装 cache-filesd

2. 启动和关闭 DNS 服务器程序

DNS 服务器程序的守护进程为 named，将 DNS 服务器程序安装到系统中之后，就可以通过 named 进程来启动和关闭 DNS 服务器程序了。

使用#/etc/rc.d/init.d/named start 或者#service named start 都可以启动 DNS 服务器程序。

如果修改了 DNS 的配置文件，则可以使用#/etc/rc.d/init.d/named restart 或者

#service named restart 重启 DNS 服务器程序。

查看 DNS 服务器程序的状态可以使用：#/etc/rc. d/init. d/named status 或者 #service named status。

若要停止 DNS 服务可以使用：#/etc/rc. d/init. d/named stop 或者 #service named stop。

上述命令的执行过程如图 8-18 所示。

如果需要在系统启动的时候同时启动 DNS 服务，则可以通过 ntsysv 命令进行设置。在图 8-19 中，找到 named 服务，按下空格键，在其前面加上星号(*)，然后选择“确定”按钮即可。

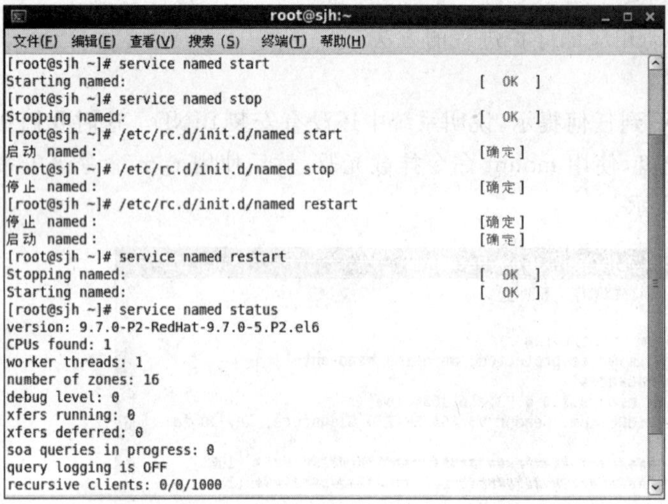

图 8-18 启动、关闭和重启 named 的命令

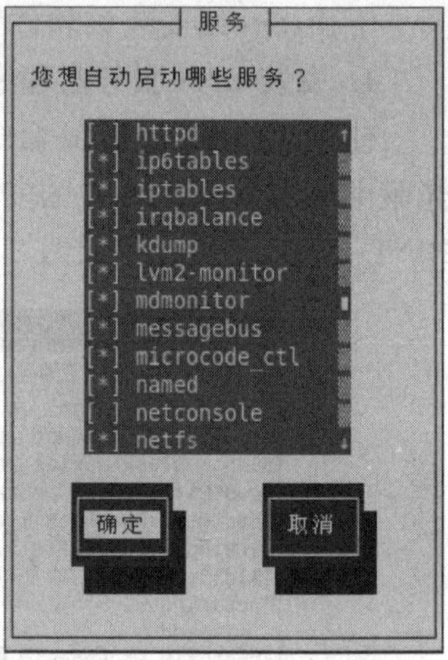

图 8-19 设置 named 自动启动

8.2.2 DNS 的配置选项

现在虽然 DNS 服务器程序已经安装到系统中，服务也可以启动了，但是要作为本地的 DNS 服务器为本地域名及相关记录执行解析任务，还必须对配置文件进行修改。

1. 配置文件简介

配置 DNS 时，需要修改多个文件，这些文件主要有以下几种。

(1) /etc/named. conf：这是 DNS 服务器的主配置文件，在这里可以设置全局参数，但该文件并不负责具体的域名解析，而只是指定指向每个域名和 IP 地址映射信息的文件。

(2) /var/named/named. ca：该文件是根域 DNS 服务器指向的文件，通过该文件可以指向根域 DNS 服务器。此文件用户不要随意修改。

(3) /var/named/named. localhost 和/var/named/named. loopback：前者用于将名字 localhost 转换为本地 IP 地址 127.0.0.1，后者定义 loopback 为 localhost 的别名。

(4) 用户自己配置的域名解析文件：又称为区文件，如果当前 DNS 服务器需要解析多个域名，那么用户需要设置多个域名解析文件。若需要反向解析，还需要设置相应的反向解析文件。

2. 主配置文件

DNS 服务器的主配置文件/etc/named.conf 指明了 DNS 服务器是主 DNS 服务器还是辅助 DNS 服务器或者是专用缓存服务器，还指定每个区域的用户配置文件。

named.conf 文件包含一系列语句，每条语句以分号结束，语句内各关键字或者数据之间用空白分隔，并以大括号进行分组。常用的语句有：directory、zone、masters、options、acl、key 和 server 等。下面以 options 和 zone 语句为例进行介绍。

1) options 语句

options 语句主要用来设置全局选项，如区文件的默认目录、定义转发器等。如 named.conf 中的以下语句：

```
options{
        directory "/var/named";
        forwarders{192.168.1.2;
                };
};
```

directory 子句用来定义服务器的区文件的默认路径，本例为/var/named 目录。forwarders 子句列出了作为转发器的服务器的 IP 地址。

2) zone 子句

zone 子句是 named.conf 文件的主要部分，一个 zone 语句设置一个区的选项。如果需要解析 Internet 中的域名，首先需要定义一个名为“.”的根区，该区的配置文件为/etc/named/named.ca。

在 zone 语句中通常使用 type 和 file 两个子句。

type 用来设置区的类型，一般有 master、slave 和 hint 三种。master 代表主 DNS 服务器，拥有区域数据文件，并对此区域提供管理数据。Slave 代表辅助 DNS 服务器，拥有主 DNS 服务器区域数据文件的副本，辅助 DNS 服务器从主 DNS 服务器同步所有区域数据。hint 代表将该服务器初始化为专用缓存服务器。

file 用来指定一个区的配置文件名称。

```
1: zone "."{
2:              type hint;
3:              file "named.ca";
4:           };
5: zone "sjh.com"{
6:            type master;
7:            file "sjh.com.zone";
8:         };
```

其中，前 4 行定义了对根区域的引用。第 2 行定义类型为专用缓存服务器，第 3 行定义配置文件为/var/named/named.ca，其中路径/var/named/是在 options 语句中设定的。

后 4 行定义了一个用户配置的区。第 5 行定义域名为 sjh.com，用户文件名称可以自行选取，为便于管理，此处都设置后缀为.zone。

3. 区文件和资源记录

区文件是指保存一个域的 DNS 解析数据的文件。系统管理员可在该文件中添加和删除解析信息。数据解析是通过资源记录来实现的，资源记录的基本格式如下：

```
名称    TTL    网络类型    记录类型    数据
```

(1)“名称”字段可以使用全名或者相对名，全名是以“.”结尾的完整域名。例如，在区文件中有以下两条资源记录：

```
dns              IN     A     192.168.1.1
pc1.sjh.com.   IN     A     192.168.1.11
```

第一条记录使用的是相对名，若是为 sjh.com 域设置的记录，则其全名为 dns.sjh.com。第二条中的记录使用的是全名。

(2) TTL 字段设置数据可以被缓存的时间，单位为秒。该字段通常被省略，默认取该区文件开头的 $ TTL 中的值。

(3)“网络类型”字段默认值为 IN，表示是 Internet 网络类型。

(4)“记录类型”字段设置该条记录为何种类型。常用的记录类型如表 8-1 所示。

表 8-1 常用记录类型

类　型	格　式	举　例
SOA	区名 网络类型 SOA 主 DNS 服务器 管理员邮件地址(序列号 刷新间隔 重试间隔 过期间隔 TTL)	@ IN SOA dns.sjh.com. admin (2011021701 15M 10M 1D 1D)
NS	区名 IN NS 完整主机名	sjh.com IN NS dns.sjh.com.
A	域名 IN A IPv4 地址	dns IN A 192.168.1.1
AAAA	域名 IN A IPv6 地址	localhost IN AAAA ::1
PTR	IP 地址 IN PTR 域名	192.168.1.1 IN PTR dns
MX	名称 IN MX 优先级 域名	mail IN MX 1 mail.sjh.com
CNAME	别名 IN CNAME 域名	samba IN CNAME www.sjh.com

在编写资源记录时，@表示继承主配置文件中的区域名称，最左边列不写表示继承上一行的内容，这只是为了方便编写，每次全部写全也可以。

- 主 DNS 服务器：区域的 DNS 服务器的 FQDN。
- 管理员邮件地址：其中@用“.”代替，因为在这里@代表域名。如表 8-1 中管理员邮件地址使用的是相对名，若要使用全名，则应写为 admin.sjh.com。
- 序列号：区域复制依据，每次主要区域修改完数据后，要手动增加它的值，辅助 DNS 服务器与主 DNS 服务器同步时通过该字段进行判断。
- 刷新间隔：默认以秒为单位，也可如表 8-1 中写明时间单位，M 代表分钟，H 代表小时，D 代表天，W 代表周。辅助 DNS 服务器请求与主 DNS 服务器同步的等待时间。当刷新间隔到期时，辅助 DNS 服务器请求主 DNS 服务器的 SOA 记录副本。然后，辅助 DNS 服务器将主 DNS 服务器的 SOA 记录中的序列号与其本地 SOA 记录中的序列号进行比较，如果不同，则辅助 DNS 服务器从主要 DNS 服务器请求区域传输。这个域的默认时间是 900 秒。
- 重试间隔：辅助 DNS 服务器在请求失败后，等待多长时间重试。通常这个时间应该短于刷新时间。默认为 600 秒。

• 过期间隔：当这个时间到期后，若辅助 DNS 服务器仍然无法与主 DNS 服务器进行区域传输，则辅助 DNS 服务器会认为它的本地数据不可靠。

(5)“数据”字段的内容因记录类型不同而有所差别。

8.2.3 DNS 服务器配置实例

为使我们对 DNS 服务器的配置有更深入的理解，下面介绍一些具体的实例对主 DNS 服务器、辅助 DNS 服务器、DNS 负载均衡、DNS 转发等分别进行设置。

1. 主 DNS 服务器

【实例 8-2】 假设一公司内有 Web 服务器、FTP 服务器和 MAIL 服务器以及多台计算机，现要求配置一台 DNS 服务器，负责 Web、FTP 和 MAIL 服务器的域名解析工作，包括反向解析。公司内部的域名为 sjh.com，DNS 服务器的 IP 地址为 192.168.1.1，FTP 服务器的 IP 为 192.168.1.11，Web 服务器的 IP 为 192.168.1.12，MAIL 服务器的 IP 为 192.168.1.13，Web 的别名为 WWW，这些服务器除了可以使用内部域名相互访问之外，还要求能够访问 Internet 中的域名。

根据上述要求，我们需要配置三个文件。

• named.conf：在该文件中不但要包含对根域服务器 named.ca 的引用，还要定义正向区域 sjh.com 和反向区域 192.168.1。

• sjh.com.zone：该文件包含对区 sjh.com 中各个服务器的域名映射数据。

• 192.168.1.zone：该文件中包含对区 sjh.com 反向解析的映射数据。

具体的步骤如下。

(1) 编辑/etc/named.conf 的内容，如图 8-20 所示。

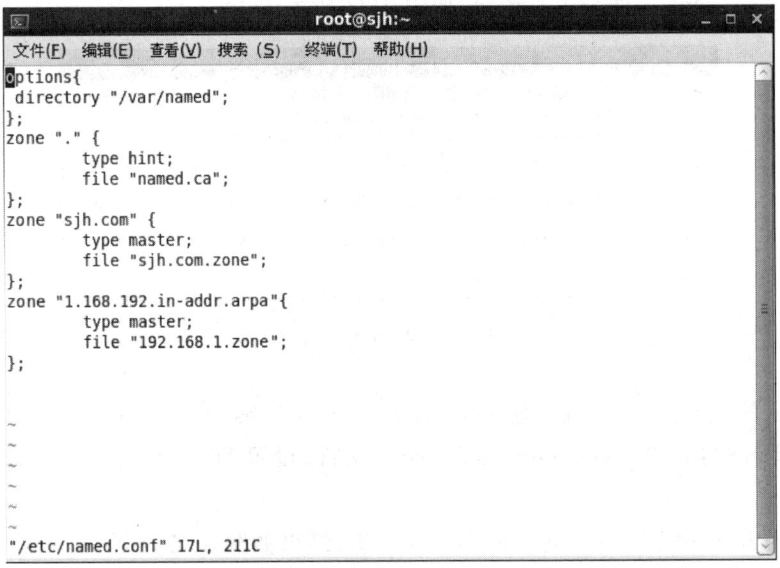

root@sjh:~
文件(F) 编辑(E) 查看(V) 搜索(S) 终端(T) 帮助(H)
options{
directory "/var/named";
};
zone "." {
type hint;
file "named.ca";
};
zone "sjh.com" {
type master;
file "sjh.com.zone";
};
zone "1.168.192.in-addr.arpa"{
type master;
file "192.168.1.zone";
};
"/etc/named.conf" 17L, 211C

图 8-20 编辑 named.conf 文件

(2) 编辑/var/named/sjh.com.zone 的内容，如图 8-21 所示。

(3) 编辑/var/named/192.168.1.zone 的内容，如图 8-22 所示。

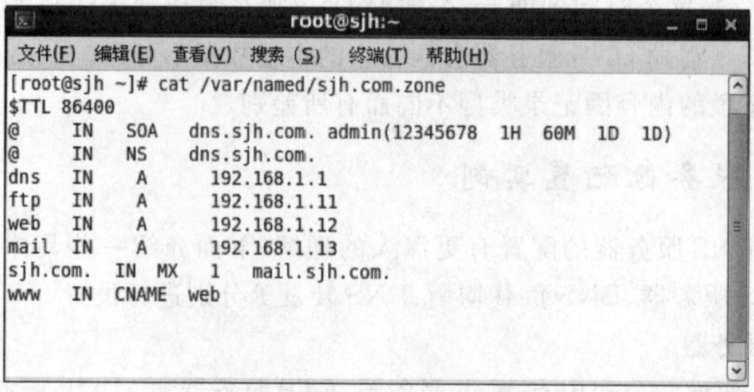
root@sjh:~
文件(F) 编辑(E) 查看(V) 搜索(S) 终端(T) 帮助(H)
[root@sjh ~]# cat /var/named/sjh.com.zone
$TTL 86400
@ IN SOA dns.sjh.com. admin(12345678 1H 60M 1D 1D)
@ IN NS dns.sjh.com.
dns IN A 192.168.1.1
ftp IN A 192.168.1.11
web IN A 192.168.1.12
mail IN A 192.168.1.13
sjh.com. IN MX 1 mail.sjh.com.
www IN CNAME web

图 8-21 sjh. com. zone 文件

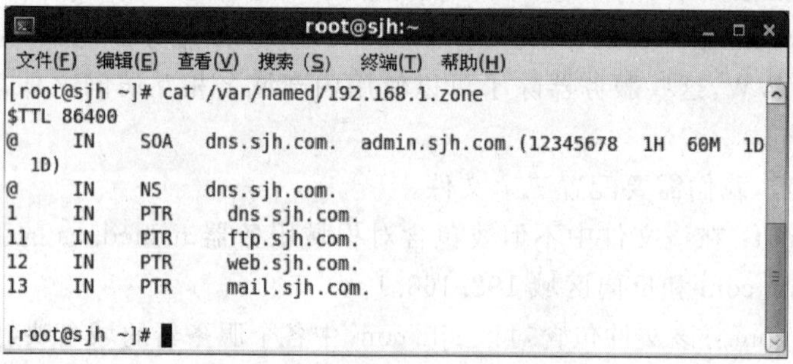
root@sjh:~
文件(F) 编辑(E) 查看(V) 搜索(S) 终端(T) 帮助(H)
[root@sjh ~]# cat /var/named/192.168.1.zone
$TTL 86400
@ IN SOA dns.sjh.com. admin.sjh.com.(12345678 1H 60M 1D
1D)
@ IN NS dns.sjh.com.
1 IN PTR dns.sjh.com.
11 IN PTR ftp.sjh.com.
12 IN PTR web.sjh.com.
13 IN PTR mail.sjh.com.
[root@sjh ~]#

图 8-22 192.168.1.zone 文件

(4) 编辑并保存以上三个文件后，可以使用以下命令来检查 named.conf、sjh.com.zone、192.168.1.zone 文件是否有错误，如图 8-23 所示。

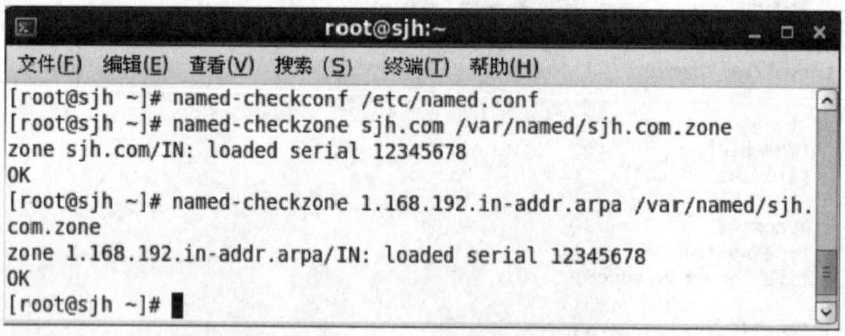
root@sjh:~
文件(F) 编辑(E) 查看(V) 搜索(S) 终端(T) 帮助(H)
[root@sjh ~]# named-checkconf /etc/named.conf
[root@sjh ~]# named-checkzone sjh.com /var/named/sjh.com.zone
zone sjh.com/IN: loaded serial 12345678
OK
[root@sjh ~]# named-checkzone 1.168.192.in-addr.arpa /var/named/sjh.
com.zone
zone 1.168.192.in-addr.arpa/IN: loaded serial 12345678
OK
[root@sjh ~]#

图 8-23 检查配置文件

(5) 确认配置文件正确之后，使用# service named restart 命令重新启动 DNS 服务。

(6) 在 DNS 客户端，修改/etc/resolv.conf 文件，设置 DNS1=192.168.1.1，如图 8-24 所示。

(7) 输入 host 命令测试正向解析和反向解析，结果如图 8-25 所示。

2. 辅助 DNS 服务器

辅助 DNS 服务器的配置比较简单，首先在主机上安装 BIND 软件包，然后修改配置文件 named.conf，无须为每个区域再单独创建文件。

【实例 8-3】 现在我们为 192.168.1.1 这台 DNS 服务器配置辅助 DNS 服务器，辅助

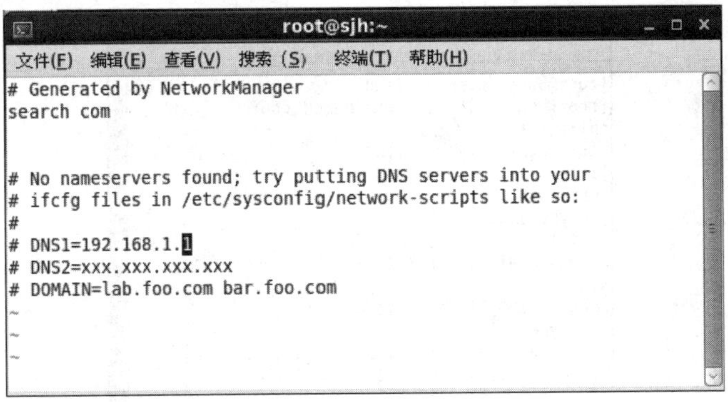

图 8-24　修改/etc/resolv. conf 文件

图 8-25　测试解析结果

DNS 服务器的 IP 地址为 192. 168. 1. 2，具体步骤如下。

(1) 修改主 DNS 服务器 192. 168. 1. 1 的主配置文件 named. conf，在 options 中添加以下语句：

```
options{
directory "/var/named";
allow - transfer{192.168.1.2;};
};
```

(2) 在需要设置为辅助 DNS 服务器的计算机中安装 BIND 软件包。

(3) 修改辅助服务器中的/etc/named. conf 文件内容，如图 8-26 所示。

(4) 使用 # named-checkconf /etc/named. conf 命令查看文件是否正确。

(5) 使用 ls -l /var/named/slaves 命令，可看到该目录下没有任何文件。

(6) 使用 # service named start 命令启动 named 进程。

(7) named 进程启动成功后，再次查看/var/named/slaves 目录，可以看到已经将主 DNS 服务器中正向解析和反向解析两个区域的文件复制过来了。这两个文件的内容不能修改。

(8) 修改 DNS 客户端的/etc/resolv. conf 文件，设置 DNS1=192. 168. 1. 2。

(9) 使用 host 命令进行测试，这里不再列出测试过程。

3. DNS 负载均衡

DNS 负载均衡的优点是简单方便、经济易行，它在 DNS 服务器中为同一个域名设置多个 IP 地址，在客户端访问域名时，DNS 服务器对每个查询请求返回不同的 IP 地址，将客户

```
root@bogon:~
File Edit View Search Terminal Help
[root@bogon Desktop]# cd
[root@bogon ~]# cat /etc/named.conf
options {
  directory "/var/named";
};
zone "sjh.com"{
   type slave;
   file "slaves/sjh.com.zone";
   masters{192.168.1.1;};
};
zone "1.168.192.in-addr.arpa"{
    type  slave;
    file "slaves/192.168.1.zone";
    masters{192.168.1.1;};
};


[root@bogon ~]# 
```

图 8-26　辅助服务器中/etc/named.conf 文件

端的访问引导到不同的计算机上，使得客户端访问不同的服务器，从而达到负载均衡的效果。

【实例 8-4】 现在我们再添加两台 FTP 服务器(其 IP 地址分别为 192.168.1.110 和 192.168.1.111)，使三台 FTP 服务器的内容完全相同，它们都使用 ftp.sjh.com 这一个域名。根据以上要求，我们不需要修改/etc/named.conf 文件，只需要修改 sjh.com.zone 和 192.168.1.zone 这两个文件即可。

(1) 在/var/named/sjh.com.zone 中添加以下两行：

```
ftp    IN    A    192.168.1.110
ftp    IN    A    192.168.1.111
```

(2) 在/var/named/192.168.1.zone 中添加以下两行：

```
110    IN    PTR    ftp.sjh.com.
111    IN    PTR    ftp.sjh.com.
```

(3) 重启进程 named。

(4) 使用 host 命令进行测试，结果如图 8-27 所示。

```
root@sjh:~
文件(F) 编辑(E) 查看(V) 搜索(S) 终端(T) 帮助(H)
[root@sjh ~]# service named restart
Stopping named:                                            [  OK  ]
Starting named:                                            [  OK  ]
[root@sjh ~]# host ftp.sjh.com
ftp.sjh.com has address 192.168.1.11
ftp.sjh.com has address 192.168.1.110
ftp.sjh.com has address 192.168.1.111
[root@sjh ~]# host 192.168.1.110
110.1.168.192.in-addr.arpa domain name pointer ftp.sjh.com.
[root@sjh ~]# 
```

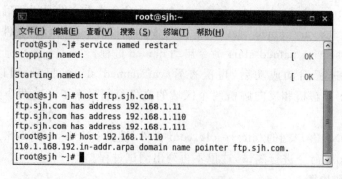

图 8-27　测试负载均衡

4. 专用缓存服务器

如果要把 DNS 服务器配置为专用缓存服务器，也即将该服务器设置为 DNS 转发模式。它本身不管理任何区域，但是客户端仍然可以向它请求查询。它没有自己的域名数据库，而是将所有的客户查询转发到其他的 DNS 服务器处理，在返回客户查询结果的同时，将查询结果保存在自己的缓存中。当有客户再次查询相同的域名时，就可以从缓存中直接查询到结果，从而加快了查询速度。

在/etc/named.conf 配置文件中添加如下语句，就可以将 DNS 服务器配置成专用缓存服务器。

```
options{
directory "/var/named";
forward only;
forwarders{202.196.32.1;};
};
```

8.3 Apache 服务器安装与配置

Web 服务是当今 Internet 和 Intranet 的一项重要的任务，在 Linux 系统中，首选的 Web 服务器软件是 Apache。根据著名的 Web 服务器调查公司 Netcraft 在 2011 年 2 月的最新统计数据，Apache 的市场占有率为 60.10%，是世界上排名第一的 Web 服务器，远远高于 IIS 20.04%的市场占有率。

Apache 服务器的特点是源代码公开，稳定性好，使用是完全免费的，而且可以跨平台在 Linux、UNIX 和 Windows 操作系统下运行。

8.3.1 Apache 服务器安装和启动

在 Linux 中，Apache 服务器的守护进程名称为 httpd。由于 Linux 中很多软件都需要 WWW 服务的支持，所以系统中可能已经安装了 httpd 软件包。因此可以使用命令 # rpm -qa httpd 先查询下。若系统中没有安装 httpd 软件包，则终端上没有任何输出。

1. 安装 Apache 服务器程序

将 RHEL 6.0 的安装盘放入光驱中，执行 # mount /dev/cdrom /mnt/cdrom 命令挂载光驱，然后进入/mnt/cdrom/Packages 目录下，使用 ls httpd 查找安装包中是否有 httpd 安装程序，若有则执行 # rpm -ivh httpd-2.2.15-5.el6.i386.rpm 进行安装。

2. 启动和停止 Apache 服务器

安装好 Apache 服务器软件后，还必须启动守护进程，才能提供 WWW 服务。安装好 httpd 软件包后，在/etc/rc.d/init.d/目录中会创建一个名为 httpd 的脚本文件，通过该脚本可以启动、停止和重启 WWW 服务。启动 httpd 的命令为 # /etc/rc.d/init.d/httpd start 或者 # service httpd start，停止 httpd 的命令为 #/etc/rc.d/init.d/httpd stop 或者 # service httpd stop，重启 httpd 的命令为 # /etc/rc.d/init.d/httpd restart 或者 # service httpd restart。

3. 测试 WWW 服务

在服务器中启动 httpd 进程后，可以通过网络端口来检查服务是否启动成功。WWW

服务默认的 TCP 端口号为 80，使用＃netstat -tnlp | grep 80 命令查看 80 端口是否处于监听状态，即可判断出 WWW 服务是否启动成功，如图 8-28 所示。

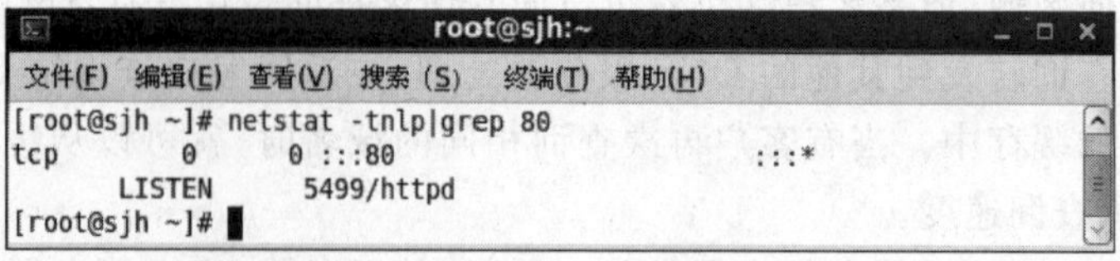

图 8-28　查看端口状态

此外，我们可以在本机中启动浏览器软件 Firefox，然后通过网址 http://127.0.0.1 或者 http://localhost 来测试，如能出现图 8-29 所示画面，则表示 Apache 服务器软件安装成功，并已经成功启动。

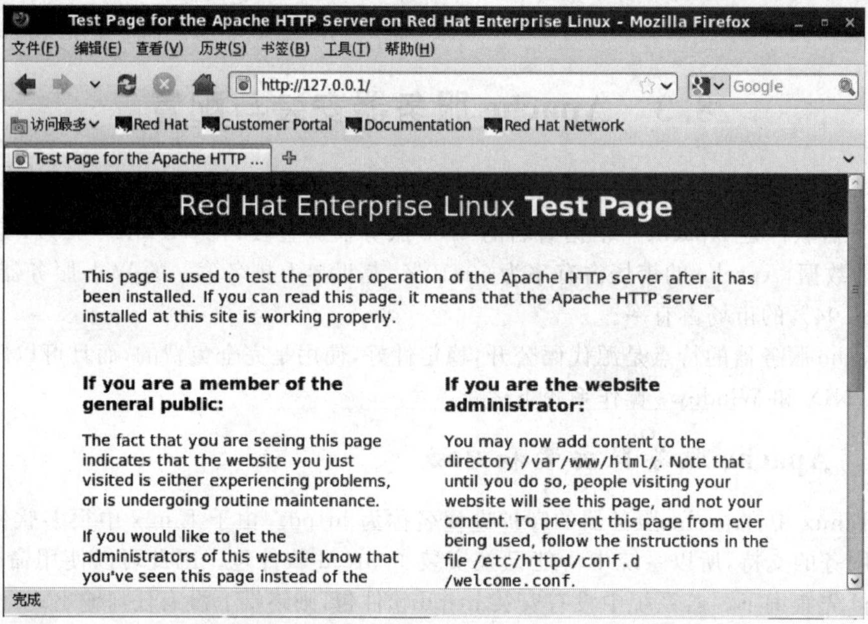

图 8-29　显示测试主页

8.3.2　Apache 服务器的配置文件

安装好 Apache 并启动成功之后，使用默认配置就可以直接打开 Apache 的说明网页。但是要发布用户自己的网站信息给客户端，必须对 Apache 进行配置。

Apache 通过配置文件进行配置，其配置文件名称为 httpd.conf，位于/etc/httpd/conf/目录，该文件是包含若干指令的纯文本文件，如果对此文件做了改动，必须重启 Apache 后修改的选项才会生效。

虽然 Apache 提供的配置参数很多，但这些参数基本上都很明确，也可以不加改动就能运行 Apache 服务器。但如果需要调整 Apache 服务器的性能，以及增加对某种特性的支持，就需要了解这些配置参数的含义。

httpd.conf 文件包括三部分，第一部分是全局环境变量设置部分，第二部分是主(默认)

服务器配置部分，第三部分是虚拟主机的配置部分。

1. httpd. conf 的全局参数

全局参数的设置将影响整个 Apache 服务器的行为，它决定 httpd 守护进程的运行方式和运行环境，全局配置参数及其说明如表 8-2 所示。

表 8-2　httpd. conf 的配置参数

参　　数	说　　明
ServerType	定义服务器的启动方式，默认值为独立方式 standalone。inetd 方式使用超级服务器来监视连接请求并启动服务器
ServerRoot	指定守护进程 httpd 的运行目录。不要在目录末尾加"/"。默认值为 etc/httpd
PidFile	服务器用于记录 httpd 进程号的文件/var/run/httpd/httpd. pid
ScoreBoardFile	用于保存内部服务器进程信息的文件
ResourceConfig	用于和使用 srm. conf 设置文件的老版本 Apache 兼容
AccessConfig	用于和使用 access. conf 设置文件的老版本 Apache 兼容
Timeout	定义客户端和服务器连接的超时间隔，超过这个时间后服务器会断开与客户机的连接，默认值为 60 秒
KeepAlive	是否允许保持连接(每个连接有多个请求)
MaxKeepAliveRequests	每个连接的最大请求数。设置为 0 表示无限制。建议设置较高的值，以获得最好的性能。默认值为 100
KeepAliveTimeout	同一连接同一客户端两个请求之间的等待时间。默认值为 15 秒
Listen	允许将 Apache 绑定到指定的 IP 地址和端口，作为默认值的辅助选项。如：Listen 192. 168. 1. 1：8080
MaxClients	指定可以并发访问的最多客户数。如：MaxClients 300
ExtendedStatus	在服务器状态句柄被呼叫时控制是产生"完整"的状态信息(ExtendedStatus On)还是仅返回基本信息(ExtendedStatus Off)，默认是 Off
StartServers	设置 httpd 启动时允许启动的子进程副本数量

2. 主服务器的配置

主服务器的配置部分用于定义主(默认)服务器参数的标识，响应虚拟主机不能处理的请求，同时也提供所有虚拟主机的默认设置值。所有的标识可能会在<VirtualHost>中出现，对应的默认值会被虚拟主机重新定义覆盖。主服务器的配置参数如表 8-3 所示。

表 8-3　httpd. conf 的配置参数

参　　数	说　　明
Port	Standalone 服务器监听的端口，默认值为 80
ServerAdmin	管理员的电子邮箱，如果服务器有任何问题将发信到这个地址，默认值为 root @localhost
ServerName	允许设置主机名。主机名不能随便指定，必须是机器有效的 DNS 名称，否则无法正常工作。如果主机没有注册 DNS 名称，可在此输入 IP 地址
DocumentRoot	服务器对外发布的文档的路径，默认值为"/var/www/html"
ErrorLog	指定错误日志文件的位置，默认为 logs/error_log

续表

参　数	说　明
LogLevel	指定日志的级别,默认为 warn
UserDir	当请求～user 时,追加到用户主目录的路径地址
DirectoryIndex	预设的 HTML 目录索引文件名,用空格来分隔多个文件名,默认值为 index. html
HostnameLookups	是否启用 DNS 查询使日志中能记下主机名,默认值为 off
Options	控制在特定目录中将使用哪些服务器特性,若设置为 None,将不启用任何额外特性。还可设置为:Indexes MultiViews FollowSymLinks IncludesNoExec 等
Alias	定义别名将文件系统的任何部分映射到网络空间中。如 Alias /pub/ "/var/doc/share/",当使用 http://www. sjh. com/pub/test. doc 访问时,即是访问 http://www. sjh. com/var/doc/share/test. doc
Redirect	重定向客户端访问的地址到其他 URL。如 Redirect /news http://happy. sjh. com,当使用 http://www. sjh. com/news/news1. html 访问时,将被重定向到 http://happy. sjh. com/news1. html

3. 虚拟主机的配置

通过配置虚拟主机,可以在一个 Apache 服务器进程中配置不同的 IP 地址和主机名。几乎所有的 Apache 标识都可用于虚拟主机内。关于虚拟主机的详细介绍将在下一小节进行。

8.3.3 Apache 服务器的应用

Apache 服务器的主要用途是作为 Linux 环境下的 Web 服务器,通过虚拟主机的设置,在同一主机上运行多个 Web 站点。此外,Apache 服务器还可以用做代理服务器。关于代理服务器的配置,此处不做介绍,请参阅相关书籍。

1. 基于主机名的虚拟主机

所谓基于主机名的虚拟主机,是指在一台只有一个 IP 地址的主机上,配置多个 Web 站点,客户端通过提交不同的域名访问到不同的网站。基于主机名的虚拟主机,可以缓解 IP 地址不足的问题,占用资源少,管理方便,所以目前基本上都是采用这种方式来提供虚拟主机服务。

配置基于主机名的虚拟主机需要在 DNS 服务器中添加主机名到 IP 地址的映射,还需要修改 Apache 服务器的主配置文件,使其辨识不同的主机名。下面举例进行介绍。

【实例 8-5】 给 IP 地址为 192. 168. 1. 1 的 WWW 服务器配置虚拟主机,通过 www. sjh. com 和 www. test. com 分别访问两个不同的网站。

具体操作步骤如下。

(1) 修改 DNS 服务器的主配置文件/etc/named. conf,在其中添加以下语句:

```
zone "test.com" {
    type master;
    file "test.com.zone";
}
```

(2) 在/var/named 中新建文件 test.com.zone，内容如下：

```
$TTL 86400
@      IN     SOA     dns.test.com. admin(12345678  1H  60M  1D 1D)
@      IN     NS     dns.test.com.
dns   IN     A      192.168.1.1
www     IN     CNAME     dns
```

(3) 重复步骤(1)、(2)为 www.sjh.com 也设置好正向域名解析，然后重启 named 服务，使用 host 命令进行域名解析测试。

(4) 使用 # mkdir /var/www/sjh.com 和 # mkdir /var/www/test.com 命令创建两个子目录，分别用来保存两个网站的相关文件。

(5) 将两个网站的相关文件复制到上一步创建的两个目录中。这里为了测试，在每个目录中分别编写一个简单的 index.html 文件。

至此，用于网站测试的内容准备完毕。

(6) 编辑/etc/httpd/conf/httpd.conf 文件，在文件的最后添加以下内容：

```
NameVirtualHost 192.168.1.1:80

<VirtualHost 192.168.1.1:80>
    ServerAdmin admin@sjh.com
        DocumentRoot /var/www/sjh.com
        ServerName www.sjh.com
        ErrorLog logs/sjh.com-error_log
</VirtualHost>

<VirtualHost 192.168.1.1:80>
    ServerAdmin admin@test.com
        DocumentRoot /var/www/test.com
        ServerName www.test.com
        ErrorLog logs/test.com-error_log
</VirtualHost>
```

在上面的指令中，第一句设置服务器使用 192.168.1.1 这个地址来响应客户端 80 端口的访问。第二段设置第一个虚拟主机的参数，第三段设置第二个虚拟主机的参数。

(7) 重启 Apache 服务。

(8) 打开另一台主机，设置其 IP 地址为 192.168.1.10，DNS 为 192.168.1.1，在 IE 浏览器的地址栏里分别输入两个不同的域名，可以显示出不同的内容，如图 8-30 所示。

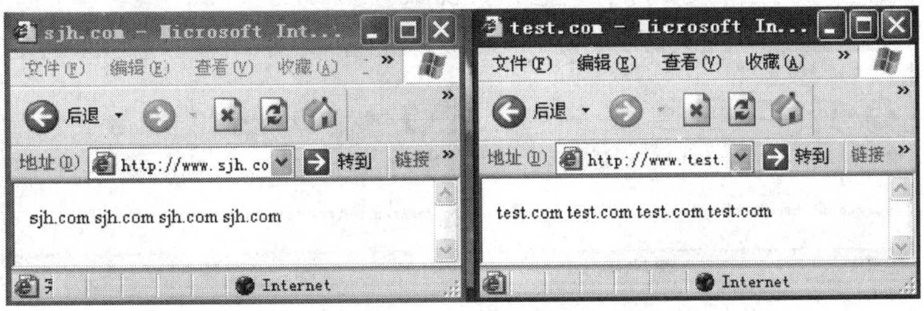

图 8-30 两个基于主机名的虚拟主机

2. 基于 IP 地址的虚拟主机

基于 IP 地址的虚拟主机是指在一个机器上设置多个 IP 地址，每个 IP 地址对应不同的 Web 站点。我们既可以在服务器中配置多个网卡来绑定不同的 IP 地址，也可以使用网络操作系统支持的虚拟界面对同一个网卡绑定多个 IP 地址。

【实例 8-6】 Apache 服务器已有 IP 地址 192.168.1.1，为此服务器再添加 IP 地址 192.168.1.2，并配置该服务器为基于 IP 地址的虚拟主机。

具体操作步骤如下。

(1) 使用命令 #ifconfig eth0:1 192.168.1.2 netmask 255.255.255.0 为同一块网卡设置第二个 IP 地址。

(2) 仍然使用上例中创建的两个目录来保存网站的内容，并使用上例中创建好的 index.html 文件。

(3) 编辑/etc/httpd/conf/httpd.conf 文件，在文件末尾添加以下内容：

```
NameVirtualHost *:80

<VirtualHost 192.168.1.1:80>
    ServerAdmin admin@sjh.com
        DocumentRoot /var/www/sjh.com
        ServerName www.sjh.com
        ErrorLog logs/sjh.com-error_log
</VirtualHost>

<VirtualHost 192.168.1.2:80>
        ServerAdmin admin@test.com
        DocumentRoot /var/www/test.com
        ServerName www.test.com
        ErrorLog logs/test.com-error_log
</VirtualHost>
```

(4) 重启 Apache 服务。

(5) 在浏览器地址栏中分别输入 http://www.sjh.com、http://www.test.com、http://192.168.1.1、http://192.168.1.2 进行测试，结果如图 8-31 所示，从图中可以看

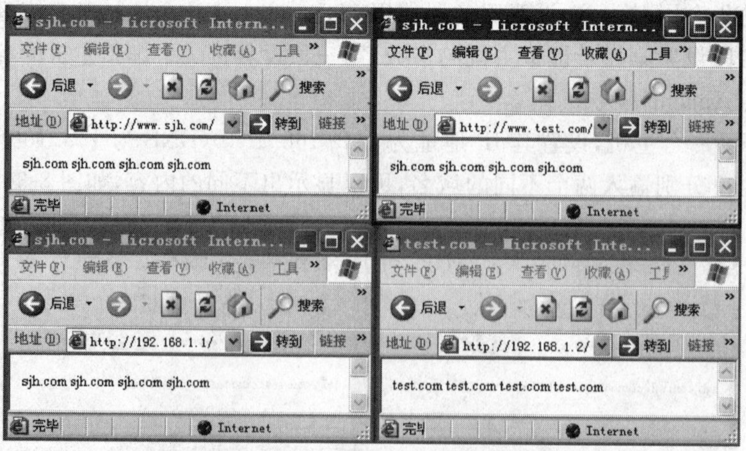

图 8-31　基于 IP 地址的虚拟主机

出，由于两个域名在 DNS 服务器中都解析为 IP 地址 192.168.1.1，所以输入前三个地址看到的网页是一样的，而输入 http://192.168.1.2 时，打开的网页则是配置的第二个虚拟主机中所设置的。

8.4　FTP 服务器安装与配置

FTP 是一个客户机/服务器系统，使用它进行文件传输时，需要具备以下两个条件。

（1）在服务器端安装 FTP 服务器程序，如在 Windows 系统中安装 IIS 或者 Serv-U，在 Linux 系统中安装 vsftpd 或者 Wu-ftpd。

（2）在客户机中安装 FTP 客户端程序，如 CuteFtp，Windows 操作系统中的 IE 浏览器等。

FTP 在工作过程中需要建立两条连接，一条控制连接和一条数据连接。FTP 有两种工作模式：主动模式（又称为 PORT 模式）和被动模式（又称为 PASV 模式）。FTP 可以使用两种方式传输文件：ASCII 模式和二进制模式。

本节以 vsftpd 为例来介绍 FTP 服务器的安装和使用过程。

8.4.1　安装 vsftpd 服务器

RHEL 6.0 在默认安装过程中并没有安装 vsftpd，下面使用 RPM 方式将 vsftpd 安装包安装到系统中。

1. 查看系统中是否安装了 vsftpd 程序

使用# rpm -qa vsftpd 命令查询系统中是否已经安装了 vsftpd 程序，如果没有安装，将不会显示任何信息。

2. 安装 RPM 软件包

将 RHEL 6.0 的系统安装光盘放入光驱中，执行# mount /dev/cdrom /mnt/cdrom 命令挂载光驱，然后进入/mnt/cdrom/Packages 目录下，使用 ls vsftp * 查找安装包中是否有 vsftpd 安装程序，若有则执行# rpm -ivh vsftpd-2.2.2-6.el6.i386.rpm 进行安装，上述命令的执行过程如图 8-32 所示。

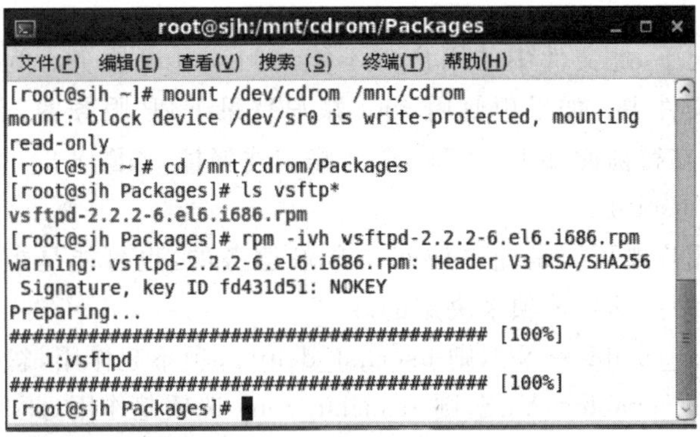

图 8-32　安装 vsftpd

3. 卸载 vdftpd

如果是使用 RPM 包安装的 vsftpd，那么不需要使用 FTP 时，则可以使用 # rpm -e vsftpd * 将其从系统中卸载掉。

8.4.2 vsftpd 的配置文件

vsftpd 的配置文件主要有以下几个。

1) /etc/pam.d/vsftpd

vsftpd 的 Pluggable Authentication Modules(PAM)配置文件，主要用来加强 vsftpd 服务器的用户认证。

2) /etc/vsftpd/vsftpd.conf

这个文件是 vsftpd 的主配置文件，各种选项的设置和修改都在这里完成，如图 8-33 所示。

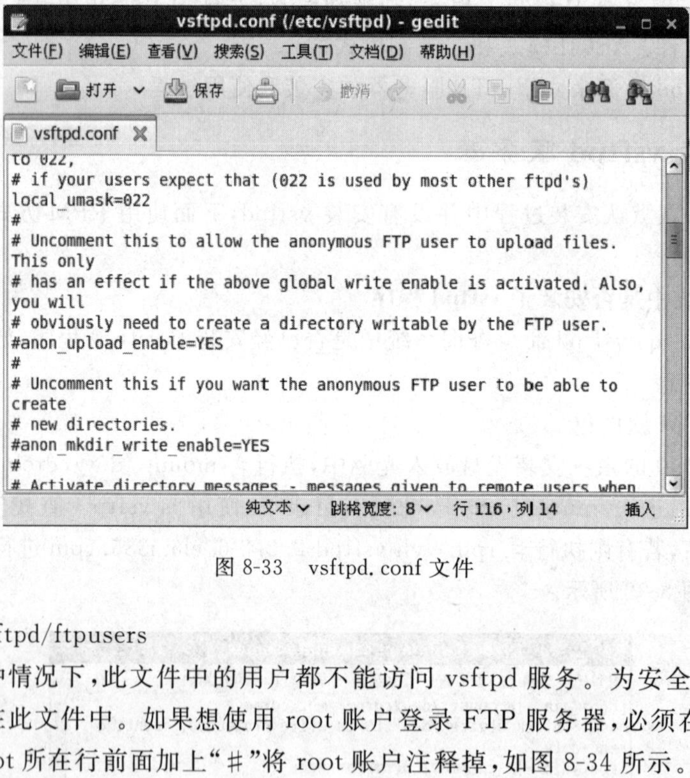

图 8-33 vsftpd.conf 文件

3) /etc/vsftpd/ftpusers

不论在何种情况下，此文件中的用户都不能访问 vsftpd 服务。为安全起见，root 用户默认已被放置在此文件中。如果想使用 root 账户登录 FTP 服务器，必须在此文件中去掉 root，或者在 root 所在行前面加上“#”将 root 账户注释掉，如图 8-34 所示。

4) /etc/vsftpd/user_list

这个文件中的用户既可能是允许访问 vsftpd 服务的，也可能是拒绝访问的，这主要是由 vsftpd.conf 文件中的两项选项来决定的。

(1) 如果 userlist_enable=NO，则 userlist_deny 选项不起作用，忽略 user_list 文件。

(2) 如果 userlist_enable=YES，则 userlist_deny 选项起作用，此时又分两种情况：

userlist_deny=YES，则 user_list 中的所有用户都不能访问 vsftpd 服务；

userlist_deny=NO，则只有 user_list 中的用户才可以访问 vsftpd 服务。

user_list 文件中的内容如图 8-35 所示。

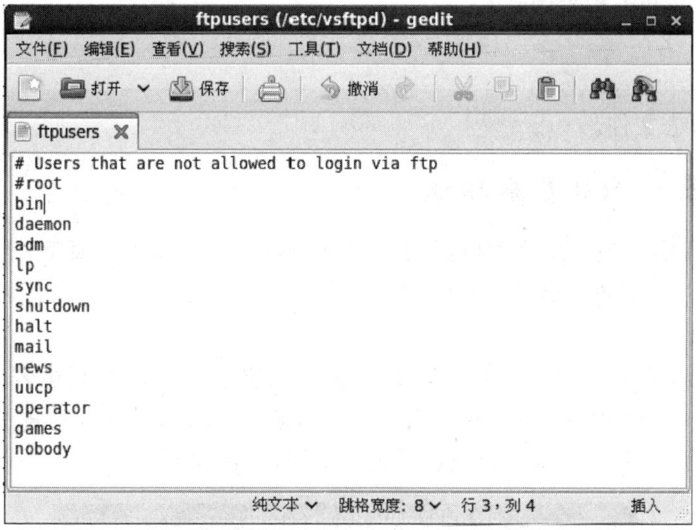

图 8-34　ftpusers 文件

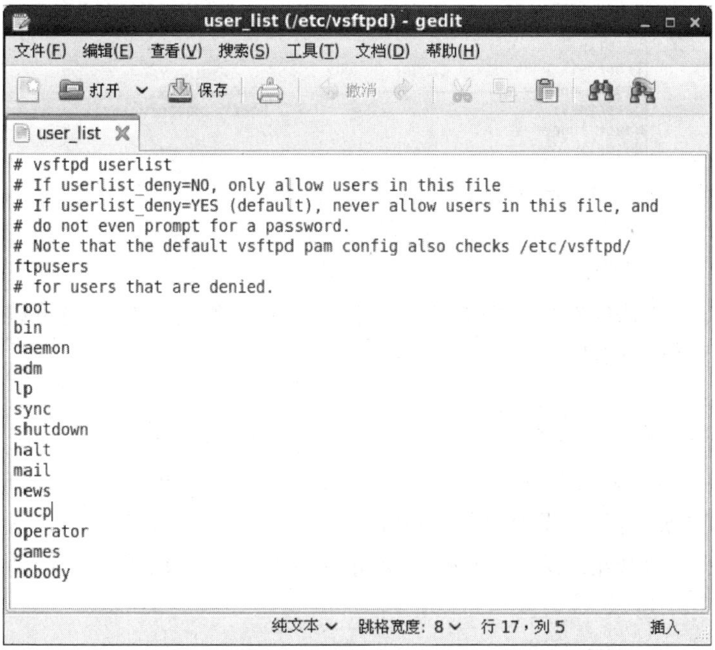

图 8-35　user_list 文件

5）/var/ftp

匿名用户主目录。本地用户主目录为：/home/用户主目录，即登录后进入自己的目录。/var/ftp 目录下包括一个 pub 子目录。默认情况下，所有的目录都是只读的，不过只有 root 用户有写权限。

6）/usr/sbin/vsftpd

vsftpd 的主程序。

7) /etc/rc.d/init.d/vsftpd

启动脚本。

8) /etc/logrotate.d/vsftpd

vsftpd 的日志文件。

8.4.3 配置 vsftpd 基本环境

将 vsftpd 程序安装到系统中以后，在执行该程序之前，还需要对 FTP 目录、用户名等进行简单的配置，然后再来启动 vsftpd 服务。

1. 配置用户

对于允许匿名访问的 FTP 服务器来说，应该在服务器主机中创建名为 FTP 的用户。另外，还需检查是否有名为 nobody 的用户存在，若没有这些用户，则需另外创建。使用 finger 命令可以看出系统默认已经创建了这两个用户，如图 8-36 所示。

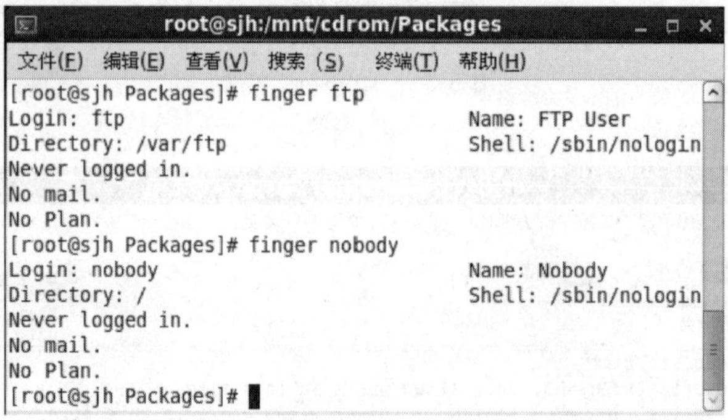

图 8-36 检查系统中是否有 FTP 和 nobody 用户

RHEL 6.0 在默认安装过程中并没有安装 finger 程序，用户需要时可以自行安装，安装 finger 程序的过程此处不再详述。

2. 配置目录

在安装 vsftpd 的过程中系统已经自动生成了/var/ftp/pub 目录，其中/var/ftp 目录即为匿名用户访问 FTP 时的根目录，此目录中的文件用户可以下载，但如果允许匿名用户上传文件至此 FTP 服务器，还需要执行 mkdir 命令创建一个新的子目录，并使用 chown 命令将该子目录的所有者和组改为 FTP，同时使用 chmod 命令将该子目录开放写入权限，具体执行过程如图 8-37 所示。

图 8-37 创建上传目录

3. vsftpd 的启动与关闭

我们可以使用＃ service vsftpd start 命令启动服务，也可以使用＃ /etc/rc. d/init. d/vsftpd start 命令启动服务。同样，若要关闭 vsftpd 服务，既可以使用＃ service vsftpd stop，也可以使用＃ /etc/rc. d/init. d/vsftpd stop，如图 8-38 所示。

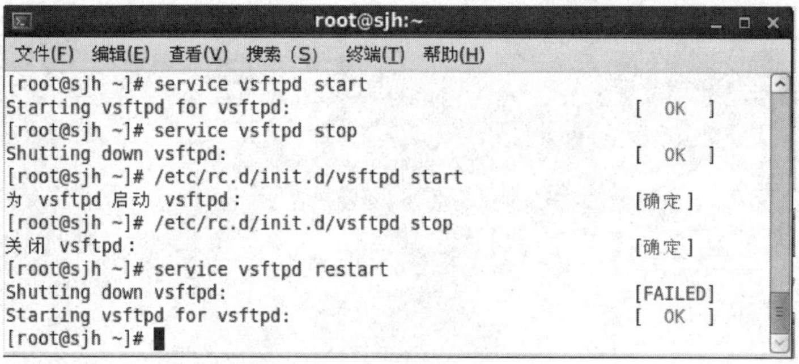

图 8-38 启动、关闭和重启动 vsftpd 服务

如果需要让 vsftpd 服务随系统的启动而自动加载，可以执行 ntsysv 命令启动服务配置程序，找到 vsftpd 服务，按下空格键，在其前面加上星号(＊)，然后选择“确定”按钮即可，如图 8-39 所示。

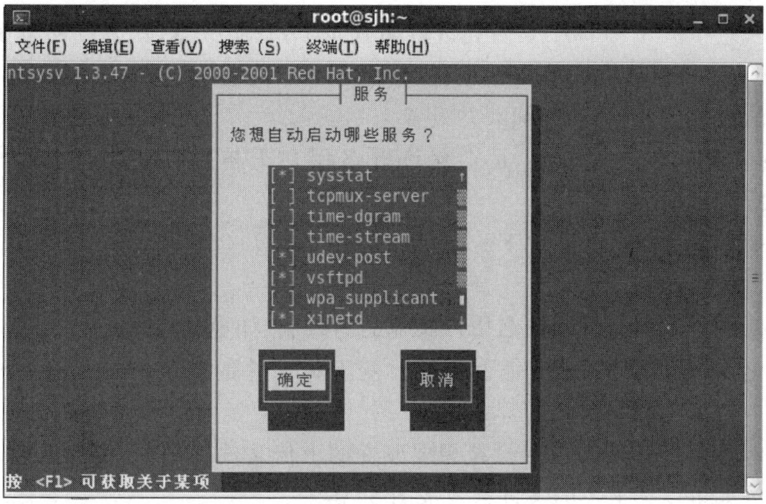

图 8-39 设置 vsftpd 服务自动启动

4. 匿名用户下载文件测试

经过上面步骤的设置，现在 vsftpd 服务已启动，匿名用户已经可以登录到 FTP 的主目录/var/ftp 进行下载了，但此时还不能上传文件，如图 8-40 所示(在 Windows 中使用命令方式登录 FTP 并下载文件)。

这时我们访问 FTP 的各种选项都是 vsftpd 的默认选项，如设置为使用匿名登录、不允许上传等。如果要设置匿名上传，或者使用用户名登录，就必须要修改 vsftpd. conf 配置文件中的相关选项。

```
C:\WINDOWS\system32\cmd.exe - ftp 192.168.1.1
C:\Documents and Settings\Administrator>ftp 192.168.1.1
Connected to 192.168.1.1.
220 (vsFTPd 2.2.2)
User (192.168.1.1:(none)): anonymous
331 Please specify the password.
Password:
230 Login successful.
ftp> dir
200 PORT command successful. Consider using PASV.
150 Here comes the directory listing.
-rw-r--r--    1 0        0              19 Feb 06 03:27 file1
-rw-r--r--    1 0        0               0 Feb 06 03:27 file1~
drwxr-xr-x    2 0        0            4096 Feb 06 03:32 pub
drwxrwxrwx    2 14       50           4096 Feb 06 03:32 upload
226 Directory send OK.
ftp: 252 bytes received in 0.00Seconds 252000.00Kbytes/sec.
ftp> get file1
200 PORT command successful. Consider using PASV.
150 Opening BINARY mode data connection for file1 (19 bytes).
226 Transfer complete.
ftp: 19 bytes received in 0.00Seconds 19000.00Kbytes/sec.
ftp> put a.txt
200 PORT command successful. Consider using PASV.
550 Permission denied.
ftp>
```

图 8-40　匿名用户下载测试

8.4.4　vsftpd 常用选项

1. 匿名用户配置选项

anonymous_enable＝YES：是否允许匿名登录 FTP 服务器，默认设置为 YES 允许，即用户可使用用户名 ftp 或 anonymous 进行 ftp 登录，口令为用户的 E-mail 地址，也可不输入口令。如不允许匿名访问去掉前面＃并设置为 NO。

anon_upload_enable＝YES：是否允许匿名用户上传文件，须将 write_enable 设为 YES，默认设置为 YES 允许。

anon_mkdir_write_enable＝YES：是否允许匿名用户创建新文件夹，默认设置为 YES 允许。

anon_other_write_enable：匿名用户其他的写权利(如更改权限)。

chown_uploads＝YES：设定是否允许改变上传文件的属主，与下面一个设定项配合使用。

chown_username＝whoever：设置想要改变的上传文件的属主，如果需要，则输入一个系统用户名，例如可以把上传的文件都改成 root 属主。

anon_root＝(none)：匿名用户主目录。

no_anon_passwd＝YES：匿名用户登录时不询问口令。

从上面列出的选项可以看出，大部分都是开关型选项，可设置为 YES 或 NO。另外，还可以设置下面这些 FTP 服务器的公共选项以显示不同的欢迎信息。

ftpd_banner＝Welcome to blah FTP service：设置登录 FTP 服务器时显示的欢迎信息，可以修改"＝"后的欢迎信息内容。另外如在需要设置更改目录欢迎信息的目录下创建名为.message 的文件，并写入欢迎信息保存后，在进入到此目录时会显示自定义欢迎信息。

dirmessage_enable＝YES：激活目录欢迎信息功能，当用户用命令方式首次访问服务器上某个目录时，FTP 服务器将显示欢迎信息，默认情况下，欢迎信息是通过该目录下的

.message 文件获得的，此文件保存自定义的欢迎信息，由用户自己建立。

打开 vsftpd.conf 文件修改选项，使匿名用户登录后显示欢迎信息，并且可以上传文件，创建目录。根据要求，需要修改以下选项的值：

```
anonymous_enable = YES
write_enable = YES
anon_upload_enable = YES
anon_mkdir_write_enable = YES
ftpd_banner = Welcome to My FTP service
```

在 vsftpd.conf 文件中作了修改之后，需要重新启动 vsftpd 进程以使修改生效。下面我们在 RHEL 6.0 中使用命令方式进行匿名登录来检验上述设置，具体过程如图 8-41 所示。

```
root@sjh:~
文件(F) 编辑(E) 查看(V) 搜索(S) 终端(T) 帮助(H)
[root@sjh ~]# ftp 192.168.1.1
Connected to 192.168.1.1 (192.168.1.1).
220 Welcome to My FTP service.
Name (192.168.1.1:root): anonymous
331 Please specify the password.
Password:
230 Login successful.
Remote system type is UNIX.
Using binary mode to transfer files.
ftp> dir
227 Entering Passive Mode (192,168,1,1,119,112).
150 Here comes the directory listing.
-rw-r--r--    1 0        0              19 Feb 06 03:27 file1
-rw-r--r--    1 0        0               0 Feb 06 03:27 file1~
drwxr-xr-x    2 0        0            4096 Feb 06 03:32 pub
drwxrwxrwx    2 14       50           4096 Feb 06 05:55 upload
226 Directory send OK.
ftp> mkdir test
550 Create directory operation failed.
ftp> 
```

图 8-41　创建目录失败

从图 8-41 可以看出，欢迎信息已经显示出来。但是创建目录却失败了，这是因为/var/ftp 目录的所有者和用户都是 root，其他用户没有写权限。因此，客户端不能在根目录（也即/var/ftp 目录）中创建文件夹。这时，我们可以切换目录到有权限的 upload 中，再新建文件夹，如图 8-42 所示。

```
root@sjh:~
文件(F) 编辑(E) 查看(V) 搜索(S) 终端(T) 帮助(H)
ftp> cd upload
250 Directory successfully changed.
ftp> mkdir test
257 "/upload/test" created
ftp> ls
227 Entering Passive Mode (192,168,1,1,149,162).
150 Here comes the directory listing.
-rw-------    1 14       50             19 Feb 06 05:54 file1
drwx------    2 14       50           4096 Feb 06 06:12 test
-rw-r--r--    1 0        0              24 Feb 06 03:32 test_upload
-rw-r--r--    1 0        0               0 Feb 06 03:31 test_upload~
226 Directory send OK.
ftp> 
```

图 8-42　创建目录

再测试一下上传功能，上传文件成功，如图 8-43 所示。

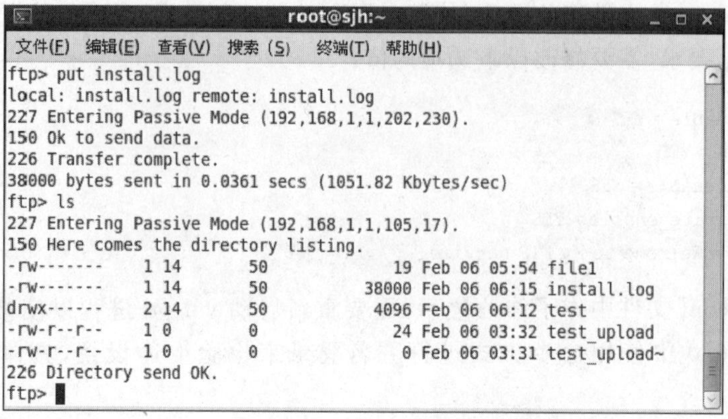

图 8-43　上传文件

2. 本地用户配置

本地用户是指在 FTP 服务器上拥有账户的用户，他们既可以在 FTP 服务器上进行本地登录，也可以使用自己的账户和密码远程访问 FTP 服务器。他们远程访问 FTP 服务器时，将登录到用户自己的主目录(home 目录)，操作权限与主目录操作权限相同，并且可以上传文件至此目录。

默认情况下，vsftpd 是允许本地用户登录 FTP 的，主要通过 local_enable=YES 和 local_umask=022 来设置。使用本地用户 sjh 进行 FTP 远程登录的过程如图 8-44 所示。如果不想让本地用户登录 FTP 后进入用户的 home 目录，可以使用 local_root=/path 进行设置。

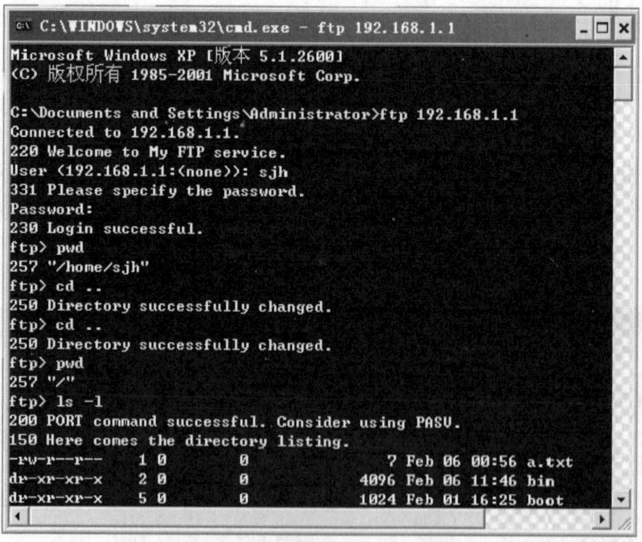

图 8-44　本地用户登录 FTP 服务器

从图 8-44 可以看出，本地用户登录 FTP 后将显示其 home 目录的完整路径，并且用户可以通过 cd 命令随意切换到服务器的各个目录中去，这对于系统安全非常不利。为此，我们可以通过 chroot_local_user=YES 这一选项来将本地用户的根目录限制为自己的主目录,这样本地用户登录 FTP 后就不能切换到其他目录,如图 8-45 所示。

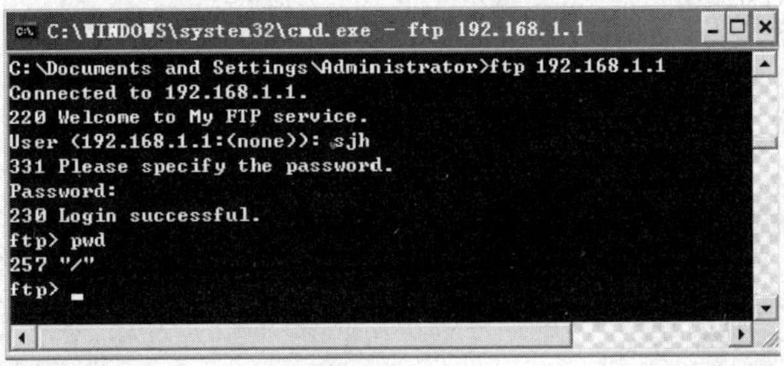

图 8-45 设置登录根目录

如果只是想对部分本地用户进行根目录的限制,则可以通过 chroot_list_enable=YES 和 chroot_list_file=/etc/vsftpd/chroot_list 这两个选项来设置。

如果想限制部分本地用户登录 FTP,则需要通过 userlist_enable=YES 启用 userlist 功能,同时配合 userlist_deny=NO 或 YES 来进行本地用户的允许或拒绝。

3. 网络和连接参数配置

在 FTP 服务器的管理中无论对本地用户还是匿名用户,对于 FTP 服务器资源的使用都需要进行控制,避免由于负担过大造成 FTP 服务器运行异常,可以添加以下配置项对 FTP 客户机使用 FTP 服务器资源进行控制。

max_client:设置 FTP 服务器所允许的最大客户端连接数,值为 0 时表示不限制。例如 max_client=100 表示 FTP 服务器的所有客户端最大连接数不超过 100 个。

max_per_ip:设置对于同一 IP 地址允许的最大客户端连接数,值为 0 时表示不限制。

local_max_rate:设置本地用户的最大传输速率,单位为 B/s,值为 0 时表示不限制。例如 local_max_rate=500000 表示 FTP 服务器的本地用户最大传输速率设置为 500KB/s。

anon_max_rate:设置匿名用户的最大传输速率,单位为 B/s,值为 0 表示不限制。idle_session_timeout=600:空闲连接超时时间,单位为秒。

data_connection_timeout=120:数据传输超时时间。

ACCEPT_TIMEOUT:PASV 请求超时时间。

connection_timeout=60:PORT 模式连接超时时间。

connection_from_port_20=YES:使用 20 端口来连接 FTP。

listen_port=4449:该语句指定了修改后 FTP 服务器的端口号,应尽量大于 4000。修改后访问 FTP 时需加上正确的端口号了,否则不能正常连接。

修改端口后,连接 FTP 的过程如图 8-46 所示。

4. 日志选项

vsftpd 可以启用日志功能来记录文件的上传与下载信息。设置日志功能的选项如下。

xferlog_enable=YES:表明 FTP 服务器记录上传下载的情况。

xferlog_std_format=YES:使用标准格式记录日志。

xferlog_file=/var/log/xferlog:指定日志文件的位置。

上面三项设置记录 xferlog 日志的格式。

图 8-46　使用新的端口号连接 FTP 服务器

dual_log_enable=YES：表明启用了双份日志，在用 xferlog 文件记录服务器上传下载情况的同时，vsftpd_log_file 所指定的文件，即/var/log/vsftpd.log 也将用来记录服务器的传输情况。

vsftpd_log_file=/var/log/vsftpd.log：指定 vsftpd 日志文件的位置。

log_ftp_protocol：记录所有的 FTP 命令。

vsftpd.log 文件的内容如图 8-47 所示。

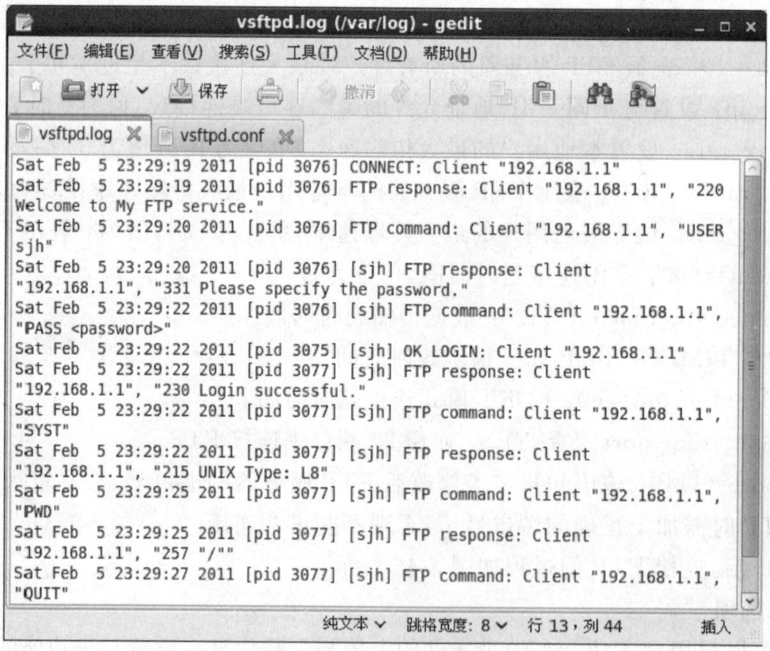

图 8-47　查看日志

vsftpd 中除了上面介绍的选项外还有很多选项，限于篇幅，此处就不再一一列举了。

本章小结

本章介绍了RHEL 6.0提供的4种典型服务，包括DHCP、DNS、Apache和FTP。对于每种服务，分别从服务器程序的安装、服务的启动、配置文件的设置及服务的应用举例等几个方面进行了介绍。

实验八　DHCP服务的配置

1. 实验目的

熟练掌握RHEL 6.0中DHCP服务的安装和配置方法。

2. 实验环境

每人一台主机，操作系统为RHEL 6.0。

3. 实验步骤

(1) 为本机设置固定的IP地址。

(2) 安装DHCP服务。

(3) 配置DHCP服务器(能分配动态地址和保留地址)。

(4) 配置DHCP客户端(分别使用图形界面和命令行两种方式设置)。

实验九　DNS服务的配置

1. 实验目的

熟练掌握RHEL 6.0中DNS服务的安装和配置方法。

2. 实验环境

每人一台主机，操作系统为RHEL 6.0，三人一组。

3. 实验步骤

(1) 为本机设置固定的IP地址。

(2) 安装DNS服务。

(3) 配置DNS服务器(一人配置主DNS服务器，一人配置辅助DNS服务器，另一人配置专用缓存服务器，并在主DNS服务器中实现负载均衡功能)。

(4) 配置DNS客户端。

实验十　Apache服务器配置

1. 实验目的

熟练掌握RHEL 6.0中Apache服务的安装和配置方法。

2. 实验环境

每人一台主机，操作系统为RHEL 6.0。

3. 实验步骤

(1) 为本机设置固定的 IP 地址。

(2) 安装 httpd 服务程序。

(3) 启动 httpd 服务,在本机或其他机器测试 Web 服务器。

(4) 配置 httpd.conf 文件,实现基于主机名的虚拟主机。

(5) 配置 httpd.conf 文件,实现基于 IP 地址的虚拟主机。

实验十一 FTP 服务器配置

1. 实验目的

熟练掌握 RHEL 6.0 中 FTP 服务的安装和配置方法。

2. 实验环境

每人一台主机,操作系统为 RHEL 6.0。

3. 实验步骤

(1) 为本机设置固定的 IP 地址。

(2) 安装 vsftpd 服务程序。

(3) 启动 vsftpd 服务,在其他机器测试匿名用户下载功能。

(4) 配置 vsftpd.conf 文件,实现匿名用户上传功能。

(5) 配置 vsftpd.conf 文件,实现本地用户上传和下载功能,同时将本地用户的登录目录限制为根目录。

习　　题

一、选择题

1. Apache 服务器中的错误日志文件名称是(　　)。

A. error_log　　B. access_log　　C. error.log　　D. access.log

2. 小王在配置 DNS 服务时,需要配置邮件服务器的记录,那么在 DNS 资源记录中,用于配置邮件服务器交换记录的是(　　)。

A. MX　　B. PTR　　C. CNAME　　D. HINFO

3. 在 RHEL 6.0 系统中构建了 vsftpd 服务器。已知文件/etc/vsftpd/ftpusers 中包含 sjh 用户,文件/etc/vsftpd/userlist 中包含 sjh 用户和 syb 用户,且在 vsftpd.conf 主配置文件中设置: Local_enabte=YES Userlist_enable=YES Userlist_deny=NO,则对于该 FTP 服务器,以下说法正确的是(　　)。

A. sjh 和 syb 用户都可以登录

B. sjh 用户可以登录,syb 用户不能登录

C. sjh 用户不能登录,syb 用户可以登录

D. sjh 和 syb 用户都不能登录

4. 在 Red Hat Linux 系统中,DHCP 服务器可以提供的服务包括(　　)。

A. 提供 DNS、网关信息

B. 为特定客户机提供固定 IP 地址

C. 为主机提供动态的 IP 地址

D. 为主机设置防火墙

E. 提供邮件服务器地址信息

5. Linux 系统中 DHCP 服务器的服务程序是 dhcpd，配置文件是 dhcpd.conf，如果在该文件中包括如下配置内容：subnet 192.168.2.0 network 255.255.255.0 { range 192.168.2.100 192.168.2.200; } 关于以上配置内容，以下说法正确的是(　　)。

A. 对子网"192.168.2.0/16"中的主机进行动态地址分配

B. 对子网"192.168.2.0/24"中的主机进行动态地址分配

C. 在子网中用于动态分配的 IP 地址数量为 100 个

D. 在子网中用于动态分配的 IP 地址数量为 101 个

6. 某公司的网络管理员要在 Linux 网络中配置一台 FTP 服务器，并希望实现本地用户登陆。在 Linux 系统的 FTP 服务程序的主配置文件 vsftpd.conf 中，允许本地用户登录的设置是(　　)。

A. Chroot_local_user=YES　　B. Local_enable=YES

C. Userlist_enable=YES　　D. Xferlog_enable=YES

7. 如果 vsftpd.user_list 文件中的用户账号被禁止登录 FTP 服务器，则在 vsftpd.conf 配置文件中应包括(　　)配置项。

A. userlist_enable=YES　　B. userlist_enable=NO

C. userlist_deny=YES　　D. userlist_deny=NO

8. ftp 命令是最常见的 FTP 客户端软件，在 Linux 和 Windows 系统中都可以使用，在使用 ftp 命令登录 FTP 服务器后，使用(　　)命令可以将 FTP 服务器中的多个文件同时下载到执行 ftp 命令的本地目录中。

A. get　　B. put　　C. mget　　D. mput

9. 在 Linux 系统中搭建 DHCP 服务器时，若需要给客户机指定默认网关地址为 192.168.1.1，可以在 dhcpd.conf 配置文件中进行(　　)设置。

A. option default-gate-way 192.168.1.1;

B. option gateways 192.168.1.1;

C. option routers 192.168.1.1;

D. option router-servers 192.168.1.1;

10. 某公司在 RHEL 6.0 系统中使用 vsflpd 搭建 FTP 服务器。为了安全起见，希望仅允许在/etc/vsftpd/user_list 文件中指定的用户可以访问该 FTP 服务器，那么在 vsftpd.conf 文件中可以进行(　　)配置。

A. Userlist_enable=YES　　Userlist_deny=NO

B. Userlist_enable=YES　　Userlist_deny=YES

C. Userlist_enable=NO　　Userlist_deny=NO

D. Userlist_enable=NO　　Userlist_deny=YES

11. 小张是某公司的计算机管理员，他需要为公司的一台运行 RHEL 6.0 的计算机配置网络连接，并将 DNS 服务器指向当地电信运营商提供的 DNS 服务器。小张可以通过修改(　　)文件来完成上述有关 DNS 服务器的配置。

A. /etc/hosts　　B. /etc/host.conf
C. /etc/resolv.conf　　D. /etc/nsswitch.conf

12. 在 DNS 服务器的区数据文件中,一般都包含着多种类型的多条资源记录(RR)。PTR 类型的资源记录的作用是(　　)。

A. 定义主机别名　　B. 转换主机名到 IP 地址
C. 转换 IP 地址到主机名　　D. 描述主机硬件和操作系统信息

13. 在下列的名称中,不属于 DNS 服务器类型的是(　　)。

A. Primary Master Server　　B. Secondary Master Server
C. samba　　D. Cache_only Server

14. /etc/vsftpd/ftpusers 文件中保存的用户账号(　　)。

A. 允许登录 FTP 服务器　　B. 禁止登录 FTP 服务器
C. 允许优先登录 FTP 服务器　　D. 以上都不对

15. 在 RHEL 6.0 系统中构建 BIND 服务器,并能够正确解析 www.benet.com 的 IP 地址,请问(　　)类型的 BIND 服务器需要在本机保存 benet.com 区域的数据库文件。

A. 专用缓存 DNS 服务器　　B. 主 DNS 服务器
C. 辅助 DNS 服务器　　D. 转发 DNS 服务器

16. 在一台 Linux 服务器上,使用 Apache 作为 www 服务程序,服务器名称是 www.benet.com,管理员把所有对外提供的文档放在/usr/local/source 目录下面,希望远程用户在浏览器中使用 http://www.benet.com 地址即能访问这些文档,他需要对 Apache 进行(　　)配置。

A. 安装 Apache 服务器在/usr/local 目录下即可
B. 修改 Apache 配置文件 httpd.conf 中的 ServerRoot 项值为/usr/local/source
C. 修改 Apache 配置文件 httpd.conf 中的 DocumentRoot 项值为/usr/local/source
D. 修改 Apache 配置文件 httpd.conf 中的 listen 的值为 8000

17. 小张在配置完 DNS 服务器后,启动 named 进程时,发现启动 named 进程出错,在查看日志文件提示"DNS 主配文件出现错误"那么他应该首先检查的文件是(　　)。

A. /etc/resolv.conf　　B. /etc/named.conf
C. /var/named/named.lcoal　　D. /var/named/named.ca

18. BIND 创建的域名服务器不包括(　　)。

A. 主域名服务器　　B. 缓存域名服务器
C. 辅助域名服务器　　D. 影子域名服务器

19. 在 RHEL 4 系统中搭建 vsftd 服务器,若需要限制本地用户的最大传输速率为 20KB/S,可以在配置文件中做(　　)设置。

A. max_clients=20　　B. max_perip=20
C. local_max_rate=20000　　D. anon_max_rate=20000

20. DNS 的查询模式有(　　)两种。

A. 顺序　　B. 递归　　C. 随机　　D. 迭代

21. BENET.COM 公司的网络管理员小王,在自己的 Linux 工作站上安装了 BIND 软件，配置实现了 DNS 服务，作为公司的辅助域名服务器。在他的工作站上的 named. conf 文件中，BENET. COM 区域的类型是(　　)。

A. master　　B. hint　　C. slave　　D. server

22. Apache 服务器的主配置文件是(　　)。

A. apache. conf　　B. web. conf

C. httpd. conf　　D. http. conf

23. BIND 服务器可配置成多种类型的 DNS 服务器，当安装了名为 caching-nameserver"的软件包后，named. conf 中会出现以下配置内容：Zone "." IN { Type hint; File "named. ca" }; 该段配置内容的功能是在 DNS 服务器中(　　)。

A. 定义 localhost 的正向解析区域

B. 定义根区域

C. 定义 localhost 的反向解析区域

D. 定义根区域的反向解析区域

24. 小云在 Apache 服务器上建立基于域名的虚拟主机(www. benet. com 和 www. xzht. com)，那么除了配置 httpd. conf 文件以外，他还要进行哪些配置，可以使这些站点可以正常访问(　　)。

A. 配置 DNS，添加 www. benet. com & www. xzht. com

B. 配置/etc/hosts

C. 配置/etc/resolv. conf

D. 配置/etc/host. conf

25. 在某个 BIND 域名服务器中进行了 benet. com 域的正向和反向区域设置，并且在 benet. com 域的正向区域文件中做了如下配置：host1 IN A 192. 168. 1. 11 mail IN CNAME host1. benet. com. @ IN MX 5 mail. benet. com. 在上面的配置内容中包括(　　)类型的资源记录。

A. 地址记录　　B. 别名记录　　C. PTR 记录　　D. 邮件交换记录

26. 小胡在一台 Linux 服务器上通过 rpm 方式安装了 DHCP 软件包，下列关于 DHCP 服务器配置文件 dhcpd. conf 说法正确的是(　　)。

A. 软件包安装好后，dhcpd. conf 文件就位于/etc/目录下

B. dhcpd. conf 文件默认情况下内容为空

C. dhcpd. conf 文件缺省不存在，需要手工建立

D. dhcpd. conf 文件的配置可以参考模板文件 dhcpd. conf. sample 进行

27. 在 RHEL 6.0 系统中，DHCP 服务使用(　　)文件记录新近分配的地址租约信息，用来进行地址租约检查，管理员不可手工修改该文件。

A. /etc/dhcpd. conf　　B. /var/lib/dhcp/dhcpd. 1eases

C. /var/lib/dhcp　　D. /var/pid/dhcp

二、简答题

1. 在 RHEL 6.0 中，DHCP 服务、DNS 服务、Apache 和 FTP 服务，它们的服务器程序守护进程的名称分别是什么？

2. 在 RHEL 6.0 中，如何配置 DHCP 服务？

3. 在 RHEL 6.0 中,如何配置 DNS 服务?
4. 在 RHEL 6.0 中,如何配置 Apache 服务?
5. 在 RHEL 6.0 中,如何配置 FTP 服务?
6. 在 vsftpd 中,支持的用户有哪些?
7. 什么叫做虚拟主机?
8. Apache 中提供几种虚拟主机的设置方式?
9. 如何设置基于主机名的虚拟主机?
10. 如何设置基于 IP 地址的虚拟主机?

第9章 RHEL 6.0 的其他网络服务

【本章学习目标】

- Samba 服务器配置。
- VNC 服务器配置。
- OpenSSH 配置。

9.1 Samba 服务器安装与配置

9.1.1 Samba 简介

SMB(Server Message Block,服务信息块)是 Samba 的简称,它运行于 UNIX、OS/2 和 MS-Windows 系统之间,以实现文件共享和打印机共享服务,它是 Microsoft 和 Intel 公司在 1987 年开发的,这组协议类似于 NFS 和 lpd(UNIX 标准打印服务器)。Samba 的工作原理与 Windows 网络类似,Windows 客户机通过 NetBIOS(Windows“网上邻居”的通信协议)对话传送服务器消息来使用服务器的文件和打印机资源。NetBIOS 定义了运行于 DOS 上的网络界面,但没有规定实际用来传送数据的网络协议。Samba 使用 NetBIOS over TCP/IP,这种方式有很多优点。由于 TCP/IP 已经在每一个操作系统中得到了高效的实现,且易于移植到 OS/2、VMS、AmigaOS 和 Next STEP 中,因此使用 TCP/IP 意味着 Samba 可以很好地使用大型的 TCP/IP 网络。

考虑到这些优势,微软公司已经将 SMB 和 NetBIOS over TCP/IP 的组合重命名为通用互联网文件系统(CIFS),并正在努力使 CIFS 作为一个文件传输的互联网标准。Samba 也被广泛使用在嵌入式系统中,例如独立的打印机服务器中。

SMB 使 Linux 计算机在 Windows 系统的“网络邻居”中看起来如同一台 Windows 计算 机。计算机的用户可以“登录”到 Linux 计算机中,从 Linux 文件系统中复制文件,提交打印任务,甚至是发送 WinPopup 消息。如果 Linux 运行环境中有较多的 Windows 用户,则使用 Samba 是非常方便的。

RedHat Enterprise Linux 6 内附有 Samba Server,用户可以很方便地将其安装到系统中。

在 Shell 提示符下启动、停止和重启 Samba 的命令分别为:

```
/etc/init.d/smb start
/etc/init.d/smb stop
/etc/init.d/smb restart
```

9.1.2 配置 Samba 共享服务

要实现异机 Linux 分区和 Windows 分区资源互访主要是配置 Samba 服务，然后通过网 络来进行异机之间的资源共享和互访。配置 Samba 服务的方法根据安全等级的需要可分为 4 种：share、user、server 和 domain 级。本节将对这 4 种等级的 Samba 共享配置方法进行详细的介绍。

1. 配置 share 级共享

share 级在 4 个等级中是最低的，它指当客户端用户连接到 Samba 服务器时，不需要输入账号和密码，就可以访问 Samba 服务器上的共享资源，但安全性无法得到保障。

share 级的配置方法也是最简单的，只需修改/etc/samba/smb.conf 文件如下：

```
workgroup = MYGROUP
server string = Samba Server Version %v
hosts allow = 127. 192.168.12. 192.168.13. ——限制允许访问的 IP 范围
security = share
```

其他的设置按文件中默认的即可，也可以全部注释掉或删除，还可以把需要共享的目录文件列出来。

设置好文件后，应该测试配置文件的正确性和查看网络资源共享情况，除非用户认为自己的配置是正确无误的。

执行 testparm 命令测试 smb.conf 设置的正确性。

执行 smbclient 命令查看资源共享情况。

到此，Samba 文件共享的配置过程已经完成。

特别说明，Red Hat Enterprise Linux 5 自带了“计算机”管理器，可以通过该管理器，对计算机中的光盘、文件系统和网络等进行管理，如同 Windows 系统中“我的电脑”的功能。

2. 配置 user 级共享

user 级比 share 级的安全级别高，所以安全性也相应比 share 级要高。当客户端用户连接到该等级的 Samba 服务器、访问该服务器的共享日录前，用户需要输入有效的账号和密码，通过验证后才能使用服务器的共享资源。默认的配置为该等级，但最好使用加密的方式传送密码，以提高安全性。

User 级共享配置中最重要的是设置 Samba 密码文件。user 级的配置方法如下。

在 share 级的配置基础上修改：

```
security = share
```

为：

```
security = user
```

添加：

```
guest account = test
encrypt passwords = yes
smb passwd file = /etc/samba/smbpasswd
```

当对配置文件/etc/smb.conf 进行 user 级的设置后，需要设置 Samba 密码文件，建立 smbpasswd 账号和口令，使其与/etc/passwd 的账号和口令相同。方法如下：

（1）建立本地账号，生成口令文件/etc/passwd，把/etc/passwd 里的用户都加到/etc/samba/smbpasswd 文件中。注意，该过程是先在本地建立账号及账号的密码，然后再把口令文件传给/etc/samba/smbpasswd，顺序不能反，即本地账号的口令和 Samba 服务器中账号的口令是不相同的。

```
adduser user
passwd user
cat /etc/passwd | mksmbpasswd.sh > /etc/samba/smbpasswd
```

（2）利用 smbpasswd 命令来为刚才建立的账号设立 Samba Server 口令。注意，使用 smbpasswd 命令修改用户口令时，被修改的 Samba 账号的本地系统用户账号必须已经存在。

```
smbpasswd user
```

（3）重新启动 Samba Server。

```
/etc/init.d/smb restart
```

到此，user 级的 Samba Server 就配置好了，可以用 testparm 命令和 smbclient 命令进行测试。

如果在 Windows 计算机的“网上邻居”中想查看 Samba Server 的共享同录，必须要输入用户账号和密码（如刚才设置的用户账号 user 及其密码），user 级的安全性就体现在这里，不是任意的用户都可以访问 Samba 的共享资源。

3. 配置 server 级服务器

server 级的安全性比 user 级更高，与 user 等级相同，也需要输入有效的账号和密码，但密码的验证会由另一台 Samba 服务器或 Windows 服务器负责，因此还必须指定口令服务器。其配置方法如下。

只需在 user 级配置的基础上修改：

```
security = user
```

为：

```
security = server
```

添加：

```
password server = testserver（密码服务器，这里是用 Windows server 2003 主域控制器 “testserver”来做密码服务器.当然也可以用另一个 Samba Server 来做密码服务器）
```

注释掉：

```
smb passwd file = /etc/samba/smbpasswd
```

设置完成后，可以使用 testparm 命令和 smbclient 命令进行测试，同时还要重新启动 Samba Server。

这样，当一台 Windows 计算机登录 testserver 域服务器时，同时也登录上了 Samba Server，不过，这时的用户账号和密码在 testserver 和 Samba Server 上应该是相同的。如果是已经加入 testserver 主域控制器的计算机，就可以输入用户账号和密码来打开 Samba Server 的共享文件，其他计算机虽然也和 Samba Server 在同一个网段上，但如果不用 testserver 和 Samba Server 共有的用户账号和密码登录系统，就不能访问 Samba Server 的共享资源。

4. 配置 domain 级服务器

domain 级是 Samba Server 级别中最高的，它指 Samba 服务器加入到 Windows 域中后，Samba 服务器不再负责账号和密码的验证，统一由域控制器负责。使用该安全等级，很多用户认为其配置方法很难，其实只要掌握了几个关键配置，做起来也很容易。方法如下：

首先，使用 Windows 域中 PDC（主域控制器）上的"服务器管理器"把 Samba Server 的 NetBIOS 名（在后面的配置文件中将添加 Samba Server 的 NetBIOS 名）加入到 Windows 域，并在主域控制器上的"安全账号管理器"数据库中创建这个计算机的账号，注意应该把 Samba Server 作为"Windows 工作站或服务器"加入到域，而不是一个主域或备份域控制器。只要用户熟悉 Windows 主域控制器，操作起来就很简单。

其次，只需在 user 级配置的基础上修改：

```
security = user
```

为：

```
security = domain
```

修改：

```
workgroup = linux
```

为：

```
workgroup = test (test 是主域控制器域名)
```

添加：

```
NetBIOS = linux (为 Samba Server 起一个 NetBIOS 名,并添加在 smb.conf 文件的最前面)
password server = testserver (用 Windows 主域控制器 testserver 来做密码服务器)
```

注释掉：

```
smb passwd file = /etc/samba/smbpasswd
```

最后不要忘记用 testparm 命令和 smbclient 命令来进行测试，同时还要重新启动 Samba Server，使设置生效。特别说明，在进行配置后，还需要查看/etc/services 文件中以 netbio-开头的记录前面的"＃"号是否去掉，如果没有去掉将使用户无法访问 Samba Server 上的共享资源。同时还要检查防火墙设置，默认情况下 Linux 的防火墙是不允许 Windows 客户端访问 Samba 服务的，一定要开放相应的服务或关闭防火墙。

此外，还有一个 ads 安全等级，它指定 Samba 服务器加入到 Windows 活动目录后，使用该安全等级，同时也需要指定口令服务器。

9.1.3 Samba 相关命令及程序

Samba 软件包由两个服务器程序和多个应用程序组成，它们是 smbd、nmbd、smbclient、smbmount、smbstatus 和 testparm 等，如表 9-1 所示。

表 9-1 Samba 命令和程序

命令和程序	描　　述
smbd	Samba 服务器守护进程，为 SMB 客户端提供文件和打印服务
nmbd	Samba 守护进程，提供 NetBIOS 名称解析和服务浏览的支持
smbclicnt	为 Linux 客户端提供对 Samba 服务的类似于 FTP 的访问
smbmount	在 Linux 客户端挂载 Samba 的共享目录
smbumount	取消在 Linux 客户端的 Samba 共享目录
smbpasswd	改变在 Samba 服务器中的加密口令
smbstatus	显示当前协情况下 SMB 网络连接的状态
smbrun	SMB 和外部程序之间的接口程序
testparm	测试 Samba 配置文件，印即 smb. conf 文件
smbtar	直接备份 SMB/CIFS 共享资源到 UNIX 磁带驱动器
nmblookup	映射一个 Windows 计算机的 NetBIOS 名到它的 IP 地址
testprns	检查打印机配置文件的正确性
SWAT	Samba 的 Web 管理工县，通过使用 Web 浏览器配置 smb. conf 文件。使用户可以使用 Web 页面接口去创建和维护配置文件 smb. conf

9.1.4 配置 Samba 打印共享

Samba Server 在实际中的应用很多，最重要的用途之一是在网络中共享资源和打印机。在共享资源方面，只要配置好了 Samba 服务，通过 Windows 计算机的"网上邻居"和 Linux"计算机"窗口的"网络"图标选项就可以互相访问和操作。至于共享打印机方面，目前许多大型公司，都开始采用 Linux 系统来设置网络打印机，下面就来看看如何与网络中的 Windows 计算机共享 Linux 打印机。

为了与 Windows 计算机共享 Linux 打印机，必须确定 Linux 本地打印机已经安装和配置好，之后便可在 Samba 配置文件中添加如下内容：

```
[global]
printing = lprng
rintcap name = /etc/printcap
load printers = yes
lock directory = /var/lock/samba
[printers]
comment = All Printers
path = /var/spool/samba
printer name = printer
browseable = no
public = yes
printable = yes
writable = yes
```

最后确认打印机的路径与/etc/printcap 中的 spool 目录是否相符合。

可以用 smbclient 命令在 Samba 上检查一下是否可以看到共享的打印机。

对于网络中的 Windows 计算机，如果要使用 Samba 打印机，有两种方法：一种是在 Windows 系统中添加 Samba Server 共享的打印机为“网络打印机”，另一种是直接通过网上邻居，找到 Samba 共享的打印机。

9.2 VNC 配置与应用

9.2.1 VNC 简介

某些系统管理员习惯直接在服务器上进行系统的维护工作，例如新增账号、软件安装、系统配置和日志查询等，这并不是专业的系统管理员，这种概念在目前网络系统迅速发展的环境中，不仅落伍，而且是错误的。

一般来说，服务器都放于专门的机房里，以保持温湿度等条件。并且需要设置存取的限制，密码保护等，这种环境并不适合管理员经常性地进行维护工作。因此“远程管理”这个概念被提出，利用“远程管理”，管理员的管理范围加大了，可以在任何地方进行管理，如果有什么急事，管理员不在现场，也可以解决问题，可以达到“运筹帷幄，决胜于千里之外”的效果。

目前能实现远程管理的软件很多，例如 Windows 自带的终端服务、PCAnyWhere 和冰河等，但是它们要么程序很大占用系统过多空间，要么使用麻烦不宜配置，要么需要注册付费，要么就是使用效率低下速度很慢。这里推荐一种免费且优秀的远程控制软件 VNC，VNC 与 SSH 服务的最大区别是 SSH 只能实现基于字符界面的远程控制和管理。

VNC (Virtual Network Computing，虚拟网络计算机)是由英国剑桥大学的 AT&T 实验室于 2002 年开发的，它是一种可操控远程计算机的软件，也就是说它能够将完整的窗口画面通过网络传输到另一台计算机的屏幕上，如同 Windows 2000 Server 的终端服务。它在 Mac 平台上称为 Mac VNC，在 Windows 平台上称为 WinVNC。

相对于其他管理工具，VNC 有自己的特点。

(1) 客户端活动如掉线等不会影响到服务端，再次连接就可正常使用。

(2) 客户端无须安装，甚至用 IE 等浏览器就可控制服务端。

(3) 最大的优点就是真正跨平台使用。它支持的平台有：Mac、Windows、Solaris Linux RPMs&Debian packages、Acorn RISC OS、Amiga、BeOS、BSDI、Cygwin32、DOS、FreeBSD、Oreos、GGI、HPUX. KDE、NetBSD、NetWinder、Nokia 9000、OpenStep/ Mach、OS/2、PalmPilot、SCO OpenServer、SGI Irix 6.2、SPARC Linux、SunOS 4.1.3、SVGALIB (Linux without an X server)、VMS、Windows CE 和 Windows NT/Alpha。

VNC 远程管理软件包括服务器 VNC Server 和客户端 VNC Viewer。用户需要先将 VNC Server 安装在被控端的计算机上，才能在主控端的计算机上执行 VNC Viewer 控制被控端。

整个 VNC 运行的工作流程如下：

(1) VNC 客户端通过浏览器或 VNC Viewer 连接至 VNC Server。

(2) VNC Server 传送一对话窗口至客户端，要求输入连接密码，以及存取的 VNC Server 显示装置。

(3) 在客户端输入联机密码后，VNC Server 验证客户端是否具有存取权限。

(4) 若是客户端通过 VNC Server 验证，客户端即要求 VNC Server 显示桌面环境。

(5) 被控端将画面显示控制权交由 VNC Server 负责。

(6) VNC Server 将把被控端的桌面环境利用 VNC 通信协议送至客户端，并且允许客户端控制 VNC Server 的桌面环境及输入装置。

9.2.2 配置 VNC 服务器

在 Red Hat Enterprise Linux 6 上，系统自带了 VNC 软件(包括 VNC Server 和 VNC Viewver)，执行如下命令可查看系统的 VNC 安装及启动情况：

```
vncserver                                  ——启动 VNC 服务
You will require a password to access your desktops.
Password:                                  ——输入访问 VNC Server 密码,可根据需要任意设置
Verify:                                    ——确认密码

New'rhel6:1(root)'desktop is rhel6:1       ——此处提示 VNC Server 服务器的地址是 rhel6:1

Creating default startup script /root/.vnc/xstartup
Starting applications specified in /root/.vnc/xstartup
Log file is /root/.vnc/rhel6:1.log
```

当然，也可在系统的“服务”配置里直接设定系统每次启动时自动启动 VNC Server。

9.2.3 Linux 客户端访问 VNC 服务器

在 Red Hat Enterprise Linux 6 下，一旦配置好 VNC，就可以直接在 Linux 终端窗口中用 vncviewer 命令远程控制该服务器(即双方 Linux 系统都要配置好 VNC)。

```
vncviewer rhel6:1              ——使用 vncviewer 远程访问 rhel6 主机,当然此处也可以使用 IP 和域
名代替 rhel6

VNC server supports protocol version 3.3 (viewer 3.3)
Password:                      ——输入密码即可调用远程主机窗口,下面是显示调用成功的信息
VNC authentication succeeded
Desktop name "root's X desktop (rhel6:1)"
Connected to VNC server, using protocol version 3.3
VNC server default format;
  8 bits per pixel.
  True colour: max red 7 green 7 blue 3, shift red 0 green 3 blue 6
Using default colormap which is TrueColor. Pixel format:
  32 bits per pixel.
  Least significant byte first in each pixel.
  True colour: max red 255 green 255 blue 255, shift red 16 green 8 blue 0
Using shared memory PutImage
Same machine: preferring raw encoding
ShmCleanup called
```

输入登录密码后按 Enter 键，VNC Server 即把被控端的桌面环境利用 VNC 通信协议送至客户端(图形化桌面)，这时用户就可以在客户端控制 VNC Server 的桌面环境并进行

相关的配置。

用户也可以在 Red Hat Enterprise Linux 6 系统中选择"应用程序"→"附件"→VNCViewer 命令，在提示窗口中输入服务器名和密码即可。

9.3 OpenSSH 配置与应用

9.3.1 OpenSSH 简介

对系统管理员来说，Telnet 是经常使用的一个远程管理工具。但是 Telnet 本身在传送数据或者进行其他工作的时候，都是用"明码"方式来传送指令(包括账号和密码)的，这样，当黑客以 listen 的功能监听用户的数据封包时，用户传送的数据将会被窃取，所以，Telnet 被认为是一种非常不安全的远程管理和数据传送工具。

在 Red Hat Enterprise Linux 6 下，系统自带了一个 OpenSSH 软件。OpenSSH 是由 OpenBSD 小组维护的，是一套用于安全地访问远端计算机的网路连接工具，可以代替 rlogin、rsh、rcp 和 Telnet。

OpenSSH 是建立在 SSH 上的服务，它同时支持 SSH1 和 SSH2 协议，它可以使用"非明码"的方式来传送数据，可以对所有传送在网络上的数据进行多种验证和加密以防止被人窃听、网络入侵和攻击。即使用户传送的数据被窃取，由于 SSH 是一种加过密的封包，解密过程将非常麻烦，不是两三天可以解决的，所以，目前在 Linux 系统中，经常使用 OpenSSH 来远程管理服务器和传送数据。

下面查看 Red Hat Enterprise Linux 6 中是否已经安装了 OpenSSH，如下：

```
[root@rhel6~]#rpm -qa | grep openssh
openssh-4.3p2-16.el5             ——openssh的核心文件
openssh-askpass-4.3p2-16.el5
openssh-clients-4.3p2-16.el5     ——openssh的客户端程序
openssh-server-4.3p2-16.el5      ——openssh的服务器端程序
```

一般来说，如果 Linux 系统安装了 OpenSSH，那么服务器程序和客户端程序都将一并安装。接下来启动 OpenSSH：

```
[root@rhel6~]# /etc/init.d/sshd restart
停止 sshd:                                  [ 确定 ]
启动 sshd:                                  [ 确定 ]
```

可以通过下面的命令来查看 Openssh 是否已经启动：

```
[root@rhel6~]#netstat -a
tcp  0  0  *:ssh     *:*     LISTEN          ——表明 Openssh 一切正常
```

9.3.2 配置 OpenSSH 服务器

配置 SSH 服务器，主要是通过设置 SSH 的配置文件/etc/ssh/sshd_config 实现的。该文件的配置选项非常多，这里只介绍一些常用的选项。用 gedit 文本编辑器打开文件/etc/ssh/ sshd_config，如下：

```
# This is the sshd server system-wide configuration file. See
# sshd_config(5) for more information.

# This sshd was compiled with PATH=/usr/local/bin:/bin:/usr/bin

# The strategy used for options in the default sshd_config shipped with
# OpenSSH is to specify options with their default value where
# possible, but leave them commented. Uncommented options change a
# default value.

#Port 22
#AddressFamily any
#ListenAddress 0.0.0.0
#ListenAddress ::

# Disable legacy (protocol version 1) support in the server for new
# installations. In future the default will change to require explicit
# activation of protocol 1
Protocol 2

# HostKey for protocol version 1
#HostKey /etc/ssh/ssh_host_key
# HostKeys for protocol version 2
#HostKey /etc/ssh/ssh_host_rsa_key
#HostKey /etc/ssh/ssh_host_dsa_key

# Lifetime and size of ephemeral version 1 server key
#KeyRegenerationInterval 1h
#ServerKeyBits 1024

# Logging
# obsoletes QuietMode and FascistLogging
#SyslogFacility AUTH
SyslogFacility AUTHPRIV
#LogLevel INFO

# Authentication:

#LoginGraceTime 2m
#PermitRootLogin yes
#StrictModes yes
#MaxAuthTries 6
#MaxSessions 10

#RSAAuthentication yes
#PubkeyAuthentication yes
#AuthorizedKeysFile .ssh/authorized_keys
#AuthorizedKeysCommand none
#AuthorizedKeysCommandRunAs nobody
```

```
# For this to work you will also need host keys in /etc/ssh/ssh_known_hosts
#RhostsRSAAuthentication no
# similar for protocol version 2
#HostbasedAuthentication no
# Change to yes if you don't trust ~/.ssh/known_hosts for
# RhostsRSAAuthentication and HostbasedAuthentication
#IgnoreUserKnownHosts no
# Don't read the user's ~/.rhosts and ~/.shosts files
#IgnoreRhosts yes

# To disable tunneled clear text passwords, change to no here!
#PasswordAuthentication yes
#PermitEmptyPasswords no
PasswordAuthentication yes

# Change to no to disable s/key passwords
#ChallengeResponseAuthentication yes
ChallengeResponseAuthentication no

# Kerberos options
#KerberosAuthentication no
#KerberosOrLocalPasswd yes
#KerberosTicketCleanup yes
#KerberosGetAFSToken no

# GSSAPI options
#GSSAPIAuthentication no
GSSAPIAuthentication yes
#GSSAPICleanupCredentials yes
GSSAPICleanupCredentials yes
#GSSAPIStrictAcceptorCheck yes
#GSSAPIKeyExchange no

# Set this to 'yes' to enable PAM authentication, account processing,
# and session processing. If this is enabled, PAM authentication will
# be allowed through the ChallengeResponseAuthentication and
# PasswordAuthentication. Depending on your PAM configuration,
# PAM authentication via ChallengeResponseAuthentication may bypass
# the setting of "PermitRootLogin without-password".
# If you just want the PAM account and session checks to run without
# PAM authentication, then enable this but set PasswordAuthentication
# and ChallengeResponseAuthentication to 'no'.
#UsePAM no
UsePAM yes

# Accept locale-related environment variables
AcceptEnv LANG LC_CTYPE LC_NUMERIC LC_TIME LC_COLLATE LC_MONETARY LC_MESSAGES
AcceptEnv LC_PAPER LC_NAME LC_ADDRESS LC_TELEPHONE LC_MEASUREMENT
AcceptEnv LC_IDENTIFICATION LC_ALL LANGUAGE
AcceptEnv XMODIFIERS
```

```
#AllowAgentForwarding yes
#AllowTcpForwarding yes
#GatewayPorts no
#X11Forwarding no
X11Forwarding yes
#X11DisplayOffset 10
#X11UseLocalhost yes
#PrintMotd yes
#PrintLastLog yes
#TCPKeepAlive yes
#UseLogin no
#UsePrivilegeSeparation yes
#PermitUserEnvironment no
#Compression delayed
#ClientAliveInterval 0
#ClientAliveCountMax 3
#ShowPatchLevel no
#UseDNS yes
#PidFile /var/run/sshd.pid
#MaxStartups 10
#PermitTunnel no
#ChrootDirectory none

# no default banner path
#Banner none

# override default of no subsystems
Subsystem     sftp     /usr/libexec/openssh/sftp-server

# Example of overriding settings on a per-user basis
#Match User anoncvs
#        X11Forwarding no
#        AllowTcpForwarding no
#        ForceCommand cvs server
```

配置好/etc/ssh/sshd_config 文件后，重新启动 SSH 服务器即可。

9.3.3 使用 SSH 远程管理 Linux 服务器

首先确认在客户端和服务器端都安装有 OpenSSH 程序。在客户端使用 OpenSSH 远程管理服务器主要是使用基于传统口令认证的 OpenSSH。具体说明如下。

默认情况下，SSH 仍然使用传统的口令验证，在使用这种认证方式时，不需要进行任何配置。用户可以使用自己账号和口令登录到远程主机，所有传输的数据都会被加密，但是不能保证用户正在连接的服务器就是用户想连接的服务器，可能会有别的服务器在冒充真正的服务器，也就是受到“中间人”这种方式的攻击。可使用以下命令格式登录服务器：

```
ssh -l [在远程服务器上的账号] [远程服务器的主机名或 IP 地址]
```

这里假设在远程服务器上有管理员账号 root，可执行以下命令：

```
[root@rhel6~]# ssh 192.168.1.2        ——使用 ssh 命令登录远程主机
```

因为这是第一次登录服务器，所以 OpenSSH 并不知道用户的主机信息，以后再登录时，系统就不会再提示这样的信息了。输入 yes 并按 Enter 后系统会提示输入密码，然后就可以像平常使用 Telnet 那样来使用 SSH 了，连接到 SSH 服务器，并进而对 Linux 系统进行管理。

因为目前使用的系统人多数都是 Windows 系统，所以在 Windows 系统下远程管理系统也是必需的，Windows 系统下可以使用 PuTTY、SecureCRT 和 SecureFX 等软件来连接 SSH 服务器进行远程管理。

本章小结

本章介绍了 RHEL 6.0 提供的其他服务，包括 Samba 共享服务、VNC 服务和 OpenSSH 服务。

习　　题

1. 什么是 SMB?
2. 如何设置 Samba 共享服务?
3. 如何配置 Samba 打印共享?
4. 什么是 VNC?
5. 如何配置 VNC 服务器?
6. Linux 客户端如何访问 VNC 服务器?
7. 什么是 OpenSSH?
8. 如何配置 OpenSSH 服务器?

第10章 RHEL 6.0 操作系统安全

【本章学习目标】

- 重要系统文件的安全设置。
- 系统开启服务的安全。
- 连接服务器时的注意事项。
- 系统端口安全。
- 系统日志文件安全。

10.1 账号安全设置

口令是系统的第一道防线,目前网上的大部分对系统的攻击都是从截获口令或者猜测口令等口令攻击开始的,所以首先应该对账号和口令的安全进行设置。

10.1.1 设置默认口令和账号的长度及有效期

/etc/login.defs 文件是 login 程序的配置文件,可以在这个文件中设定一些其他的安全策略,例如口令的长度和口令的有效期。口令的选择不应包括字典中有的词汇,正确的口令应该足够长,并且尽可能使用一些特殊字符。系统中有许多预置账号,如果没有使用,一定要将这些账号删掉。这些没有安全的口令对系统的安全性是一个潜在的隐患。

Linux 系统默认的用户密码是 5 位。口令的有效期是 7 天,可以编辑/etc/login.defs 文件,更改口令的长度和有效期等。

用 gedit 文本编辑器打开/etc/login.defs 文件,如下所示:

```
# *REQUIRED*
#     Directory where mailboxes reside, _or_ name of file, relative to the
#     home directory. If you _do_ define both, MAIL_DIR takes precedence.
#     QMAIL_DIR is for Qmail
#
#QMAIL_DIR          Maildir
MAIL_DIR            /var/spool/mail
#MAIL_FILE          .mail

# Password aging controls:
#
#           PASS_MAX_DAYS   Maximum number of days a password may be used.
```

```
#          PASS_MIN_DAYS  Minimum number of days allowed between password changes.
#          PASS_MIN_LEN   Minimum acceptable password length.
#          PASS_WARN_AGE  Number of days warning given before a password expires.
#
PASS_MAX_DAYS     99999
PASS_MIN_DAYS     0
PASS_MIN_LEN     8                ——系统默认密码长度是5位,这里改为8位
PASS_WARN_AGE     7               ——口令过期前7天开始给用户发警告

#
# Min/max values for automatic uid selection in useradd
#
UID_MIN                          500
UID_MAX                         60000

#
# Min/max values for automatic gid selection in groupadd
#
GID_MIN                          500
GID_MAX                         60000

#
# If defined, this command is run when removing a user.
# It should remove any at/cron/print jobs etc. owned by
# the user to be removed (passed as the first argument).
#
#USERDEL_CMD     /usr/sbin/userdel_local

#
# If useradd should create home directories for users by default
# On RH systems, we do. This option is overridden with the -m flag on
# useradd command line.
#
CREATE_HOME       yes

# The permission mask is initialized to this value. If not specified,
# the permission mask will be initialized to 022.
UMASK              077

# This enables userdel to remove user groups if no members exist.
#
USERGROUPS_ENAB yes

# Use SHA512 to encrypt password.
ENCRYPT_METHOD SHA512
```

10.1.2 清除空口令的账号

首先要禁止不设口令的账号存在，可以通过查看/etc/passwd文件知道哪些账号没有设置口令，用文本编辑器打开/etc/passwd文件，如下：

```
root:x:0:0:root:/root:/bin/bash
bin:x:1:1:bin:/bin:/sbin/nologin
daemon:x:2:2:daemon:/sbin:/sbin/nologin
adm:x:3:4:adm:/var/adm:/sbin/nologin
lp:x:4:7:lp:/var/spool/lpd:/sbin/nologin
…
tomcat:x:91:91:Apache Tomcat:/usr/share/tomcat6:/bin/sh
peifei:x:500:500:peifei:/home/peifei:/bin/bash
john::500:501:fengyun:/home/john:/bin/bash
```

账号 john 没有设置口令。因为第二项为空,说明这个账号没有设置口令,这是非常危险的,应将该类账号删除或者给它设置口令。

10.1.3 处理特别账号

禁止所有默认的被操作系统本身启动的且不需要的账号,第一次装上系统时就应该做此检查。Linux 本身提供了各种账号,有的可能不需要,如果不需要这些账号,就删除它,系统拥有的账号越多,就越容易受到攻击。用户可以通过选择"系统"→"管理"→"用户和组群"命令,打开"用户和组群"窗口,查看系统安装的所有用户和组群。

删除系统上的用户,用下面的命令:

```
userdel username
```

删除系统上的组用户账号,用下面的命令:

```
groupdel username
```

删除下面的用户:

```
userdel adm
userdel lp
userdel sync
uaerdel shutdown
userdel halt
userdel mail
```

如果不用 sendmail 服务器,可删除以下账号:

```
userdel news
userdel uucp
userdel operator
userdel games
```

如果不用 XWindows 服务器,可删掉以下账号:

```
userdel gopher
```

如果不允许匿名 FTP,应删掉这个用户账号:

```
userdel ftp
```

10.2 重要系统文件的安全设置

10.2.1 权限与文件系统

Linux 的 ext2/ext3 文件系统有属性功能这个特点。可以用 lsattr 命令列出文件的属性,用 chattr 命令改变文件的属性。文件系统的属性有很多种,这里要特别注意两个属性:

```
a: 只可添加属性
i: 不可改变属性
```

系统中的某些关键性文件(如 passwd、shadow、xinetd.conf、services 等)可修改其属性,防止意外被修改和被普通用户查看。如将 inetd 文件属性改为 600:

```
chmod 600 /etc/xinetd.conf
```

这样就保证文件的属主为 root,然后还可以将其设置为不能修改:

```
chattr +i /etc/xinetd.conf
```

这样,对该文件的任何修改都将被禁止。如果要去掉这些属性,将上面命令中的"+"号变为"−"号即可。也可以设置成只有 root 重新设置复位标志后才能进行修改:

```
chattr -i /etc/xinetd.conf
```

10.2.2 设置自动注销账号的登录

在 Linux 系统中 root 账户是具有最高特权的。如果系统管理员在离开系统之前忘记注销 root 账户,那将会带来很大的安全隐患,所以应该让系统会自动从 shell 中注销。通过修改账户中的 tmout 参数,可以实现此功能。方法简单介绍如下。

(1) 用文本编辑器打开文件/etc/profile,如下:

```
# /etc/profile

# System wide environment and startup programs, for login setup
# Functions and aliases go in /etc/bashrc

# It's NOT good idea to change this file unless you know what you
# are doing. Much better way is to create custom.sh shell script in
# /etc/profile.d/ to make custom changes to environment. This will
# prevent need for merging in future updates.

pathmunge () {
    case ":${PATH}:" in
        *:"$1":*)
            ;;
        *)
```

```
            if [ "$2" = "after" ] ; then
                PATH=$PATH:$1
            else
                PATH=$1:$PATH
            fi
    esac
}
if [ -x /usr/bin/id ]; then
        if [ -z "$EUID" ]; then
            # ksh workaround
            EUID=`id -u`
            UID=`id -ru`
        fi
        USER="`id -un`"
        LOGNAME=$USER
        MAIL="/var/spool/mail/$USER"
fi

# Path manipulation
if [ "$EUID" = "0" ]; then
        pathmunge /sbin
        pathmunge /usr/sbin
        pathmunge /usr/local/sbin
else
        pathmunge /usr/local/sbin after
        pathmunge /usr/sbin after
        pathmunge /sbin after
fi

HOSTNAME='/bin/hostname 2>/dev/null`
HISTSIZE=1000              ——这里的1000指操作的历史记录数,应尽可能设置小一些
tmout=600                  ——添加此行,如果系统中登录的用户在10分钟内没进行任何操作,系统
                           ——将自动注销这个账号
if [ "$HISTCONTROL" = "ignorespace" ] ; then
        export HISTCONTROL=ignoreboth
else
        export HISTCONTROL=ignoredups
fi

export PATH USER LOGNAME MAIL HOSTNAME HISTSIZE HISTCONTROL

for i in /etc/profile.d/*.sh ; do
        if [ -r "$i" ]; then
            if [ "$PS1" ]; then
                . $i
            else
                . $i >/dev/null 2>&1
            fi
        fi
done
```

```
unset i
unset pathmunge
```

(2) 在 HISTSIZE=1000 行下增加如下一行：

```
tmout = 600
```

tmout 按秒计算，600 表示 600 秒，也就是表示 10 分钟。这样，如果系统中登录的用户在 10 分钟内都没有进行任何操作，系统将自动注销这个账户。同样也可以在个别用户的.bashrc 文件中添加该值，以便系统对该用户实行特殊的自动注销时间。

改变这项设置后，必须先注销用户，再用该用户登录才能激活这个功能。

10.2.3 禁止外来 ping 请求，防止被攻击

没有人能 ping 通用户的机器并收到响应，就可以大大增强用户系统的安全性。添加下面的一行命令到/etc/rc.d/rc.local，以使每次启动后自动运行，这样就可以阻止用户的系统响应任何从外部和内部来的 ping 请求：

```
echo 1 > /proc/sys/net/ipv4/icmp_echo_ignore all
```

10.2.4 设置文件/etc/host.conf，防止 IP 欺骗

用文本编辑器编辑/etc/host.conf 文件，添加如下几行来防止 IP 欺骗攻击：

```
order hosts,bind
multi off
nospoof on
```

10.2.5 截短以前使用的命令列表

可以通过截短~/.bash_history 文件来实现该项操作，因这个文件中保存着以前使用过的命令列表。截短这个文件可以使用户以前执行过的命令被别人看到的机会减小。通过编辑/etc/profile 的下面两行可以做到这一点：

```
HISTFILESIZE = 20
HISTSIZE = 20
```

10.3 系统服务的安全

Linux 是一个强大的系统，默认情况下运行了很多的服务。但有许多服务是不需要的，且很容易引起安全风险。/etc/services 文件制定了/usr/sbin/inetd 将要监听的服务，如果有些服务(如 shell、telnet、login、exec、talk、ntalk、imap、pop-2、pop-3、finger 和 auth 等)用户暂时不使用，就需要把它们关闭。设置系统服务的方法有三种，鉴于这三种方法都非常好，接下来会逐个进行介绍。

10.3.1 用命令方式检查和关闭开启的服务

（1）显示没有被注释掉的服务，使用命令如下：

```
grep -v "#" /etc/services
```

系统打开的端口很多，限于篇幅，这里没有详细列出。如果不需要哪项服务，可以在其前面加“#”号，把其注释掉即可。

（2）统计当前系统打开服务的总数：

```
ps -eaf | wc -l
```

（3）查看哪些服务在运行。切记一个原则，运行的服务越少，系统越安全。

```
netstat -na -tcp
```

10.3.2 直接修改脚本文件

Linux 在启动时要检测脚本文件，这个脚本文件决定了 init 进程要启动哪些服务。Red Hat Enterprise Linux 6 系统下，这些脚本在/etc/rc.d/rc3.d 中，如果用户的系统以 X(图形化方式)为默认启动的话，就是/etc/rc.d/rc5.d。脚本名字中的数字是启动的顺序，以大写的 K 开头的是杀死进程用的。要在启动时禁止某个服务，只需要把大写的 S 替换为小写的 s。下面具体看一下目录/etc/rc.d/rc5.d 中有多少个脚本文件。

```
[root@RH6 /]cd /etc/rc.d/rc5.d
[root@RH6 rc5.d]# ls
K01certmonger    K80kdump            S11portreserve      S26haldaemon
K01smartd        K80sssd             S12rsyslog          S26pcscd
K02oddjobd       K84wpa_supplicant   S13cpuspeed         S26udev-post
K10psacct        K86cgred            S13irqbalance       S28autofs
K10saslauthd     K87restorecond      S13iscsi            S50bluetooth
K15httpd         K88nslcd            S13rpcbind          S55sshd
K20tomcat6       K89rdisc            S15mdmonitor        S80postfix
K36mysqld        K95firstboot        S22messagebus       S82abrtd
K50dnsmasq       S00microcode_ctl    S23NetworkManager   S90crond
K50netconsole    S01sysstat          S24avahi-daemon     S95atd
K50vsftpd        S02lvm2-monitor     S24nfslock          S97libvirtd
K60nfs           S05cgconfig         S24openct           S97rhnsd
K69rpcsvcgssd    S07iscsid           S24rpcgssd          S98libvirt-guests
K73ypbind        S08ip6tables        S24rpcidmapd        S99local
K74nscd          S08iptables         S25cups
K74ntpd          S10network          S25netfs
K75ntpdate       S11auditd           S26acpid
```

10.3.3 使用“服务配置”工具

如果感觉修改文件的方法太麻烦，可以使用“服务配置”工具，图形化方式管理各种服务的开启和关闭。选择“系统”→“管理”→“服务器设置”→“服务”命令，打开“服务配置”窗口，然后选择“后台服务”选项卡，打开“后台服务”窗口。该窗口的左栏显示了系统提供的所有服务，如果某个服务在系统启动时自动运行，该服务名称前面的复选框呈现选中状态，在窗口的右栏，显示了被选中服务的描述和运行状态。如果要对某个服务进行管理，那么先在“服务配置”→“后台服务”窗口的左栏选中某个服务，然后单击工具栏中的“开始”、“重启”、“停止”按钮，对该服务进行不同的控制，同时可在右侧的“描述”和“状态”栏看到该服务的运行情况，以查看该服务是否真正执行相关的命令。

10.4 关闭易受攻击的端口

下面结合/etc/services文件，介绍一些重要的容易受攻击的端口，系统暂时不用这些端口时一定要关闭。关闭方法为：在/etc/services文件中，关闭其服务。另外还可使用 Linux 自带的防火墙关闭端口。

1. 端口 19

端口 19(chargen)是一种仅仅发送字符的服务。UDP 版本将会在收到 UDP 包后回应含有垃圾字符的包。TCP 连接时，会发送含有垃圾字符的数据流直到连接关闭。Hacker 利用 IP 欺骗可以发动 DOS 攻击。伪造两个 chargen 服务器之间的 UDP 包。由于服务器企图回应两个服务器之间的无限的往返数据通信，一个 chargen 和 echo 将导致服务器过载。同样 fraggle DOS 攻击是向目标地址的这个端口广播一个带有伪造受害者 IP 的数据包，受害者会为了回应这些数据而过载。

2. 端口 21

最常见的攻击者用寻找打开 anonymous 的 FTP 服务器的方法，这些服务器带有可读写的目录。Hackers 或 Crackers 利用这些服务器作为传送 warez(私有程序)和 pr0n(故意拼错词而避免被搜索引擎分类)的节点。

3. 端口 22

建立 TCP 和这一端口(ssh PcAnywhere)的连接可能是为了寻找 ssh，这一服务有许多弱点。如果配置成特定的模式，许多使用 RSAREF 库的版本有不少漏洞(建议在其他端口运行 ssh)。还应该注意的是 ssh 工具包带有一个称为 make-ssh-known-hosts 的程序，它会扫描整个域的 ssh 主机，用户有时会被使用这一程序的人无意中扫描到。UDP(而不是 TCP)与另一端的 5632 端口相连意味着存在搜索 PcAnywhere 的扫描，5632(十六进制的 0x1600)位交换后是 0x0016(十进制的 22)。

4. 端口 23

入侵者在搜索远程登录 UNIX 的服务。大多数情况下入侵者扫描这一端口(Telnet)是为了找到机器运行的操作系统。此外使用其他技术，入侵者会找到密码。

5. 端口 25

攻击者(spammer)寻找 SMTP 服务器是为了传递他们的 spam。入侵者的账户总被关闭，他们需要拨号连接到高带宽的 E-mail 服务器上，将简单的信息传递到不同的地址。SMTP 服务器(尤其是 sendmail)是进入系统的最常用方法之一，因为它们必须完整地暴露于 Internet 且邮件的路由很复杂(暴露＋复杂＝弱点)。

6. 端口 53

Hacker 或 crackers 可能是试图进行区域传递(TCP)、欺骗 DNS(UDP)或隐藏其他通讯,因此防火墙常常过滤或记录 53 端口(DNS)。需要注意的是用户常会看到 53 端口作为 UDP 源端口,不稳定的防火墙通常允许这种通信并假设这是对 DNS 查询的回复,Hacker 常使用这种方法穿透防火墙。

7. 端口 67&68

UDP 上的 Bootp/DHCP:通过 DSL 和 cable-modem 的防火墙常会看见大量发送到广播地址 255.255.255.255 的数据。这些机器在向 DHCP 服务器请求一个地址分配。Hacker 常进入它们,分配一个地址,把自己作为局部路由器而发起大量的"中间人"(man-in-middle)攻击。客户端向 68 端口(Bootps)广播请求配置,服务器向 67 端口(Bootpc)广播回应请求。这种回应使用广播是因为客户端还不知道可以发送的 IP 地址。

8. 端口 69

许多服务器与 Bootp 一起提供这项服务即端口 69(TFTP(UDP)),便于从系统下载启动代码。但是它们常常错误配置而从系统提供任何文件,如密码文件。它们也可用于向系统写入文件。

9. 端口 79

端口 79(finger)被 Hacker 用于获得用户信息,查询操作系统,探测已知的缓冲区溢出错误,回应从自己机器到其他机器的 finger 扫描。

10. 端口 80

Web 站点默认 80 为服务端口,采用 TCP 或 UDP 协议。

11. 端口 98

这个程序提供 Linux boxen 的简单管理。通过整合的 HTTP 服务器在 98 端口(linuxconf)提供基于 Web 界面的服务。它已被发现有许多安全问题。一些版本的 setuid root,信任局域网,在/tmp 下建立 Internet 可访问的文件,LANG 环境变量有缓冲区溢出。此外因为它包含整合的服务器,许多典型的 HTTP 漏洞都可能存在(缓冲区溢出和遍历目录等)。

12. 端口 109

端口 109(POP2)并不像 POP3 那样有名,但许多服务器同时提供这两种服务(向后兼容)。在同一个服务器上 POP3 的漏洞在 POP2 中同样存在。

13. 端口 110

端口 110(POP3)用于客户端访问服务器端的邮件服务。POP3 服务有许多公认的弱点,关于用户名和密码交换缓冲区溢出的弱点至少有 20 个(这意味着 Hacker 可以在真正登录前进入系统),成功登录后还有其他缓冲区溢出错误。

14. 端口 lll

访问 PortMapper 是扫描系统查看允许哪些 RPC 服务的最早的一步。常见 RPC 服务有:rpc.mountd、NFS、rpc.statd、rpc.csmd、rpc.ttybd 和 amd 等。入侵者一旦发现了允许 RPC 服务将转向提供服务的特定端口测试漏洞。记住一定要记录线路中的 daemon、IDS 或 sniffer,这样可以发现入侵者使用什么程序访问以便发现到底发生了什么事情。

15. 端口 139

File and Print Sharing 通过这个端口(NetBIOS)进入的连接试图获得 NetBIOS/SMB 服务。这个协议被用于 Windows"文件和打印机共享"和 SAMBA。在 Internet 上共享自己的硬盘可能是最常见的问题,大量针对这一端口的攻击始于 1999 年,后来逐渐变少,2000 年又有回升。一些 VBS(IE5 Visual Basic Scripting)开始将它们自己复制到这个端口,试图在这个端口繁殖。

16. 端口 143

和上面 POP3 的安全问题一样,许多 IMAP 服务器有缓冲区溢出漏洞。一种 Linux 蠕虫(admw0rm)会通过这个端口进行繁殖,因此许多对这个端口(IMAP)的扫描来自不知情的已被感染的用户。当 Rad Hat 在他们的 Linux 发布版本中默认允许 IMAP 后,这些漏洞变得很流行。这一端口还被用于 IMAP2,但并不流行。

17. 端口 161

入侵者常探测的端口(SNMP(UDP))。SNMP 允许远程管理设备,所有配置期运行信息都储存在数据库中,通过 SNMP 可获得这些信息。许多管理员的错误配置会将它们暴露于 Internet。Crackers 将试图使用默认的密码 public 或 private 访问系统,他们可能会试验所有可能的组合,SNMP 包可能会被错误地指向用户的网络。

18. 端口 553

如果使用 cable modem 或 DSL VLAN,将会看到这个端口(CORBA IIOP (UDP))的广播。CORBA 是一种面向对象的 RPC(remote procedure call)系统,Hacker 会利用这些信息进入系统。

19. 端口 635

这是人们扫描的一个流行的 Bug。大多数对这个端口(mountd Linux 的 mountd Bug)的扫描是基于 UDP 的,但基于 TCP 的 mountd 也有所增加(mountd 同时运行于两个端口)。记住,mountd 可运行于任何端口(到底在哪个端口,需要在端口 111 做 portmap 查询),只是 Linux 默认为 635 端口,就像 NFS 通常运行于 2049 端口。

20. 端口 1024

它是动态端口的开始。许多程序并不在乎用哪个端口连接网络,它们请求操作系统为它们分配"下一个闲置端口"。基于这一点分配将从端口 1024 开始,这意味着第一个向系统请求分配动态端口的程序将被分配端口 1024。为了验证这一点,用户可以重启机器,打开 Telnet,再打开一个窗口运行 natstat -a,将会看到 Telnet 被分配 1024 端口。请求的程序越多,动态端口也越多,操作系统分配的端口将逐渐变大。当浏览 Web 页时用 netstat 查看,会发现每个 Web 页需要一个新端口。

21. 端口 1080

端口 1080(SOCKS)协议以管道方式穿过防火墙,允许防火墙后面的许多人通过一个 IP 地址访问 Internet。理论上它应该只允许内部的通信向外达到 Internet,但是由于错误的配置,它会允许 Hacker/Cracker 的位于防火墙外部的攻击穿过防火墙,或者简单地回应位于 Internet 上的计算机,从而掩饰他们对用户的间接攻击。

22. 端口 1114

系统本身很少扫描这个端口(SQL),但它常常是 sscan 脚本的一部分。

23. 端口 1524

许多攻击脚本将安装一个后门 Shell 于这个端口(尤其是那些针对 Sun 系统中 sendmail 和 RPC 服务漏洞的脚本,如 statd、ttdbserver 和 cmsd)。如果刚刚安装了防火墙就看到在这个端口上的连接企图,很可能是上述原因。用户可以试试 Telnet 到自己机器上的这个端口,看看它是否会给用户一个 Shell。

24. 端口 2049

NFS 程序常运行于这个端口。通常需要访问 portmapper 查询这个服务运行于哪个端口,但是大部分情况是安装后 NFS 运行于这个端口,Hacker/Cracker 因而可以避开 portmapper 而直接测试这个端口。

25. 端口 3128

这是 Squid HTTP 代理服务器的默认端口。攻击者扫描这个端口是为了搜寻一个代理服务器而匿名访问 Internet,用户也会看到搜索其他代理服务器的端口:8000/8001/8080/8888。扫描这一端口的另一原因是:用户正在进入聊天室。其他用户(或服务器本身)也会检验这个端口以确定用户的机器是否支持代理。

26. 端口 32770~32900

Sun Solaris 的 RPC 服务在这一范围内。详细地说,早期版本的 Solaris(2.5.1 之前)将 portmapper 置于这一范围内,即使低端口被防火墙封闭仍然允许 Hacker/cracker 访问这端口。扫描这一范围内的端口不是为了寻找 portmapper,就是为了寻找可被攻击的已知 RPC 服务。

27. 端口 33434~33600

如果看到这一端口范围内的 UDP 数据包(且只在此范围之内),则可能是由于 traceroute。

10.5 Linux 防火墙设置

Red Hat Enterprise Linux 6 安装过程中的“安全级别设置”屏幕提供了两个可供选择的选项:防火墙选项和 SELinux,还可以选择要允许的指定设备、进入服务和端口等。在系统安装后,可以使用安全级别设置工具来改变系统的安全级别。

选择“系统”→“管理”→“防火墙”命令,或在 shell 提示符下输入 system-config-securitylevel 命令,系统将打开“防火墙配置”对话框,默认情况下是“可信的服务”选项卡,如图 10-1 所示。

该选项卡共有 7 个栏目:“可信的服务”、“其他端口”、“可信接口”、“伪装”、“端口转发”、“ICMP 过滤器”、“定制规则”。下面详细介绍各项栏目所代表的具体意义。

1. 可信的服务

选择“可信的服务”列表框中的任何一项服务将会允许所有来自该服务信息不在防火墙规则的限制之内。建议用户不要连接到公共网络,如互联网上的服务选为“信任的服务”。

1) 邮件

如果允许进入的邮件穿过用户的防火墙,那么远程主机必须能够直接连接到用户的机器来散发邮件,则启用该选项。如果只想从使用 POP3 或 IMAP 的 ISP 服务器来收取邮件,

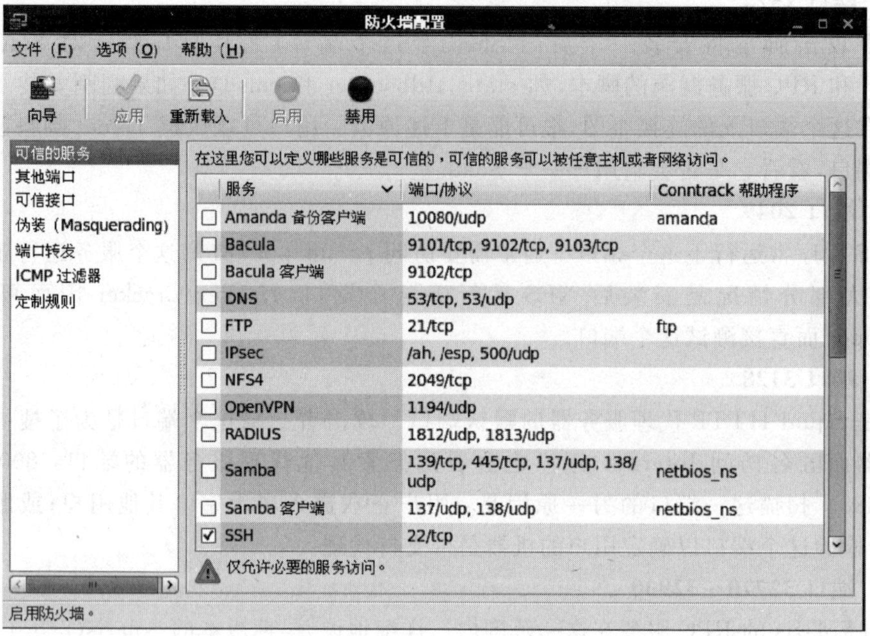

图 10-1 “防火墙配置”对话框

或使用 fetchmail 之类的工具，则不必启用这个选项。注意，不正确的 SMTP 服务器配置会允许远程机器使用用户的服务器来发送垃圾邮件。

2）FTP

FTP 协议被用来在网络上的机器间传输文件。如果打算使 FTP 服务器公开可用，则启用该选项。

3）SSH

Secure Shell (SSH)是用来在远程机器上登录及执行命令的协议套件。如果计划使用 SSH 工具通过防火墙来进入用户的计算机，则启用该选项，但必须安装 openssh-server 软件包才能使用 SSH 工具来远程地进入用户的计算机。

4）Telnet

Telnet 是一种远程登录机器的协议。Telnet 的通信是不加密的，没有提供任何防止网络刺探之类的安全措施，因此建议不允许进入 Telnet 访问。

5）WWW

HTTP 协议被 Apache(以及其他万维网服务器)用来提供网页。如果打算使用户的万维网服务器公开可用，则启用该选项，不必启用该选项来在本地查看网页或开发网页。

2. 其他端口

如果要对某个端口启用防火墙，那么把该端口号“添加”到“其他端口”下面的文本框中，那么该端口就会被禁用。

3. 可信接口

用于控制服务器上的网络接口设备是否可信。

4. 伪装

伪装可以使主机在本地网络中不可见，且该主机在互联网上是以单一地址出现的。

5. 端口转发

用于设置网络端口的转发。

6. ICMP 过滤器

用于控制“互联网控制报文协议(ICMP)”中的各种消息,例如 ping 消息。

7. 定制规则

可以自定义额外的防火墙规则。

本章小结

总地来说,本章所阐述的对 Linux 系统的所有设置过程,都将会使用户的系统变得更安全,但是没有绝对的安全,只有系统管理员按照系统允许的操作去维护系统,系统才是安全的。任何一种单一的安全措施其防范能力都是有限的,一个安全的系统必须采取多种安全措施,多管齐下才能更好地保证安全,同时一定要做好重要数据的备份工作,确保万无一失。

习题

1. 如何更改系统默认口令的长度和有效期?
2. 如何清除空口令的账号?
3. 如何删除系统上的用户?
4. 如何修改文件的属性?
5. 如何设置 root 账户自动注销?
6. 可以使用哪些方法关闭服务?
7. 如何关闭易受攻击的端口?
8. 如何设置 Linux 防火墙?

习题答案

第 3 章

一、1. D　2. A　3. B　4. CD　5. D　6. C　7. ABC　8. AB

第 4 章

一、1. B　2. ABC　3. ABD　4. A　5. B　6. A　7. BC

第 7 章

一、1. D　2. B　3. A　4. A　5. C　6. D

第 8 章

1. A	2. A	3. C	4. ABC	5. BD	6. B	7. AC
8. C	9. C	10. A	11. C	12. C	13. C	14. B
15. BC	16. C	17. B	18. D	19. C	20. BD	21. C
22. C	23. B	24. AB	25. ABD	26. CD	27. B	

参考文献

[1] 张浩军，尹辉，李景峰，等．计算机网络操作系统——Windows Server 2003 管理与配置[M]．北京：中国水利水电出版社，2005．

[2] 二代龙震工作室．Windows 2000 Server 实用教程[M]．北京：中国铁道出版社，2004．

[3] 朱居正．Red Hat Enterprise Linux 系统管理[M]．北京：清华大学出版社，2009．

[4] IT 同路人．Windows Server 2008 系统管理、活动目录、服务器架设[M]．北京：人民邮电出版社，2010．

[5] 魏国珩．网络操作系统教程[M]．武汉：武汉大学出版社，2010．

[6] 戴有炜．Windows Server 2008 网络专业指南[M]．北京：北京科海电子出版社，2009．

[7] 葛秀慧，田浩．网站建设——基于 Windows Server 2008 和 Linux 9[M]．北京：清华大学出版社，2008．

[8] 石硕，杨鉴，唐华，等．网络操作系统实用教程——Windows 2000 Server、Linux/Unix 及其异构网络的互联[M]．北京：清华大学出版社，2006．

[9] 刘晓辉，李利军．Windows Server 2008 安全内幕[M]．北京：清华大学出版社，2009．

[10] 刘晓辉，张剑宇，张栋．网络服务——搭建、配置与管理大全(Linux 版)[M]．北京：电子工业出版社，2009．

[11] 伍云辉．Linux 服务器配置与管理指南[M]．北京：清华大学出版社，2010．

[12] 郝兴伟．计算机网络原理、技术及应用[M]．北京：高教出版社，2007．

[13] 苗凤君．局域网技术与组网工程[M]．北京：清华大学出版社，2010．

[14] 郑秋生．网络工程实训和实践应用教程[M]．北京：清华大学出版社，2011．

21世纪高等学校数字媒体专业规划教材

ISBN	书　　名	定价(元)
9787302224877	数字动画编导制作	29.50
9787302222651	数字图像处理技术	35.00
9787302218562	动态网页设计与制作	35.00
9787302222644	J2ME 手机游戏开发技术与实践	36.00
9787302217343	Flash 多媒体课件制作教程	29.50
9787302210399	数字音视频资源的设计与制作	25.00
9787302201076	Flash 动画设计与制作	29.50
9787302180319	非线性编辑原理与技术	25.00
9787302168119	数字媒体技术导论	32.00
9787302155188	多媒体技术与应用	25.00
9787302235118	虚拟现实技术	35.00
9787302234111	多媒体 CAI 课件制作技术及应用	35.00
9787302238133	影视技术导论	29.00
9787302224921	网络视频技术	35.00
9787302232865	计算机动画制作与技术	39.50
9787302275893	网页编程基础——XHTML、CSS、JavaScript	39.50
9787302272847	3D 图形编程基础——基于 DirectX 11	29.50
9787302262725	三维动画设计与制作技术	29.00
9787302261322	数字影视非线性编辑技术	29.50
9787302255376	数字摄影与摄像	25.00
9787302250203	数字媒体专业英语	35.00
9787302254133	网页设计与制作(第2版)	29.50
9787302243700	多媒体信息处理与应用	35.00

以上教材样书可以免费赠送给授课教师，如果需要，请发电子邮件与我们联系。

教学资源支持

敬爱的教师：

感谢您一直以来对清华版计算机教材的支持和爱护。为了配合本课程的教学需要，本教材配有配套的电子教案(素材)，有需求的教师可以与我们联系，我们将向使用本教材进行教学的教师免费赠送电子教案(素材)，希望有助于教学活动的开展。

相关信息请拨打电话 010-62776969 或发送电子邮件至 weijj@tup.tsinghua.edu.cn 咨询，也可以到清华大学出版社主页(http://www.tup.com.cn 或 http://www.tup.tsinghua.edu.cn)上查询和下载。

如果您在使用本教材的过程中遇到了什么问题，或者有相关教材出版计划，也请您发邮件或来信告诉我们，以便我们更好地为您服务。

地址：北京市海淀区双清路学研大厦 A 座 707　　计算机与信息分社魏江江　收
邮编：100084　　电子邮件：weijj@tup.tsinghua.edu.cn
电话：010-62770175-4604　　邮购电话：010-62786544

《网页设计与制作（第 2 版）》目录

ISBN 978-7-302-25413-3
梁　芳　主编

图书简介：

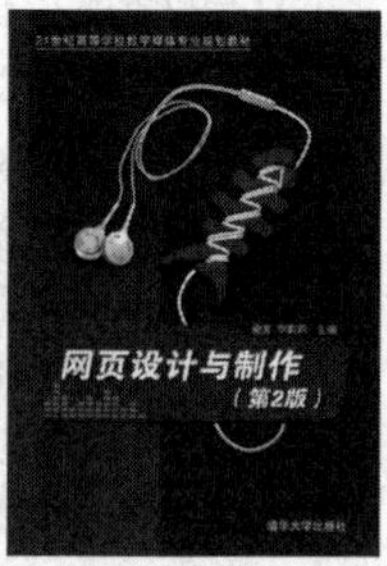

Dreamweaver CS3、Fireworks CS3 和 Flash CS3 是 Macromedia 公司为网页制作人员研制的新一代网页设计软件，被称为网页制作“三剑客”。它们在专业网页制作、网页图形处理、矢量动画以及 Web 编程等领域中占有十分重要的地位。

本书共 11 章，从基础网络知识出发，从网站规划开始，重点介绍了使用“网页三剑客”制作网页的方法。内容包括了网页设计基础、HTML 语言基础、使用 Dreamweaver CS3 管理站点和制作网页、使用 Fireworks CS3 处理网页图像、使用 Flash CS3 制作动画和动态交互式网页，以及网站制作的综合应用。

本书遵循循序渐进的原则，通过实例结合基础知识讲解的方法介绍了网页设计与制作的基础知识和基本操作技能，在每章的后面都提供了配套的习题。

为了方便教学和读者上机操作练习，作者还编写了《网页设计与制作实践教程》一书，作为与本书配套的实验教材。另外，还有与本书配套的电子课件，供教师教学参考。

本书可作为高等院校本、专科网页设计课程的教材，也可作为高职高专院校相关课程的教材或培训教材。

目　　录：

图书资源支持

感谢您一直以来对清华版图书的支持和爱护。为了配合本书的使用，本书提供配套的资源，有需求的读者请扫描下方的“书圈”微信公众号二维码，在图书专区下载，也可以拨打电话或发送电子邮件咨询。

如果您在使用本书的过程中遇到了什么问题，或者有相关图书出版计划，也请您发邮件告诉我们，以便我们更好地为您服务。

我们的联系方式：

地　　址：北京海淀区双清路学研大厦 A 座 707

邮　　编：100084

电　　话：010－62770175－4604

资源下载：http://www.tup.com.cn

电子邮件：weijj@tup.tsinghua.edu.cn

QQ：883604（请写明您的单位和姓名）

资源下载、样书申请

书圈

用微信扫一扫右边的二维码，即可关注清华大学出版社公众号“书圈”。